新型
薄膜太阳能电池

XINXING
BAOMO TAIYANGNENG DIANCHI

丁建宁 编著

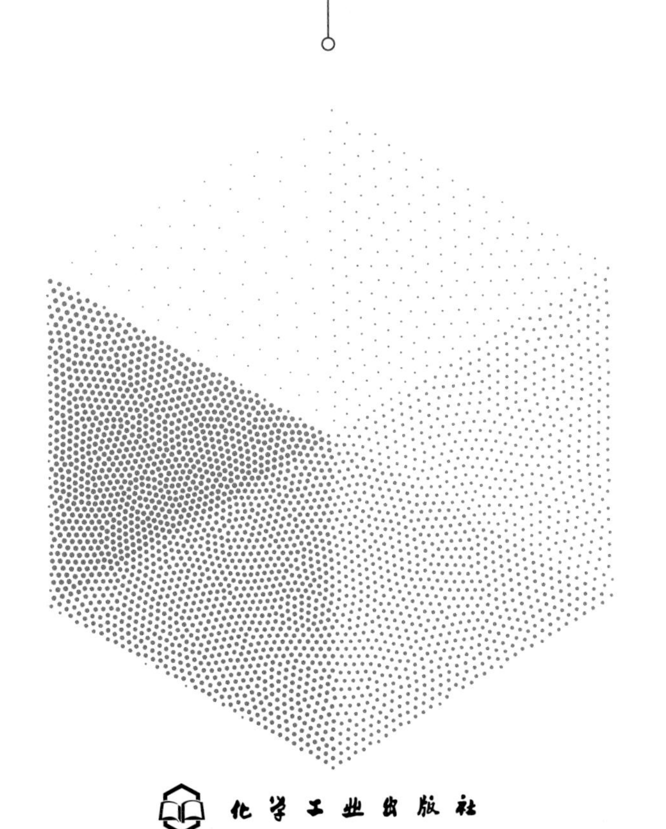

化学工业出版社
·北京·

《新型薄膜太阳能电池》重点介绍了新型薄膜太阳能电池材料、结构、工艺及性能研究进展等。本书共分为三篇，其中第一篇为有机－无机杂化钙钛矿太阳能电池，介绍了钙钛矿光伏材料结构与性能，阐述了钙钛矿薄膜的制备和优化技术，剖析了钙钛矿太阳能电池的材料组成和结构，讨论了钙钛矿电池稳定性等关键技术问题，并对钙钛矿电池在柔性和叠层器件等方面的应用进行了详尽分析。第二篇为新型半导体化合物薄膜太阳能电池，包括铜锌锡硫等四元半导体薄膜电池、铜铟硒等三元半导体薄膜电池及Sb_2Se_3、Sb_2S_3等二元半导体薄膜电池三大类，对其结构、缺陷、物理性质、光电性能等进行分析，介绍了电池光吸收层的制备技术和缓冲层的改进手段。第三篇是有机薄膜太阳能电池，概述了有机电池的工作原理、制备方法和电池材料等。

本书可供光伏太阳能电池行业的企业和科研单位工艺研究与技术开发人员使用，也可供各高等院校相关专业师生学习参考。

图书在版编目（CIP）数据

新型薄膜太阳能电池/丁建宁编著. —北京：化学工业出版社，2018.12

ISBN 978-7-122-33132-8

Ⅰ.①新…　Ⅱ.①丁…　Ⅲ.①薄膜太阳能电池　Ⅳ.①TM914.4

中国版本图书馆CIP数据核字（2018）第230382号

责任编辑：袁海燕　　文字编辑：向　东
责任校对：边　涛　　装帧设计：王晓宇

出版发行：化学工业出版社（北京市东城区青年湖南街13号　邮政编码100011）
印　　装：北京瑞禾彩色印刷有限公司
710mm×1000mm　1/16　印张18　字数323千字　2018年12月北京第1版第1次印刷

购书咨询：010-64518888　　售后服务：010-64518899
网　　址：http://www.cip.com.cn
凡购买本书，如有缺损质量问题，本社销售中心负责调换。

定　　价：128.00元　

Foreword
前言

能源危机与环境污染已成为当代人类发展面临的巨大挑战。太阳能电池的清洁性、安全性、资源可再生性等一系列优点更加凸显。越来越多的国家开始实行“阳光计划”，各个国家相继制定了一系列推动光伏发电的优惠政策，为光伏产业创造了良好的发展机遇和巨大的市场空间。1954年，贝尔实验室制备出第一块晶硅太阳能电池，光电转换效率（PCE）为4.5%。经过不断努力，目前单结晶硅太阳能电池的效率已达到了26.6%。晶硅电池技术成熟，占据了电池市场90%以上的份额，在工业生产和大规模光伏应用领域占有统治地位。

即便如此，因薄膜太阳能电池具有生产成本低、能量回收期短、便于大面积连续生产、运输安装方便等特点，也备受关注。晶体硅是间接带隙半导体材料，光吸收系数相对较低，晶硅电池所用硅片厚度在180 μm左右。非晶硅的光吸收系数远高于晶体硅，制备太阳能电池所需的非晶硅薄膜只需要1 μm厚，大大降低了材料的需求量。该材料的沉积温度低，可以直接沉积在玻璃、不锈钢和塑料膜等衬底上。非晶硅太阳能电池技术发展最早，已实现大规模生产，但是非晶硅材料在光照时存在光致衰退现象。另外，非晶硅材料带隙较宽，难以吸收700nm波长以上的光子，限制了其对太阳光谱的利用率。微晶硅材料，是一种非晶与微晶硅颗粒组成的混合相材料，其带隙最低可接近单晶硅的1.1eV，并且稳定性高，而且微晶硅电池基本无衰退。相对于非晶硅电池而言，采用非晶硅/微晶硅叠层电池既可拓宽电池长波光谱响应，又可提高电池的稳定性。日本夏普和三菱公司最早实现非晶硅/微晶硅叠层太阳能电池产业化生产，生产线产能30MW以上。近些年来，以GaAs等Ⅲ－Ⅴ族化合物、CdS和CdTe等Ⅱ－Ⅵ族化合物以及铜铟镓硒（Cu-In-Ga-Se，CIGS）等为代表的半导体化合物薄膜太阳能电池技术发展迅速，转换效率均能超过20%，部分技术已经实现规模化生产。但是，电池的缺陷也十分突出，As、Cd等元素含有剧毒，对环境和人类健康存在很大威胁，而In则是稀有金属，提取困难。因此，尽管具有高效率、低成本的优势，仍然无法实现大规模生产和应用。

为此人们提出进一步利用新材料和新技术制备更清洁环保的高效电池，主要包括有机聚合物太阳能电池、新型半导体化合物太阳能电池和有机－无机杂化钙钛矿太阳能电池等。最引人注目的是近几年发展起来的有机－无机杂化钙钛矿太阳能电池，其转换效率从2009年初次报道的3.8%迅速飙升至22.7%，很快成为了太阳能电池研究领域中关注的焦点。有机-无机杂化钙钛矿材料被引入太阳能电池领域后，大大超越染料敏化太阳能电池和有机化合物太阳能电池，显示出工业化潜力。基于有机金属卤化物的钙钛矿太阳能电池被认为是近年来光伏领域最重要的发明之一。

本书重点选取几类目前还处于研究阶段、有可能取得突破实现大规模产业化的薄膜太阳能电池进行介绍。希望对太阳能电池领域的研究人员有一些借鉴。

在本书的编著过程中，张帅、贾旭光、王书博、房香、郭华飞、蒋君、马昌昊、孙越、陆永婷、许林军、郭晓海、刘巍等进行了部分资料收集，袁宁一、房香、张婧、林本才、邱建华、张克智、董旭帮助校对。由于编者学识所限，加之时间仓促，书中不足之处在所难免，敬请广大读者批评指正。

编著者

2018年7月

Contents

目录

第1篇

有机-无机杂化钙钛矿太阳能电池

第1章　有机-无机杂化钙钛矿光伏材料结构与性能

1839年，Gustav Rose在俄罗斯乌拉尔山脉首次发现了$CaTiO_3$这种矿物，之后以俄罗斯地质学家Perovski的名字命名[1]。狭义的钙钛矿特指$CaTiO_3$，广义的钙钛矿是指具有钙钛矿结构的ABX_3型化合物，其中A为Na^+、K^+、Ca^{2+}、Sr^{2+}、Pb^{2+}、Ba^{2+}等半径大的阳离子，B为Ti^{4+}、Nb^{5+}、Mn^{6+}、Fe^{3+}、Ta^{5+}、Zr^{4+}等半径小的阳离子，X为O^{2-}、F^-、Cl^-、Br^-、I^-等阴离子。这些半径大小不同的离子共同构筑一个稳定的晶体结构。

ABX_3晶体结构如图1-1所示，BX_6构成正八面体，BX_6之间通过共用顶点X连接，构成三维骨架。A嵌入八面体间隙中使晶体结构得以稳定。本文主要介绍的是具有光敏性质的钙钛矿材料。1956年，人们在$BaTiO_3$这种材料中发现了光伏效应[3]，但直到1980年$KPbI_3$等无机钙钛矿才被作为光伏材料首次报道，其带隙为1.4～2.2eV。1987年，Weber[4]首次将甲胺（H_3CNH_2，缩写MA）引入钙钛矿晶体结构中，形成了有机-无机杂化钙钛矿。目前典型的光伏钙钛矿结构中，A一般为Cs^+、$CH_3NH_3^+$（MA）、$NH_2CH{=}NH_2^+$（FA）等；B为Pb^{2+}、Sn^{2+}、Ti^{4+}、Bi^{3+}等；X为Cl^-、Br^-、I^-、O^{2-}等。A还可以为有机离子和无机离子的混合体，也可是单纯的有机或者无机离子，相应地形成有机-无机杂化钙钛矿或者纯无机钙钛矿材料。

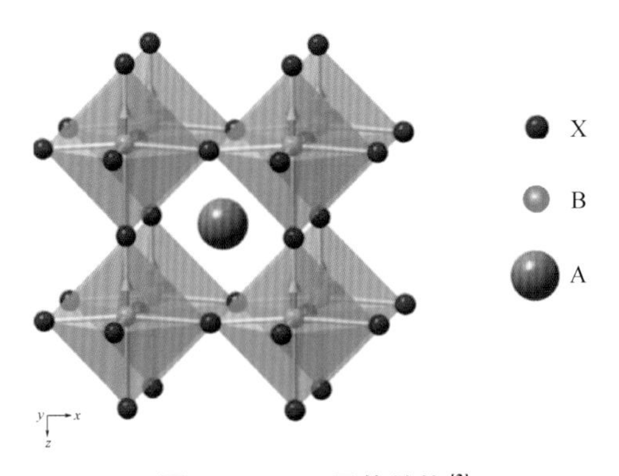

图1-1　ABX_3晶体结构[2]

A为Cs^+、$CH_3NH_3^+$、$NH_2CH{=}NH_2^+$等；B为Pb^{2+}、Sn^{2+}、Ti^{4+}、Bi^{3+}等；X为Cl^-、Br^-、I^-、O^{2-}等

1.1 三维有机-无机杂化钙钛矿光伏材料

对于钙钛矿的晶体结构，Goldschmidt[5]提出利用容忍因子（tolerance factor）来预测钙钛矿结构的稳定性，其方程为：

$$t=\frac{r_A+r_X}{\sqrt{2}\left(r_B+r_X\right)}$$

式中　t——容忍因子；

r_A——A离子半径；

r_B——B离子半径；

r_X——X离子半径。

当t介于0.8～1时，钙钛矿型化合物处于结构稳定的状态，当t小于0.8，或者大于1时，ABX_3钙钛矿结构将消失，并对光不再敏感。目前研究最多的$CH_3NH_3PbI_3$（$MAPbI_3$）的t值为0.834。

通过控制工艺条件和制备过程，利用溶液法制备的$MAPbI_3$薄膜，其缺陷态密度可低至$5\times10^{16}cm^{-3}$。而$MAPbI_3$单晶的缺陷态密度更可低至10^9～$10^{10}cm^{-3}$[6,7]；电子和空穴迁移率可达$10cm^2/(V\cdot s)$，扩散长度大于100nm[8]；禁带宽度为1.55eV，吸收边可达800nm，在600nm处的光吸收系数为$5\times10^{16}cm^{-1}$[9,10]。同时因属于直接带隙半导体，$MAPbI_3$具有很高的消光系数。当$MAPbI_3$的薄膜厚度为300～400nm时，对可见光的吸收率可达90%以上，当薄膜厚度大于600nm时，对可见光的吸收率可达99%。显然，其对可见光的吸收能力远远高于晶体硅等无机半导体材料。

尽管基于$MAPbI_3$的钙钛矿太阳能电池最高效率可以达到20%[11]，但是$MAPbI_3$自身具有一些固有缺点，如湿度稳定性差、热稳定性差。在空气中易分解，长时间的光照会导致电池发热而失效，而且环境温度超过57℃材料就会发生相变，这些都严重限制了$MAPbI_3$的实际应用[12]。另外，$MAPbI_3$的带隙为1.55eV，并不是光吸收材料的一个最优的带隙值。

钙钛矿材料在光伏器件中起着吸收入射光的作用，因此，材料的光吸收性质对电池的光伏特性至关重要。作为太阳能电池的吸光材料，在可见光区域和近红外区域有宽的吸收带是实现高效率的必备条件。虽然带隙越小，可利用的太阳光中的波长越长，但是带隙过窄，开路电压小，从而影响电池效率。钙钛矿材料可以通过调控元素组分进行带隙调节[13]，使之达到最佳值。

混合钙钛矿材料具有理想光吸收体的几个属性：可调带隙，高吸收系数，双极载流子传输性质，载流子扩散长度大和缺陷耐受性强，同时也具有更好的温度稳定性。目前报道的效率超过22%的钙钛矿电池基本都采用$FA_{1-x}MA_xPbI_yBr_{1-y}$这种多元混合材料作为吸收层[14]。

1.1.1 A位改变

A位元素主要起的作用是晶格电荷补偿，并不会从根本上改变材料的能带结构，其对带隙的影响主要在于离子大小引起的晶格畸变[15]。一般来说，离子半径增大，晶胞扩展，带隙变小；反之，离子半径减小，晶胞收缩，带隙增大。另外较小的离子更容易进入PbI_6^{2-}网络中形成稳定的钙钛矿结构；相反，半径较大的A位离子会导致钙钛矿结构不稳定。

FA的离子半径大约为2.2Å（1Å=10^{-10}m），比MA（1.8Å）略大。用FA完全替换MA，即形成$HC(NH_2)_2PbI_3$（$FAPbI_3$），带隙大约为1.48eV，光谱响应扩展到850nm[16]。因此基于$FAPbI_3$的太阳能电池，短路电流高于基于$MAPbI_3$的太阳能电池，但是较窄的带隙导致器件开路电压降低[17]。$FAPbI_3$晶体结构一般存在两个相，一个是具有光伏性质的黑色相（α-$FAPbI_3$），另一个是不具有光伏性质的黄色相（δ-$FAPbI_3$）[18]。Park等[19]发现基于溶液法制备的FA基钙钛矿电池在150℃退火15min后，钙钛矿吸收层可以形成稳定的黑色相。如图1-2所示，电池短路电流最高，电池最高效率为16.01%，且在太阳能电池工作的温度范围内，没有发生相变。但就目前报道的$FAPbI_3$太阳能电池来看，尽管短路电流达到23mA/cm^2[20]，但是其转换效率并没有$MAPbI_3$电池高，原因在于纯的FA基钙钛矿电池的开路电压（V_{oc}）以及填充因子（FF）较低。FF低可能是由材料结晶性较差导致。

对于太阳能电池来说，吸收层的最佳带隙宽度是1.34eV，但是接近理想带隙的钙钛矿材料很少。美国布朗大学的Nitin. P. Padture[21]教授等将$FAPbI_3$与$CsSnI_3$构成类似合金的体系，如图1-3所示，高分辨率透射电镜显示该合金体系为稳定的单相体系。Tauc plot图及密度泛函理论计算得出$(FAPbI_3)_{0.7}(CsSnI_3)_{0.3}$体系的带隙最接近最佳值（图1-4）。基于ITO/PEDOT：PSS/$(FAPbI_3)_{0.7}(CsSnI_3)_{0.3}$/(C60/BCP)/Al的钙钛矿电池的短路电流密度高达26.4mA/cm^2，高于目前所有钙钛矿体系电池；电池的开路电压只有0.77V，光电转换效率为14.6%（图1-5）。尽管电池转换效率不高，但该体系属于少铅体系，且为组分调节提供了新的思路。

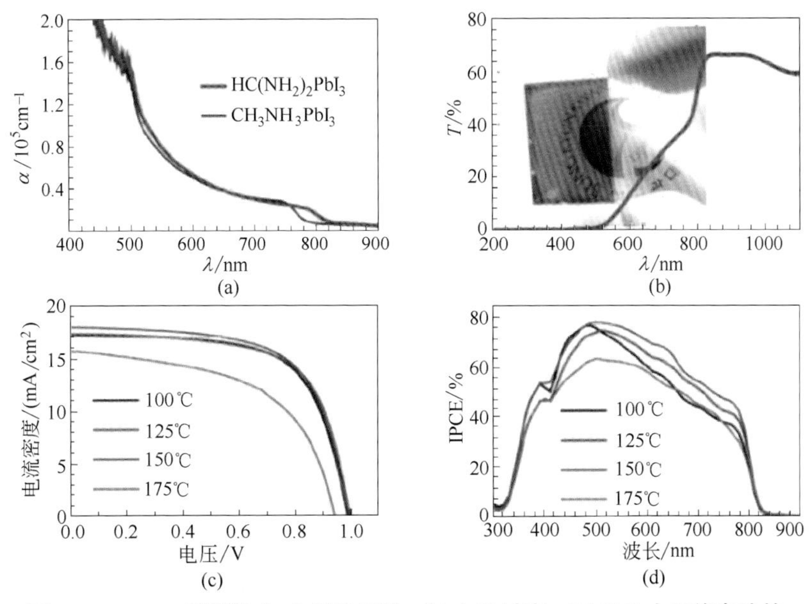

图1-2　$FAPbI_3$材料的（a）吸收系数；（b）透过率；$FAPbI_3$太阳能电池的（c）*J-V*曲线；（d）IPCE曲线[19]

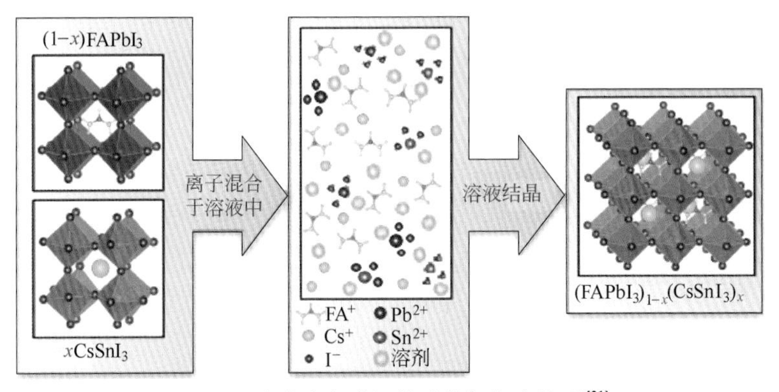

图1-3　溶液法合成钙钛矿单相复合体系[21]

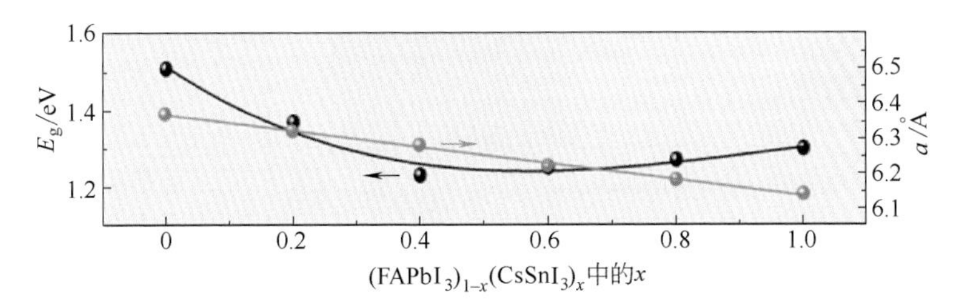

图1-4　不同组分对应的带隙[21]

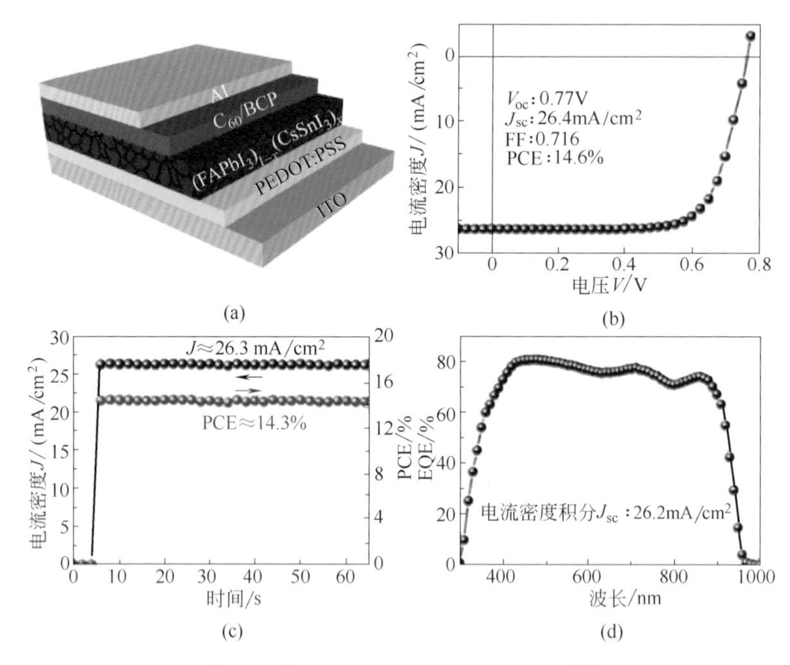

图1-5　$(FAPbI_3)_{0.7}(CsSnI_3)_{0.3}$体系[21]

（a）电池结构；（b）*J-V*曲线；（c）稳定性测试；（d）外量子效率曲线

若是将MA完全替换为Cs，则可以形成纯无机的钙钛矿材料$CsPbI_3$。此材料带隙1.73eV。但是具有光伏效应的立方相α-$CsPbI_3$一般只在高温下稳定存在。Joseph M. Luther[22]等报道了一种α-$CsPbI_3$量子点的制备方法，利用表面活性剂包覆α-$CsPbI_3$量子点，使得通常在室温不能稳定存在的$CsPbI_3$立方相实现稳定的转变，进而制备成薄膜，将其应用于太阳能电池，表现出超过10%的能量转换效率和稳定输出功率，开路电压达到1.23V（图1-6）。

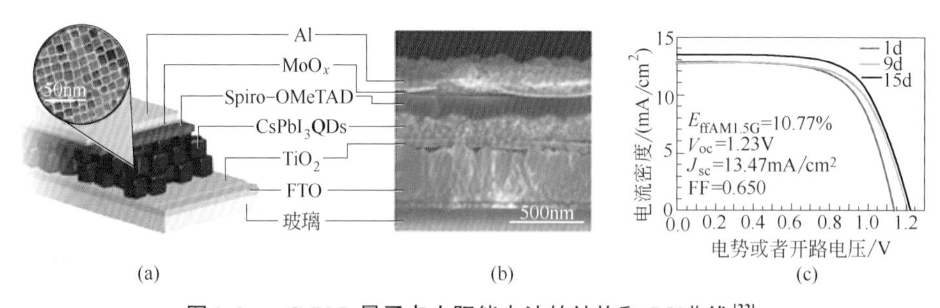

图1-6　α-$CsPbI_3$量子点太阳能电池的结构和*J-V*曲线[22]

Michael Grätzel等[23]最先将MA和FA混合，形成了$MA_xFA_{1-x}PbI_3$体系，

并发现当MA占居整个A位离子的20%时，混合体系结构稳定，能够完全避免出现黄色的非光敏型的（δ-$FAPbI_3$）相。通过调节MA、FA的比例，最终发现基于$MA_{0.6}FA_{0.4}PbI_3$体系的光学带隙和$FAPbI_3$差不多，电池效率达到14.9%（图1-7），也就是说MA和FA混合体系仍然能保持较小的带隙，晶格没有产生明显的变化，同时黑色相（α-$FAPbI_3$）稳定。光谱测试表明，MA的存在还增加了载流子的寿命。

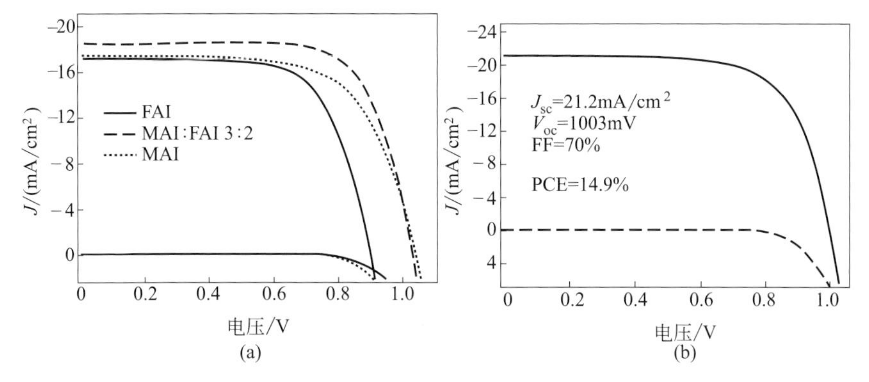

图1-7　$MA_{0.6}FA_{0.4}PbI_3$的*J-V*曲线[23]

若用Cs部分替代MA，掺入$MAPbI_3$体系中，将构成$Cs_xMA_{1-x}PbI_3$。当x=0.1时，可以明显地改善膜的光吸收以及表面形貌，其电池性能相比$MAPbI_3$提高了近40%。当继续增加CS的含量，由于带隙的增大，器件的效率将持续下降。2017年刘生忠课题组[24]通过双源共蒸氯化铅和氯化铯，之后与MAI接触反应形成$Cs_{0.23}MA_{0.77}PbI_3$，基于该吸收层的电池，其效率达到了20.03%且保持了长时间的稳定（图1-8）。研究表明CS的加入降低了$MAPbI_3$的缺陷态密度，使得载流子具有更长的扩散长度。

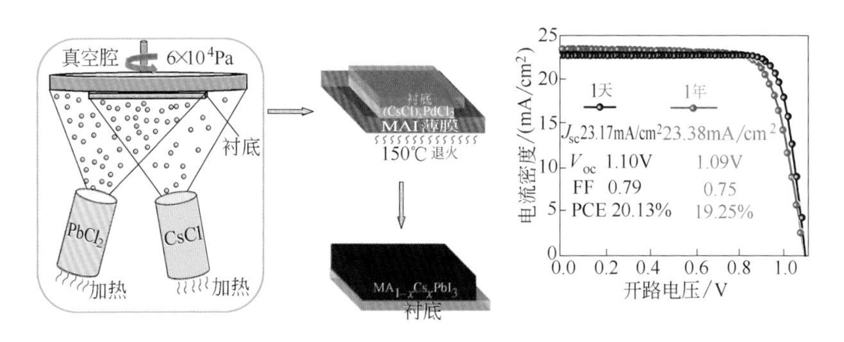

图1-8　$Cs_{0.23}MA_{0.77}PbI_3$制备流程和*J-V*曲线[24]

1.1.2 B位改变

ABX_3钙钛矿结构中常用的B位元素是Pb，由于Pb有毒，对环境有害，因此希望使用Sn、Sr等元素取代Pb。

Sn与Pb有相似的离子半径（1.35Å），Sn基的钙钛矿结构材料带隙约1.35eV。其电荷迁移率是10^2 ～ $10^3cm^2/(V·s)$[Pb基钙钛矿电荷迁移率是10 ～ $10^2cm^2/(V·s)$][25]。通过调节Sn和Pb的比例可以持续降低体系带隙，Mercouri G. Kanatzidis[26]证明Sn掺杂进铅基钙钛矿不满足Vegard法则，也就是说Sn和Pb混合型钙钛矿材料的带隙值并不是介于两个纯相带隙值之间（图1-9）。但是，Sn^{2+}非常不稳定，极易在空气中氧化成Sn^{4+}，Sn^{4+}能够起到p型掺杂的作用，导致材料自掺杂[27]。Ogomi等[28]首次使用部分Sn替换Pb，形成$MASn_{0.5}Pb_{0.5}I_3$组分的钙钛矿，其中Pb的存在起到了稳定Sn^{2+}价态的作用。该材料带隙低至1.23eV，光谱响应扩展到1060nm（图1-10）。基于$MASn_{0.5}Pb_{0.5}I_3$电池的短路电流密度超过$20mA/cm^2$，但是电池效率只有4.18%。电池的并联电阻小，这可能和Sn基钙钛矿的高载流子浓度和高电导率有关[29]。

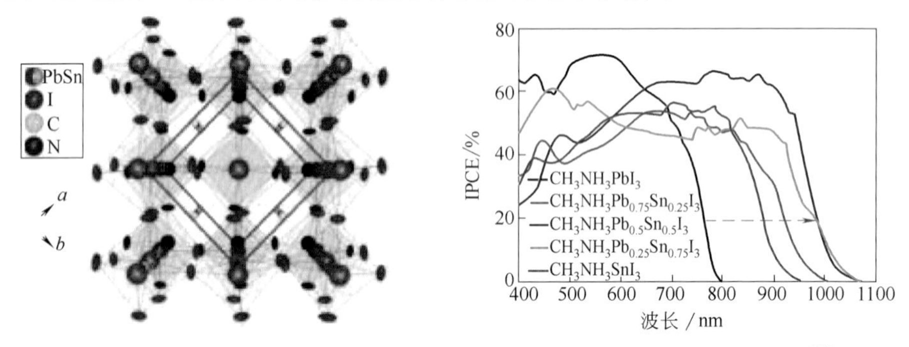

图1-9 $MASn_xPb_{1-x}I_3$晶体结构及锡含量对钙钛矿结构和量子效率的影响[27]

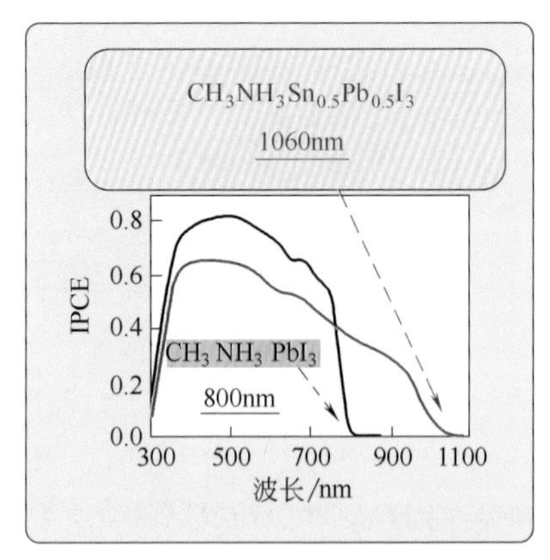

图1-10 $MASn_{0.5}Pb_{0.5}I_3$钙钛矿的光谱响应[28]

为了避免Sn^{2+}在空气中的氧化，Snaith等[27]将电池的制备和测试等完全放入手套箱中进行，得到完全无铅的$MASnI_3$钙钛矿。此无铅体系的光学带隙约1.23eV，基于FTO/致密氧化钛/多孔氧化钛/$MASnI_3$/Spiro-OMeTAD/Au的电池，效率为6.4%，开路电压为0.88V。可见在该无铅钙钛矿材料中开路电压损失极低，但是载流子扩散长度只有30nm，远远低于$MAPbI_3$钙钛矿材料，含铅钙钛矿材料的载流子扩散长度能到微米级别。

无毒的锶离子（Sr^{2+}）半径和Pb^{2+}很接近，Sr^{2+}可以替代部分Pb^{2+}进而降低Pb^{2+}的比例。Sr元素取代对钙钛矿薄膜光电性能有显著的影响，如导带边能级升高、激子结合能增加和缺陷态密度增加。在$MASr_aPb_{1-a}I_{3-x}Cl_x$晶格中掺入少量的$Sr^{2+}$（$a \leqslant 0.05$）能够提高材料的热稳定性，同时$Sr^{2+}$的掺入能够将钙钛矿的开路电压提升到1.1V。基于ITO/致密TiO_2/$CH_3NH_3Sr_aPb_{1-a}I_{3-x}Cl_x$/Spiro-MeOTAD/Au的结构的平面电池实现了16.3%转换效率[30]。

总之，取代或者部分取代Pb^{2+}的钙钛矿太阳能电池，其效率均低于Pb^{2+}体系的钙钛矿太阳能电池，以后的研究方向应该集中到如何避免铅流失，包括电池封装等技术。

1.1.3 X位改变

改变X元素（常见的是I、Br、Cl）也可对ABX_3钙钛矿材料的性质进行调控。X元素原子的大小可以改变ABX_3钙钛矿材料的晶格常数，使用较大的离子可提高长波区域的光吸收。如通过调节$MAPbI_{3-x}Br_x$体系中的Br离子含量可以调控钙钛矿的光学带隙（图1-11）[32]。研究显示当Br^-含量从6%变化到100%时，$MAPbI_{3-x}Br_x$体系的太阳能电池的短路电流密度从18mA/cm^{2}减小到5mA/cm^2，相应的，开路电压从0.8V增加到1.13V。

同时Br^-的掺入也可以提高薄膜的质量，赵一新研究组[31]利用奥斯瓦尔德熟化策略（奥斯瓦尔德熟化：溶质中的较小的晶体或溶胶颗粒溶解并再次沉积到较大的晶体或溶胶颗粒上）来对钙钛矿薄膜进行后续处理。将MABr异丙醇（IPA）溶液（2mg/mL）旋涂在PbI_2表面，之后退火，形成的$MAPbI_{3-x}Br_x$电池效率达到了19.12%；而高浓度的MABr（8mg/mL异丙醇溶液）会在$MAPbI_3$表面发生离子交换反应而恶化电池性能，XPS的测量也显示高浓度的MABr溶液导致钙钛矿薄膜中的Br含量上升[32]。

将Cl^-引入前驱体溶液中，制备的钙钛矿材料中载流子的输运得到改善，但不会改变材料的带隙[33]。Thomas Bein等[34]使用两步法，将PbI_2薄膜浸入MACl、MAI混合热溶液（溶剂为IPA）中反应生成钙钛矿，MACl的引入降低了钙钛矿电池的串联电阻，提高了短路电流。其原因主要是Cl^-的引入可提

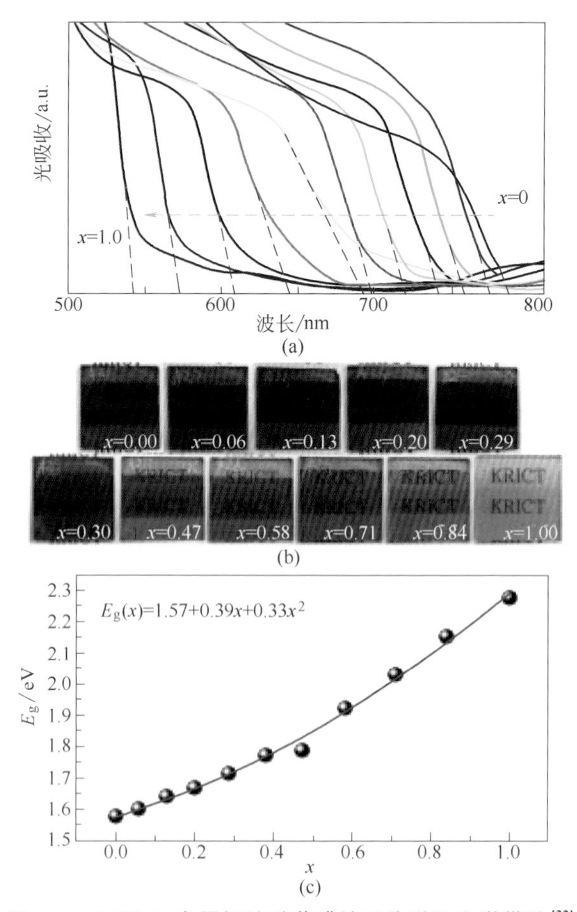

图 1-11　不同 Br 含量钙钛矿薄膜的吸收谱和光学带隙[32]

高光生载流子的寿命，并提高了带边光吸收。

Snaith研究组[61]在制备钙钛矿的前驱体中引入$PbCl_2$，结合介孔氧化铝，制备的电池效率达到10.9%，并且钙钛矿的XRD衍射峰位和$MAPbI_3$基本一样，但是其衍射峰非常的尖锐，说明引入Cl^-显著提高了钙钛矿薄膜的结晶性。HCl作为添加剂，加入钙钛矿前驱液中，也观察到了薄膜品质改善的现象[36]。

尽管在钙钛矿前驱体中引入Cl^-可以带来一些好处，但是一些研究发现Cl^-并没有完全处于钙钛矿晶体结构中。分析计算表明，钙钛矿结构中大约只有2.2%的Cl^-存在，这远远低于前驱体中的Cl^-含量[35]，这也解释了Snaith所观察到的掺杂Cl^-的钙钛矿的XRD图谱和$MAPbI_3$基本一致。Cl^-起到了改变晶体生长过程的作用，提高了结晶品质，从而使得材料表现出更好的性能。

1.2
二维有机-无机杂化钙钛矿光伏材料

最早的二维（2D）有机-无机杂化钙钛矿光伏材料报道Ruddlesden-Popper（R-P）可以追溯到20世纪50年代，Ruddlesden和Popper发现了三种K_2NiF_4型化合物：Sr_2TiO_4、Ca_2MnO_4和SrLaAlO。相比于三维（3D）钙钛矿，2D钙钛矿的一个独特的优势在于可以通过间隔阳离子的分子设计如加长烷基链长、插入π共轭段等手段调节材料结构，而不同结构会导致光电性能的不同。

$(C_6H_5CH_2CH_2NH_3)_2(CH_3NH_3)_{n-1}Pb_nX_{3n+1}$[$(PEA)_2(MA)_{n-1}Pb_nX_{3n+1}$]首先由Nurmikko和同事合成[37]，这些化合物可以由3D的$MAPbX_3$钙钛矿沿特定晶体平面用PEA阳离子切片得到，图1-12给出了$(PEA)_2(MA)_2Pb_3X_{10}$二维结构的示意图[38]。PEA^+和PbI_4^{2-}的成键计算分析，显示这些材料沿垂直叠加方向的相互作用弱。降低钙钛矿的维数会同时增加带隙E_g和激子结合能E_b。三维钙钛矿$MAPbI_3$的E_g为1.54eV，E_b大约13～16meV，而$(PEA)_2(MA)_{n-1}Pb_nX_{3n+1}$结构的钙钛矿在$n$=2时带隙上升为2.32eV，激子吸收带隙约为2.15eV，激子结合能由两者之差估算约为170meV。基于PEA的2D钙钛矿材料的激子结合能主要由介电束缚导致，这有别于传统半导体量子阱[37]。基于自旋-轨道耦合密度泛函理论计算揭示了由烷基链导致的量子限制效应，随着n的减小，在光致发光谱中可以看到明显的蓝移现象。2014年，Karunadasa等[38]报道了使用$(PEA)_2(MA)_2Pb_3I_{10}$作为吸收层的平面结构太阳能电池，效率达到4.73%，这得益于二维钙钛矿的宽带隙，电池开路电压达到了1.18eV。重要的是$(PEA)_2(MA)_2Pb_3I_{10}$表现出了很好的环境稳定性，在相对湿度52%的空气中暴露46天后，其X射线衍射谱（XRD）和光吸收谱均无明显变化。此外，在LED器件上，$(PEA)_2(MA)_{n-1}$-Pb_nX_{3n+1}也有着良好的前景，其在较低激发光下具有很高的荧光量子产率[39]。研究发现，2D钙钛矿可以集中电荷载流子，确保了辐射复合超过由载流子俘获导致的非辐射复合，克服了基于$CH_3NH_3PbI_3$钙钛矿的电致发光（EL）器件辐射复合效率低的缺点。因此，在近红外段运行的LED器件外量子效率达到了8.8%[40]。

$(CH_3CH_2CH_2CH_2NH_3)_2(CH_3NH_3)_{n-1}Pb_nX_{3n+1}$[$(BA)_2(MA)_{n-1}Pb_nX_{3n+1}$]是另一种由$BA^+$作为有机阳离子裁剪三维钙钛矿得到的Ruddlesden-Popper型二维钙钛矿。Kanatzidis等对$(BA)_2(MA)_{n-1}Pb_nX_{3n+1}$钙钛矿的光学性质和晶体结构进行了系统的研究[40]。这些化合物的光学吸收起始边缘尖锐，表现出直接带隙半导体性质，如表1-1所示，随着n的增大，E_g逐渐减小，从2.24eV（n=1）减小到

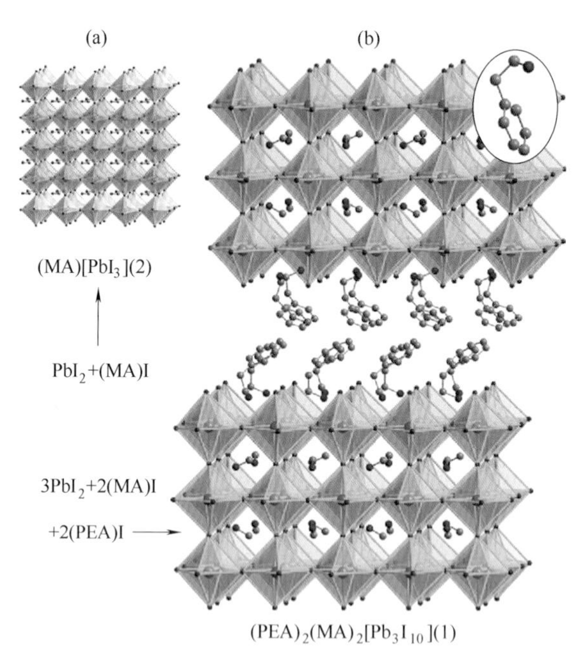

图1-12　二维钙钛矿的结构[38]

1.52eV（$n=\infty$）。当$n\leqslant 2$时，2D钙钛矿材料在室温下表现出很强的光致荧光效应，这意味着材料适合应用于LED器件。在$n\geqslant 3$时，材料在可见光区表现出很强的光吸收，表明在光伏器件的应用上也有较高的潜力。至于晶体结构，这些化合物都属于正交晶系。不同于（BA）$_2$PbI$_4$中心对称的Pbca空间群，（BA）$_2$（MA）Pb$_2$I$_7$、（BA）$_2$（MA）$_2$Pb$_3$I$_{10}$和（BA）$_2$（MA）$_3$Pb$_4$I$_{13}$分别属于以极性（C2v）为中心的Cc2m、C2cb和Cc2m空间群。这种非中心对称的结构反映出定向的MA阳离子导致了晶胞内存在净偶极矩。同时，通过调节BA与MA的摩尔比值，可以轻松调节无机层厚度。此外，与3D钙钛矿相比，这些2D钙钛矿薄膜显示了独特的自组装能力，导致晶体方向垂直于衬底，形成一个平整的表面晶体取向。

表1-1　（BA）$_2$（MA）$_{n-1}$Pb$_n$X$_{3n+1}$钙钛矿的光学性质[40]

化合物	E_g/eV	激子吸收/eV	PL/eV	E_g–PL/meV	m_e	m_h
$(BA)_2PbI_4$	2.43	2.35	2.35	80	0.082	0.144
$(BA)_2(MA)Pb_2I_7$	2.17	2.08	2.12	50	—	—
$(BA)_2(MA)_2Pb_3I_{10}$	2.03	1.96	2.01	20	0.097	0.141
$(BA)_2(MA)_3Pb_4I_{13}$	1.91	1.85	1.90	10	0.094	0.153
$MAPbI_3$	1.50	1.59	1.60	—	—	—

1.3 有机-无机杂化钙钛矿材料中载流子动力学

随着钙钛矿太阳能电池效率的不断突破，与之相关的材料基础科学问题一直是学术界研究的热点。在理论方面，基于密度泛函（DFT）理论的第一性原理计算是研究钙钛矿材料基础性质的最常见与最有效的理论工具，并且对于三维钙钛矿$MAPbI_3$材料的能带结构已有很多研究[41,43]。图1-13是$MAPbI_3$在吸收边缘的能带结构图，价带最高点（VBM）由碘的5p轨道和铅的6p轨道杂化形成，而导带最低点（CBM）由铅的空6p轨道形成[41,44,45]。铅和碘的重离子性质导致显著的自旋轨道耦合，降低了带隙并导致导带状态与较低的分裂带分裂形成导带最低点CBM[42,44]。

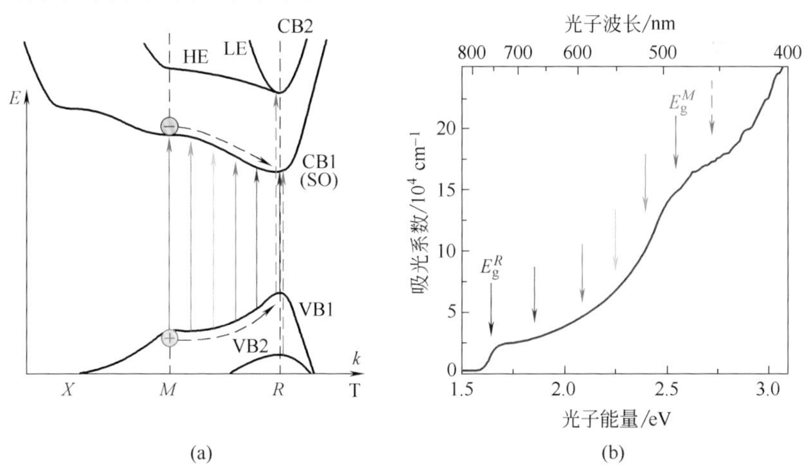

图1-13 $MAPbI_3$在吸收边缘的能带结构[43]

（a）根据DFT理论计算的$MAPbI_3$在吸收边缘的能带结构图，彩色箭头代表允许的电子跃迁；（b）$MAPbI_3$稳态吸收谱，对应于能带结构R点到M点电子跃迁

在实验方面，钙钛矿材料体系中载流子的产生、转移和复合过程极为短暂，因此超快时间分辨光谱技术是研究这种过程的强有力工具[46,47]。早期的研究集中在瞬态吸收光谱的物理解释方面，主要讨论能带边缘处（约1.6eV）吸收峰的精确拟合和在大约2.6eV处观察到的吸收峰的来源[48,49]。对于第一个问题，有研究者把能带边缘处的吸收峰归因于激子和自由载流子综合作用的结果，并且通过激子跃迁、准费米能级、载流子温度和带隙重整化常数等全面表征了其瞬态吸收谱各成分[51]，而也有研究者认为此吸收峰的特征由自由载流子和光学常数的调整决定[50]。因此，精确拟合$MAPbI_3$能带边缘的瞬态吸收光谱依然存在争论。对于后一个问题，鉴于$MAPbI_3$在2.6eV处的高能光

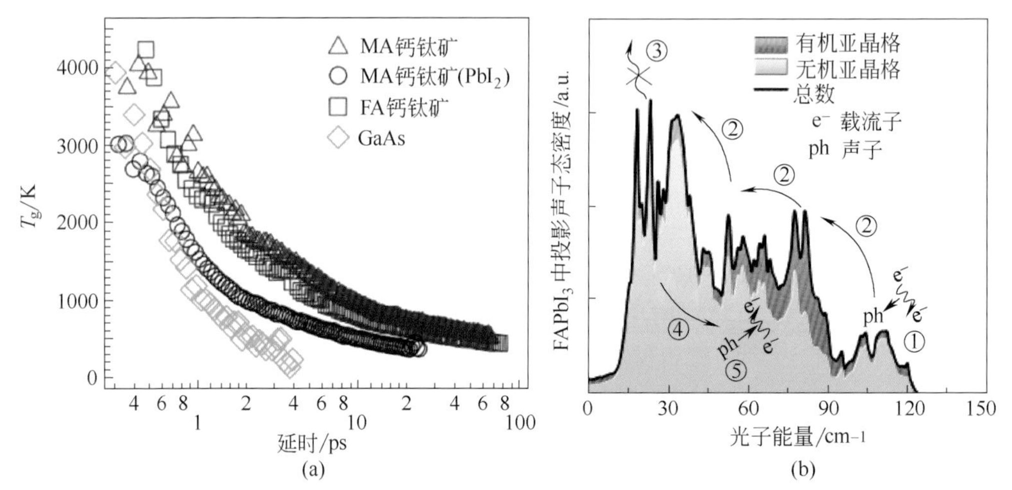

图1-14 (a)三维有机-无机杂化钙钛矿中观察到的热声子瓶颈效应[52]；（b）三维有机-无机杂化钙钛矿中声学声子的上转化过程[53]

诱导吸收特征与稳态吸收光谱中观察到的次级起始之间的对应关系，许多研究假定了二者的共同起源[49, 53, 54]。Sun团队认为能带中VB2到CB1的跃迁导致了这一高能量处的光诱导吸收峰[49]，而Kamat团队则将其归因于电荷转移带[55, 56]。

除了定量分析瞬态吸收光谱还存在很多问题之外，对热载流子弛豫过程的研究也一直在进行[51-53, 58]。2014年新西兰惠灵顿维多利亚大学Hodgkiss教授团队[57]对有机-无机杂化钙钛矿材料的载流子弛豫过程进行了分析，发现激发的载流子弛豫到带边超过10ps。2016年初美国国家可再生能源实验室（NREL）Beard教授团队[51]报道了$CH_3NH_3PbI_3$钙钛矿材料在更高载流子注入情况下观察到了“热声子瓶颈效应”[图1-14（a)]，指出热声子瓶颈效应可以延长热载流子弛豫过程，表明了$CH_3NH_3PbI_3$钙钛矿材料有应用在热载流子电池中的潜质。同年Deschler教授团队[50]在研究有机-无机杂化钙钛矿材料的超快瞬态吸收光谱中也观察到了热声子瓶颈效应，但其机制仍不明朗。随后，牛津大学Herz教授团队[58]通过随温度变化的光致发光谱研究有机-无机杂化钙钛矿材料中载流子与声子的相互作用，发现在室温下载流子和声子的散射机理主要是纵光学声子的Frohlich相互作用。2016年12月，澳大利亚新南威尔士大学Conibeer教授团队[52]在发表的研究中比较了有机-无机$APbX_3$（A=FA^+/MA^+，X=I^-/Br^-）钙钛矿材料和全无机$CsPbX_3$（X=I^-/Br^-）钙钛矿材料的热声子瓶颈效应，发现有机阳离子可以延迟载流子-声子弛豫速率。他们同时认为有机-无机杂化钙钛矿材料中热声子瓶颈效应的产生可能是由于声学声子的传播被延缓而导致多个低能量的声学声子上转化为一个高能量的光学声子，光学声子重新加热已经冷却的电子从而延长热载流子的弛豫过程

［图1-14（b）］。

二维（RNH_3）$_2$（A）$_{n-1}$$M_nX_{3n+1}$钙钛矿材料具有天然的量子阱结构，量子限域效应造成的声子能级分裂会导致声子散射概率更小，因而可能会更容易出现声子瓶颈效应，热载流子弛豫时间更长。在近期研究中，大连化物所金盛烨研究员团队[59]对不同层数二维钙钛矿材料瞬态吸收光谱的初步分析结果，观察了光生载流子的分离过程。2018年，丁建宁教授团队[60]首次观察到了二维钙钛矿材料中热声子瓶颈效应相比于三维钙钛矿显著增强［图1-15（a）］，发现其独特的量子阱结构有助于获得寿命更长的热载流子。如图1-15（b）所示，和三维有机-无机杂化钙钛矿一样，有机基团会引入“混合声子”导致低能量的声学声子上转化为高能量的光学声子，从而导致热声子衰减速率变慢（过程⑤），同时由于二维结构导致的量子限域效应抑制了声学声子的传播（过程④），因而进一步增强了声学声子上转换为光学声子的效率。他们推断二维有机-无机杂化钙钛矿中的钙钛矿势阱存在最佳宽度。这是因为热载流子冷却导致的能量损失最终以晶格热振动的形式传导耗散，而材料热导率与声子群速度以及声子平均自由程正相关。势阱越窄，量子限域效应越强，声学声子群速度越小，热导率越低；但是另一方面，如果势阱的宽度太小以至于小于声学声子的平均自由程时，声学声子隧穿势垒的概率得到极大的增强，从而导致热导率变大。因此，存在一个最佳量子阱宽度使得热声子瓶颈效应达到最大从而导致热载流子弛豫时间达到最长。丁建宁教授团队观察到在（BA）$_2$（MA）$_{n-1}$$Pb_nX_{3n+1}$系列二维有机-无机杂化钙钛矿中，随着$n$增大，热声子瓶颈效应先增强后减弱，在$n$=3的时候热载流子冷却的时间弛豫常数达到300ps，冷却到室温的时间约1000ps，比三维有机-无机杂化钙钛矿材料与无机GaAs等材料高1～2个数量级，这一结果表明二维钙钛矿材料有作为热载流子电池吸收层的潜力。

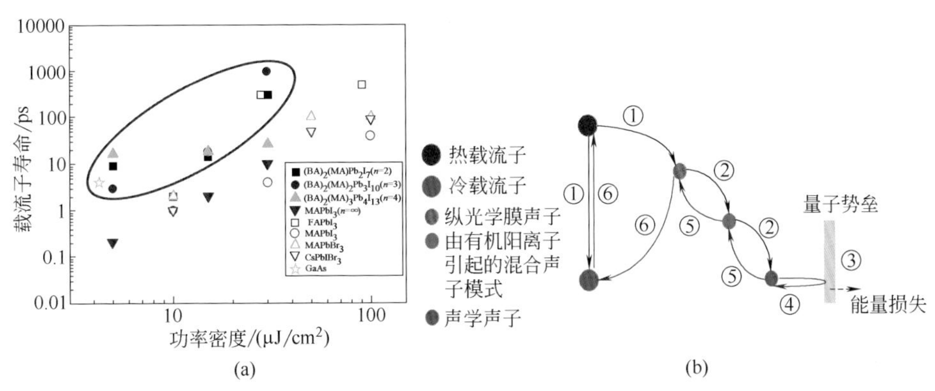

图1-15　（a）不同材料中热载流子弛豫时间；
（b）二维有机-无机杂化钙钛矿材料中热载流子可能的弛豫过程[60]

参考文献

[1] Costa A. De quibusdam novis insectorum generibus descriptis，iconibusque illustratis. 1857，2（02）.

[2] Stoumpos C C，Kanatzidis M G. The renaissance of halide perovskites and their evolution as emerging semiconductors. Accounts of Chemical Research，2015，48（10）：2791-2801.

[3] Chynoweth A G. Pyroelectricity，internal domains，and interface charges in triglycine sulfate. Physical Review，1960，117（5）：1235-1243.

[4] Weber D. $CH_3NH_3SnBr_xI_{3-x}$（x=0～3），ein Sn（Ⅱ）-System mit kubischer Perowskitstruktur/ $CH_3NH_3SnBr_xI_{3-x}$（x=0～3），a Sn（II）-System with Cubic Perovskite Structure. Zeitschrift Für Naturforschung B，1978，33（8）：862-865.

[5] Goldschmidt V M. Die Gesetze der krystallochemie. Naturwissenschaften，1926，14（21）：477-485.

[6] Jeon N J，Noh J H，Kim Y C，et al. Solvent engineering for high-performance inorganic-organic hybrid perovskite solar cells. Nature Materials，2014，13（9）：897-903.

[7] Xing G，Mathews N，Lim S S，et al. Low-temperature solution-processed wavelength-tunable perovskites for lasing. Nature Materials，2014，13（5）：476-480.

[8] Xing G，Mathews N，Sun S，et al. Long-range balanced electron- and hole-transport lengths in organic-inorganic $CH_3NH_3PbI_3$. Science，2013，342（6156）：344-347.

[9] Cai B，Xing Y，Yang Z，et al. High performance hybrid solar cells sensitized by organolead halide perovskites. Energy & Environmental Science，2013，6（5）：1480-1485.

[10] Lee M M，Teuscher J，Miyasaka T，et al. Supllement efficient hybrid solar cells based on meso-superstructured organometal halide perovskites. Science，2012，338：643-647.

[11] Zhou H，Chen Q，Li G，et al. Photovoltaics：interface engineering of highly efficient perovskite solar cells. Science，2014，345（6196）：542-546.

[12] Baikie T. Synthesis and crystal chemistry of the hybrid perovskite （CH_3NH_3）PbI_3 for solid-state sensitised solar cell applications. Journal of Materials Chemistry A，2013，1（18）：5628-5641.

[13] Xiao J，Liu L，Zhang D，et al. The emergence of the mixed perovskites and their applications as solar cells. Advanced Energy Materials，2017，7（20）：1700491.

[14] Yang W S，Park B W，Jung E H，et al. Iodide management in formamidinium-lead-halide-based perovskite layers for efficient solar cells. Science，2017，356（6345）：1376-1379.

[15] Zhen Li，Mengjin Yang，Ji-Sang Park，et al. Stabilizing perovskite structures by tuning tolerance factor：formation of formamidinium and cesium lead iodide solid-state alloys. Chem Mater，2016，28（1）：284-292.

[16] Eperon G E， Stranks S D， Menelaou C，et al. Supplementary information formamidinium of formamidinium lead trihalide：a broadly tunable perovskite for efficient planar heterojunction solar cells. Energy Environ Sci，2014，7（3）：982-988.

[17] Zhou Y，Yang M，Pang S，et al. Exceptional morphology-preserving evolution of formamidinium lead triiodide perovskite thin films via organic-cation displacement.

Journal of the American Chemical Society, 2016, 138 (17) : 5535-5538.

[18] Stoumpos C C, Malliakas C D, Kanatzidis M G. Semiconducting tin and lead iodide perovskites with organic cations: phase transitions, high mobilities, and near-infrared photoluminescent properties. Inorganic Chemistry, 2013, 52 (15) : 9019-9038.

[19] Lee J W, Seol D J, Cho A N, et al. High-efficiency perovskite solar cells based on the black polymorph of $HC(NH_2)_2PbI_3$. Advanced Materials, 2014, 26 (29) : 4991-4998.

[20] Eperon G E. Formamidinium lead trihalide: a broadly tunable perovskite for efficient planar heterojunction solar cells. Energy & Environmental Science, 2014, 7 (3) : 982-988.

[21] Zong Y, Wang N, Zhang L, et al. Homogenous alloys of formamidinium lead triiodide and cesium tin triiodide for efficient ideal-bandgap perovskite solar cells. Angewandte Chemie International Edition, 2017, 56 (41) : 12658-12662.

[22] Swarnkar A, Marshall A R, Sanehira E M, et al. Quantum dot-induced phase stabilization of α-$CsPbI_3$ perovskite for high-efficiency photovoltaics. Science, 2016, 354 (6308) : 92-95.

[23] Pellet N, Gao P, Gregori G, et al. Mixed-organic-cation perovskite photovoltaics for enhanced solar-light harvesting. Angewandte Chemie, 2014, 126 (12) : 3215-3221.

[24] Xuejie Z, Dong Y, Yang R, et al. Superior stability for perovskite solar cells with 20% efficiency using vacuum co-evaporation. Nanoscale, 2017, 9 : 12316-12323.

[25] Hao F, Stoumpos C C, Chang R P H, et al. Anomalous band gap behavior in mixed Sn and Pb perovskites enables broadening of absorption spectrum in solar cells. J Am Chem Soc, 2014, 136 (22) : 8094-8103.

[26] Stoumpos C C, Malliakas C D, Kanatzidis M G. Semiconducting tin and lead iodide perovskites with organic cations: phase transitions, high mobilities, and near-infrared photoluminescent properties. Inorganic Chemistry, 2013, 52 (15) : 9019-9038.

[27] Noel N K, Stranks S D, Abate A, et al. Lead-free organic–inorganic tin halide perovskites for photovoltaic applications. Energy & Environmental Science, 2014, 7 (9) : 3061-3068.

[28] Ogomi Y, Morita A, Tsukamoto S, et al. $CH_3NH_3Sn_xPb_{(1-x)}I_3$ perovskite solar cells covering up to 1060nm. Journal of Physical Chemistry Letters, 2014, 5 (6) : 1004-1011.

[29] Takahashi Y, Hasegawa H, Takahashi Y, et al. Hall mobility in tin iodide perovskite $CH_3NH_3SnI_3$: Evidence for a doped semiconductor. Journal of Solid State Chemistry, 2013, 205, 39-43.

[30] Shai X, Zuo L, Sun P, et al. Efficient planar perovskite solar cells using halide Sr substituted Pb perovskite. Nano Energy, 2017, 36: 216-222.

[31] Yang M, Zhang T, Philip S, et al. Facile fabrication of large-grain $CH_3NH_3PbI_{3-x}Br_x$ films for high-efficiency solar cells via CH_3NH_3Br-selective Ostwald ripening. Nature Communications, 2016, 7: 12305.

[32] Noh J H, Sang H I, Jin H H, et al. Chemical management for colorful, efficient, and

stable inorganic-organic hybrid nanostructured solar cells. Nano Letters, 2013, 13 (4): 1764-1769.

[33] Colella, Silvia, Rizzo, et al. $MAPbI_{(3-x)}Cl_x$ mixed halide perovskite for hybrid solar cells: the role of chloride as dopant on the transport and structural properties. Chemistry of Materials, 2013, 25 (22): 4613-4618.

[34] Docampo P, Hanusch F C, Stranks S D, et al. Solution deposition-conversion for planar heterojunction mixed halide perovskite solar cells. Advanced Energy Materials, 2015, 4 (14): 20140355.

[35] You J, Hong Z, Yang Y, et al. Low-temperature solution-processed perovskite solar cells with high efficiency and flexibility. Acs Nano, 2014, 8 (2): 1674-1680.

[36] Li G, Zhang T, Zhao Y. Hydrochloric acid accelerated formation of planar $CH_3NH_3PbI_3$ perovskite with high humidity tolerance. Journal of Materials Chemistry A, 2015, 3 (39): 19674-19678.

[37] Hong X, Ishihara T, Nurmikko A V. Dielectric confinement effect on excitons in PbI_4-based layered semiconductors. Physical Review B Condensed Matter, 1992, 45 (12): 6961-6964.

[38] Smith I C, Hoke E T, Solisibarra D, et al. A layered hybrid perovskite solar-cell absorber with enhanced moisture stability. Angewandte Chemie, 2014, 53 (42): 11232-11236.

[39] Yuan M, Quan L N, Comin R, et al. Perovskite energy funnels for efficient light-emitting diodes. Nature Nanotechnology, 2016, 11 (10): 872-877.

[40] Stoumpos C C, Cao D H, Clark D J, et al. Ruddlesden-popper hybrid lead iodide perovskite 2D homologous semiconductors. Chemistry of Materials, 2016, 28 (8): 2852-2867.

[41] Mosconi E, Amat A, Nazeeruddin M K, et al. First-principles modeling of mixed halide organometal perovskites for photovoltaic applications. Journal of Physical Chemistry C, 2013, 117 (27): 13902-13913.

[42] Even J, Pedesseau L, Katan C, et al. Solid-state physics perspective on hybrid perovskite semiconductors. J phys chem C, 2015, 119 (19): 10161-10177.

[43] Frost J M, Butler K T, Brivio F, et al. Atomistic origins of high-performance in hybrid halide perovskite solar cells. Nano Letters, 2014, 14 (5): 2584-2590.

[44] Tanaka K, Takahashi T, Ban T, et al. Comparative study on the excitons in lead-halide-based perovskite-type crystals $CH_3NH_3PbBr_3$, $CH_3NH_3PbI_3$. Solid State Communications, 2003, 127 (9): 619-623.

[45] Even J, Pedesseau L, Jancu J M, et al. Importance of spin-orbit coupling in hybrid organic/inorganic perovskites for photovoltaic applications. Journal of Physical Chemistry Letters, 2013, 4 (17): 2999-3005.

[46] Jr C S P, Savenije T J, Abdellah M, et al. Organometal halide perovskite solar cell materials rationalized: ultrafast charge generation, high and microsecond-long balanced mobilities, and slow recombination. Journal of the American Chemical Society, 2014, 136

(14): 5189-5192.

[47] Stranks S D, Eperon G E, Grancini G, et al. Electron-hole diffusion lengths exceeding 1 micrometer in an organometal trihalide perovskite absorber. Science, 2013, 342 (6156): 341-344.

[48] Xing G, Mathews N, Sun S, et al. Long-range balanced electron-and hole-transport lengths in organic-inorganic $CH_3NH_3PbI_3$. Science, 2013, 342 (6156): 344-347.

[49] Manser J S, Kamat P V. Band filling with free charge carriers in organometal halide perovskites. Nature Photonics, 2014, 8 (9): 737-743.

[50] Price M B, Butkus J, Jellicoe T C, et al. Hot-carrier cooling and photoinduced refractive index changes in organic–inorganic lead halide perovskites. Nature Communications, 2015, 6: 8420-8427.

[51] Yang Y, Ostrowski D P, France R M, et al. Observation of a hot-phonon bottleneck in lead-iodide perovskites. Nature Photonics, 2016, 10 (1): 53-59.

[52] Yang J, Wen X, Xia H, et al. Acoustic-optical phonon up-conversion and hot-phonon bottleneck in lead-halide perovskites. Nature Communications, 2017, 8: 14120.

[53] Even J, Pedesseau L, Katan C. Analysis of multivalley and multibandgap absorption and enhancement of free carriers related to exciton screening in hybrid perovskites. Journal of Physical Chemistry C, 2014, 118 (22): 11566-11572.

[54] Kawai H, Giorgi G, Marini A, et al. The mechanism of slow hot-hole cooling in lead-iodide perovskite: first-principles calculation on carrier lifetime from electron–phonon interaction. Nano Letters, 2015, 15 (5): 3103-3108.

[55] Christians J A, Manser J S, Kamat P V. Multifaceted excited state of $CH_3NH_3PbI_3$. Charge separation, recombination, and trapping. Journal of Physical Chemistry Letters, 2015, 6 (11): 2086-2095.

[56] Stamplecoskie K G. Dual nature of the excited state in organic–inorganic lead halide perovskites. Energy & Environmental Science, 2014, 8 (1): 208-215.

[57] Chen K, Barker A J, Morgan F L, et al. Effect of carrier thermalization dynamics on light emission and amplification in organometal halide perovskites. Journal of Physical Chemistry Letters, 2015, 6 (1): 153-158.

[58] Wright A D, Verdi C, Milot R L, et al. Electron-phonon coupling in hybrid lead halide perovskites. Nature Communications, 2016, 7: 11755-11763.

[59] Liu J, Leng J, Wu K, et al. Observation of internal photoinduced electron and hole separation in hybrid two-dimentional perovskite films. Journal of the American Chemical Society, 2017, 139 (4): 1432-1435.

[60] Jia X G, Jiang J, Zhang Y, et al. Obser vation of enhanced hot phonon bottleneck effect in 2D perovskites. Appl. Phys. Lett. 2018, 112: 143903.

[61] Lee M M, Teuscher J, Miyasaka T, Murakami T N, Snaith H J, Efficient hybrid solar cells based on meso-superstructured organometal halide perovskites. Science, 2012, 338, 643-647.

第2章 钙钛矿吸收层制备及优化

2.1

有机-无机杂化钙钛矿吸收层的制备方法

作为钙钛矿太阳能电池的光吸收层，有机-无机杂化钙钛矿薄膜的质量直接影响到钙钛矿太阳能电池的转换效率。结晶度高、光滑、致密的钙钛矿吸收层有助于促进薄膜内部光生载流子的产生和分离；相反地，粗糙、存在明显孔隙的钙钛矿薄膜会导致吸光度和光生电流下降，同时孔隙的存在会使电子传输层和空穴传输层部分接触，增加漏电路径，降低器件的并联电阻。因此合理优化制备工艺、改善钙钛矿薄膜质量，对于提高钙钛矿电池的光伏特性至关重要。目前，有机-无机杂化钙钛矿薄膜的制备方法主要有一步旋涂法、分步液浸法、两步旋涂法、共蒸法、分步气相辅助沉积法等[1]，如图2-1所示。

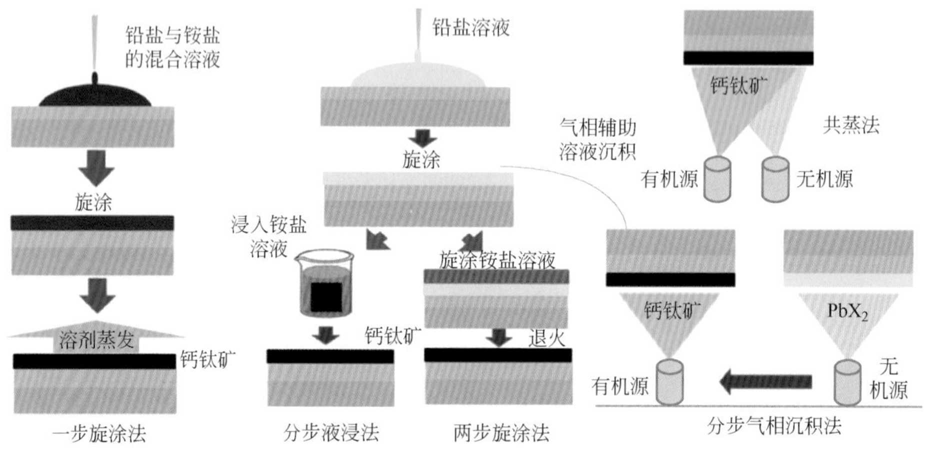

图2-1 钙钛矿薄膜的制备工艺

2.1.1 一步旋涂法

一步旋涂法是将一定比例的PbX_2（I^-、Br^-、Cl^-）与CH_3NH_3I（MAI）混合溶解制成前驱体溶液，经旋涂、加热退火形成钙钛矿薄膜。退火的温度一般在100℃左右，以保证溶剂的挥发，促进晶体的形成。此方法制备的薄膜对成膜条件十分敏感，如前驱体溶液中溶剂的选择[2-6]、溶液浓度[7,8]、退火温度[9,10]等等。

溶剂影响：*N*,*N*-二甲基甲酰胺（DMF）和γ-丁内酯（GBL）是一步旋涂法中常用的溶剂。而采用不同溶剂制备出的钙钛矿薄膜形貌存在明显差异。当溶剂为DMF时，倾向于形成针状的钙钛矿晶体［图2-2（a）］；而以GBL作为溶剂时，则会倾向于形成团簇状的晶体［图2-2（b）］[5,11-13]。不过上述两种溶剂制备的钙钛矿薄膜均很难实现对衬底的完全覆盖，这不仅会降低器件的光吸收，更会导致空穴传输层与电子传输层的直接接触，进而产生严重的电荷复合，最终影响电池的光电转换效率。

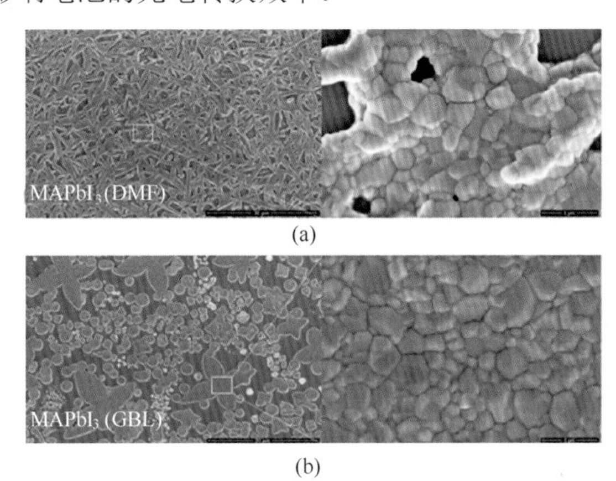

图2-2　分别以DMF（a）和GBL（b）为溶剂制备的钙钛矿薄膜形貌

为了改善溶剂体系引起的衬底覆盖情况，丁建宁课题组[14]系统地研究了溶剂对钙钛矿薄膜的形貌和结晶度的影响，进一步发展了制备高质量钙钛矿薄膜的溶剂技术，实现了无须退火的钙钛矿制备工艺。该方法分别采用DMF/DMSO、DMAC（二甲基乙酰胺）/DMSO、DMF/NMP（*N*-甲基-2-吡咯烷酮）和DMAC/NMP四种溶剂体系作为钙钛矿前驱体的混合溶剂，旋涂工艺如图2-3所示。研究发现4种溶剂体系都能够有效地实现薄膜对衬底的全覆盖。相对于NMP/DMSO和DMAC/DMSO两种混合溶剂，DMF/NMP和DMAC/NMP溶剂体系制备出的钙钛矿薄膜更加平整均匀，钙钛矿晶粒尺寸更大，结晶性更好（图2-4）。更重要的是，利用DMF/NMP和DMAC/NMP溶剂体系的前驱体溶液旋涂薄膜，在滴加反溶剂之前薄膜颜色就已经变黑，这意味着该溶剂体系制备的薄膜无须退火，室温下溶剂就挥发完全，形成结晶度高的钙钛矿薄膜。未进行退火处理，基于DMAC/NMP溶剂体系的钙钛矿太阳能电池效率可达17.38%，而基于DMAC/DMSO混合溶剂的电池只获得了3.81%的效率。

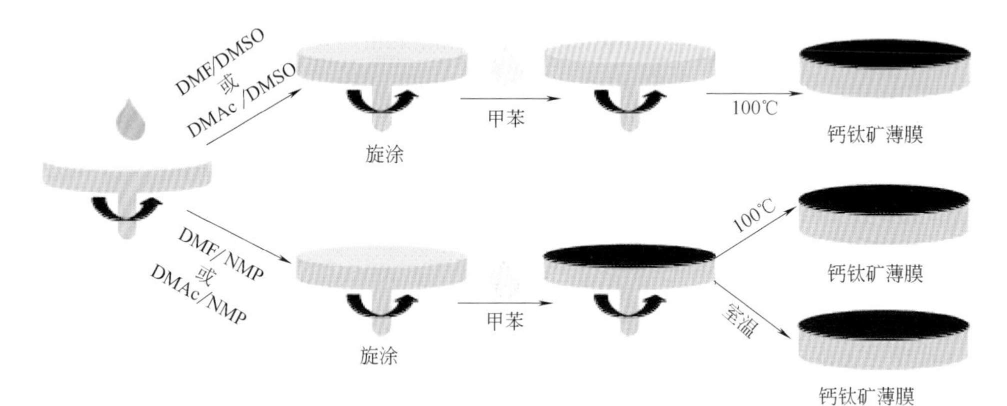

图2-3　一步旋涂法工艺[14]

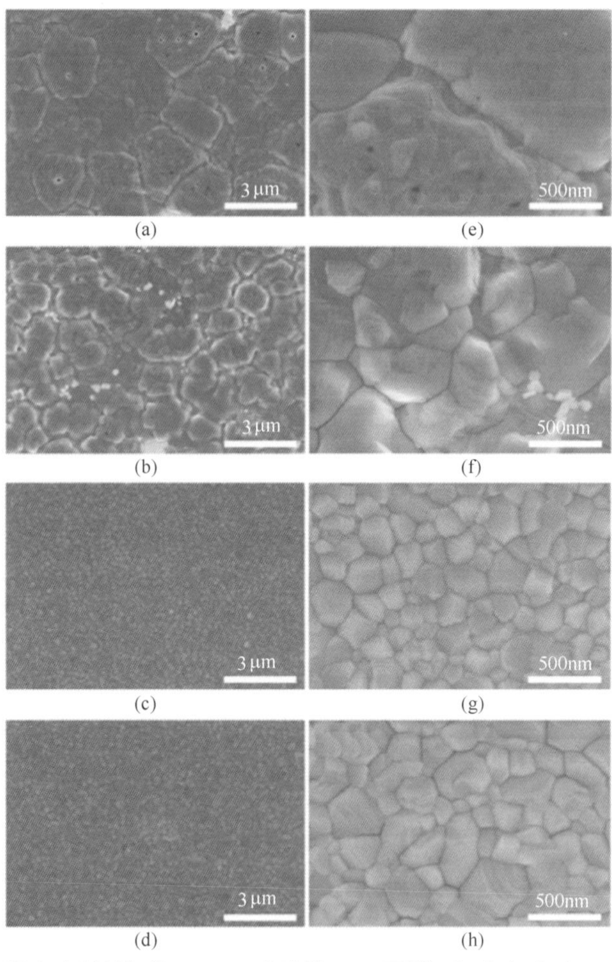

图2-4　不同混合溶剂制备的$MAPbI_3$薄膜的SEM图[14]：（a）和（e）DMF/DMSO；（b）和（f）DMAC/DMSO；（c）和（g）DMF/NMP；（d）和（h）DMAC/NMP

溶液浓度影响：Snaith等[7]通过改变钙钛矿前驱体溶液浓度和TiO_2致密层的厚度，调节钙钛矿薄膜的孔隙填充率。研究发现随着钙钛矿前驱体溶液浓度的增大，太阳能电池的光电流和光电压都有明显的改善。前驱体溶液的组成对薄膜的光电性质也有影响，黄劲松等[8]发现前驱液中PbI_2/CH_3NH_3I的摩尔比从0.35变化到1.0，钙钛矿薄膜的吸收率、PL和XRD均明显变化（图2-5）。

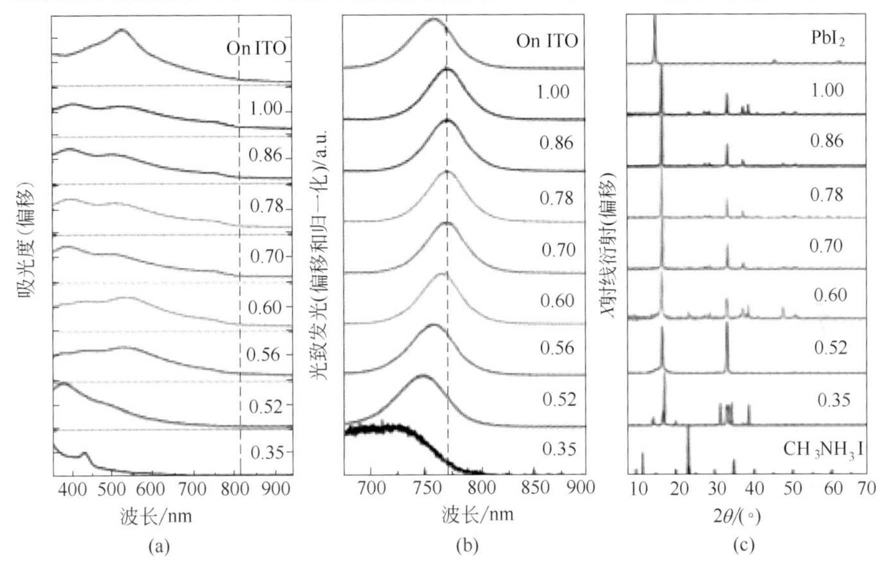

图2-5　不同PbI_2/CH_3NH_3I摩尔比制备的薄膜的（a）吸收光谱；（b）PL光谱；（c）XRD图[8]

退火温度影响：Snaith等[10]在TiO_2致密层上制备$CH_3NH_3PbI_{3-x}Cl_x$钙钛矿薄膜，通过控制退火温度，来调节钙钛矿晶粒的尺寸大小和表面覆盖率。如图2-6所示，随着退火温度的升高，晶粒尺寸增大；材料表面结构从连续薄膜转变为离散的孤岛分布，降低了材料的表面覆盖率。

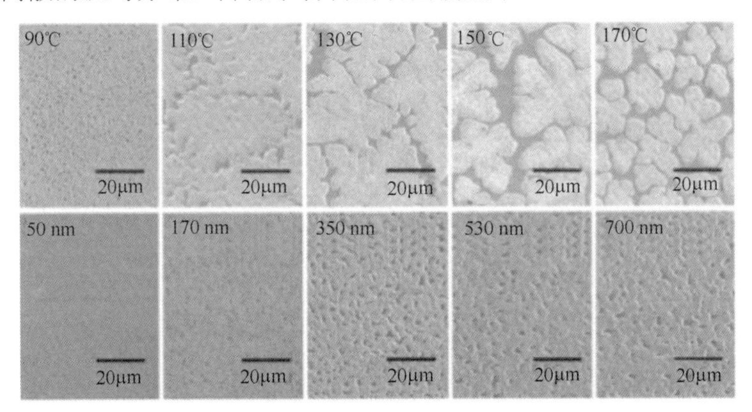

图2-6　不同退火温度下钙钛矿薄膜的SEM图[10]

环境湿度影响：杨阳等发现在合适的湿度（约30%）下进行退火，少量的水分可以进入钙钛矿晶界中，促使晶界发生移动，使晶体融合，然后形成晶粒尺寸为500nm左右的无孔洞薄膜[15]。在这一条件下，他们制备结构为FTO/PEDOT：PSS/$MAPbI_{3-x}Cl_x$/$PC_{61}BM$/PFN/Al的电池效率达17.1%。另外，研究还发现，旋涂前衬底温度[12]、旋涂速率[17]、冷却速率[18]、退火气氛[16]、退火温度的梯度设定[13,19]等条件的调控都有助于提高钙钛矿薄膜的质量。

2.1.2 分步液浸法

2013年，Grätzel等[11]提出了一种可控性高、重复性好的分步液浸法，首先将PbI_2从溶液引入到介孔TiO_2中，随后将其浸入CH_3NH_3I溶液中反应转化成有机-无机杂化钙钛矿（图2-7）。研究发现，两种前驱液发生接触，反应在介孔TiO_2内发生，使得更容易控制钙钛矿形态。使用这种技术制备太阳能电池能够大大提高工艺的可重复性，并获得了当时钙钛矿电池的最高转换效率15%。

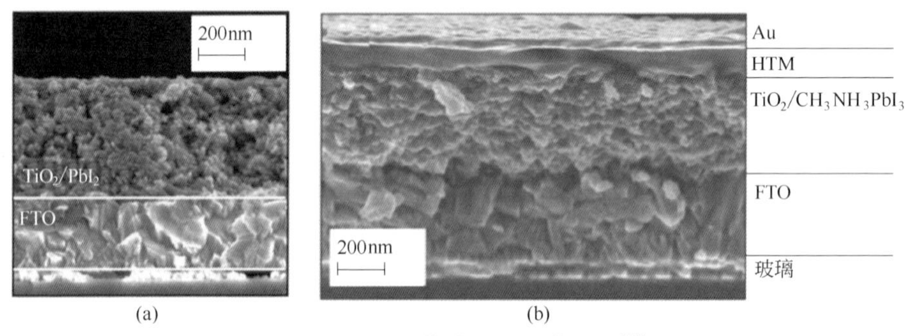

图2-7 钙钛矿薄膜的SEM截面图[11]

分步液浸法最大的局限性是不利于制备较厚的平面型钙钛矿薄膜[20,21]。实验显示，当在平面衬底上使用分步液浸法时，只能制备约200nm厚的钙钛矿薄膜。厚度一旦增加，CH_3NH_3I很难扩散到PbI_2层较深的位置，导致剩余大量未反应的PbI_2，降低了电池的性能[24]。通过改变PbI_2薄膜的形貌[22]，可使其转化趋于完全。郑灵灵等[23]通过将旋涂的PbI_2薄膜放在室温下晾干以取代高温烘干的步骤，可以使PbI_2自发形成带有多孔结构的薄膜，为后续的CH_3NH_3I的渗入提供了充足的空间和途径。采用该方法制备的电池效率达16.5%，与之前相比有了显著提升。然而，此方法制备的电池对迟滞现象的抑制作用并不明显。为了减少器件的迟滞，他们还采用二次生长的方法，将薄膜重复浸泡于CH_3NH_3I溶液中，不仅能使PbI_2完全转化为钙钛矿，而且可形成由较大晶粒组成的致密平整的薄膜。基于此方法的平面电池效率和迟滞分别得到提高和抑制。

2.1.3　两步旋涂法

两步旋涂法，也叫作互扩法，是由黄劲松等提出的[20]。这个方法也可认为是在分步液浸法的基础上衍生出来的，而且二者获得的薄膜形貌也是非常相似的[24,25]。两者的区别在于两步旋涂法是一种精确定量的方法。他们将PbI_2和MAI分别溶解在二甲基甲酰胺（DMF）和异丙醇中，作为前驱体溶液。如图2-8所示，通过先旋涂PbI_2薄膜，再旋涂适量的CH_3NH_3I薄膜形成双叠层薄膜，通过退火实现两层薄膜之间的互相扩散和反应，生成单一组分的有机-无机杂化钙钛矿薄膜。其形成机理是PbI_2与溶剂DMF形成较弱的配位健，当CH_3NH_3I旋涂后，PbI_2首先与碘离子反应形成PbI_3^-，之后在甲胺离子的作用下转化生成钙钛矿，而DMF在退火过程中会完全挥发[25]。

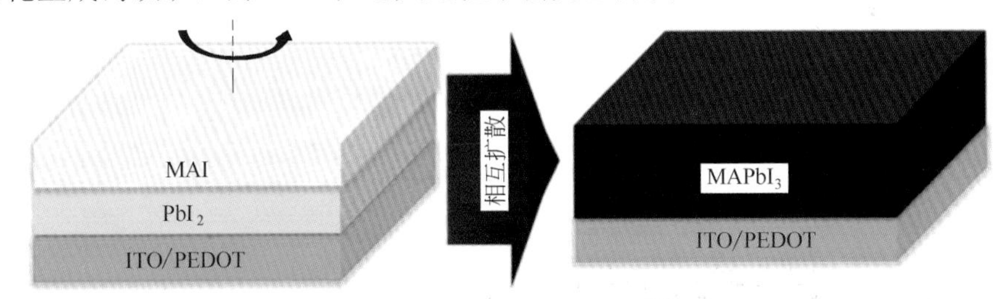

图2-8　两步旋涂法的工艺[10]

齐江[26]等采用了两步旋涂法来精细控制钙钛矿薄膜，并制备n-i-p平面结构太阳能电池。首先在电子传输层上旋涂PbI_2，然后将碘化甲脒（FAI）、溴化甲胺（MABr）和氯化甲胺（MACl）混合溶液涂覆在PbI_2层上，最后通过退火PbI_2/FAI准双层扩散形成钙钛矿相。制备的电池效率达21.6%。

2.1.4　气相沉积法

Snaith等[27]首次报道了通过气相沉积法制备钙钛矿太阳能电池的工艺。利用双源共蒸［图2-9（a）］可形成均匀平整的混合卤化物钙钛矿（$CH_3NH_3PbI_{3-x}Cl_x$）薄膜及平面异质结p-i-n太阳能电池器件［图2-9（c）］。图2-9（b）所示的是气相和液相法制备的钙钛矿的XRD谱图，晶体结构如图2-9（d）所示。

气相沉积法和溶液法制备的薄膜表面形貌和横截面形貌（图2-10）存在着明显差异。气相沉积制备的薄膜表面平整光滑、致密、厚度均匀。相比之下，溶液法制备的薄膜只是部分覆盖衬底，表面起伏比较大。

双源共蒸的气相沉积法对工艺的控制精度要求高，为此，研究者提出了其他的气相沉积方法[29-33]，试图让薄膜制备控制更容易。林浩武等[29]提

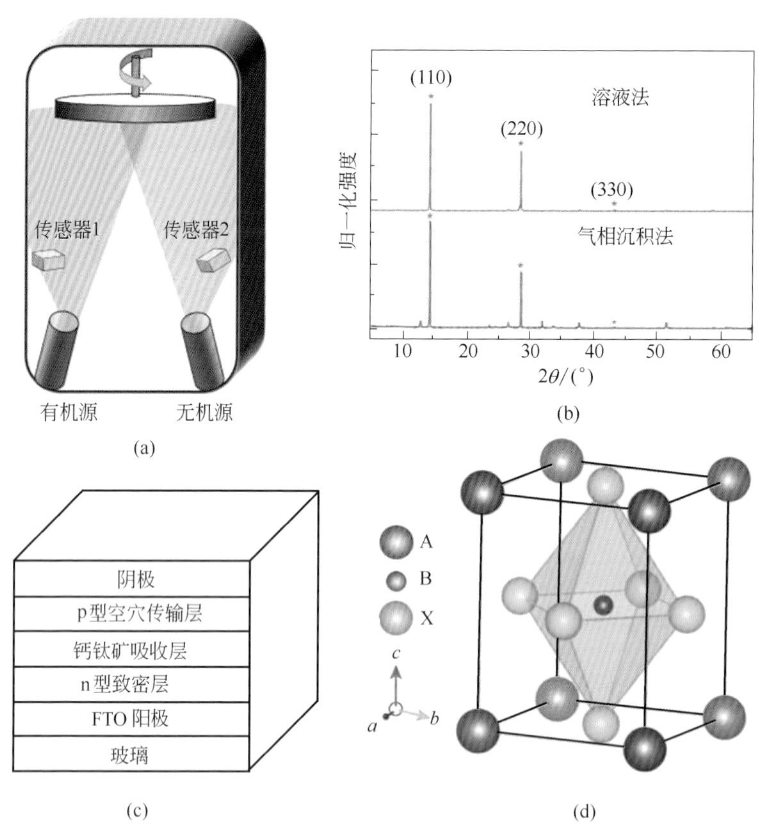

图2-9　气相沉积制备钙钛矿太阳能电池[27]

（a）双源共蒸的工艺；（b）气相和液相法制备的钙钛矿的XRD图；（c）器件结构；（d）晶体结构

出了分步气相沉积的方法，通过逐层顺序真空升华方式来进行钙钛矿薄膜的沉积：先在衬底上利用蒸发方法制备$PbCl_2$薄膜，再将其放在低温区（65～85℃），将CH_3NH_3I粉体置于85℃高温区域气化，最后在低温区反应形成$CH_3NH_3PbI_{3-x}Cl_x$薄膜。调控$PbCl_2$薄膜的结晶性和表面粗糙度，可影响$CH_3NH_3PbI_{3-x}Cl_x$的结晶质量。该方法制备的电池获得了15.4%的转换效率。Longo等[31]开发了闪蒸的方法来制备钙钛矿薄膜。该方法将钙钛矿粉末作为蒸发源，利用较大的电流瞬间蒸发形成200nm左右的钙钛矿薄膜。基于此薄膜的平面型电池获得了12.2%的效率。而采用CVD法[32]同样可以制备出高质量的钙钛矿薄膜。将CH_3NH_3I粉末置于高温区气化，通过N_2气流动，CH_3NH_3I气体就可以到达放置了PbI_2薄膜的低温区段，然后进行反应。钙钛矿薄膜的形貌和生长可以通过装置中的气流速率、温度和压力进行控制。

研究人员采用溶液法和气相沉积法相结合的制备方法[34]获得了粒径达微米级、表面全覆盖且表面粗糙度低的薄膜。该方法首先将PbI_2薄膜旋涂沉积在涂覆

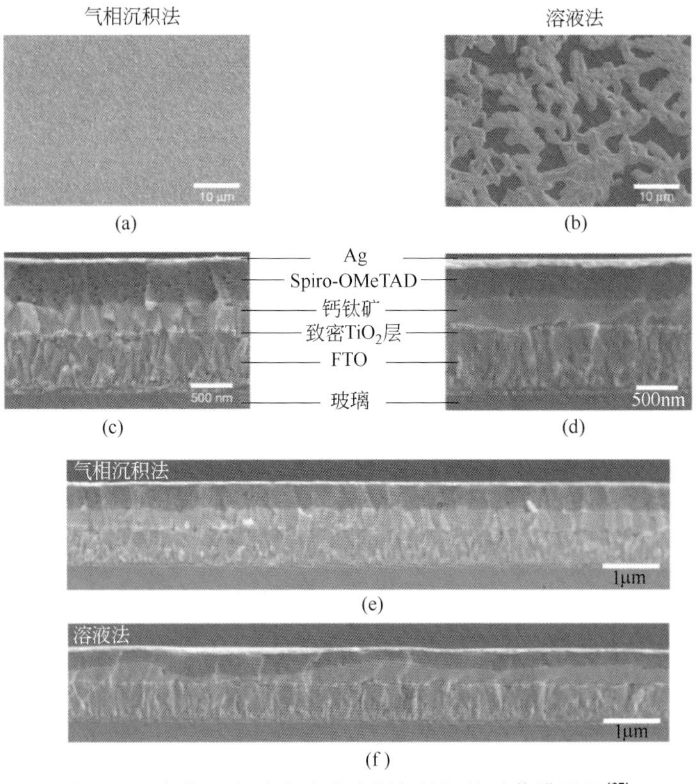

图2-10　气相沉积法和溶液法制备的钙钛矿薄膜形貌[27]

有致密TiO_2层的FTO玻璃上，然后在CH_3NH_3I气体中，在150℃下反应2h形成钙钛矿薄膜（图2-11），所得到薄膜的厚度约为350nm。电池转换效率为12.1%。

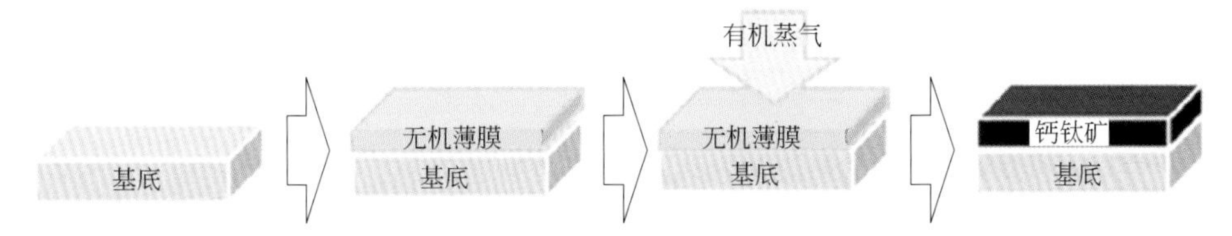

图2-11　溶液法和气相沉积法相结合制备钙钛矿薄膜的工艺流程[34]

2.2 钙钛矿薄膜的改性

对于钙钛矿光吸收层成膜性能的研究受到业界人士的广泛关注，除了上述制备方法和工艺的选择、控制，钙钛矿薄膜的掺杂改性也是提高薄膜光电性能的重要手段，科研工作者在添加剂的引入、离子的取代等方面进行了大量的研究工作。

2.2.1 有机或无机分子添加剂

在前驱液中引入添加剂可以在一定程度上优化钙钛矿薄膜的形貌、改善载流子传输特性。很多具有功能基团的有机小分子被应用在钙钛矿电池中，以提高材料和器件性能。一般包括具有疏水、交联和空间位阻等功能的小分子，如含有烷基链、酰胺基团和共轭芳烃等功能基团。2015年Chen等[35]将有机小分子氯萘应用于$MAPbI_{3-x}Cl_x$的制备过程。萘作为芳香基团具有强烈的空间位阻效应，这对晶体生长动力学过程有较大的影响。当氯萘分子在退火过程中缓慢挥发后，小尺寸的钙钛矿晶体连接在一起形成均匀致密的薄膜，这种方法使得光电转换效率提高了30%。Grätzel等[36]将烷基膦酸氯化铵作为添加剂添加到$MAPbI_3$前驱体溶液中，其中烷基膦酸氯化铵两端不同基团［—$PO(OH)_2$和NH_3^+］的氢原子分别和两个钙钛矿晶粒表面的I形成氢键，使得钙钛矿晶粒之间相互连接，降低表面晶界，提高钙钛矿薄膜的致密程度（图2-12）。

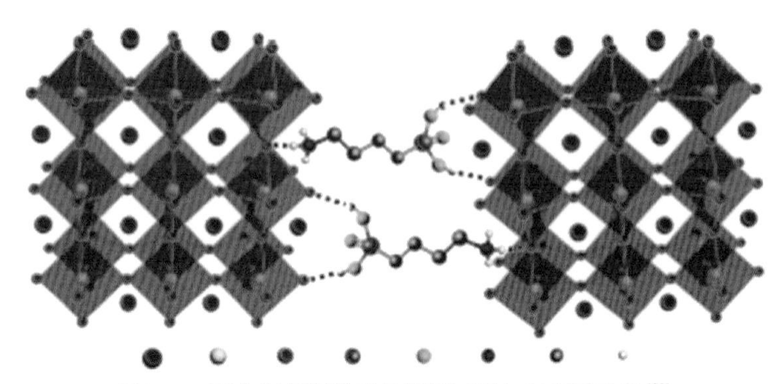

图2-12　两个相邻钙钛矿晶粒通过添加剂相互连接[39]

为了提高钙钛矿薄膜的质量，一些研究者对钙钛矿的结晶动力学进行了研究，发现快速成核和慢速生长条件下获得的钙钛矿薄膜晶粒尺寸大、表面致密均匀。2016年，Grätzel等[37]根据聚合物诱导成核（PTNG）的方法将聚甲基丙烯酸甲酯（PMMA）作为诱导晶体生长的添加剂溶解在反溶剂中，通过旋涂法添加到钙钛矿薄膜表面。由于PMMA和钙钛矿之间异相成核的自由能势垒低于钙钛矿晶粒之间同相成核的自由能势垒，可诱导钙钛矿快速成核。另外，PMMA的羟基部分通过和PbI_2形成中间体，使得钙钛矿晶粒生长放缓。两个过程相互作用，最后得到的钙钛矿薄膜表面平整，缺陷态密度较低。通过该反溶剂制备的介观电池得到了21%的光电转换效率［图2-13（a）

和（b）]，而且没有明显的迟滞。应用PTNG方法制备的器件的性能参数如图2-13（c）所示，显示了在氯苯和氯仿（氯苯和甲苯的体积比为9∶1）的混合溶剂中添加不同浓度的PMMA对电池性能的影响。这种通过添加剂改善成膜的方式成为了钙钛矿薄膜优化的典范。

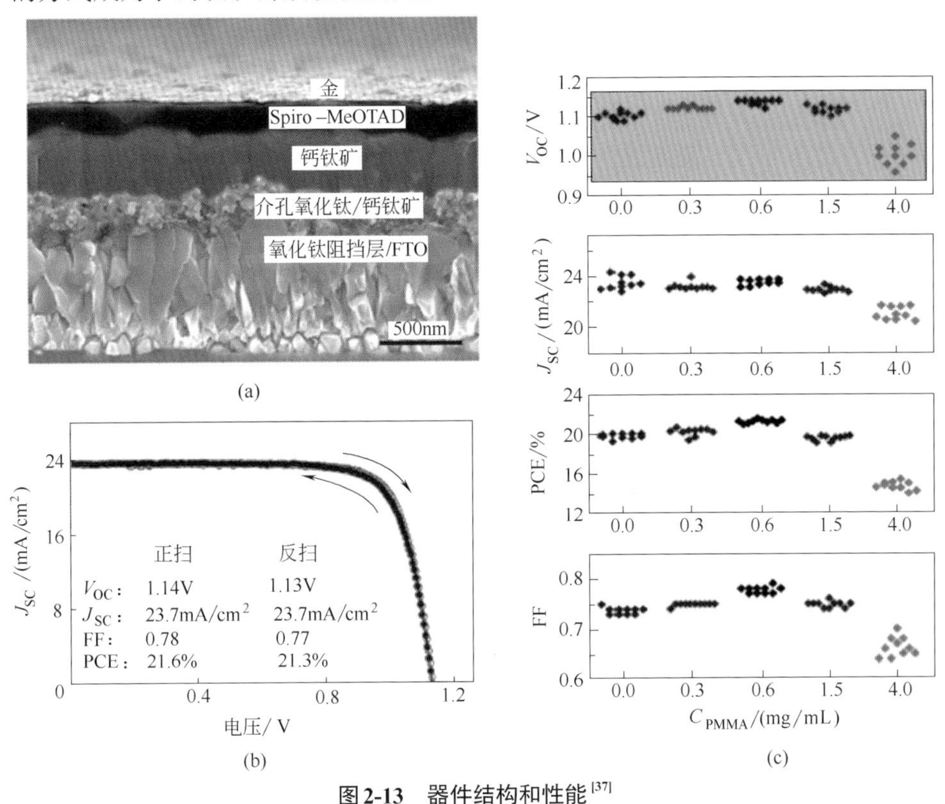

图2-13　器件结构和性能[37]

（a）通过PTNG的方法呈现了高分辨率彩色横截面的SEM图像；（b）电池最高效率的正反扫J-V曲线；（c）不同PMMA浓度下的电池性能参数统计

Seok等[24]和Park等[38]在钙钛矿前驱体溶液中添加DMSO作为前驱体添加剂，与溶液中的MAI和PbI_2共同形成配合物CH_3NH_3I-PbI_2-DMSO并稳定分散在溶剂中。实验结果表明，添加DMSO后的钙钛矿晶粒生长的均匀程度得到大幅度的提升，电池的光电性能得到明显的改善，获得了19.7%的光电转换效率。图2-14展示了薄膜的制备过程和表面形貌。当前驱体溶剂为DMF时由于溶剂快速蒸发，致使$MAPbI_3$晶体没有完全覆盖衬底。虽然在旋涂成膜的过程中用非极性乙醚选择性洗涤会改善薄膜的结晶状况，但是没有DMSO的添加时薄膜仍会出现针孔，这表明DMSO的存在某种程度上改善了薄膜的质量。

目前在钙钛矿中添加无机小分子应用虽然较少，但一些研究者通过实验

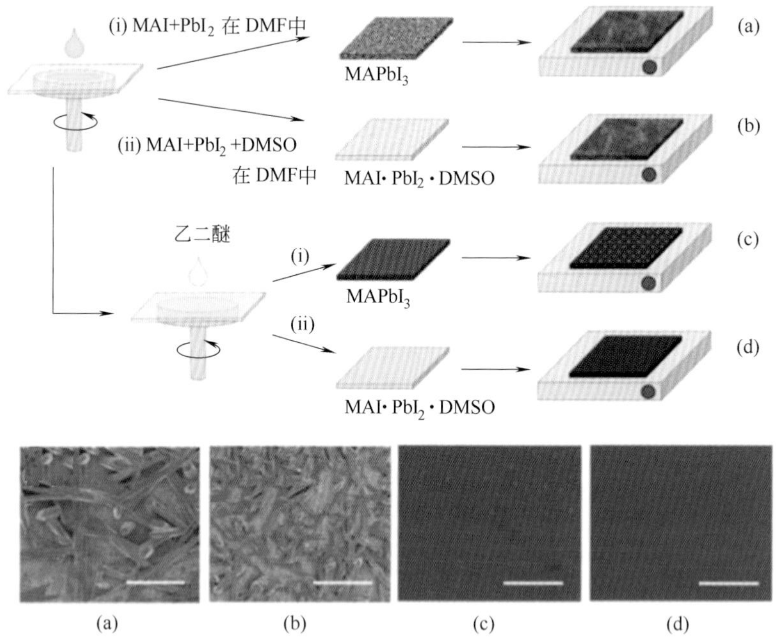

图2-14　前驱体溶液添加DMSO（二甲基亚砜）的钙钛矿薄膜的制备过程和SEM测试得到的薄膜形貌[38]

DMF—二甲基甲酰胺

证明了HCl气体、H_2O或次磷酸有助于钙钛矿在成膜过程的优化。2015年，Snaith等[28]将有还原性的次磷酸引入到钙钛矿前驱体溶液中。次磷酸的强还原性可以抑制碘离子的氧化，控制卤化铅和有机卤化物的比例，得到了高纯度的钙钛矿晶体。同时，次磷酸在钙钛矿薄膜退火过程中挥发，大大降低了钙钛矿层杂质引起的缺陷态密度。2016年Xu等[39]将HCl气体（排除HCl溶液中水的干扰）通入到钙钛矿前驱体溶液中，所制得的钙钛矿电池实现了16.9%的认证转换效率。2015年Grätzel等[40]研究了H_2O对钙钛矿薄膜的影响机制，将一定量的水添加在钙钛矿前驱液中，制备了致密平整的钙钛矿薄膜，同时实验证明了水分的过多过少都会影响到成膜的质量。

2016年，Wu等[41]在制备倒置结构的钙钛矿器件过程中引入了H_2O添加剂：先向PbI_2的DMF溶液中掺入2%（质量分数）的H_2O并制备PbI_2薄膜，接着在PbI_2薄膜上旋涂一层MAI/IPA+H_2O的混合溶液并进行退火处理。研究发现在H_2O的协同作用下，钙钛矿晶粒明显更大，薄膜更加致密均匀（图2-15）。基于该方法，电池器件获得了20.1%的最高光电转换效率，并且在有效光照面积达11.25cm^{2}的器件上实现了15.4%的转换效率，而且没有电流滞后发生。

丁建宁课题组[95]在钙钛矿前驱液中引入了石墨烯量子点（GQDs），一步旋

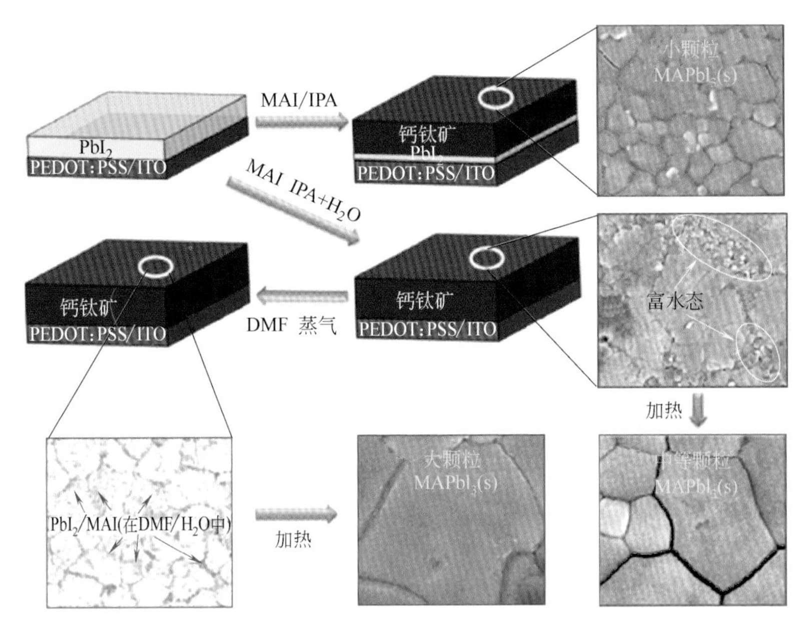

图2-15　在MAI/IPA和DMF蒸气中使用H_2O添加剂协同制备高质量的$MAPbI_3$薄膜[41]

涂法制备了GQDs掺杂的钙钛矿薄膜。通过第一性原理计算发现GQDs能够与钙钛矿之间形成氢键，有利于钝化钙钛矿晶界上的悬挂键，降低晶界缺陷导致的电荷复合，并加速电子的抽取和迁移，其作用机制如图2-16（a）和（b）所示。此外，GQDs在钙钛矿薄膜制备过程中成为钙钛矿成核和生长中心，并引起相邻晶

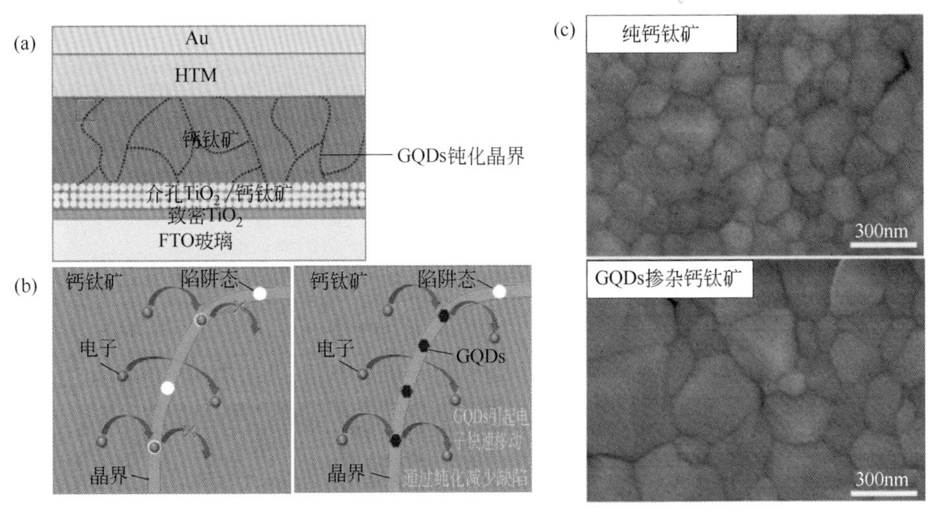

图2-16　(a)钙钛矿电池结构；(b)GQDs钝化效果；(c)纯的及GQDs掺杂钙钛矿薄膜FESEM图[91]

粒融合，从而使得钙钛矿具有更大的晶粒尺寸［图2-16（c）］。最终制得的GQDs修饰钙钛矿电池获得了18.34%的转换效率，比纯钙钛矿电池提升了近9%。

2.2.2 卤素阴离子X对I元素的部分取代

2.2.2.1 Br^-取代

Br离子对I离子部分取代形成的钙钛矿$CH_3NH_3PbI_{3-x}Br_x$，其载流子迁移率和扩散长度都会得到不同程度的提高。

陈涛等[42]通过一步旋涂法进行Br^-的部分取代，将CH_3NH_3I、PbI_2、CH_3NH_3Br和$PbBr_2$作为混合前驱体，溶解在DMF溶剂中。然后旋涂在致密的TiO_2上，退火后形成$CH_3NH_3PbI_{3-x}Br_x$结构的钙钛矿薄膜。基于该薄膜制备的太阳能电池获得了12.1%的转换效率。

邹志刚等[43]研究出一个简单的卤化物交换路线，成功用于$CH_3NH_3PbI_{3-x}Br_x$薄膜的制备。该薄膜由两步旋涂的$CH_3NH_3PbI_3$与CH_3NH_3Br反应形成，薄膜的组成和形貌可以同时得到调整。与$CH_3NH_3PbI_3$薄膜相比，随着CH_3NH_3Br溶液浓度的增加，$CH_3NH_3PbI_{3-x}Br_x$薄膜表现出晶粒尺寸增大，载流子寿命延长以及带隙增大，光吸收略微降低。基于$CH_3NH_3PbI_{3-x}Br_x$薄膜的介孔结构太阳能电池的PCE可以优化到14.25%。此外，基于$CH_3NH_3PbI_{3-x}Br_x$膜的电池在没有任何封装的情况下暴露于空气中14天后，其效率可以保持初始值的93%。图2-17显示了两步旋涂法制备$CH_3NH_3PbI_3$膜和卤化物交换形成$CH_3NH_3PbI_{3-x}Br_x$膜的工艺流程。图2-18显示了$CH_3NH_3PbI_{3-x}Br_x$薄膜的UV-vis光吸收、带隙随着CH_3NH_3Br浓度变化的情况。图2-19显示了$CH_3NH_3PbI_{3-x}Br_x$薄膜的PL谱，相比于$CH_3NH_3PbI_3$薄膜，$CH_3NH_3PbI_{3-x}Br_x$膜中的载流子复合减少。

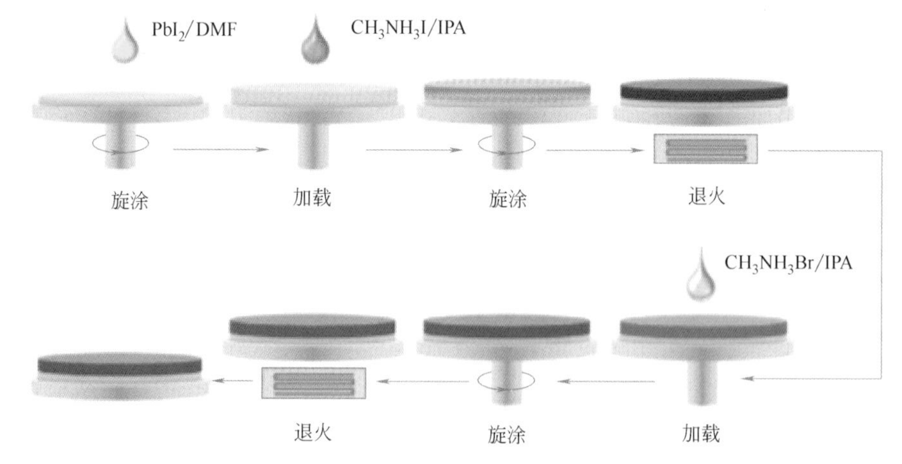

图2-17 制备$CH_3NH_3PbI_3$和$CH_3NH_3PbI_{3-x}Br_x$膜的工艺流程[43]

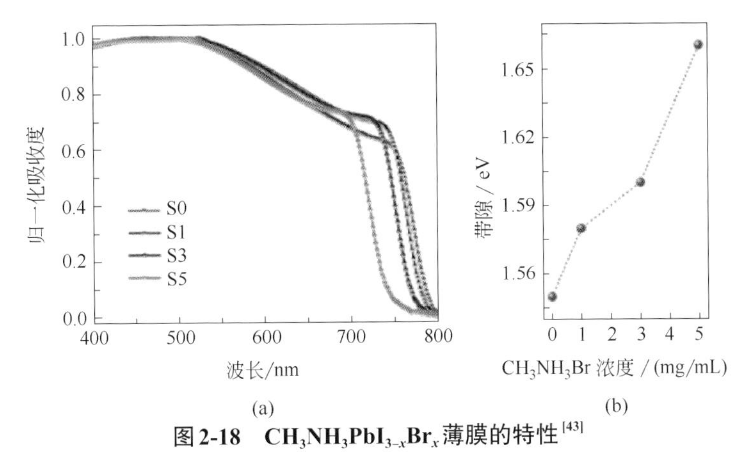

图 2-18 $CH_3NH_3PbI_{3-x}Br_x$ 薄膜的特性[43]

（a）$CH_3NH_3PbI_{3-x}Br_x$ 的UV-vis吸收谱；（b）CH_3NH_3Br 浓度对薄膜光学带隙的影响

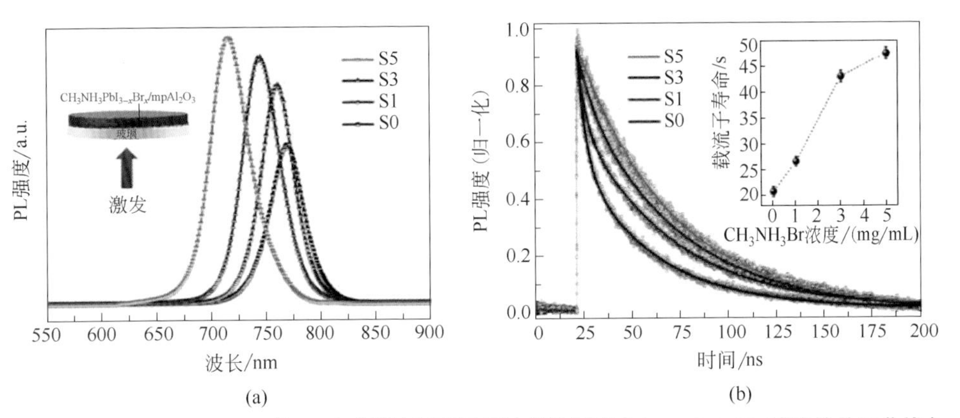

图 2-19 $CH_3NH_3PbI_{3-x}Br_x$ 的PL光谱[43]（插图是平均载流子寿命与 CH_3NH_3Br 浓度的关系曲线）

2.2.2.2 Cl^-取代

钙钛矿器件的转换效率与钙钛矿吸收层的载流子扩散长度密切相关[44]。有研究显示Cl离子部分取代I离子的 $CH_3NH_3PbI_{3-x}Cl_x$ 薄膜，其载流子扩散长度远远高于 $CH_3NH_3PbI_3$ 薄膜[45]。针对Cl离子的作用，有观点认为是Cl离子的取代影响了钙钛矿薄膜的形貌。即使Cl离子不对I离子进行取代，也可能通过控制钙钛矿薄膜的成核和晶粒生长来提高钙钛矿薄膜的质量[46,47]。另一种可能性是Cl离子掺入到晶格中，改善了钙钛矿的晶体结构，因而对载流子复合和传输过程发生了影响[48]。

陈永华等[49]开发了交替沉积薄膜的方法来制备均匀致密的 $CH_3NH_3PbI_{3-x}Cl_x$ 钙钛矿薄膜。先蒸发一层 $PbCl_2$ 薄膜，然后将其浸泡在溶解了 CH_3NH_3I 的异丙醇溶液中。再热蒸发第二层 $PbCl_2$ 薄膜到 $CH_3NH_3PbI_{3-x}Cl_x$ 钙钛矿薄膜上，随后浸入到 CH_3NH_3I 溶液中。重复多次，形成无界面层的均匀致密的具有优异光伏性能的 $CH_3NH_3PbI_{3-x}Cl_x$ 钙钛矿层。图2-20显示了重复不同次数制备的钙

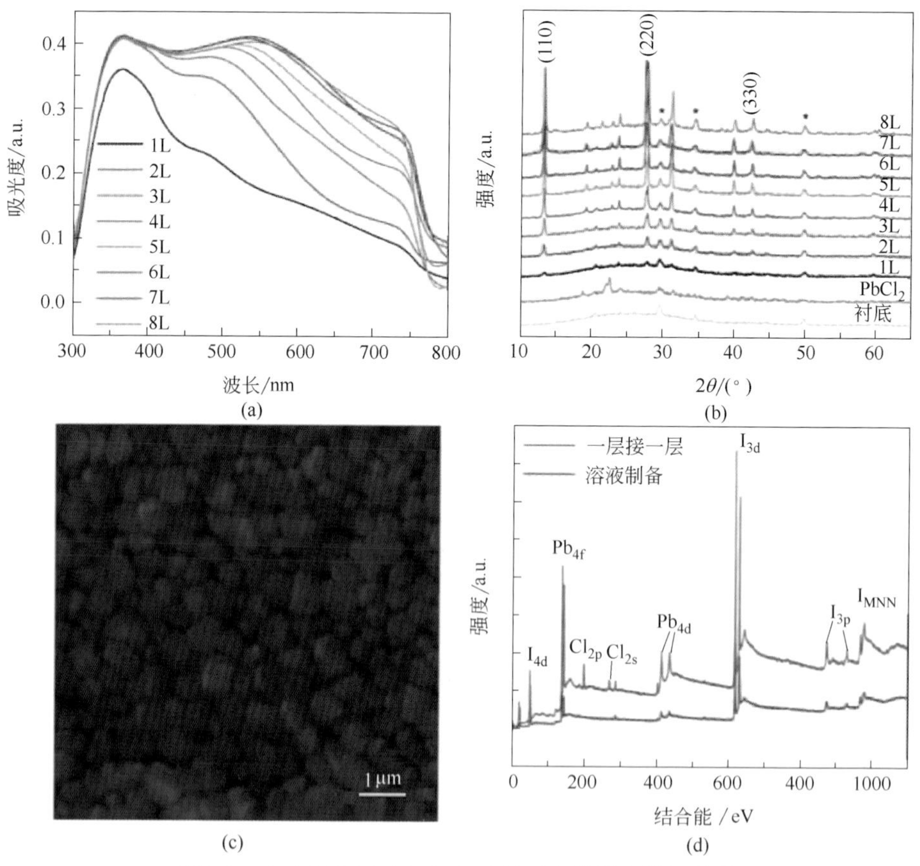

图2-20 重复不同次数制备的钙钛矿薄膜的光学性能[49]

（a）重复不同次数沉积的$CH_3NH_3PbI_{3-x}Cl_x$钙钛矿薄膜的UV-vis吸收光谱；（b）XRD谱图；（c）重复7次制备的钙钛矿薄膜的SEM图；（d）逐层法和一步溶液法制备的$CH_3NH_3PbI_{3-x}Cl_x$薄膜的XPS

钛矿薄膜的光学性能。基于该方法制备的平面异质结钙钛矿太阳能电池（图2-21），效率达15.12%。

黄春晖等[50]将$PbCl_2$添加到$CH_3NH_3PbI_{3-x}Cl_x$的前驱体溶液中，通过一步旋涂法制备出$CH_3NH_3PbI_{3-x}Cl_x$钙钛矿薄膜。相比于$CH_3NH_3PbI_3$薄膜，性能得到很大的提高（图2-22）。通过调节转速得到最优的钙钛矿薄膜厚度，最终实现19%的电池转换效率。

2.2.3 阳离子对MA的取代

2.2.3.1 Cs离子取代

Cs离子取代不仅用于抑制钙钛矿分解（表现出更好的湿度稳定性），而且降低陷阱密度，从而提高钙钛矿电池效率[51-53]。

Choi等[51]将CsI、PbI_2和CH_3NH_3I溶解在DMF/GBL溶剂中配成前驱体溶液，通过一步法形成$Cs_xMA_{1-x}PbI_3$钙钛矿薄膜，实现了Cs离子的取代。相比于$MAPbI_3$，$Cs_xMA_{1-x}PbI_3$薄膜由于Cs的取代，提高了薄膜的光学带隙，改变了光吸收能力。图2-23显示了不同Cs含量对薄膜光吸收和光学带隙的影响。

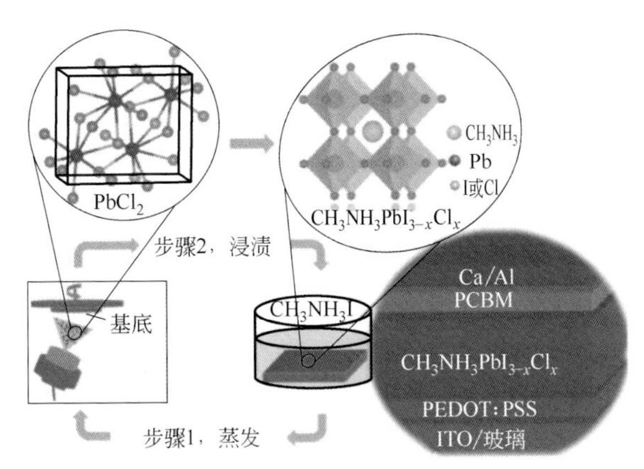

图2-21 交替沉积法制备钙钛矿薄膜及电池的工艺流程[49]

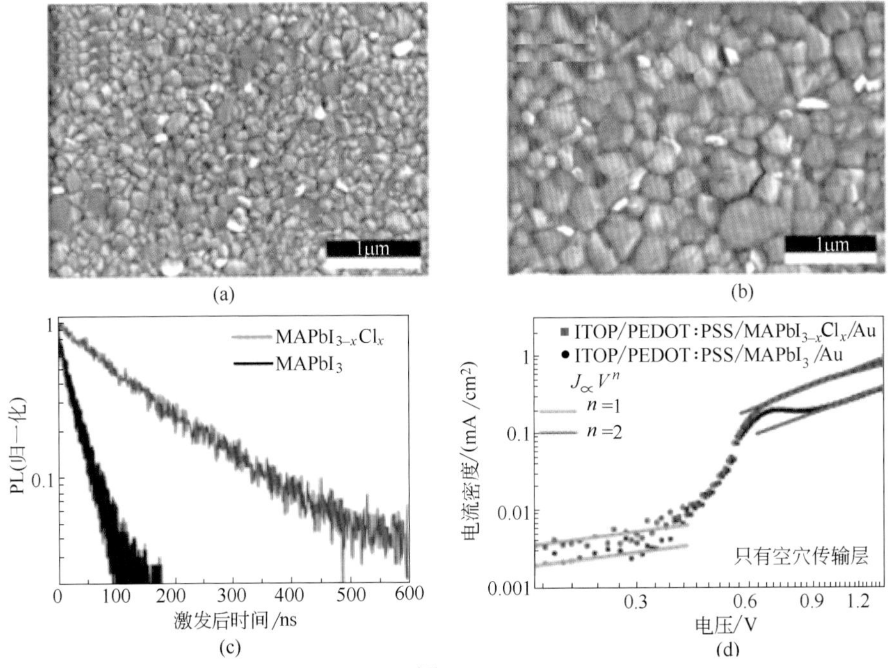

图2-22

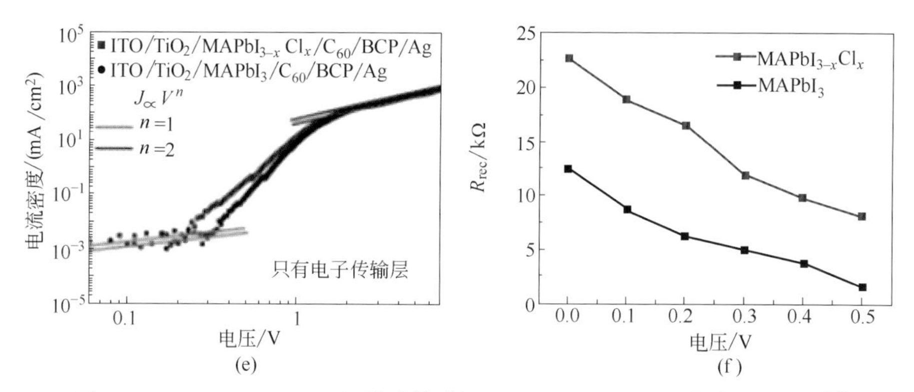

图2-22 $CH_3NH_3PbI_{3-x}Cl_x$钙钛矿薄膜与$CH_3NH_3PbI_3$钙钛矿薄膜性能比较[50]

（a）$CH_3NH_3PbI_3$薄膜的SEM；（b）$CH_3NH_3PbI_{3-x}Cl_x$薄膜的SEM；（c）沉积在玻璃衬底上的$CH_3NH_3PbI_3$和$CH_3NH_3PbI_{3-x}Cl_x$薄膜的瞬态PL；（d）只有空穴传输层的$CH_3NH_3PbI_3$和$CH_3NH_3PbI_{3-x}Cl_x$太阳能电池的J-V曲线；（e）只有电子传输层的$CH_3NH_3PbI_3$和$CH_3NH_3PbI_{3-x}Cl_x$太阳能电池的J-V曲线；（f）从IS分析中提取的基于$CH_3NH_3PbI_3$和$CH_3NH_3PbI_{3-x}Cl_x$电池的并联电阻

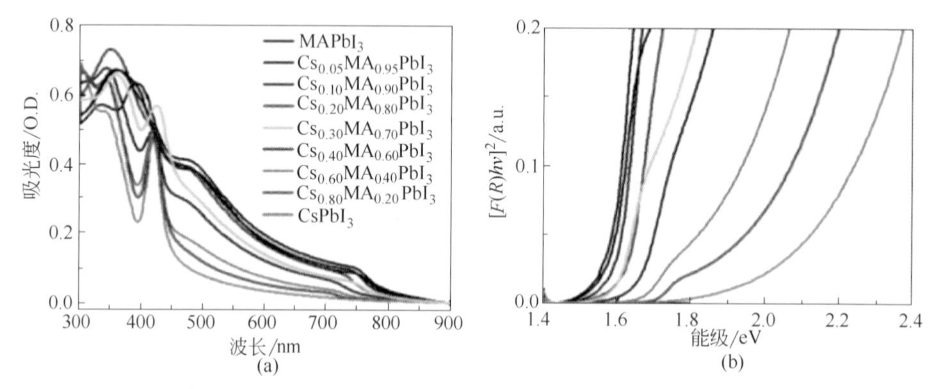

图2-23 不同Cs含量的$Cs_xMA_{1-x}PbI_3$钙钛矿薄膜的（a）UV-vis吸收谱；（b）光学带隙[51]

刘生忠课题组[54]利用蒸发沉积法（图2-24）可实现Cs部分替位掺杂，制备出无针孔的$MA_{1-x}Cs_xPbI_3$钙钛矿薄膜，并且对衬底表面全覆盖。图2-25显示，相对于纯的参照样品，基于Cs部分取代的钙钛矿薄膜制备的电池效率从15.84%提高到了20.13%。并且表现出更好的稳定性，在无光照情况下，储存一年，PCE保持在19.25%，仅比初始效率降低了4.37%。

2.2.3.2 FA取代

$MAPbI_3$的光学带隙（E_g）约为1.55eV[55,56]。如果可以适当降低薄膜的光学带隙E_g，可以进一步拓宽光吸收范围，提高光电转换效率。Koh等[57]通过将旋涂的PbI_2膜浸泡在FAI溶液中，再用异丙醇冲洗，实现了用甲脒离子［$NH_2CH{=\!=}NH_2^+$(FA^+)］替代MA^+，最终合成出$FAPbI_3$钙钛矿薄膜。该钙钛

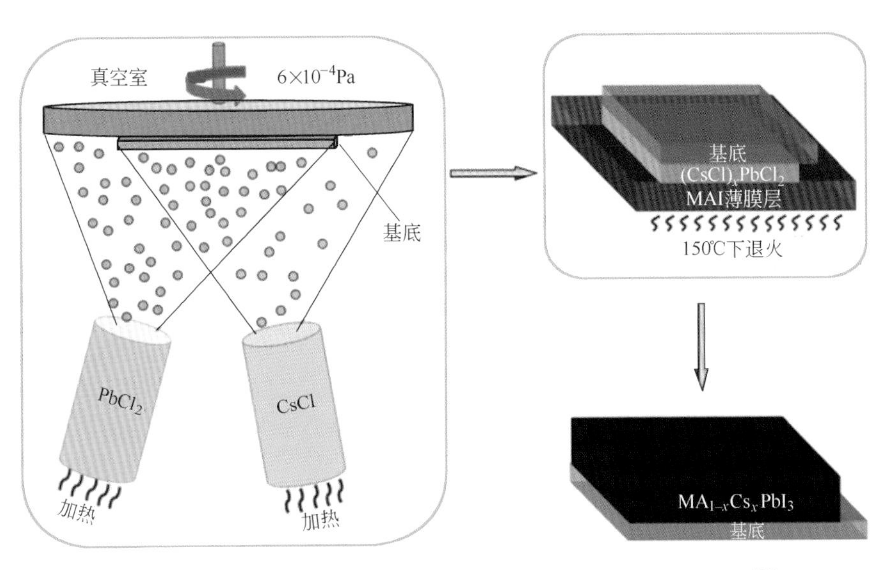

图2-24　蒸发沉积制备Cs取代的$MA_{1-x}Cs_xPbI_3$钙钛矿薄膜工艺[54]

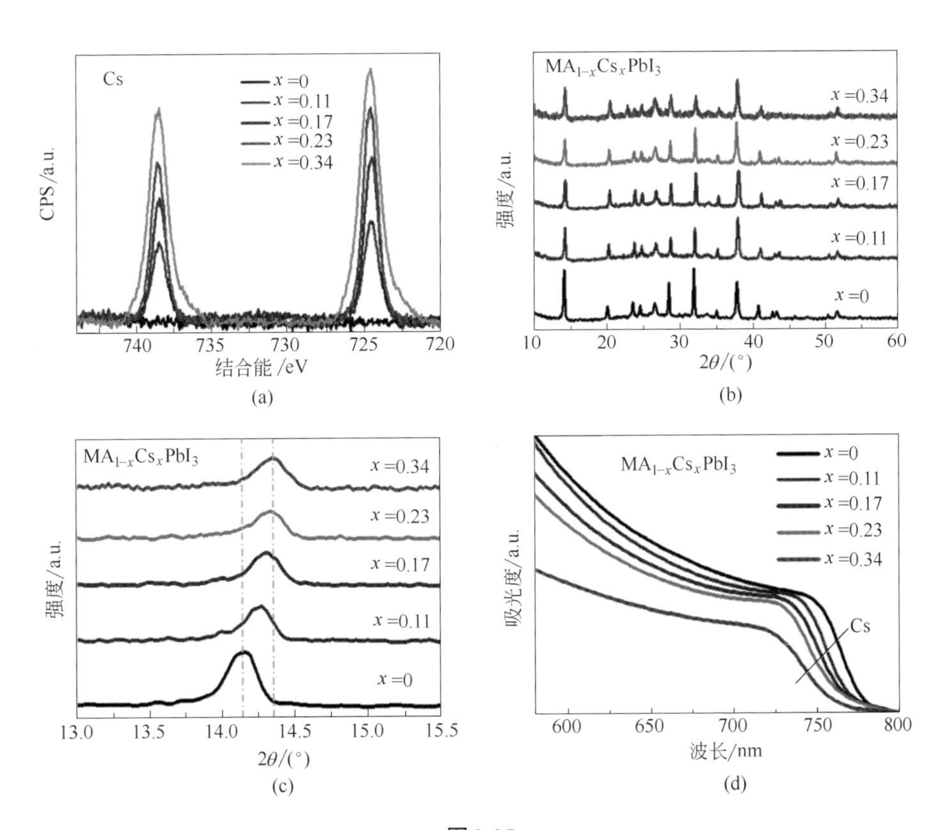

图2-25

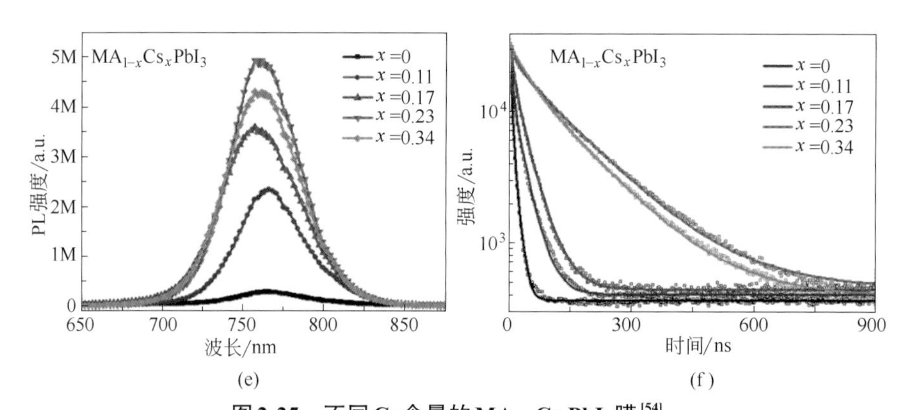

图 2-25　不同 Cs 含量的 $MA_{1-x}Cs_xPbI_3$ 膜[54]

（a）Cs3d峰强度；（b）XRD图；（c）（110）衍射峰的放大图；（d）UV-vis吸收光谱；（e）PL和（f）TRPL光谱

矿材料的E_g是1.47eV，相比于$MAPbI_3$更接近理想的禁带宽度值（约1.4eV）。

2015年，Yang等[58]为了在室温下生成稳定的$FAPbI_3$钙钛矿相，通过引入少量的$MAPbBr_3$[59]来调控$FAPbI_3$的组分。利用两步旋涂法，先将溶于DMF/DMSO混合溶剂中的PbI_2和$PbBr_2$分别旋涂到TiO_2基底上，然后旋涂FAI和MABr混合的异丙醇溶液，最终形成$FAPbI_3$钙钛矿吸收层，取得了20.2%的光电转换效率。

2017年，Yi Zhang等[60]通过一步旋涂法将溶解有PbI_2、MAI和FAI的DMSO前驱体溶液旋涂到衬底上，滴加氯苯后退火形成$FA_xMA_{1-x}PbI_3$钙钛矿薄膜。基于此钙钛矿吸收层制备的电池光电转换效率高达20.2%以上。图2-26显示了随着FA含量的改变，$FA_xMA_{1-x}PbI_3$钙钛矿薄膜在UV-vis吸收、载流子复合和钙钛矿形貌等方面都得到显著改善。

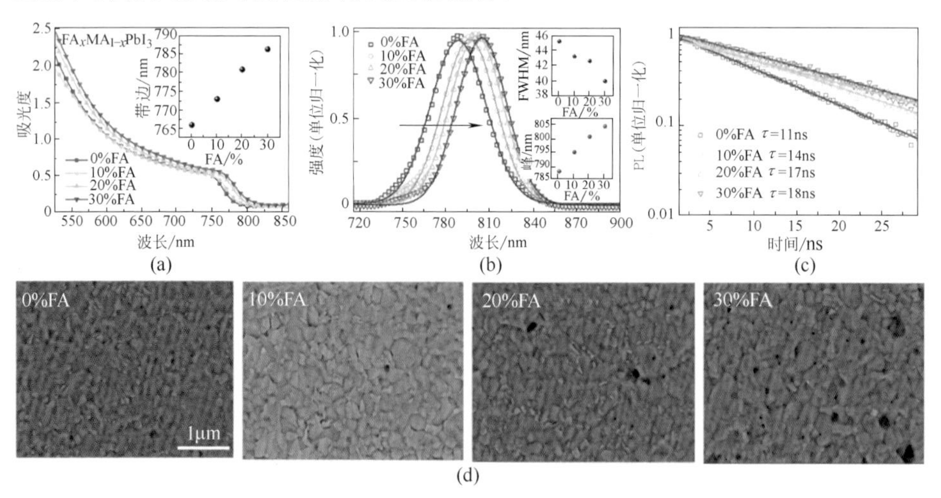

图 2-26　不同 FA 含量的 $FA_xMA_{1-x}PbI_3$ 钙钛矿薄膜[60]

（a）UV-vis吸收光谱；（b）稳态光致发光光谱；（c）瞬态光致发光光谱；（d）$FA_xMA_{1-x}PbI_3$薄膜的SEM

2.3 无铅钙钛矿光伏材料制备方法及性能研究

有机-无机杂化钙钛矿太阳能电池因其光吸收效率高、载流子寿命长、晶格缺陷容忍度高、能带可调等优点得到迅速发展。然而，有机-无机杂化钙钛矿太阳能电池也存在一些缺陷，如铅的毒性和材料的不稳定性。无机非铅类钙钛矿太阳能电池（ABX_3、$A_2BB'X_6$等）利用Sn、Ge、Bi、Ag等金属取代铅，以Cs、Rb等取代甲胺，希望解决目前钙钛矿太阳能电池的毒性和稳定性问题。无机钙钛矿太阳能电池主要是指无机含铅钙钛矿和无机非铅类钙钛矿太阳能电池。因为ABX_3是立方晶型，其前提是材料的容差因子$0.78<T<1.05$，即A离子半径（r_A）要远大于B离子半径（r_B），而在无机一价阳离子中，Cs^+离子半径是最大的，因此Cs^+被广泛应用于ABX_3钙钛矿结构的A位置的替位。但是无机含铅钙钛矿（$CsPbI_3$）结构也不稳定。无机非铅类钙钛矿太阳能电池（ABX_3、$A_2BB'X_6$）是利用Sn、Ge、Bi、Ag等金属替位铅，以Cs、Rb等替位甲胺基团。

2.3.1 新型无铅类钙钛矿光伏材料的出现

2014年，Hao等[61]以$CH_3NH_3SnBr_xI_{3-x}$作为光吸收层，通过改变溴和碘的比例对材料的带隙进行调控，得到了光电转换效率达5.73%的太阳能电池[62]。这是首次出现以无铅钙钛矿材料作为光吸收层的太阳能电池，从而翻开了无铅钙钛矿太阳能电池的新一页，并为其进一步发展奠定了重要基础。但是，这种材料与传统钙钛矿材料类似，其热稳定性以及环境稳定性并不理想，从而制约了该材料作为太阳能电池吸光层的进一步发展[63,64]。在这种情况下，人们开始尝试利用稳定的无机阳离子来取代有机阳离子以构建高效稳定的钙钛矿太阳能电池。最近，一些科研工作者通过同时替换传统有机-无机杂化钙钛矿太阳能电池中的有机阳离子和铅离子，在提高无机非铅类钙钛矿太阳能电池的光吸收性能、量子转换效率、环境稳定性和友好性等方面取得了一定的进展，使得无机非铅类太阳能电池崭露头角，显示出一定的发展潜力。

2.3.2 非铅类钙钛矿的研究现状

2.3.2.1 ABX_3非铅类钙钛矿薄膜材料

目前，在绝大多数无机钙钛矿材料中，A位置的取代离子主要是Cs^+。与A位置的Cs^+取代不同，B位置的取代离子就显得丰富了很多，很多与Pb^{2+}性质类似的二价阳离子都拥有很好的取代B位置的潜力。

（1）$CsSnX_3$和$CsGeX_3$

Sn、Ge与Pb处于同一主族，具有与Pb元素类似的电子分布。2014年，Kanatzidis等[65]制备出Sn-Pb混合掺杂的钙钛矿太阳能电池并通过改变Sn和Pb的比例来优化材料的带隙宽度，并通过漫反射方式测定。图2-27（a）中显示了通过Kubelka-Munk UV-vis转换过的$CH_3NH_3Sn_{1-x}Pb_xI_3$系列化合物的近红外光谱图，根据反射率数据使用Kubelka-Munk方程计算得到了光吸收系数（α/S），$\alpha/S=(1-R)^2/(2R)$，其中R是反射光的百分比，α和S分别是吸收和散射系数[66]。从图中可以注意到，按化学计量比掺入Sn后得到的$CH_3NH_3Sn_{1-x}Pb_xI_3$固溶体带隙可调范围在1.17～1.55eV，光吸收范围可以扩展到1060nm。在x=0.25和0.5时化合物显示出最小的带隙1.17eV，处于目前单结太阳能电池的最佳带隙范围（1.1～1.4eV）。通过紫外光电子能谱（UPS）进一步确定$CH_3NH_3Sn_{1-x}Pb_xI_3$的价带位置［图2-27（b）］。当x从1减小到0.25时，价带从纯Pb的–5.45eV降至–5.77eV。同样发现导带能量也发生了相应的变化。

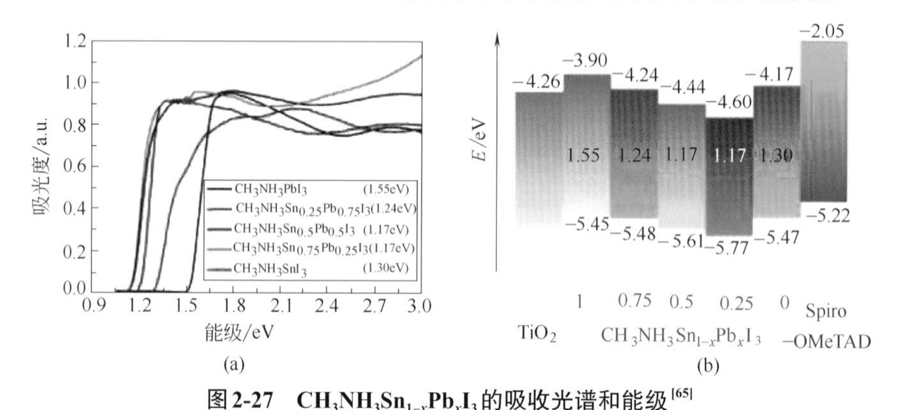

图2-27　$CH_3NH_3Sn_{1-x}Pb_xI_3$的吸收光谱和能级[65]

之后，Kanatzidis研究组[62]再次制备了无铅的$CH_3NH_3SnI_3$钙钛矿薄膜，并获得了5.73%的光电转换效率。该钙钛矿薄膜的制备使用一步旋涂法，使用的前驱体溶剂为DMF，器件结构为介观结构（图2-28）。

同时，他们通过Br^-的取代对电池效率及性能参数进行调控：随着Br的增加，开路电压呈上升趋势，相应的电流密度会降低，电池效率呈现先上升，后下降的趋势。这与Br含量的上升会使钙钛矿发生光学吸收蓝移有关，最终得到的效果最佳钙钛矿成分是$CH_3NH_3SnIBr_2$。

在这之后，越来越多的研究采用Sn^{2+}作为钙钛矿太阳能电池中Pb^{2+}的替代离子，其中$CsSnI_3$是一种很特别的钙钛矿材料，在室温下拥有两种独立的同质异形体的结构[67-69]。一种是黑色的具有钙钛矿晶体结构的B-γ-$CsSnI_3$，另外一种是黄色双链结构的Y-$CsSnI_3$。其中黄色双链结构的Y-$CsSnI_3$没有光伏特

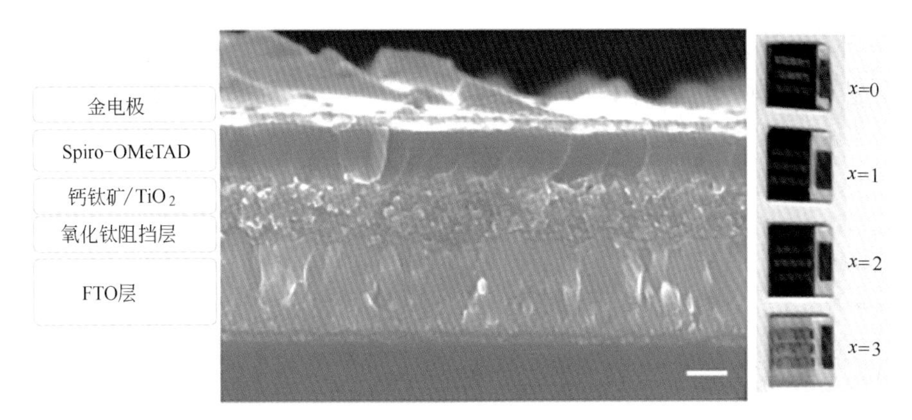

图2-28　$CH_3NH_3SnI_{3-x}Br_x$钙钛矿电池截面SEM图（右边为电池实物图）[62]

性。由于$CsSnI_3$中Sn的空位会导致材料产生金属导电性，因此对Sn空位的调控就显得尤为重要。Kumar等[70]采用SnF_2掺杂对$CsSnI_3$中Sn空位进行了调控（图2-29），通过减少材料中的Sn空位来减少材料的本征缺陷进而调控其金属导电性。

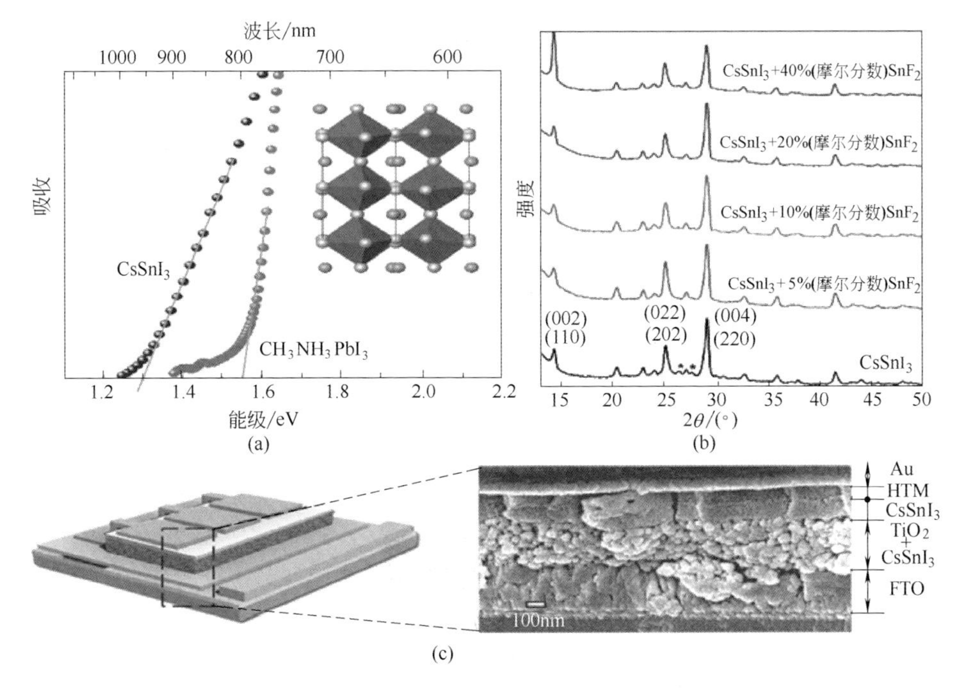

图2-29　采用SnF_2掺杂对$CsSnI_3$中Sn空位的调控[70]

（a）$CsSnI_3$的光学吸收范围与$CH_3NH_3PbI_3$对比（插图为钙钛矿结构）；（b）掺入不同比例的SnF_2后对应的$CsSnI_3$的XRD图；（c）电池结构示意及截面SEM图

上述SnF_2掺杂的钙钛矿薄膜的制备是通过一定的化学计量比混合CsI、SnI_2和SnF_2溶解在适当的溶剂中，旋涂后，在70℃下干燥获得。图2-29（a）中能看出$CsSnI_3$薄膜的吸光范围相较于$CH_3NH_3PbI_3$更大，可利用部分近红外光。图2-29（b）显示了加入不同比例的SnF_2后钙钛矿的X射线衍射图谱。制备薄膜选用的是DMSO作为前驱体溶剂，当用DMF时却很难得到这样的结果，因为不同溶液处理会对钙钛矿的晶相形成有影响。电池器件结构如图2-29（c）所示，导电FTO/致密TiO_2/介孔TiO_2/$CsSnI_3$/HTM/Au电极。通过不断改变SnF_2的掺杂浓度，最终得到的太阳能电池的短路电流和开路电压分别为22.70mA/cm^{2}和0.24V，填充因子和能量转换效率分别为0.37和2.02%[71]。尽管这种材料拥有很高的光电流密度，但是B-γ-$CsSnI_3$暴露在空气中易转变成Y-$CsSnI_3$，因此很难得到纯相并且高质量的连续薄膜，这就导致电池的输出电压过低，进而严重地影响了电池的效率。

Mathews等[72]在$CsSnI_3$的基础上，通过改变卤素的种类和比例，对$CsSnX_3$这一系列的无机卤素钙钛矿材料进行了深入研究，随着Br在材料中所占比例的不断增加，Sn空位越来越少，器件的开路电压越来越大，当Br完全取代I时，开路电压最大，达到0.4V。然而，这类Sn基钙钛矿材料对氧气极为敏感，Sn^{2+}在空气条件下极易被氧化成Sn^{4+}，环境稳定性不如传统铅系钙钛矿材料，这一缺点限制了这类材料在现阶段光伏应用上的发展。

$CsGeX_3$也拥有类似的带隙（$CsGeI_3$和$CsGeBr_3$分别为1.53eV和2.32eV）。从理论上来讲$CsGeX_3$也可以被用作太阳能电池的光吸收材料[73-75]，但是Ge较高的成本造成$CsGeX_3$钙钛矿太阳能电池并没有很多的研究。Krishnamoorthy等[92]合成出稳定的斜方六面体结构的$CsGeI_3$晶体，相比于$CsSnI_3$，$CsGeI_3$在工作温度范围之内不会发生相转变，呈现良好的结构稳定性。然而，$CsGeI_3$中的Ge^{2+}在空气中也会发生氧化，其空气稳定性较差，并且$CsGeX_3$在极性溶剂中的溶解度较差，很难形成质量较高的薄膜，因此该材料制备的太阳能电池开路电压较低，能量转换效率仅为0.11%。此外，由于存在Ge—Ge共价键具有很强的短程电势作用，$CsGeI_3$中的I^-缺陷与$CsSnI_3$、$MAPbI_3$中的I^-缺陷相比是一种更深的电子缺陷，很大程度上限制了电子迁移，进而影响了太阳能电池的开路电压[76]。因此想要将$CsGeI_3$应用到光电领域还需要进一步的研究和完善。

（2）ABO_3氧化物钙钛矿材料

除了通常的卤素钙钛矿材料之外，具有铁电性能的氧化物钙钛矿材料也成为研究的对象之一[77]。研究者发现材料的铁电性对光电性能也有着很重要的影响。铁电材料中的自发极化不仅可以促进光激发下电子空穴对的分离，还可以有效减少载流子的复合，从而提高太阳能电池的效率[78]。Yang等[79]以金属有机化合物为前驱体通过化学气相沉积法在（001）$SrRuO_3$基底上制备了$BiFeO_3$薄膜。相比其他氧化物钙钛矿材料，$BiFeO_3$具有相对较低的带隙宽度（E_g=2.6eV）[80-82]，并可通过优化反应条件来调控薄膜厚度。组装后得到的太阳能电池的开路电压（V_{oc}）为0.8 ～ 0.9V，外量子效率达到10%。但是氧化物钙钛矿在电池应用中涉及仍然很少，有待于进一步研究。

2.3.2.2 卤素双钙钛矿材料

与前述无机非铅的ABX_3类钙钛矿材料类似，为了满足材料的结构稳定性以及缺陷容忍度，卤素双钙钛矿材料A位置的取代仍然以离子半径较大的Cs^+为主。双钙钛矿材料相比传统ABX_3类钙钛矿材料，稳定性和环境友好性更好。此外，它们具有相对较窄的带隙宽度（2.0eV左右）以及良好的光吸收性能，这一系列性质表明这类双钙钛矿材料作为太阳能电池的吸光层具有很好的前景。

对于B、B′位置的取代，主要采用Sb^{3+}、In^{3+}、Bi^{3+}以及Cu^+、Au^+、Ag^+等阳离子，进而合成出一系列$Cs_2BB'X_6$结构的双钙钛矿材料[83]。Volonakis等[84]通过第一性原理对一系列卤素双钙钛矿材料的带隙进行了理论计算，分别用Bi^{3+}、Sb^{3+}和Ag^+、Cu^+、Au^+对B、B′位进行取代，得出的各种组合的禁带宽度和载流子有效质量如图2-30所示。从中可以看出，这一系列材料的载流子有效质量m_e/m_h分布在0.1 ～ 0.4，带隙宽度都小于2.7eV。

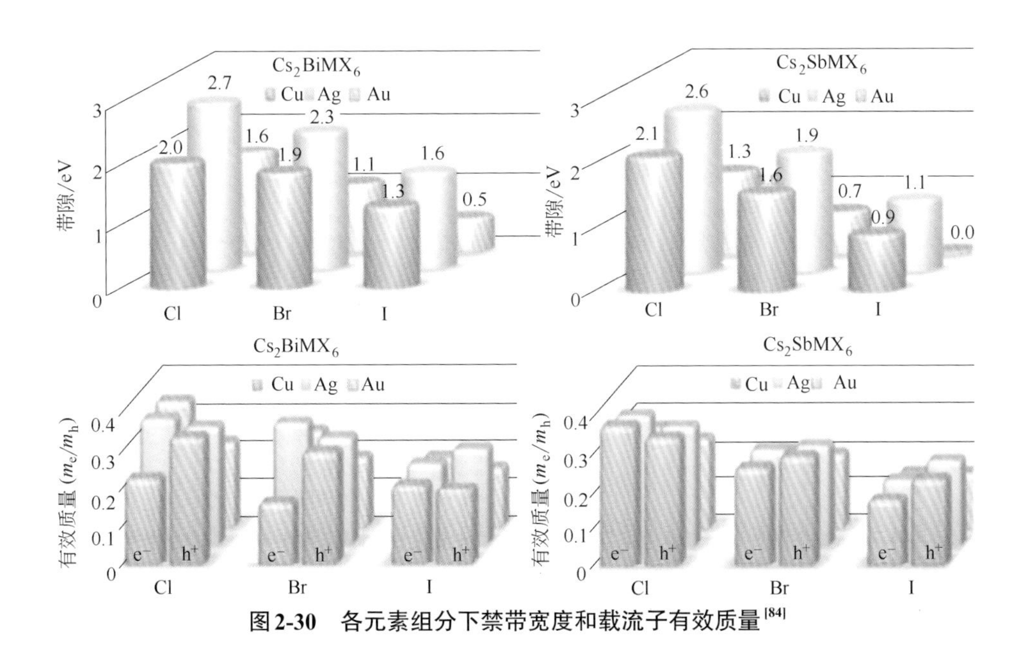

图2-30 各元素组分下禁带宽度和载流子有效质量[84]

之后，Xiao等[85]使用密度泛函理论（DFT）对$Cs_2BiAgBr_6$进行模拟，发现在$Cs_2BiAgBr_6$结构中Bi的缺陷是很深的受体缺陷，并且在富含Br的环境下会成为材料的主要缺陷。因此，在不含Br并且Bi很丰富的环境下进行晶体的生长能有效地阻止深缺陷的形成，从而有利于载流子的迁移，这对于提升器件的光电性能非常有利。Slavney等[86]还合成了$Cs_2BiAgBr_6$单晶（图2-31），并对$Cs_2BiAgBr_6$室温条件下的瞬态光致发光性能进行了研究，结果发现，这种材料具有大概660ns的荧光寿命。这一数据远远优于$MAPbBr_3$（170ns），与$MAPbI_3$相当接近。

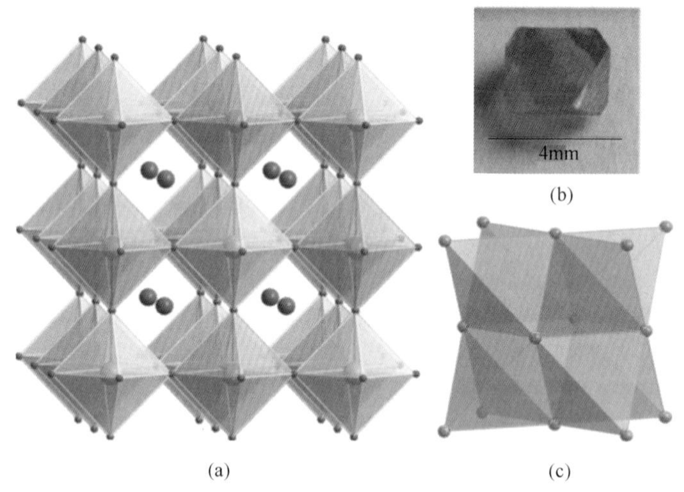

图2-31　双钙钛矿$Cs_2BiAgBr_6$结构[86]

（a）$Cs_2BiAgBr_6$晶体结构示意图，橙色、灰色、绿松石和棕色的球体分别代表Bi、Ag、Cs和Br原子；（b）$Cs_2BiAgBr_6$单晶照片；（c）（a）中的Bi^{3+}面心立方子晶格组成边共享四面体

$Cs_2BiAgBr_6$晶体的合成方法如下：首先，将固体CsBr（0.426g，2.00mmol）和$BiBr_3$（0.449g，1.00mmol）溶于10mL大小溶液瓶装有浓度为9mol/L的HBr中；接着，将固体AgBr（0.188g，1.00 mmol）加入到该溶液中，将小瓶盖上盖加热至110℃并保持2h；然后，冷却至室温并放置约6h，从溶液中沉淀出橙色粉末；最后进行过滤和减压干燥过夜，得到产物。通过以2℃ /h控制冷却速率获得适于结构测定的晶体。通过以1℃ /h冷却至室温获得较大的晶体［如图2-31（b）所示的晶体］。

尽管$Cs_2BiAgBr_6$在空气和光照下数周之后会发生分解，但是相对于铅基钙钛矿材料，其环境稳定性有较大提高。然而到目前为止，仍然没有将这类卤素双元钙钛矿材料制备成太阳能电池器件的报道。一方面可能是因为没有找到合适的空穴以及电子传输层材料，另一方面是因为目前很难制备出高质量的薄膜，因此在器件制作上有待进一步研究。

虽然绝大多数双钙钛矿材料A位置都是使用Cs^+进行取代，仍然有研究通过Rb^+和Cs^+的共掺杂来合成出$AA'B_2X_6$这一类双钙钛矿材料。2016年，Gou等[87]通过在$CsSnI_3$中掺杂Rb^+，使Rb^+和Cs^+共同占据钙钛矿材料中A的位置，得到双钙钛矿结构的(CsRb)Sn_2I_6材料。由于其中SnI_6八面体的旋转和极化错位的耦合作用，使其具有铁电性，能够有效促进光生载流子的分离，因此，这类材料有可能应用于太阳能电池。但是，目前还没有从实验室得到相关器件的制备报道。

2.3.3 钙钛矿衍生物

随着对于钙钛矿材料的深入研究，除了典型钙钛矿结构的材料被广泛应用于光电器件中，一系列结构类似于钙钛矿的材料也渐渐进入人们的视野。除了以上提到的ABX_3以及$A_2BB'X_6$这两类无机的钙钛矿材料外，近两年无机非铅的类钙钛矿衍生材料也吸引了越来越多的关注。

2.3.3.1 Cs_2SnI_6

Cs_2SnI_6是一种无铅带有Sn的类钙钛矿结构材料。2016年，Saparov等[88]通过两步沉积法直接得到Cs_2SnI_6的连续薄膜，图2-32展示了在FTO和介孔TiO_2层上Cs_2SnI_6薄膜的SEM图，基于UV-vis测试表现出1.6eV的光学带隙，这无疑是稳定性钙钛矿材料的又一种选择。

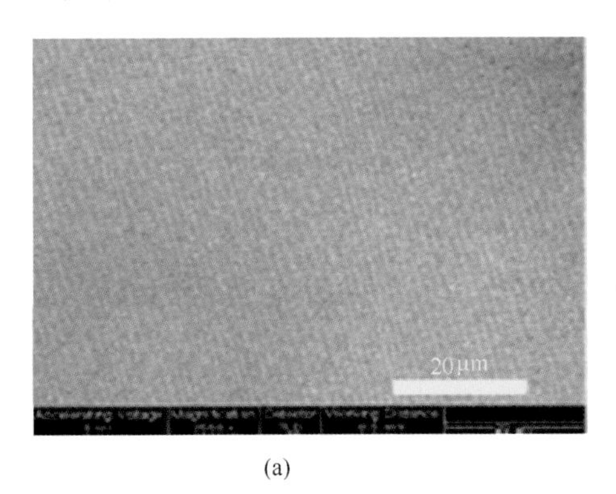

(a)

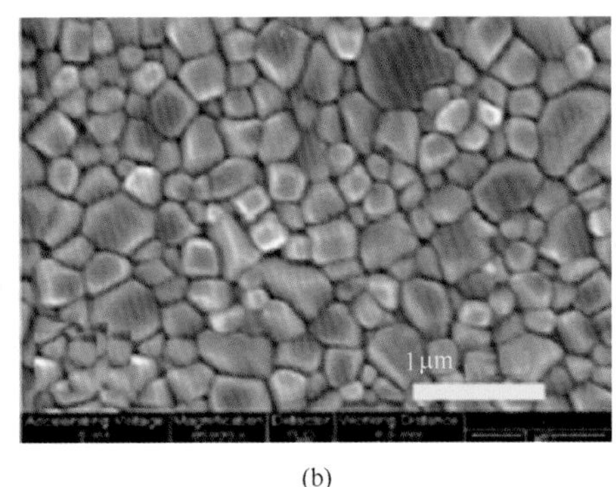

(b)

图2-32 Cs_2SnI_6薄膜SEM图[88]

（a）FTO上沉积薄膜；（b）介孔TiO_2基底上沉积薄膜

研究人员通过热失重分析（TGA）获得这种材料的开始分解温度为250℃，比铅基钙钛矿要稳定得多。

2016年Qiu等[72]研究发现，由于Sn的二价不稳定，$CsSnI_3$制成薄膜之后在空气中会自发转化成Cs_2SnI_6。他们通过二步法合成出质量较好的B-γ-$CsSnI_3$薄膜，进一步研究了薄膜在空气中相变转化，发现B-γ-$CsSnI_3$在空气中能够被氧化成Cs_2SnI_6类钙钛矿材料，其光学带隙仅为1.48eV，光吸收系数超过10^5cm^{-1}，是一种非常适合制备光电器件的材料。而且Cs_2SnI_6相比于传统的钙钛矿材料拥有更好的热稳定性和空气湿度稳定性。通过TGA测试发现，Cs_2SnI_6在250℃的温度下才会发生分解，意味着在自然温度下能够稳定存在。而通过XRD测试，发现这种材料暴露在空气中2个月之后才会发生分解生成极其微量的CsI。实验室最终得到的电池器件开路电压和短路电流分别为0.51V和5.41mA/cm^2，能量转换效率最高达到0.96%（图2-33）。

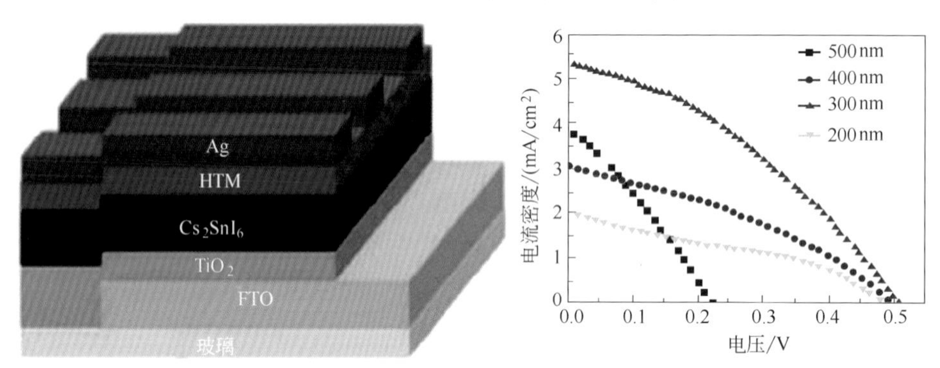

图2-33　Cs_2SnI_6钙钛矿太阳能电池结构示意及*J-V*曲线[87]

2.3.3.2　$A_3B_2X_9$

$A_3B_2X_9$是另一种具有代表性的类钙钛矿材料。通常采用Cs、Rb、K来占据A的位置，采用Bi、Sb来占据B的位置，制备得到不同晶体结构的类钙钛矿材料，这类材料的结构主要分成两种，一种是六方密堆积结构，如$Cs_3Cr_2Cl_9$、$Cs_3Bi_2I_9$；另外一种是立方密堆积结构，其中具有代表性的是$K_3Bi_2I_9$[89]。这一类材料的带隙宽度都在2.0eV左右，虽然光吸收范围比传统的钙钛矿太阳能电池窄，但是其稳定性要比Pb系的钙钛矿太阳能电池好得多，而且金属毒性要比Pb低很多。Byung-Wook Park等[90]采用简单的溶液法通过旋涂的相关步骤得到了$Cs_3Bi_2I_9$和$MA_3Bi_2I_9$的薄膜材料，基于$Cs_3Bi_2I_9$的电池得到了大于1%的转换效率，$MA_3Bi_2I_9$的转换效率为0.1%。

Bi基钙钛矿太阳能电池器件采用FTO/TiO_2致密层/介孔TiO_2层/钙钛矿吸收层/空穴传输层（HTM）/Ag电极的电池结构。性能测试结果显示部分Cl替代I后并没有起到优化的效果，反而产生较大差距。而$Cs_3Bi_2I_9$薄膜电池性能明显优于$MA_3Bi_2I_9$，如图2-34所示。电池器件性能较差的原因可能是传输中

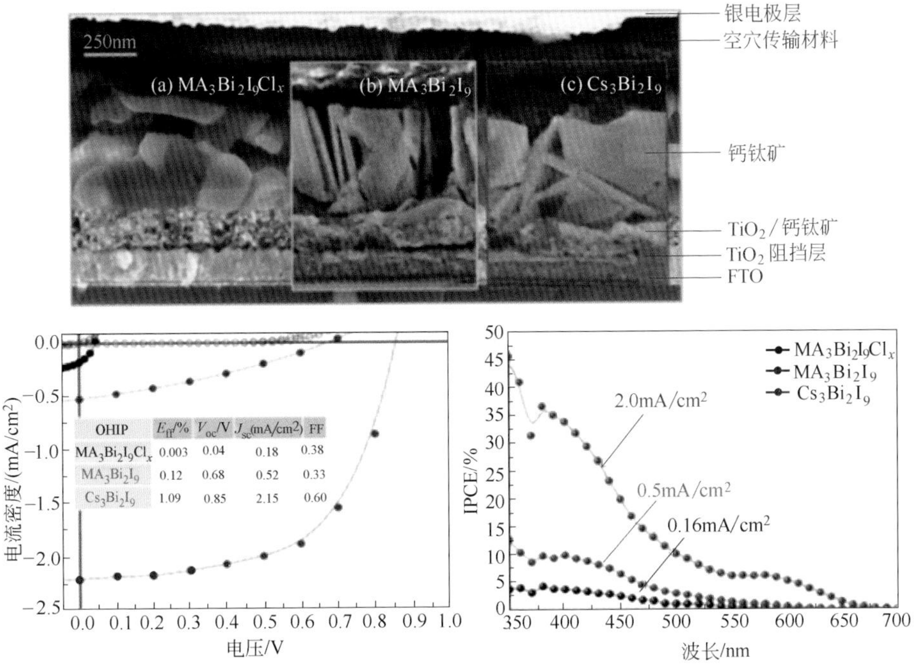

OHIP	E_{ff}/%	V_{oc}/V	J_{sc}(mA/cm^2)	FF
$MA_3Bi_2I_9Cl_x$	0.003	0.04	0.18	0.38
$MA_3Bi_2I_9$	0.12	0.68	0.52	0.33
$Cs_3Bi_2I_9$	1.09	0.85	2.15	0.60

图2-34　（a）Bi基钙钛矿太阳能电池的横截面SEM图；（b）电池的*J-V*曲线；（c）三种不同材料的太阳能电池的IPCE曲线[90]

发生了非辐射复合，也可能是材料中存在额外的带隙导致了更多的重组路径，这样严重的带隙缺陷降低了电池性能。

丁建宁课题组[92]通过水热反应的方式在200℃下分别制备了毫米级别大小的单晶材料$MA_3Bi_2I_9$和$Cs_3Bi_2I_9$。单晶合成方法为：分别称取0.7794g、1.1794g的CsI和BiI_3（摩尔比3∶2）于反应釜（量程为50mL），加入10mL氢碘酸、20mL去离子水，抽真空1h，密封后，在搅拌台上搅拌30 min，然后放入烘箱中，200℃加热12h，待烘箱自然降至室温后，取出反应釜，有深红色的结晶颗粒沉积在反应釜底部，用去离子水清洗数遍，最后用无水乙醇清洗，烘干，得到干净的$MA_3Bi_2I_9$和$Cs_3Bi_2I_9$钙钛矿单晶材料。

将上述晶体溶于DMF/DMSO（体积比为4∶6）的混合溶剂中旋涂制得薄膜，电池器件采用介孔结构：FTO/TiO_2致密层/介孔TiO_2层/钙钛矿吸收层/空穴传输层/HTM/Au电极。最终$MA_3Bi_2I_9$和$Cs_3Bi_2I_9$的光电效率为0.2%和0.18%（图2-35）。此外，测试了薄膜在自然环境（湿度为30%～80%，图2-36）下的稳定性情况，结果显示$Cs_3Bi_2I_9$薄膜放置6天后仍然没有发生明显变化。通过TRPL测试出$MA_3Bi_2I_9$和$Cs_3Bi_2I_9$的PL寿命分别为140ns和134ns，空间电荷限制电流

图2-35 $MA_3Bi_2I_9$和$Cs_3Bi_2I_9$晶体以及电池截面SEM和效率图[92]

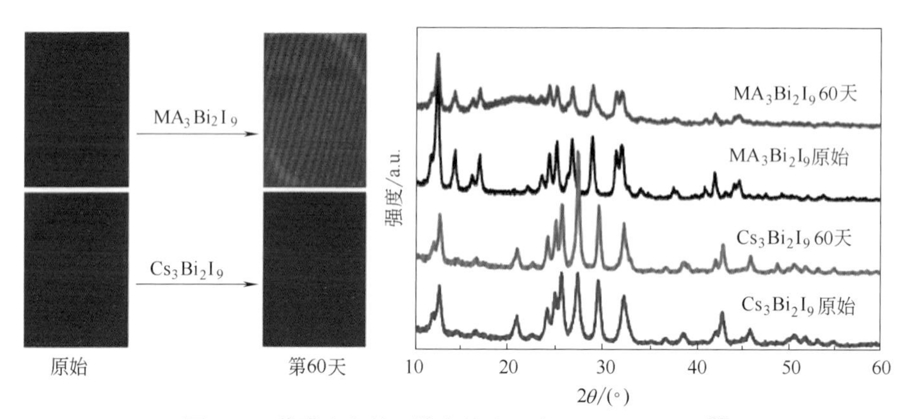

图2-36 薄膜在自然环境中的外观变化和XRD变化[92]

（SCLC）测试得到两者的迁移率分别为35cm²/(V·s)和31cm²/(V·s)。虽然没有表现出更好的电池器件性能，但是在材料制备和性能测试上可以作为进一步参考。

为了找到结构与$Cs_3Bi_2I_9$类似，但是具有更小的带隙且易于成膜的材料，人们对这一类Bi基钙钛矿衍生物材料进行了更深一步的探索。Sargent等[93]将Ag离子掺杂到这种Bi基混合钙钛矿材料中，通过溶液法制备得到$AgBi_2I_7$薄膜，其带隙仅为1.87eV。

薄膜及电池器件的制备如下：将碘化铋（BiI，0.5087mmol，0.30g）和碘化银（AgI，0.2544mmol，0.06g）溶解于正丁胺（3.0mL）中，搅拌30min以使其溶解。在湿度低于20%的环境中转速6000r/min旋涂于洁净的基底表面，然后立即将该薄膜转移到充满氮气的手套箱中以备热退火。以5℃ /min的恒定加热速率将所得的膜加热至150℃，然后在该温度下保持30min。之后将得到的薄膜骤冷至室温，得到呈棕黑色的薄膜。通过不同的退火温度得到的薄膜相貌区别很大，图2-37中发现在90℃退火时基本不发生结晶，随着退火温度升高至110℃后薄膜产生结晶颗粒，当温度到达150℃后，薄膜变得非常致密，并且结晶颗粒非常均匀，基本没有针孔缝隙出现（图2-37）。

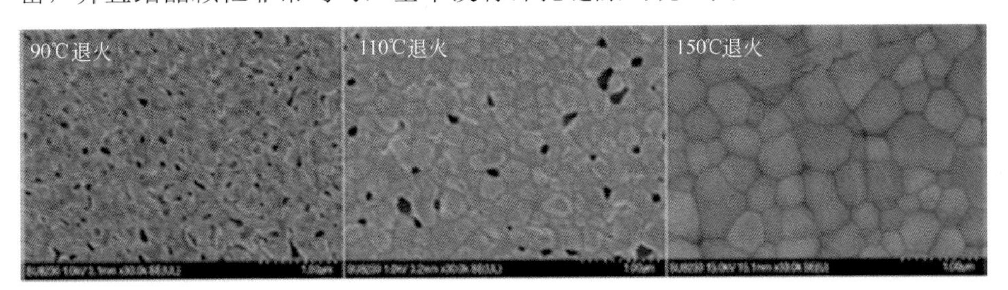

图2-37 退火温度对溶液法制备$AgBi_2I_7$薄膜的形貌影响[93]

$AgBi_2I_7$薄膜作为光吸收层制备的钙钛矿电池结构如图2-38（a）所示，电池为介孔结构：FTO电极/致密TiO_2/介孔TiO_2/$AgBi_2I_7$吸收层/P3HT空穴层/Au电极。图2-38（b）显示了电流密度-电压（*J-V*）特性，$AgBi_2I_7$太阳能电池器件在黑暗中测量或者在100mW/cm^2、AM1.5G的照明下进行，得到的最好的电池参数为：电流密度J_{sc}为3.30mA/cm^2，开路电压V_{oc}为0.56V，填充因子FF为67.41%，转换效率为1.22%。图2-38（c）中可以看出外量子效率（EQE）在波长为740nm时达到了25%，积分得到的电流为3.30mA/cm^{2}基本与短路电流保持了一致。图2-38（d）中显示了器件在空气环境中10天左右并没有影响到转换效率。与先前所提到的一系列以Bi和I为基础的类钙钛矿材料相比，其带隙更窄，光谱吸收范围更宽。制备得到的太阳能电池最高能量转换效率达1.22%，在空气中保存10天之后，其效率变为1.13%，电压0.56V。

此后Johansson等[94]通过溶液法制备出$CsBi_3I_{10}$，并将$CsBi_3I_{10}$与$Cs_3Bi_2I_9$进行对比，$CsBi_3I_{10}$的带隙宽度E_g=1.77eV，吸收光谱达到700nm。$CsBi_3I_{10}$有着与$Cs_3Bi_2I_9$类似的层状结构，另外它的表面形态也更为均匀。作者进而在相同的条件下制备出以$CsBi_3I_{10}$和$Cs_3Bi_2I_9$为吸光层的太阳能电池，电池结构以及SEM截面图和电池性能曲线如图2-39所示。

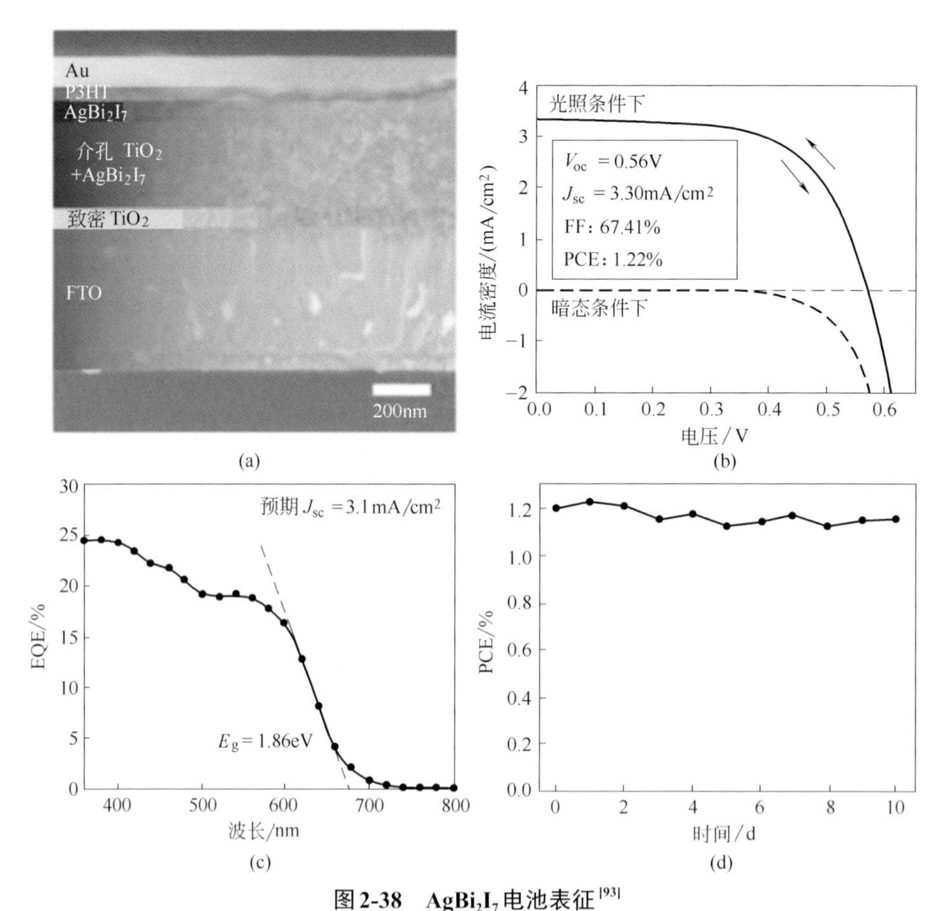

图2-38 $AgBi_2I_7$电池表征[93]

（a）电池截面SEM图；（b）在光照和黑暗条件下的*J-V*曲线（面积0.049cm²）；（c）量子效率EQE图谱；（d）稳定性测试统计图

电池器件采用介孔结构：FTO/致密TiO_2/介孔TiO_2/$CsBi_3I_{10}$光吸收层/P3HT空穴层/Ag电极。薄膜呈分层片状生长，电池参数：短路电流密度J_{sc}为3.4 mA/cm²，要比之前报道的$Cs_3Bi_2I_9$基钙钛矿电池2.2 mA/cm²略高，但是开路电压和填充因子相对要小。

目前对类钙钛矿材料或钙钛矿衍生物材料的研究仍然较少，大多数研究主要针对其光电特性进行考察，对于器件的制作工艺和结构优化研究尚且缺乏。尽管从各方面性质来看，这类材料都能很好地满足作为太阳能电池光吸收层的条件，但目前制作的器件普遍光电转换效率不是很高。因此，如何对器件的各个组分及其界面进行优化，并根据不同的光吸收材料来匹配不同能级的空穴传输层和电子传输层材料就成为了以后研究中很重要的一个方向。

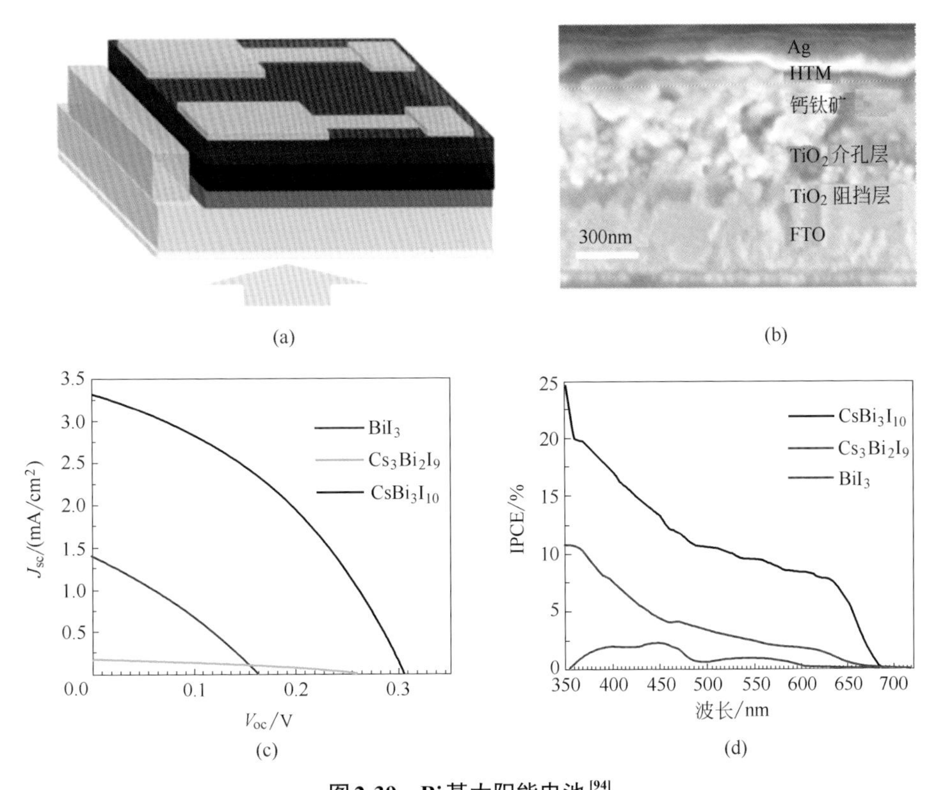

图2-39 Bi基太阳能电池[94]

（a）$CsBi_3I_{10}$ 太阳能电池结构；（b）电池截面SEM图；（c）BiI_3、$Cs_3Bi_2I_9$ 和 $CsBi_3I_{10}$ 太阳能电池 *J-V* 曲线；（d）电池的IPCE图

2.3.4 新型钙钛矿太阳能电池的发展前景

钙钛矿太阳能电池是由染料敏化太阳能电池衍化而来，最初为介观结构。由于介孔骨架材料有许多空隙，可以使钙钛矿充分地填充进入空隙内部，有助于钙钛矿在介孔骨架上形成连续平整的薄膜，还能直接参与钙钛矿太阳能电池的载流子传输过程，因此选择能带合适的介孔材料就显得尤为重要。在介观钙钛矿太阳能电池的研究中，TiO_2 纳米颗粒最早用于构成介孔骨架，所以在新型钙钛矿太阳能电池中首先应用的也是这种介孔二氧化钛作为电子传输层。通常使用的电池结构为：FTO导电玻璃/致密 TiO_2/介孔 TiO_2/钙钛矿层/Spiro-OMeTAD（HTM）/金属电极。2015年，Park等[90]用溶液配制的方式制备了 $MA_3Bi_2I_9$ 和 $Cs_3Bi_2I_9$ 两种薄膜电池，也有研究者用类似方法再次证实了实验的可行性。后来丁建宁课题组[92]通过气相沉积的方式用合成的 $Cs_3Bi_2I_9$ 单晶材料制备出覆盖率均匀的薄膜，但是由于真空环境下钙钛矿 $Cs_3Bi_2I_9$ 会出现部分分解，所以在整个过程中需要快速闪蒸，这就限制了薄膜厚度，进而影响器

件性能，但是表现出了优异的稳定性。

新型钙钛矿的出现，用无毒或低毒的元素取代了重金属Pb，具有环境友好的特性，虽然由于拥有较宽的光学带隙，一定程度上影响了对太阳光的利用，在目前报道的研究结果中不甚理想，但是如果能在特定环境或者在叠层器件上得到应用也是一种探索。因此，通过元素工程设计晶体结构稳定的钙钛矿材料，并能够通过电池结构设计得到进一步优化，新型钙钛矿太阳能电池的稳定无毒性是有希望得到解决的。

参考文献

[1] Zheng L，Zhang D，Ma Y，et al. Morphology control of the perovskite films for efficient solar cells. Dalton T，2015，44（23）：10582.

[2] Liang P W，Liao C，Chu C，et al. Additive enhanced crystallization of solution-processed perovskite for highly efficient planar-heterojunction solar cells. Adv Mater，2014，26（22）：3748-3754.

[3] Zhao Y，Zhu K. CH_3NH_3Cl-assisted one-step solution growth of $CH_3NH_3PbI_3$: structure，charge-carrier dynamics，and photovoltaic properties of perovskite solar cells. J Phys Chem C，2014: 118（18）：9412-9418.

[4] Shen D，Yu X，Cai X，et al. Understanding the solvent-assisted crystallization mechanism inherent in efficient organic-inorganic halide perovskite solar cells. J Mater Chem A，2014，2（48）：20454-20461.

[5] Peak S，Choi N，H Jeong，et al. Improved external quantum efficiency from solution-processed $CH_3NH_3PbI_3$ perovskite/$PC_{71}BM$ planar heterojunction for high efficiency hybrid solar cells. J Phys Chem C，2014，118（45）：25899-25905.

[6] Kim H B，Choi H，Jeong J，et al. Mixed solvents for the optimization of morphology in solution-processed，inverted-type perovskite/fullerene hybrid solar cells. Nanoscale，2014，6（12）：6679-6683.

[7] Leijtens T，Lauber B，Eperon G E，et al. The Importance of perovskite pore filling in organometal mixed halide sensitized TiO_2-based solar cells. J Phys Chem Lett，2014，5（7）：1096.

[8] Wang Q，Shao Y，Dong Q，et al. Large fill-factor bilayer iodine perovskite solar cells fabricated by a low-temperature solution-process. Energy Environ Sci，2014，7（7）：2359-2365.

[9] Eperon G E，Burlakov V M，Docampo P，et al. Morphological control for high performance，solution-processed planar heterojunction perovskite solar cells. Adv Funct Mater，2014，24（1）：151-157.

[10] Dualeh A，Tetreaulu N，Moehl T，et al. Effect of annealing temperature on film morphology of organic-inorganic hybrid pervoskite solid-state solar cells. Adv Funct Mater，2014，24（21）：3250-3258.

[11] Burschka J, pellet N, Moon S J, et al. Sequential deposition as a route to high-performance perovskite-sensitized solar cells. Nature, 2013, 499 (7458) : 316.

[12] Jeng J Y, Chiang Y F, Lee M H, et al. $CH_3NH_3PbI_3$ perovskite/fullerene planar-heterojunction hybrid solar cells. Adv Mater, 2013, 25 (27) : 3727-3732.

[13] Kang R, Kim J E, Yeo J S, et al. Optimized organometal halide perovskite planar hybrid solar cells via control of solvent evaporation rate. J Phys Chem C, 2014, 118 (46) : 26513-26520.

[14] Fang X, Wu Y, Lu Y, et al. Annealing-free perovskite films based on solvent engineering for efficient solar cells. J Mater Chem C, 2017, 5 (4) : 842-847.

[15] You J, Yang Y, Hong Z, et al. Moisture assisted perovskite film growth for high performance solar cells. App Phys Lett, 2014, 105 (18) : 945.

[16] Ren Z, Ng A, Shen Q, et al. Thermal assisted oxygen annealing for high efficiency planar $CH_3NH_3PbI_3$ perovskite solar cells. Sci Rep, 2014, 4 (4) : 6752.

[17] Jeng J Y, Chen K C, Chiang T Y, et al. Nickel oxide electrode interlayer in $CH_3NH_3PbI_3$ perovskite/PCBM planar-heterojunction hybrid solar cells. Adv Mater, 2014, 26 (24) : 4107.

[18] Guo Y, Liu C, Inoue K, et al. Enhancement in the efficiency of an organic–inorganic hybrid solar cell with a doped P_3HT hole-transporting layer on a void-free perovskite active layer. J Mater Chem A, 2014, 2 (34) : 13827-13830.

[19] Saliba M, Tan K W, Sai H, et al. Influence of thermal processing protocol upon the crystallization and photovoltaic performance of organic-inorganic lead trihalide perovskites. J Phys Chem C, 2014, 118 (30) : 17171-17177.

[20] Xiao Z, Bi C, Shao Y, et al. Efficient, high yield perovskite photovoltaic devices grown by interdiffusion of solution-processed precursor stacking layers. Ener Envir Sci, 2014, 7 (8) : 2619-2623.

[21] Liu, D, Gangishetty M K, Kelly T L. Effect of $CH_3NH_3PbI_3$ thickness on device efficiency in planar heterojunction perovskite solar cells. J Mater Chem A, 2014, 2 (46) : 19873-19881.

[22] Liu T, Hu Q, Wu J, et al. Mesoporous PbI_2 scaffold for high-performance planar heterojunction perovskite solar cells. Adv Energy Mater, 2016, 6 (3) .

[23] Zheng L, Ma Y, Chu S, et al. Improved light absorption and charge transport for perovskite solar cells with rough interfaces by sequential deposition. Nanoscale, 2014, 6: 8171-8176.

[24] Im J H, Jang I H, Pellet N, et al. Growth of $CH_3NH_3PbI_3$ cuboids with controlled size for high-efficiency perovskite solar cells. Nat Nanotechnol, 2014, 9 (11) : 927.

[25] Jeon N J, Noh J H, Kim Y C, et al. Solvent engineering for high-performance inorganic-organic hybrid perovskite solar cells. Nat Mater, 2014, 13 (9) : 897.

[26] Jiang Q, Zhang L, Wang H, et al. Enhanced electron extraction using $SnO_2$for high-efficiency planar-structure $HC(NH_2)_2PbI_3$-based perovskite solar cells.Nat Energy,

2016，2: 16177.

[27] Liu M，Johnston M B，Snaith H J. Efficient planar heterojunction perovskite solar cells by vapour deposition. Nature，2013，501（7467）: 395-443.

[28] Lee M M，Teuscher J，Miyasaka T，et al. Efficient hybrid solar cells based on meso-superstructured organometal halide perovskites. Science，2012，338（6107）: 643.

[29] Chen C W，Kang H W，Hsiao S Y，et al. Efficient and uniform planar-type perovskite solar cells by simple sequential vacuum deposition. Adv Mater，2014，26（38）: 6647-6652.

[30] Longo G，Gil L，Degen M J，et al. Perovskite solar cells prepared by flash evaporation. Chem Commun，2015，51（34）: 7376-7384.

[31] Hu H，Wang D，Zhou Y，et al. Vapour-based processing of hole-conductor-free $CH_3NH_3PbI_3$ perovskite/C_{60} fullerene planar solar cells. Rsc Adv，2014，4（55）: 28964-28967.

[32] Leyden M R，Ono L K，Raga S R，et al. High performance perovskite solar cells by hybrid chemical vapor deposition. J Mater Chem A，2014，2（44）: 18742-18745.

[33] Stefano R，Di F，Matteocci G F，et al. Perovskite solar cells and large area modules（100 cm^2） based on an air flow-assisted PbI_2 blade coating deposition process. J Power sources，2015: 286-291.

[34] Chen Q，Zhou H，Luo S，et al. Planar heterojunction perovskite solar cells via vapor-assisted solution process. J Am Chem Soc，2014，136（2）: 622-625.

[35] Song X，Wang W，Sun P，et al. Additive to regulate the perovskite crystal film growth in planar heterojunction solar cells. App Phys Lett，2015，106（3）: 864.

[36] Li X，MI D，Yi C，et al. Improved performance and stability of perovskite solar cells by crystal crosslinking with alkylphosphonic acid ω-ammonium chlorides. Nature Chem，2015，7（9）: 703.

[37] Bi D，Yi C，Luo J，et al. Polymer-templated nucleation and crystal growth of perovskite films for solar cells with efficiency greater than 21%. Nature Energy，2016: 142.

[38] Ahn N，Son D Y，Jang I H，et al. Highly reproducible perovskite solar cells with average efficiency of 18.3% and best efficiency of 19.7% fabricated via Lewis base adduct of lead（Ⅱ） iodide. J Am Chem Soc，2015，137（27）: 8696.

[39] Pan J，Mu C，Li Q，et al. Room-temperature，hydrochloride-assisted，one-step deposition for highly efficient and air-stable perovskite solar cells. Adv Mater，2016，28（37）: 8309-8314.

[40] Wu C G，Chiang C H，Tseng Z L，et al. High efficiency stable inverted perovskite solar cells without current hysteresis. Energy Envir Sci，2015，8（9）: 2725-2733.

[41] Chiang C H，Nazeeruddin M K，Grätzel M，et al. The synergistic effect of H_2O and DMF towards stable and 20% efficiency inverted perovskite solar cells. Energy Envir Sci，2017: 10（3）: 808-817.

[42] Jian H，Tao C. Additive regulated crystallization and film formation of $CH_3NH_3I_{3-x}Br_x$ for

highly efficient planar-heterojunction solar cells. J Mater Chem A，2015，3：18514-18520.

[43] W Zhu，Bao C，Li F，et al. A halide exchange engineering for $CH_3NH_3PbI_{3-x}Br_x$ perovskite solar cells with high performance and stability. Nano Energy，2016：17-26.

[44] Stranks S D，Eperon G E，Grancini G，et al. Electron-hole diffusion lengths exceeding 1 micrometer in an organometal trihalide perovskite absorber. Science，2013，342（6156）：341.

[45] Xing G，Mathews N，Sun S，et al. Long-range balanced electron-and hole-transport lengths in organic-inorganic $CH_3NH_3PbI_3$. Science，2013，342（6156）：344-347.

[46] Dar M I，Arora N，Gao P，et al. Investigation regarding the role of chloride in organic-inorganic halide perovskites obtained from chloride containing precursors. Nano Lett，2014，14（12）：6991-6997.

[47] Tidhar Y，Edri E，Weissman H，et al. Crystallization of methyl ammonium lead halide perovskites：implications for photovoltaic applications. J Am Chem Soc，2014，136（38）：13249-13256.

[48] Chen Q，Zhou H，Fang Y，et al. The optoelectronic role of chlorine in $CH_3NH_3PbI_3$（Cl）-based perovskite solar cells. Nature Commun，2015，6：7269.

[49] Y Chen，Chen T，Dai L，et al. Layer-by-layer growth of $CH_3NH_3I_{3-x}Cl_x$ for highly efficient planar heterojunction perovskite solar cells. Adv Mater，2015，27：1053-1059.

[50] Rao H，Ye S，Sun W，et al. A 19.0% efficiency achieved in CuO_x-based inverted $CH_3NH_3PbI_{3-x}Cl_x$ solar cells by an effective Cl doping method. Nano Energy，2016，27：51-57.

[51] Yi C，Luo J，Meloni S，et al. Entropic stabilization of mixed a-cation ABX_3 metal halide perovskites for high performance perovskite solar cells. Energy Envir Sci，2016，9（2）：656-662.

[52] Choi H，Jeong J，Kim H B，et al. Cesium-doped methylammonium lead iodide perovskite light absorber for hybrid solar cells. Nano Energy，2014，7（3）：80-85.

[53] Saliba M，Matsui T，Seo J Y，et al. Cesium-containing triple cation perovskite solar cells：improved stability，reproducibility and high efficiency. Energy Envir Sci，2016，9（6）：1989.

[54] Xuejie Z，Dong Y，Yang R，et al. Superior stability for perovskite solar cells with 20% efficiency using vacuum co-evaporation. Nanoscale，2017，9：12316-12323.

[55] Gao P，Grätze M I，Nazeeruddin M K，et al. Organohalide lead perovskites for photovoltaic applications. J Phys Chem Lett，2016，7（5）：851.

[56] Boix P P，Nonomura K，Mathews N，et al. Current progress and future perspectives for organic/inorganic perovskite solar cells. Mater Today，2014，17（1）：16-23.

[57] Koh T M，Fu K，Yang Y，et al. Formamidinium-containing metal-halide：an alternative material for near-IR absorption perovskite solar cells. J Phys Chem C，2014，118（30）：16458-16462.

[58] Yang W S，Noh J H，Jeon N J，et al. High-performance photovoltaic perovskite layers

fabricated through intramolecular exchange. Science, 2015, 348 (6240) : 1234.
[59] Jeon N J, Noh J H, Yang W S, et al. Compositional engineering of perovskite materials for high-performance solar cells. Nature, 2015, 517 (7535) : 476.
[60] Zhang Y, Grancini G, Feng Y, et al. Optimization of stable quasi-cubic $FA_xMA_{1-x}PbI_3$ perovskite structure for solar cells with efficiency beyond 20%. ACS Energy Lett, 2017, 2: 802-806.
[61] Hao F, Stoumpos C C, Cao D H, et al. Lead-free solid-state organic-inorganic halide perovskite solar cells. Nat Photonics, 2014, 8 (8) : 489-494.
[62] Im J, Stoumpos C C, Jin H, et al. Antagonism between spin–orbit coupling and steric effects causes anomalous band gap evolution in the perovskite photovoltaic materials $CH_3NH_3Sn_{1-x}Pb_xI_3$. J Phys Chem Lett, 2015, 6 (17) : 3503-3509.
[63] Yamada K, Nakada K, Takeuchi Y, et al. Tunable perovskite semiconductor $CH_3NH_3SnX_3$ (X: Cl, Br, or I) characterized by X-ray and DTA. B Chem Soc of Jpn, 2011, 84 (9) : 926-932.
[64] Chiarella F, Zappettini A, Licci F, et al. Combined experimental and theoretical investigation of optical, structural, and electronic properties of $CH_3NH_3SnX_3$ thin films (X = Cl, Br). Phys rev b, 2008, 77 (4) : 5129.
[65] Hao F, Stoumpos C C, Chang R P H, et al. Anomalous band gap behavior in mixed Sn and Pb perovskites enables broadening of absorption spectrum in solar cells. J Am Chem Soc, 2014, 136 (22) : 8094-8103.
[66] Gate L F. Comparison of the photon diffusion model and Kubelka-Munk equation with the exact solution of the radiative transport equation. App Optics, 1974, 13 (2) : 236.
[67] Scaife D E, Weller P F, Fisher W G. Crystal preparation and properties of cesium tin (Ⅱ) trihalides. Journal of Solid State Chemistry, 1974, 9 (3) : 308-314.
[68] Yamada K, Funabiki S, Horimoto H, et al. Structural phase transitions of the polymorphs of $CsSnI_3$ by means of rietveld analysis of the X-ray diffraction. Chem Lett, 1991, 20 (5) : 801-804.
[69] Chung I, Song J H, Im J, et al. $CsSnI_3$: Semiconductor or Metal? High electrical conductivity and strong near-infrared photoluminescence from a single material. high hole mobility and phase-transitions. J Am Chem Soc, 2012, 134 (20) : 8579-8587.
[70] Kumar M H, Dharani S, Leong W L, et al. Lead-free halide perovskite solar cells with high photocurrents realized through vacancy modulation. Adv Mater, 2014, 26 (41) : 7122-7127.
[71] Chung I, Song J H, Jin J, et al. ChemInform abstract: $CsSnI_3$: semiconductor or Metal? High electrical conductivity and strong near-infrared photoluminescence from a single material. High hole mobility and phase-transitions. J Am Chem Soc, 2012, 134 (20) : 8579-8587.
[72] Qiu X, Cao B, Yuan S, et al. From unstable $CsSnI_3$ to air-stable Cs_2SnI_6: A lead-free perovskite solar cell light absorber with bandgap of 1.48eV and high absorption

coefficient. Sol Energ Mat Sol C，2017，159：227-234.

[73] Seo D K，Gupta N，Whangbo M H，et al. Pressure-induced changes in the structure and band gap of $CsGeX_3$ （X=Cl，Br）studied by electronic band structure calculations. Inorg Chem，1998，37（3）：407.

[74] Thiele G，Rotter H W，Schmidt K D. Kristall strukturen und Phasen transformationen von Caesiumtri halogen ogermanaten（Ⅱ）$CsGeX_3$（X=Cl，Br，I）. Z Anorg Allg Chem，1987，545（2）：148-156.

[75] Stoumpos C C，Frazer L，Clark D J，et al. Hybrid germanium iodide perovskite semiconductors：active lone pairs，structural distortions，direct and indirect energy gaps，and strong nonlinear optical properties. J Am Chem Soc，2015，137（21）：6804-6819.

[76] Thirumal K，Ding H，Yan C，et al. Lead-free germanium iodide perovskite materials for photovoltaic application. J Mater Chem A，2015，3（47）：23829-23832.

[77] Chen F S. Optically induced change of refractive indices in $LiNbO_3$ and $LiTaO_3$. J App Phys，1969，40（8）：3389-3396.

[78] Choi T，Lee S，Choi Y J，et al. Switchable ferroelectric diode and photovoltaic effect in $BiFeO_3$. Science，2009，324（5923）：63-66.

[79] Yang S Y，Martin L W，Byrnes S J，et al. Photovoltaic effects in $BiFeO_3$. App Phys Lett，2009，95（6）：355.

[80] Qu T L，Zhao Y G，Xie D，et al. Resistance switching and white-light photovoltaic effects in $BiFeO_3$/Nb-$SrTiO_3$ heterojunctions. App Phys Lett，2011，98（17）：173507.

[81] Guo Y，Guo B，Dong W，et al. Evidence for oxygen vacancy or ferroelectric polarization induced switchable diode and photovoltaic effects in $BiFeO_3$ based thin films. Nanotechnology，2013，24（27）：275201.

[82] Bhatnagar A，Chaudhuri A R，Kim Y H，et al. Role of domain walls in the abnormal photovoltaic effect in $BiFeO_3$. Nat Comm，2013，4（4）：2835.

[83] Mcclure E T，Ball M R，Windl W，et al. ChemInform abstract：Cs_2AgBiX_6 （X：Br，Cl）：new visible light absorbing，lead-free halide perovskite semiconductors. Chem Mater，2016，28（5），1348-1354.

[84] Volonakis G，Filip M R，Haghighirad A A，et al. Lead-free halide double perovskites via heterovalent substitution of noble metals. J Phys Chem Letters，2016，7（7）：1254.

[85] Xiao Z，Meng W，Wang J，et al. Thermodynamic stability and defect chemistry of bismuth based lead-free double perovskites. Chemsuschem，2016，9（18）：2628-2633.

[86] Slavney A H，Hu T，Lindenberg A M，et al. A Bismuth-halide double perovskite with long carrier recombination lifetime for photovoltaic applications. J Am Chem Soc，2016，138（7）：2138.

[87] Gou G，Young J，Liu X，et al. Interplay of cation ordering and ferroelectricity in perovskite tin iodides：designing a polar halide perovskite for photovoltaic applications. Inorg Chem，2017，56（1）：26-32.

[88] Saparov B, Sun J P, Meng W, et al. Thin-film deposition and characterization of a Sn-deficient perovskite derivative Cs_2SnI_6. Chem Mater, 2016, 28 (7) : 2315–2322.

[89] Lehner A J, Fabini D H, eVans H A, et al. Crystal and electronic structures of complex bismuth iodides $A_3Bi_2I_9$ (A=K, Rb, Cs) related to perovskite: aiding the rational design of photovoltaics. Chem Mater, 2015, 27 (20) : 7137-7148.

[90] Park B W, Philippe B, Zhang X, et al. Bismuth based hybrid perovskites $A_3Bi_2I_9$ (A: methylammonium or cesium) for solar cell application. Adv Mater, 2015, 27 (43) : 6806.

[91] Fang X, Ding J, Yuan N, et al. Graphene quantum dot incorporated perovskite films: passivating grain boundaries and facilitating electron extraction. Physical Chemistry Chemical Physics, 2017, 19 (8) : 6057-6063.

[92] Ma Z, Peng S, Wu Y, et al. Air-stable layered bismuth-based perovskite-like materials: structures and semiconductor properties. Physica B, 2017, 526.

[93] Kim Y, Yang Z, Jain A, et al. Pure cubic-phase hybrid iodobismuthates $AgBi_2I_7$ for thin-film photovoltaics. Angew Chem int edit, 2016, 55 (33) : 9586-9590.

[94] Johansson M B, Zhu H, Johansson E M J. Extended photo-conversion spectrum in low-toxic bismuth halide perovskite solar cells. J Phys Chem Lett, 2016, 7 (17) : 3467.

第3章 有机-无机杂化钙钛矿太阳能电池结构

3.1 有机-无机杂化钙钛矿太阳能电池组成材料

钙钛矿型太阳能电池主要由导电玻璃基底（FTO、ITO）、电子传输层（ETL）、钙钛矿光吸收层、空穴传输层（HTL）以及对电极（Au、Ag、Al等）等几部分组成。图3-1为文献中报道的常用钙钛矿电池功能层材料。第2章已对钙钛矿光吸收层作了详细的介绍，本章主要针对电子传输层材料和空穴传输层材料作简要说明。

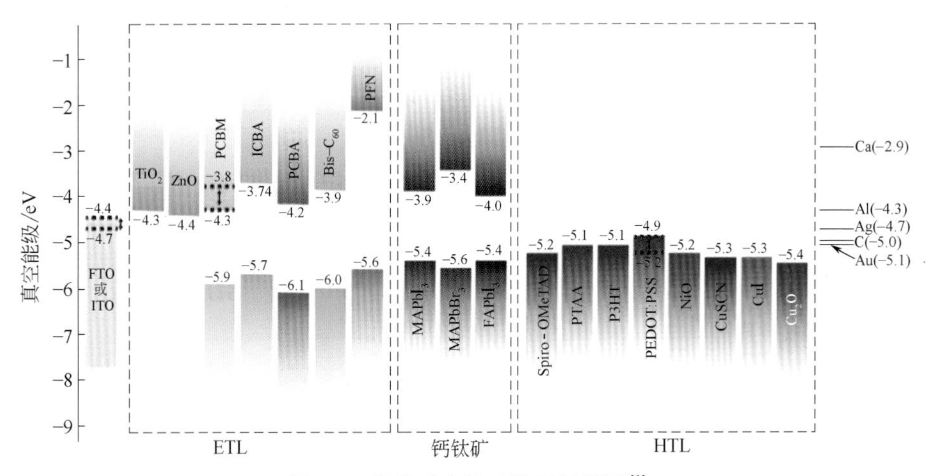

图3-1 钙钛矿电池功能层材料图[1]

3.1.1 电子传输层

电子传输材料（ETM）是指一种能够接受电子并传输电子的材料，通常电子传输材料需要有高的电子亲和能和离子势。在钙钛矿太阳能电池中，电子传输材料能级需要与钙钛矿材料能级匹配，收集钙钛矿层光激发产生的电子，传输到电极上，并有效地阻挡空穴向电极的传输。

钙钛矿太阳能电池中最常用的ETM为TiO_2，TiO_2的导带最低点（CBM）

为 –4.0eV 左右，稍低于 $CH_3NH_3PbI_3$ 的最低未占分子轨道（LUMO）能级，有利于电子注入。宽带隙（锐钛矿相为 –3.2eV，金红石相为 –3.0eV）使其价带最高点（VBM）处于一个较深的位置，能有效阻挡空穴的注入。TiO_2 电子传输层可以采用不同的工艺方法制备，如溶胶 - 凝胶法、高温烧结法、旋涂法、喷雾热解法、原子力沉积法（ALD）、磁控溅射法等，器件性能也会受到不同制备方法的影响。TiO_2 一般分锐钛矿型、金红石和板钛矿型。在钙钛矿电池的应用中，需要通过对不同的制备方法、掺杂、形貌等调节进一步优化 TiO_2 的能级、电子传输等属性以提高电池性能。

Wu 课题组[2]在透明导电玻璃基底上制备了不同形貌的 TiO_2 层应用于平面结构钙钛矿电池，包括零维纳米颗粒（TNP）、一维纳米线（TNW）、二维纳米片（TNS）。结果表明，TiO_2 层可以增强 FTO 基底的光学透过率，并提高器件的光伏性能。TNW 或 TNS 结构有助于钙钛矿的成膜，促进 TNW/ 钙钛矿或 TNS/ 钙钛矿界面上的电子传输和电荷提取，降低了界面处电子 - 空穴复合损失。并且使用由 TiO_2 致密层（TBL）和 TNW 构成的双层 ETL 薄膜（图 3-2），制备出的器件效率超过 16%。这种双层 ETL 薄膜可以同时阻挡空穴的注入并增强电子提取，从而提高器件性能。

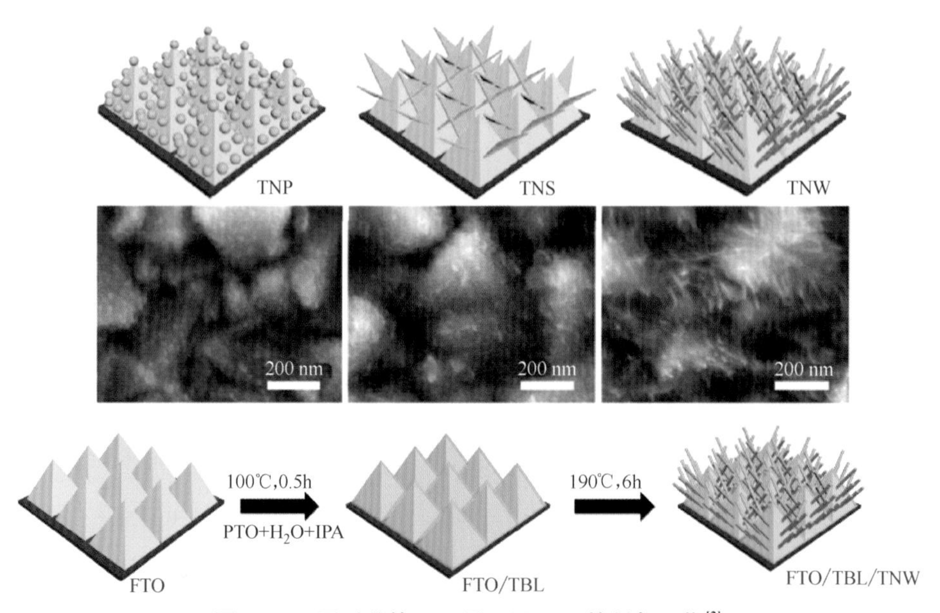

图 3-2　不同形貌的 TiO_2 及双层 ETL 的制备工艺[2]

TiO_2 材料也可以通过掺杂来改善其光学及电学性能，已经证实了 Ti 可与 Y^{3+}、Mg^{2+}、Zn^{2+}、Sn^{4+}、Nb^{5+}、Al^{3+}、Nd^{3+} 和 Zr^{4+} 进行适当替代[3-5]，有助于优化钙钛矿层 / 电子传输层的界面性能，减少界面复合，促进电子传输层的载流子注入。

Yang等[6]采用离子液体1-丁基-3-甲基咪唑四氟硼酸盐（[BMIM]BF_4）对TiO_2进行表面修饰，离子液体具有电导率大、电荷迁移率高、光学透明度好等优势，其阴离子基团与TiO_2结合，形成表面偶极以调整TiO_2的能级，使其功函数与钙钛矿吸收层匹配（图3-3）；阳离子基团可以与相邻的钙钛矿晶体相互作用以提供电子传输的有效通道，从而抑制界面处的电荷积累，改善电子迁移率，降低接触电阻和陷阱态密度，制备的器件效率为19.62%。

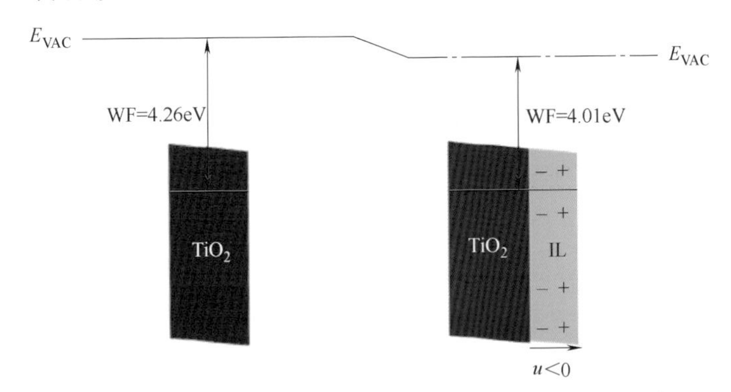

图3-3 离子液体改性后TiO_2材料能级及功函数的变化[6]

氧化锌（ZnO）是另一种常用于钙钛矿太阳能电池的电子传输材料，禁带宽度为3.3eV的直接带隙半导体材料，其导带最低点为–4.2eV，常温下的激子束缚能为60 meV。ZnO在能级上与$CH_3NH_3PbI_3$的LUMO能级（–3.6eV）和HOMO能级（–5.2eV）相匹配，保证了电子的提取效率。ZnO的优点是无须高温烧结，易于大面积制备，相比于TiO_2具有更高的电子迁移率。与TiO_2类似，应用于器件中的ZnO形貌结构主要有致密薄膜和纳米棒。其典型的电池结构和各层材料能级分布情况如图3-4所示。

Tseng等[8]使用磁控溅射方法制备了致密氧化锌薄膜，在此基础上获得了转换效率为15.9%的平面钙钛矿太阳能电池。他们发现通过调控溅射制备ZnO薄膜过程中使用的氧气/氩气比例可调节所得ZnO薄膜的表面电子性质，有效地提升电池的载流子抽取效率，从而提升钙钛矿电池性能。如图3-5所示，ZnO-Ar（纯Ar气氛围下制备的ZnO薄膜）的功函数高于ZnO-20%［O_2/（Ar + O_2）= 20%氛围下制备的ZnO薄膜］，ZnO-Ar和ZnO-20%具有相同的带隙，这表明ZnO-Ar具有相对较低的价带和导带位置。ZnO-Ar较低的导带位置有利于电子从钙钛矿注入到ZnO中，而较低的价带边缘可以更有效地阻挡空穴向电子传输层的注入。

除此之外，Tseng等[9]也对ZnO薄膜厚度对电池性能的影响进行了研究。结果表明，ZnO薄膜的厚度对开路电压（V_{oc}）、填充因子（FF）和短路电流密

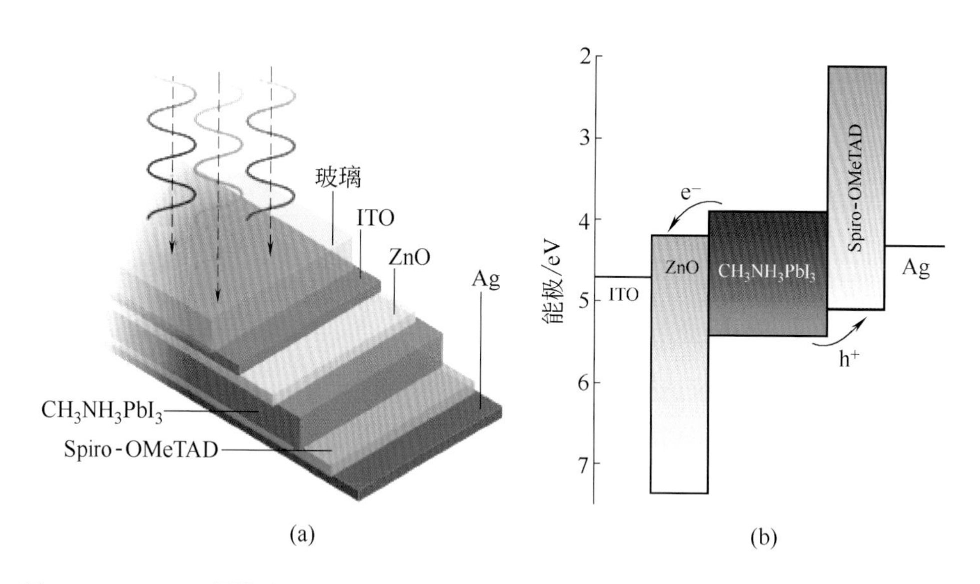

图3-4 FTO/ZnO/钙钛矿/Spiro-OMeTAD/Ag电极电池结构和各层材料能级分布示意图[7]

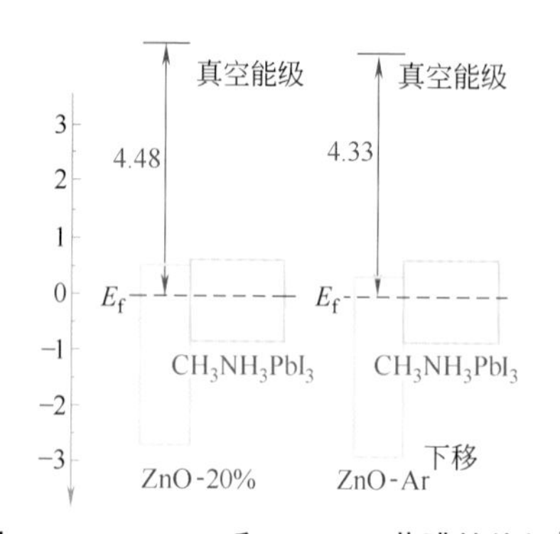

图3-5 ZnO-20%和ZnO-Ar薄膜的能级[8]

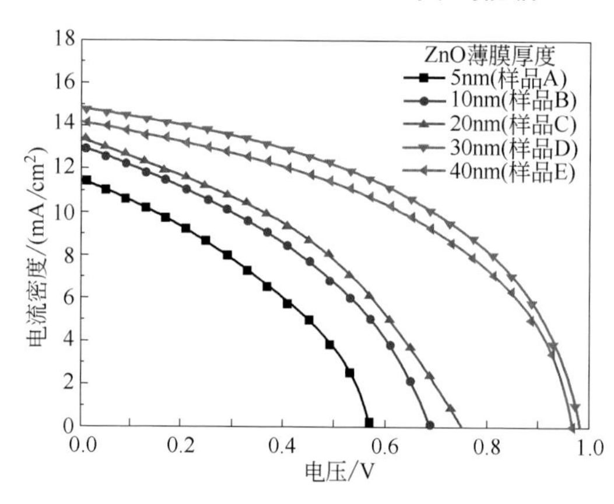

图3-6 不同ZnO厚度下制备电池的J-V曲线[9]

度（J_{sc}）有显著的影响，如图3-6所示。随着ZnO厚度从5nm增加到30nm，钙钛矿电池的J_{sc}、V_{oc}和FF均逐渐提高，这是因为ZnO薄膜可以有效阻止ITO与钙钛矿薄膜的直接接触，抑制载流子复合。但是由于过厚的ZnO会增加器件的串阻，当ZnO进一步增厚到40nm时，电池的FF反而有所降低。

除致密氧化锌薄膜外，氧化锌纳米颗粒薄膜在钙钛矿太阳能电池中也有广泛应用。Liu等[7]首次将氧化锌纳米颗粒薄膜作为钙钛矿电子传输层使用，并获得了15.7%的效率。当纳米颗粒薄膜作为电子传输层时，薄膜的厚度和纳米颗粒的大小对钙钛矿薄膜的晶粒尺寸以及电池的并阻和串阻等均有显著影响，从而影响器件的光伏性能，如图3-7所示。

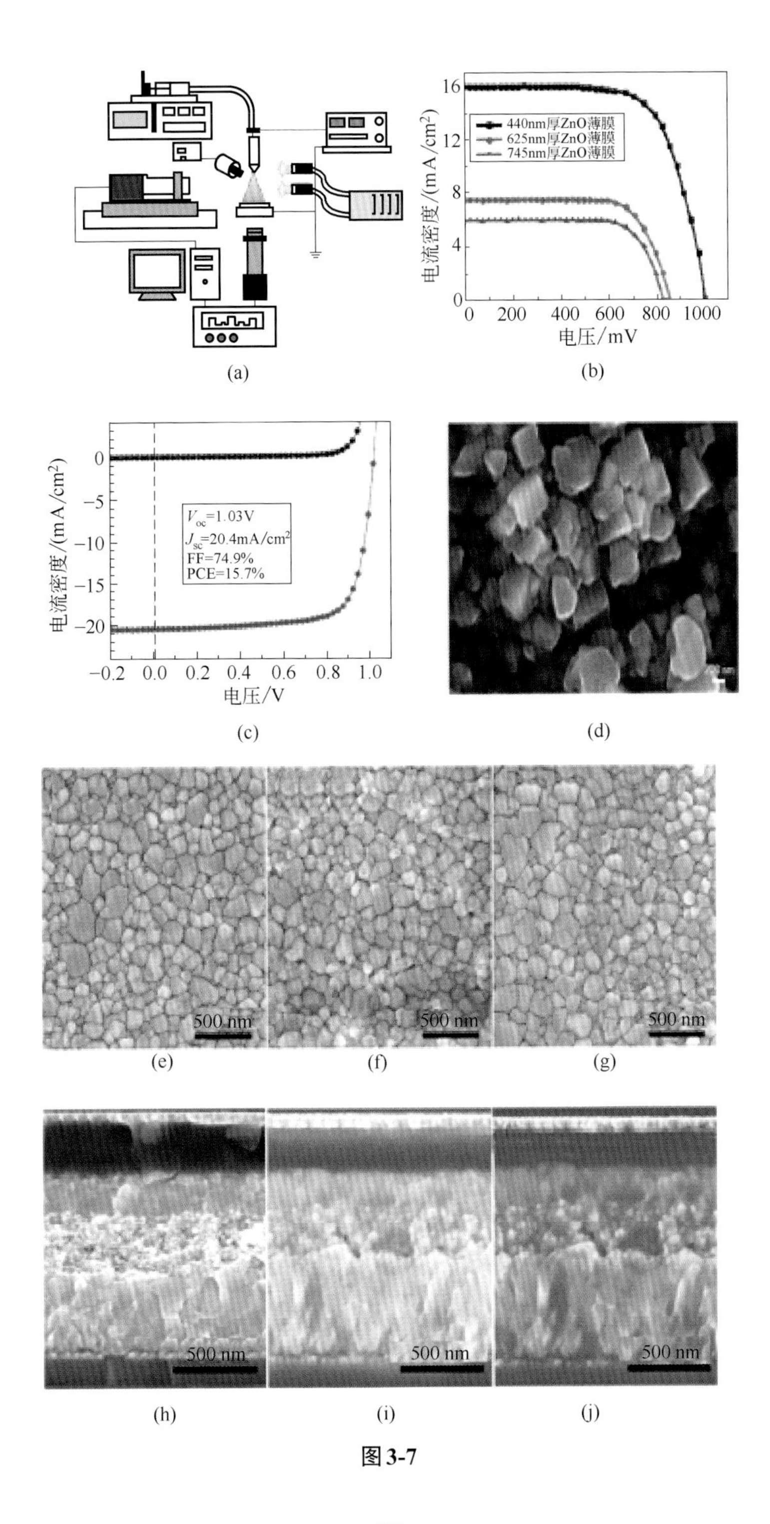

16
12
8
4
0
0
200
400
600
800
1000
电压/mV
电流密度/(mA/cm²)
440nm厚ZnO薄膜
625nm厚ZnO薄膜
745nm厚ZnO薄膜
(a)
(b)
0
−5
−10
−15
−20
−0.2
0.0
0.2
0.4
0.6
0.8
1.0
电压/V
电流密度/(mA/cm²)
V_{oc}=1.03V
J_{sc}=20.4mA/cm²
FF=74.9%
PCE=15.7%
(c)
(d)
500 nm
500 nm
500 nm
(e)
(f)
(g)
500 nm
500 nm
500 nm
(h)
(i)
(j)

图 3-7

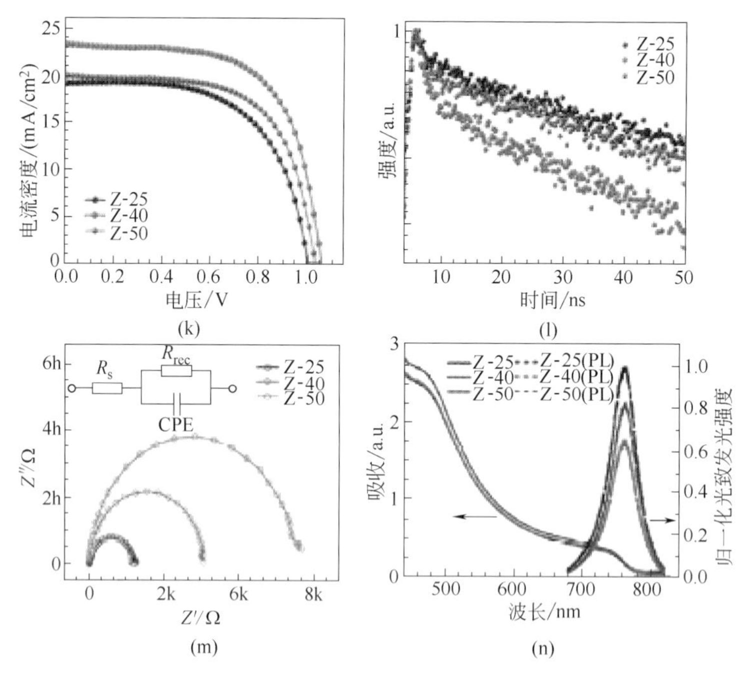

图3-7 氧化锌纳米颗粒的尺寸对电池性能影响[10]

Bi等[11]在2013年首次将ZnO纳米棒引入钙钛矿太阳能电池中。采用水热法合成ZnO纳米棒，一步法制备钙钛矿薄膜，器件结构为：Au/Spiro-OMeTAD/$MAPbI_3$/ZnO纳米棒/ZnO籽晶层/FTO，并获得了5%的转换效率。他们发现ZnO纳米棒长度决定了电子的传输速率和寿命，直接影响到电池的性能，如图3-8所示。随后，他们通过采用两步法优化钙钛矿薄膜质量，将效率提升至11.13%[12]。

虽然基于ZnO电子传输材料在钙钛矿太阳能电池的应用中展现了巨大的潜力，但由于ZnO材料表面复合严重，且会与钙钛矿发生反应，所以ZnO基钙钛矿电池的效率和稳定性与TiO_2基电池相比仍有一定的差距。表面修饰、掺杂等成为提升ZnO基钙钛矿太阳电池性能的有效手段。Mahmood等[13]使用静电喷雾法和旋涂法得到了ZnO和掺杂Al的ZnO薄膜。由于在电子传输层的导带有更高的电子密度，电荷复合率较低，Al掺杂ZnO薄膜的电池获得了更高的开路电压。有机物也能提高ZnO基钙钛矿太阳电池的性能，Kim等[14]在30nm厚的ZnO薄膜上旋涂了一层PCBM，使得电子传输层的CBM位于ZnO和钙钛矿之间，改善电子的抽取。基于ZnO/PCBM的器件复合电阻（R_{rec}）更大，意味着加入PCBM可以抑制表面和体相的电荷复合。而ITO上只沉积

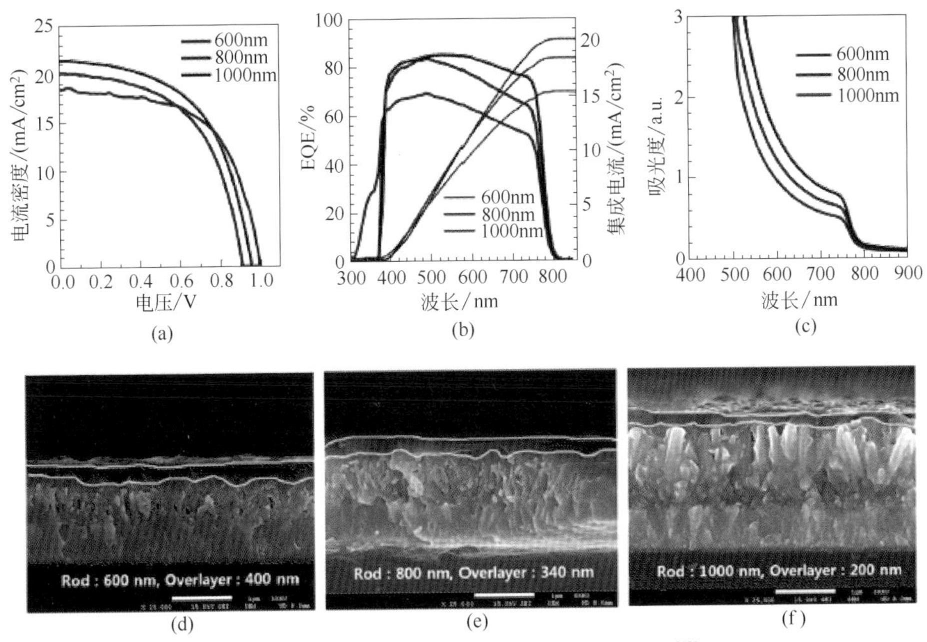

图3-8　氧化锌纳米棒尺寸对电池性能影响[12]

了PCBM作为电子传输层的钙钛矿电池性能很差，因此，他们认为ZnO和PCBM共同作用对提高器件性能非常重要[11]。

对于TiO_2电子传输层，钙钛矿/TiO_2电子传输层界面缺陷或能级排布差异等形成的势垒，以及TiO_2的低电子迁移率，通常会阻碍电子从钙钛矿层到电子传输层的有效传输，相比之下，SnO_2具有导带能级深、迁移率高、物理化学性能稳定等优势，可以降低钙钛矿与电子传输层之间的势垒，加快电子从钙钛矿层到电子传输层的转移，减少界面的电荷积累，其电池结构如图3-9所示。

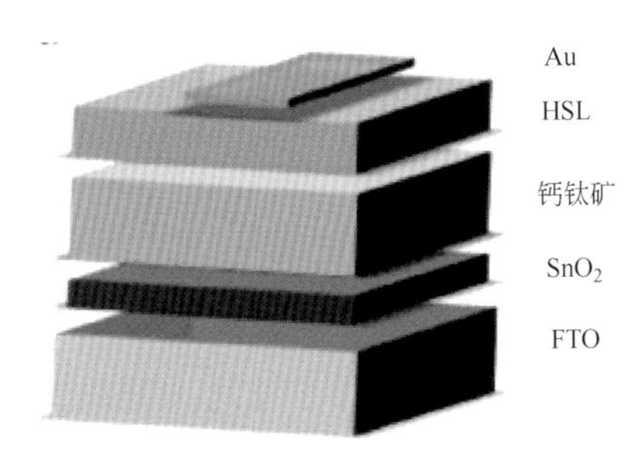

图3-9　FTO/SnO_2/钙钛矿/Spiro-OMeTAD/Au电极结构电池[15]

You课题组[16]采用SnO_2作为电子传输层，制备出的电池结构为：玻璃/ITO/SnO_2/$(FAPbI_3)_{0.97}(MAPbBr_3)_{0.03}$/Spiro-OMeTAD/Au，器件效率达到20.5%。SnO_2与TiO_2作为电子传输层的器件性能对比如图3-10所示。

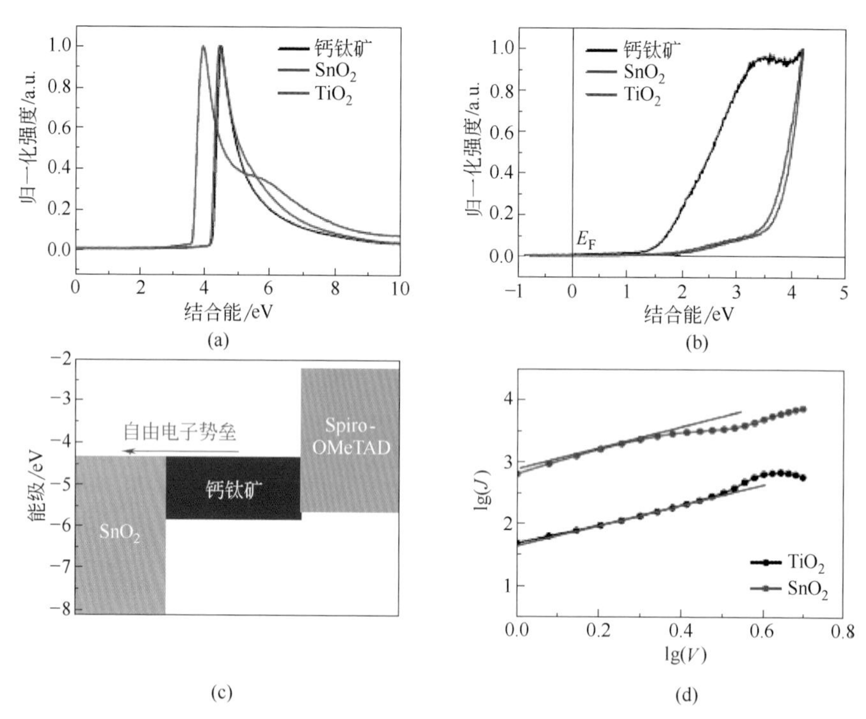

图3-10　SnO_2与TiO_2作为电子传输层制备的器件性能[16]

Correa-Baena等[19]通过ALD沉积制备一层15nm的SnO_2电子传输层，获得电池的开路电压最高为1.23V（图3-11），并在SnO_2上层覆盖一层Ga_2O_3来分析SnO_2和钙钛矿之间传输复合损失，研究发现SnO_2/钙钛矿界面并不受复合的限制，电子传输性能很好。同时，研究结果显示电池的迟滞现象主要源于空穴传输层，器件的主要复合发生在钙钛矿和空穴层之间。

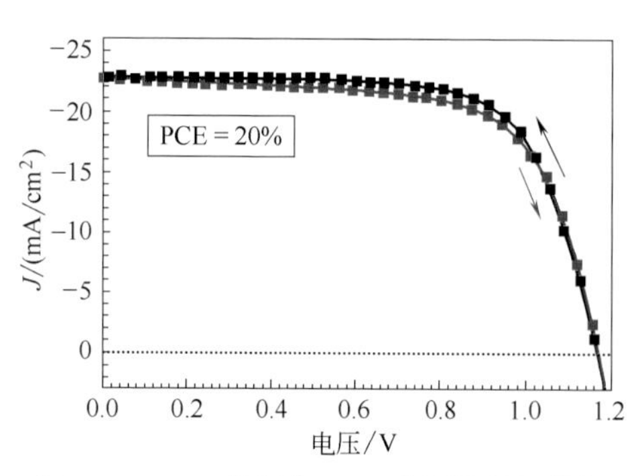

图3-11　ALD法制备SnO_2电子传输层的钙钛矿电池J-V曲线[19]

与TiO_2和ZnO相似，SnO_2也可以通过掺杂改善其性能。掺杂Nb可以提高电子传输层表面平整度，提高电子迁移率和导电性，有助于高质量的钙钛矿吸收层在其表面生长，器件效率也相应地从15.13%提高到

17.57%[17]。Yang等[18]通过溶液反应的方式合成了钇掺杂二氧化锡（Y-SnO_2）作为电子传输层，掺杂钇可促进SnO_2的形成和SnO_2纳米片阵列的更均匀分布，使钙钛矿能够充分渗透，更好地与SnO_2接触，改善电子从钙钛矿到ETL的传递，减少SnO_2/钙钛矿界面处的载流子复合，器件效率从16.25%提高到17.29%（图3-12）。

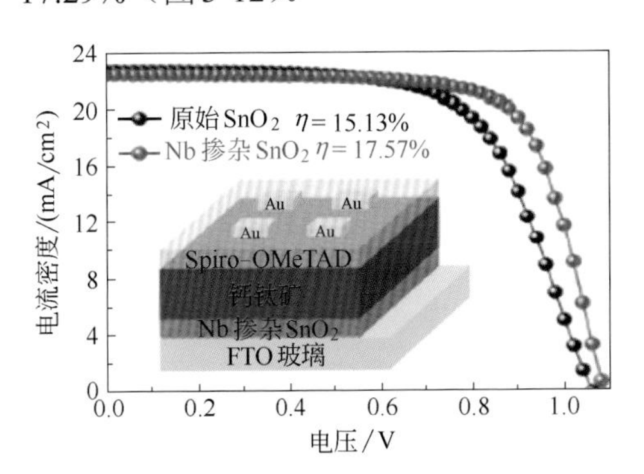

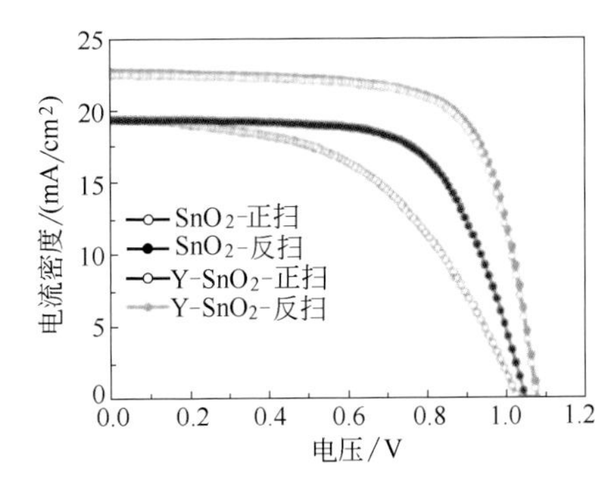

图3-12　氧化锡表面修饰以及掺杂对钙钛矿太阳能电池性能的影响[17,18]

3.1.2　空穴传输层

在钙钛矿层和电极之间选择合适的空穴传输材料（HTM）有助于改善肖特基接触，促使受束缚的电子/空穴对在功能层界面分离成自由电荷，减少电子/空穴对的复合，同时有助于空穴向阳极的传输。高效的空穴传输材料需要满足以下条件：①合适的能级。空穴传输材料的HOMO能级要高于钙钛矿的价带，以保证空穴的有效传输，而LUMO能级要高于钙钛矿的导带，阻挡电子的传输。②适当的吸收范围。研究表明空穴传输材料的吸收范围与钙钛矿的吸收范围（300～800nm）叠加时，可能导致“寄生光吸收”，影响钙钛矿的光吸收性能。在这种情况下，空穴传输材料在近紫外区有较强的吸收是有益的，因为钙钛矿在紫外区的捕光性能较低。或者，空穴传输材料可以吸收较低能量的光（红外至近红外），这样将有助于获得更多的太阳光，提高电池的整体表现。③较高的迁移率，以保证把钙钛矿层的空穴快速传递到背电极。④膜具有良好的热稳定性，有助于提高电池的稳定性。⑤良好的疏水性，有利于延缓钙钛矿的水化和降解，提高电池的稳定性。⑥在常见的有机溶剂中有良好的溶解性，从而容易成膜以及制备器件。目前的空穴传输材料主要分为无机、有机两类。

正置结构钙钛矿太阳能电池的空穴传输材料选择多样，其中有机小分子空穴传输材料凭借能级可调、合成简单、容易成膜且制成器件后效率高等优点，成为研究最多也最常用的空穴传输材料。根据分子中基团的不同，可以分为Spiro型空穴传输材料、含三苯胺型空穴传输材料、含噻吩型空穴传输材料、其他小分子空穴传输材料。

第一类为Spiro型空穴传输材料，由于经典的空穴传输材料Spiro-OMeTAD具有许多优点，所以研究与Spiro-OMeTAD结构相似的分子成为设计有机空穴传输材料的一种行之有效的方法。

Spiro-OMeTAD是最早应用于钙钛矿太阳能电池中的一种空穴传输材料（其分子结构如图3-13所示），所以经常被用来与新研究的空穴传输材料作比较，最初采用Spiro-OMeTAD作为空穴传输材料制备的固态染料敏化太阳能电池（DSSCs）的能量转换效率只有0.7%，非掺杂的Spiro-OMeTAD的空穴迁移率和电导率都较低，后来通过掺杂可有效改善其空穴传导能力，从而提高电池效率。掺杂4-叔丁基吡啶（4-tert-butylpyridine，TBP）和二（三氟甲基磺酸酰）亚胺锂［lithium bis(trifluoromethanesulfonyl)imide，Li-TFSI］[20,21]，使得电池效率有所提高。TBP可以有效降低电子-空穴对的复合率，Li-TFSI的添加则能使得载流子密度增加，形成p掺杂，从而提高空穴传输层的空穴迁移率和电导率。三［2-(1H吡唑基）吡啶］合钴［tris（2-(1Hpyrazol-1-yl)pyridine）cobalt(Ⅲ)，FK102］也可以将空穴传输层的电导率提高10倍以上，降低电池的串联电阻，从而实现电池效率的提高。然而，使用掺杂剂会导致器件不稳定，且Spiro-OMeTAD的合成步骤多、产率低、纯化难度大、成本高等缺点也限制了其商业化。因此，寻找到一种高效、稳定、易合成的空穴传输材料，对于发展高效稳定的钙钛矿太阳能电池是十分必要的。

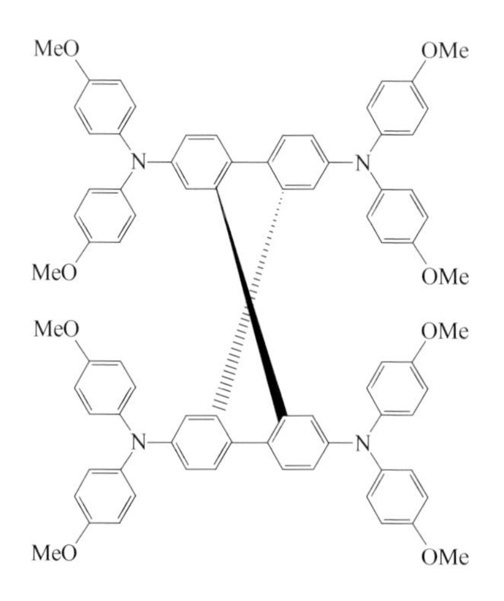

图3-13　Spiro-OMeTAD分子结构式[22]

采用Spiro-OMeTAD作为空穴传输材料制备钙钛矿太阳能电池时，需要一个约8h的长时间氧化过程。曲浩等[23]采用低温等离子体处理的方法大大缩短了其氧化时间，制备过程中采用电容耦合水氧等离子体处理钙钛矿太阳能电池提高器件表面氧离子的含量，促使Spiro-MeOTAD层氧化，提高载流子传输能力。实验表明经过11s的氧化即可获得较好的器件性能，与空气中氧化的钙钛矿太阳能电池相比，其氧化时间大大缩短。

Wang等[24]结合Spiro-OMeTAD和聚（三芳基胺）合成了*N*2,*N*2,*N*2′,*N*2′，*N*7，*N*7，*N*7′，*N*7′-八（4-甲氧基苯基）-10-苯基-10氢-螺［吖啶-9,9′-芴］-2,2′,7,7′-四胺［SAF-OMe，图3-14（a）］。结果表明，采用无掺杂剂的SAF-OMe为空穴传输层的钙钛矿太阳能电池效率高达12.39%，可与基于化学掺杂的Spiro-OMeTAD（转换效率为14.84%）器件相媲美，而且掺杂后的SAF-OMe组成的器件转换效率为16.73%。另外，与Spiro-OMeTAD相比，基于SAF-OMe的器件稳定性也有了显著提高。

Xu等[25]也从高效率、低成本的角度出发，用两步合成路线合成了X60，其分子结构如图3-14（b）所示。采用X60作为空穴传输材料，制备的染料敏化太阳能电池和钙钛矿太阳能电池分别达到7.30%和19.84%的转换效率，丝毫不逊于基于Spiro-OMeTAD的电池效率。此外，X60的合成路线相当简单，只需从商业原料开始经过两步反应合成，无须中间纯化过程，且总产率大于70%，因此X60非常有希望进行大规模工业化生产。

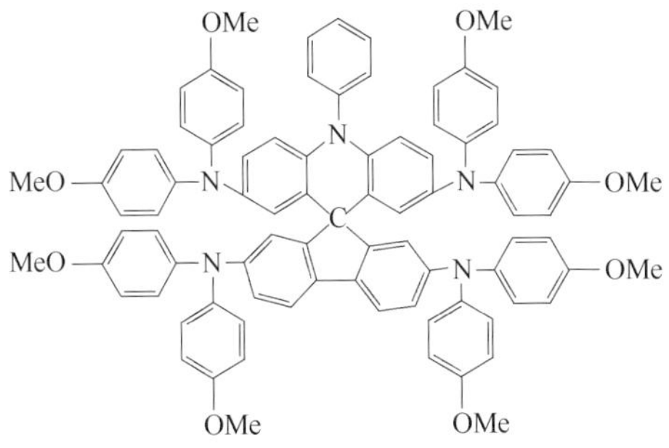

(a) 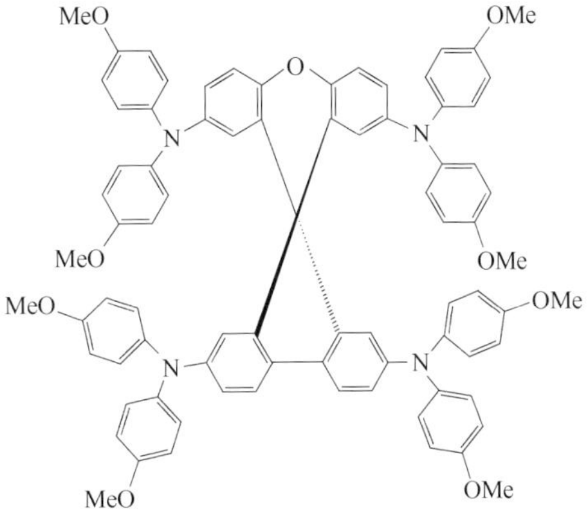　　　(b)

图3-14　（a）SAF-OMe分子式；（b）X60分子式[25]

Liu等[26]尝试从稳定性方面来设计Spiro型空穴传输材料，在不同位置添加给电子基团双（4-甲氧基苯基）苯胺或双（4-甲氧基苯基）胺取代9,9′-螺二芴（SFX）合成了四种空穴传输材料mp-SFX-2PA、mm-SFX-2PA、mp-

SFX-3PA和mm-SFX-3PA（图3-15）。三苯胺和二苯胺取代基对这些空穴传输材料的吸收范围和能级具有明显的影响，而取代位置的影响是可以忽略的，但其会影响空穴迁移率。总体来说，这些化合物表现出可以与钙钛矿材料的价带相匹配的能级，且有良好的溶解度、较高的空穴迁移率以及有效的空穴提取和电子阻挡能力等优点，十分适合在钙钛矿太阳能电池中作为空穴传输材料。基于FTO/TiO_2/$MAPbI_3$/mp-SFX-2PA/Au结构的钙钛矿太阳能电池表现出相对最佳的光伏性能，转换效率高达16.8%，略高于在相同条件下基于Spiro-OMeTAD钙钛矿太阳能电池的转换效率（15.5%），原因可能是mp-SFX-2PA的空穴迁移率更高，能级更加匹配，并且具有更好的电荷提取和运输能力。基于混合$FAPbI_3$/$MAPbBr_3$钙钛矿层和mp-SFX-2PA空穴传输层的电池的转换效率高达17.7%，与基于Spiro-OMeTAD的电池的转换效率（17.6%）相当。此外，与Spiro-OMeTAD相比，基于mp-SFX-2PA的钙钛矿太阳能电池显示出更好的稳定性，在环境中放置2000 h后，前者仅保留其初始转换效率的28%，而后者则保留了90%，这是由于掺杂的mp-SFX-2PA具有更好的空穴迁移稳定性的同时具有良好的疏水性。这项工作表明，基于SFX的空穴传输材料有望成为提高钙钛矿太阳能电池稳定性的候选者。

第二类为含三苯胺型空穴传输材料，Park等[27]合成了一系列基于［2,2］对环芳烃和三苯胺的空穴传输材料Di-TPA、Tri-TPA、Tetra-TPA[图3-16(a)]，发现三苯胺基团的引入对于增强空穴传输材料无定形膜的电荷传输性质和改善钙钛矿太阳能电池性能方面起着重要作用。由于有效的电荷传输和适当的能级水平，与使用Di-TPA和Tri-TPA制备的电池相比，基于Tetra-TPA制备的钙钛矿太阳能电池表现出更高的J_{sc}和FF值，转换效率高达17.9%。

Zhang等[28]设计并合成了以四甲氧基三苯胺（MeOTPA）为核心的三种新型D-π-D-π-D共轭型空穴传输材料Z33、Z34、Z35［图3-16（b）］。通过引入与双键连接的对称给电子基团作为π桥，调整空穴传输材料的能级使其与钙钛矿能级进行匹配。使用未掺杂的Z34作为空穴传输材料的钙钛矿太阳能电池得到高达16.1%的转换效率，与使用掺杂Spiro-OMeTAD的电池转换效率相当。更重要的是，在相对湿度为30%的黑暗环境中，基于Z33-Z35的电池比基于Spiro-OMeTAD的电池显示出更高的稳定性。此外，这三种新型空穴传输材料的合成成本约为Spiro-OMeTAD的1/10，具有很大的应用价值。

Li等[29]通过三苯胺基Michler碱和四氰基乙烯之间的简单反应合成了具有良好的空穴传输能力的强极性D-A发色团BTPA-TCNE（图3-17）。X射线晶体学和瞬态吸收光谱证明该发色团在基态下具有两性离子共振结构，此

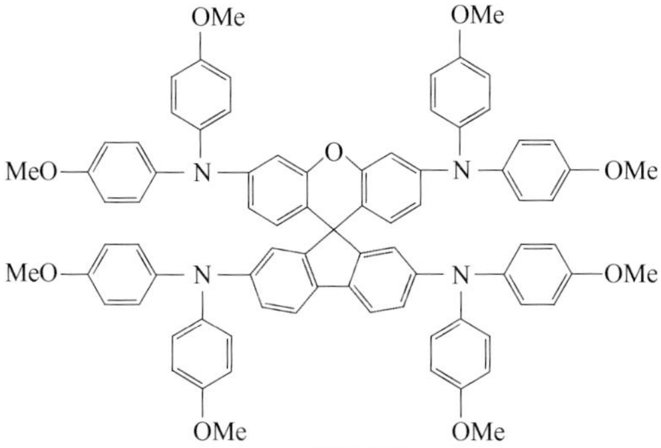

mp-SFX-2PA

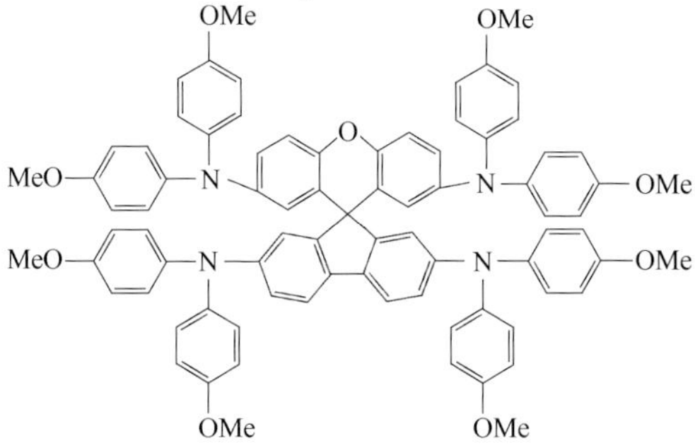

mm-SFX-2PA

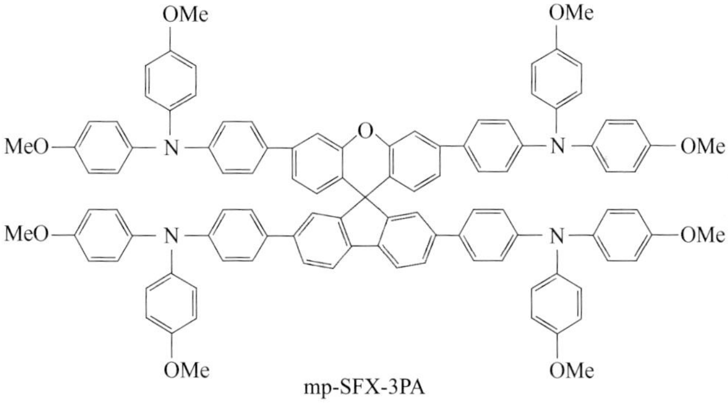

mp-SFX-3PA

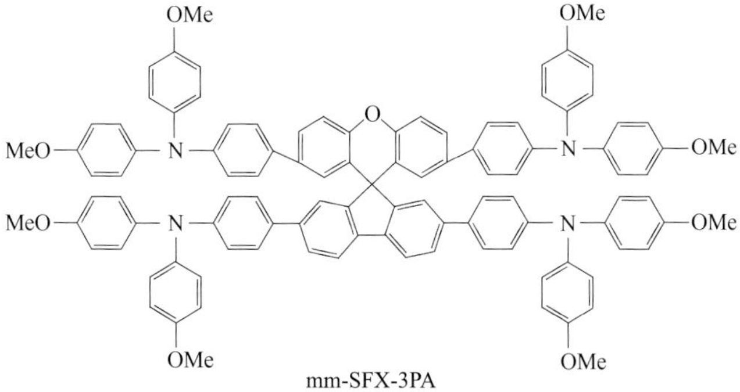

mm-SFX-3PA

图3-15　mp-SFX-2PA、mm-SFX-2PA、mp-SFX-3PA和mm-SFX-3PA分子式[26]

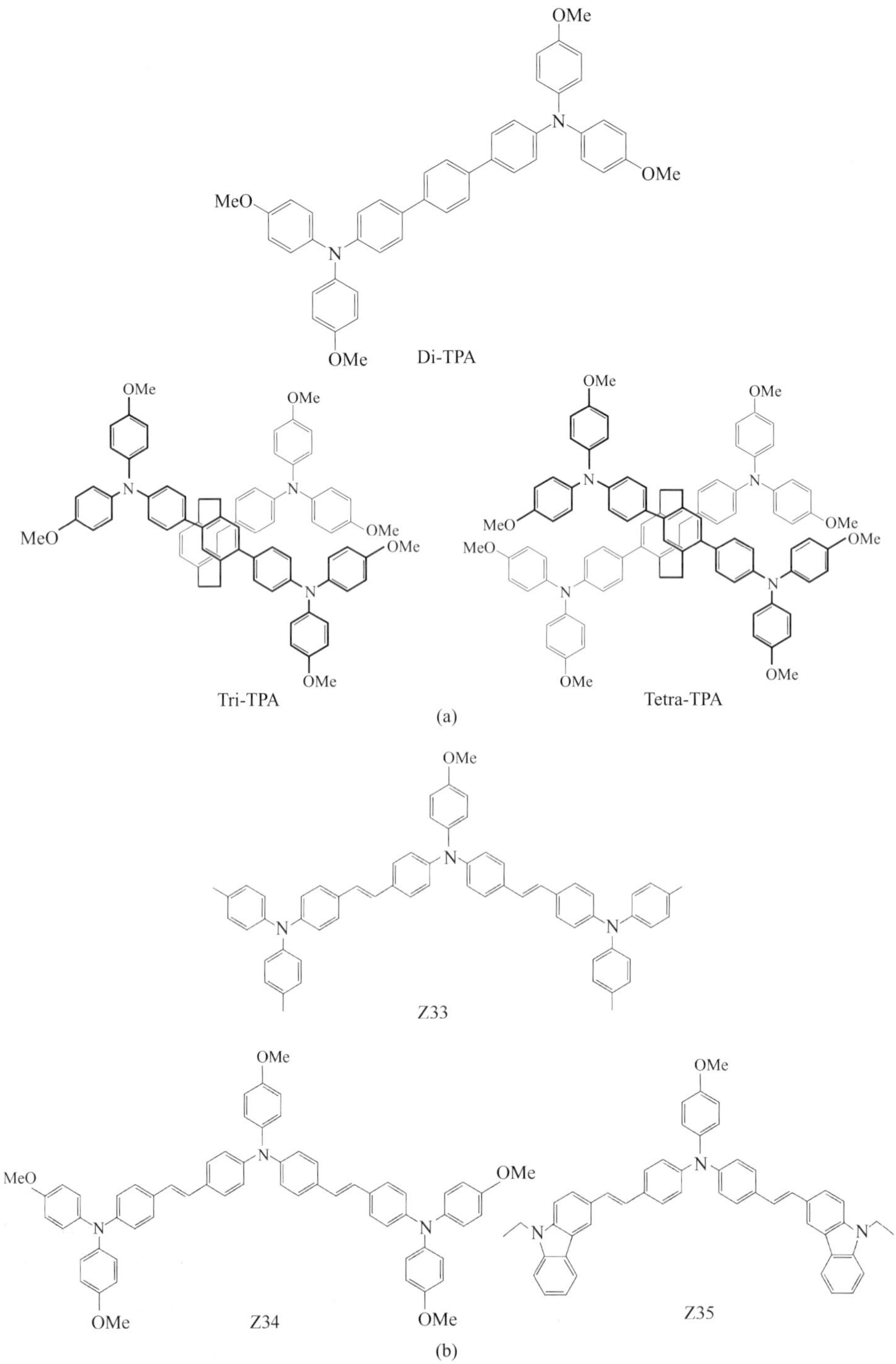

Di-TPA

Tri-TPA　　Tetra-TPA

(a)

Z33

Z34　　Z35

(b)

图3-16　三种空穴传输材料

（a）基于［2，2］对环芳烃和三苯胺的Di-TPA、Tri-TPA、Tetra-TPA；（b）四甲氧基三苯胺（MeOTPA）为核心的三种新型D-π-D-π-D共轭型空穴传输材料分子式[28]

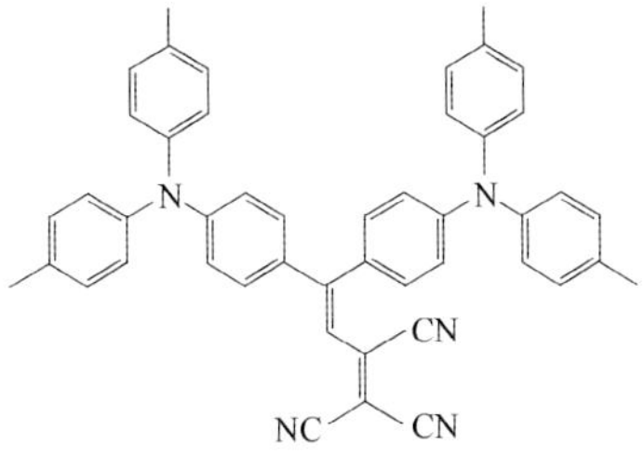

BTPA-TCNE 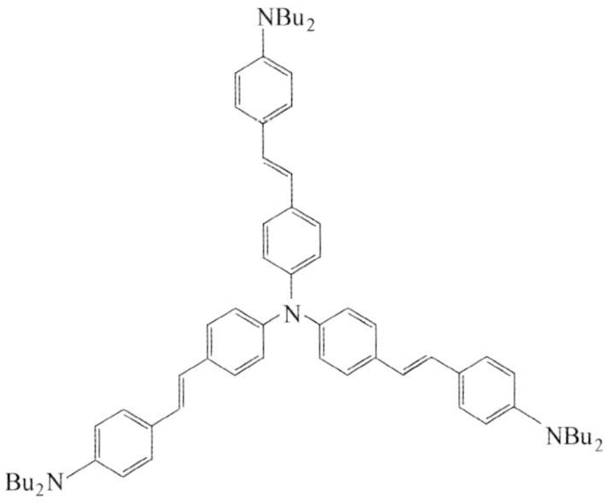　　ST1

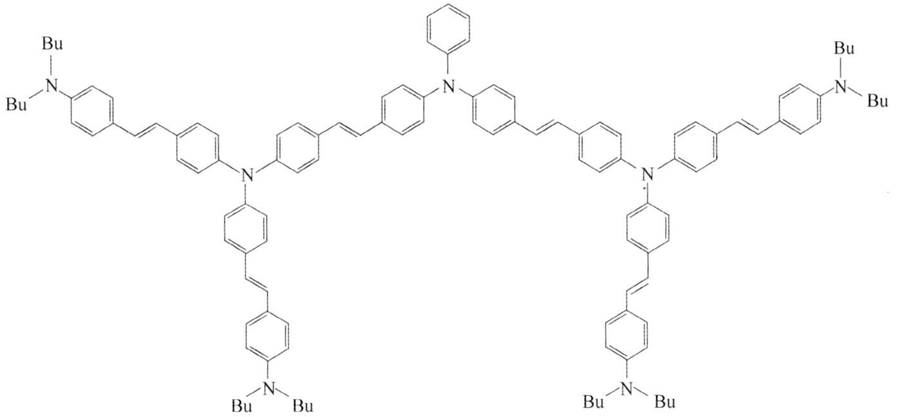

Z1011

图3-17　BTPA-TCNE、ST1和Z1011分子式[31]

外，BTPA-TCNE在结晶状态下具有反平行的分子填充，可消除分子偶极矩以促进电荷转移。这些独特的优点使BTPA-TCNE作为无掺杂的空穴传输材料用于钙钛矿太阳能电池时获得令人惊喜的16.94%的转换效率。该结果优于掺杂的Spiro-OMeTAD以及迄今报道的大部分无掺杂剂的有机空穴传输材料。

Zhao等[30]利用廉价原料通过一步偶联反应（Heck反应）合成了新型空穴传输材料ST1（图3-17）。基于ST1的钙钛矿太阳能电池在不使用任何掺杂剂的情况下表现出15.4%的转换效率，这与基于掺杂Spiro-OMeTAD的钙钛矿太阳能电池的转换效率（16.3%）相当。黑暗条件下的老化实验表明，基于ST1的电池暴露在空气中比Spiro-OMeTAD的电池更稳定。低成本、简便的一步合成方法、优异的空穴迁移率以及适当的能级使ST1极有可能替代Spiro-

OMeTAD来大规模制备高性能、稳定的钙钛矿太阳能电池。

Zhang等[31]报道了一种新型的蝴蝶形三苯胺基小分子Z1011作为钙钛矿太阳能电池的空穴传输材料（图3-17）。Z1011具有合适的能级和高的空穴迁移率，在无掺杂剂的条件下用于$MAPbI_3$钙钛矿太阳能电池中，得到16.3%的转换效率，与基于掺杂Spiro-OMeTAD的电池转换效率（16.5%）相当。

第三类为含噻吩型空穴传输材料，Bi等[32]报道了一种新的含噻吩环的D-π-A型空穴传输材料（图3-18），其中，*S*,*N*-异戊烯作为π桥，三苯胺作为供体，丙二氰基作为受体。作为钙钛矿太阳能电池中的空穴传输材料，在不使用p-掺杂剂的情况下，电池实现了0.73的FF，1.05V的V_{oc}，高达16.9%的转换效率。

Ontoria等[33]将不同的三苯基胺与苯并噻吩结合，通过简便的合成路线获得了新的星形苯并三噻吩基空穴传输材料BTT-1、BTT-2和BTT-3（图3-18），采用这三种空穴传输材料制备的钙钛矿太阳能电池表现出优异的性能。基于BTT-1和BTT-2的电池转换效率高达16%和17%，基于 BTT-3电池的转换效率高达18.2%，与基于Spiro-OMeTAD的电池转换效率（18.2%）相当。基于三种空穴传输材料的电池的性能差异可以通过固体薄膜的不同电导率值来解释。实验表明，BTT-1和BTT-2的电导率明显低于BTT-3的电导率。此外，BTT-3的HOMO能级可与钙钛矿的价带相匹配，因此极有可能替代目前广泛使用的Spiro-OMeTAD。

Saliba等[34]报道了一种新型的空穴传输材料FDT（图3-19），其具有*N*, *N*-二-对甲氧基苯胺基团取代的不对称芴-二噻吩（FDT）核心。应用FDT为空穴传输层实现了相应器件20.2%的转换效率，这是小分子作为空穴传输材料报道的最高（未认证）光电转换效率之一。使用FDT的明显优势在于它可以

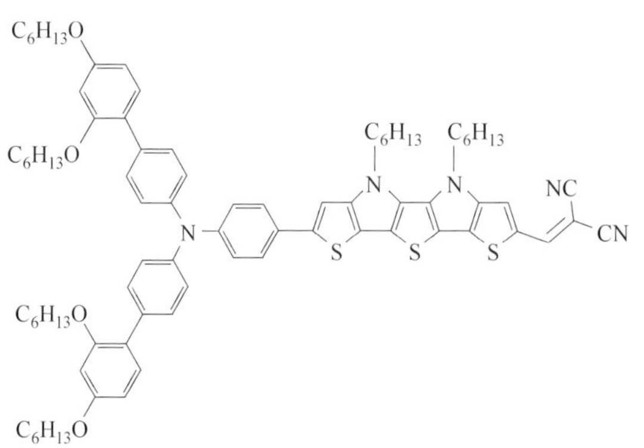

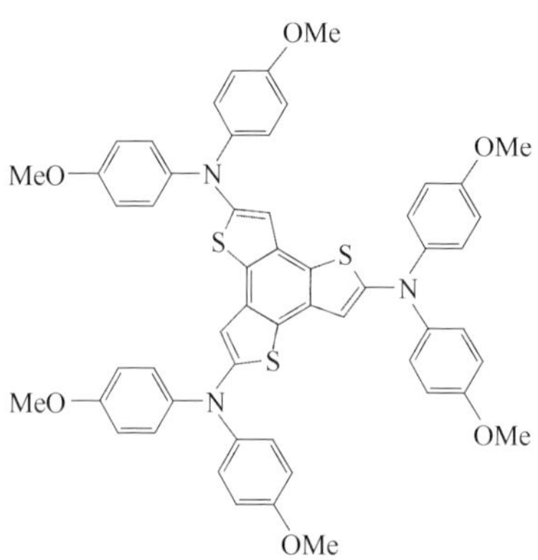

BTT −1

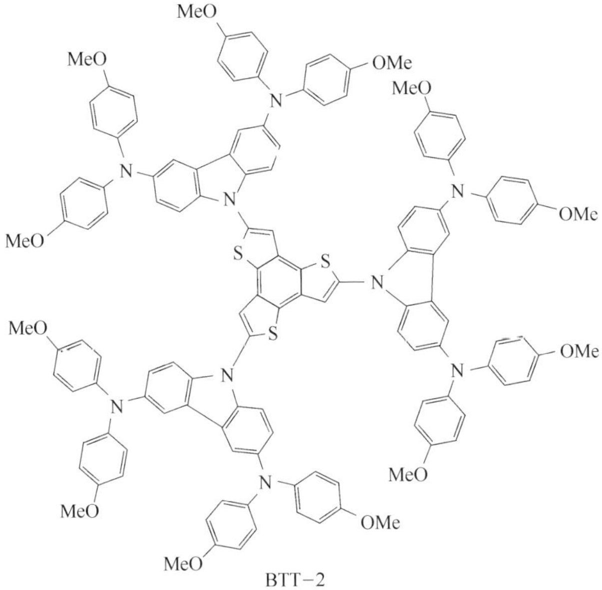

BTT-2

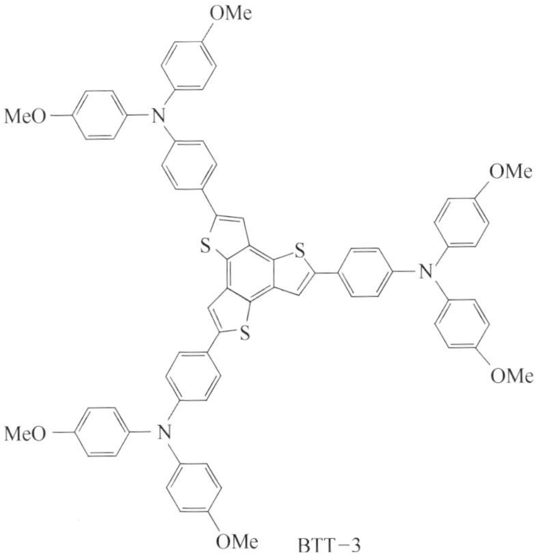

BTT-3

图3-18　星形苯并三噻吩基空穴传输材料[33]

溶解在更环保的甲苯中，且从合成角度来看，FDT核心能够轻易地修改，可为高性能空穴传输材料的设计提供思路。FDT的实验室综合成本约60美元/g，远远低于纯化Spiro-OMeTAD（约500美元/g，高纯度）的成本。

Cho等[35]设计并合成了氟化吲哚洛芬衍生物（IDIDF，图3-20）用作钙钛矿太阳能电池的空穴传输材料。由于氟化IDID主链能够通过强π-π相互作用形成紧密的分子堆叠，其空穴迁移率高于Spiro-OMeTAD。此外，与Spiro-

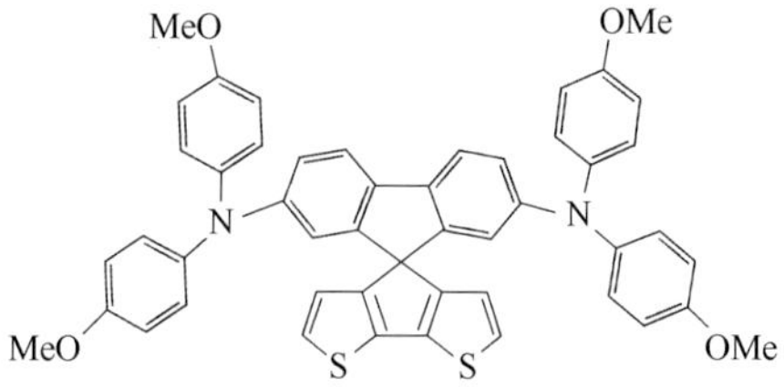

图3-19 FDT分子式[34]

OMeTAD相比，在钙钛矿与IDIDF的界面处更容易发生光致发光猝灭。因此，基于IDIDF制备的电池显示出优异的光伏特性，具有19%的最佳转换效率。

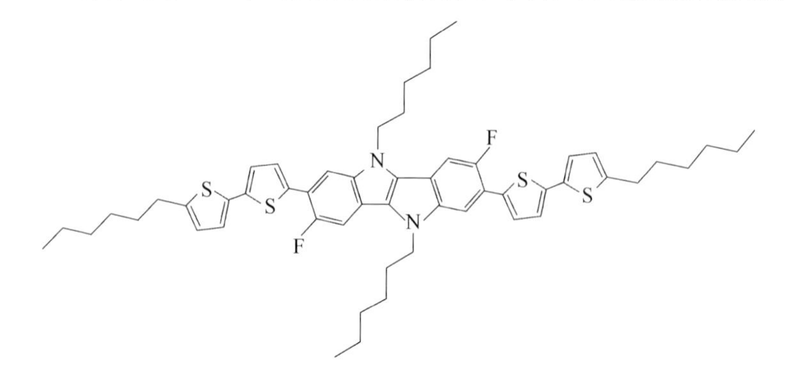

图3-20 IDIDF分子式[35]

Paek等[36]用噻吩和噻吩并噻吩基团分别与两个富电子的三苯胺基团结合，合成了三种新型D-π-D型空穴传输材料PEH-3、PEH-8和PEH-9（图3-21）。三个分子与钙钛矿和阳极都具有合适的能级匹配，可保证在钙钛矿太阳能电池中进行有效的电子注入和空穴提取。基于PEH-9的电池在最小的滞后行为下表现出16.9%的较高转换效率，这与在类似条件下Spiro-OMeTAD电池的转换效率（17.42%）相当。单晶测量结果和时间分辨光致发光光谱（TRPL）显示，多个分子间的短距离接触可充当电荷传输通道，并能够有效提取钙钛矿层的电荷，因此平面型 D-π-D结构可能是设计小分子空穴传输材料的有效方案。此外，环境稳定性测试表明，基于PEH-9的钙钛矿太阳能电池具有良好的长期稳定性，在空气中放置400h后仍然能保持初始转换效率的93%。Su等[37]将多个噻吩核与长链烷基链连接，合成了用于高效钙钛矿太阳能电池的疏水性空穴传输材料SP-01和SP-02（图3-21），并以空穴传输材料H101作为参考，研究了这些空穴传输材料结构与性质的关系。结果表明，SP-01中的疏水性烷基链不仅可以抑制电子复合，提高开路电压值，还能有效地保护钙钛矿层免受水分子的侵蚀，从而提高基于SP-01的电池的稳定性。基于SP-01

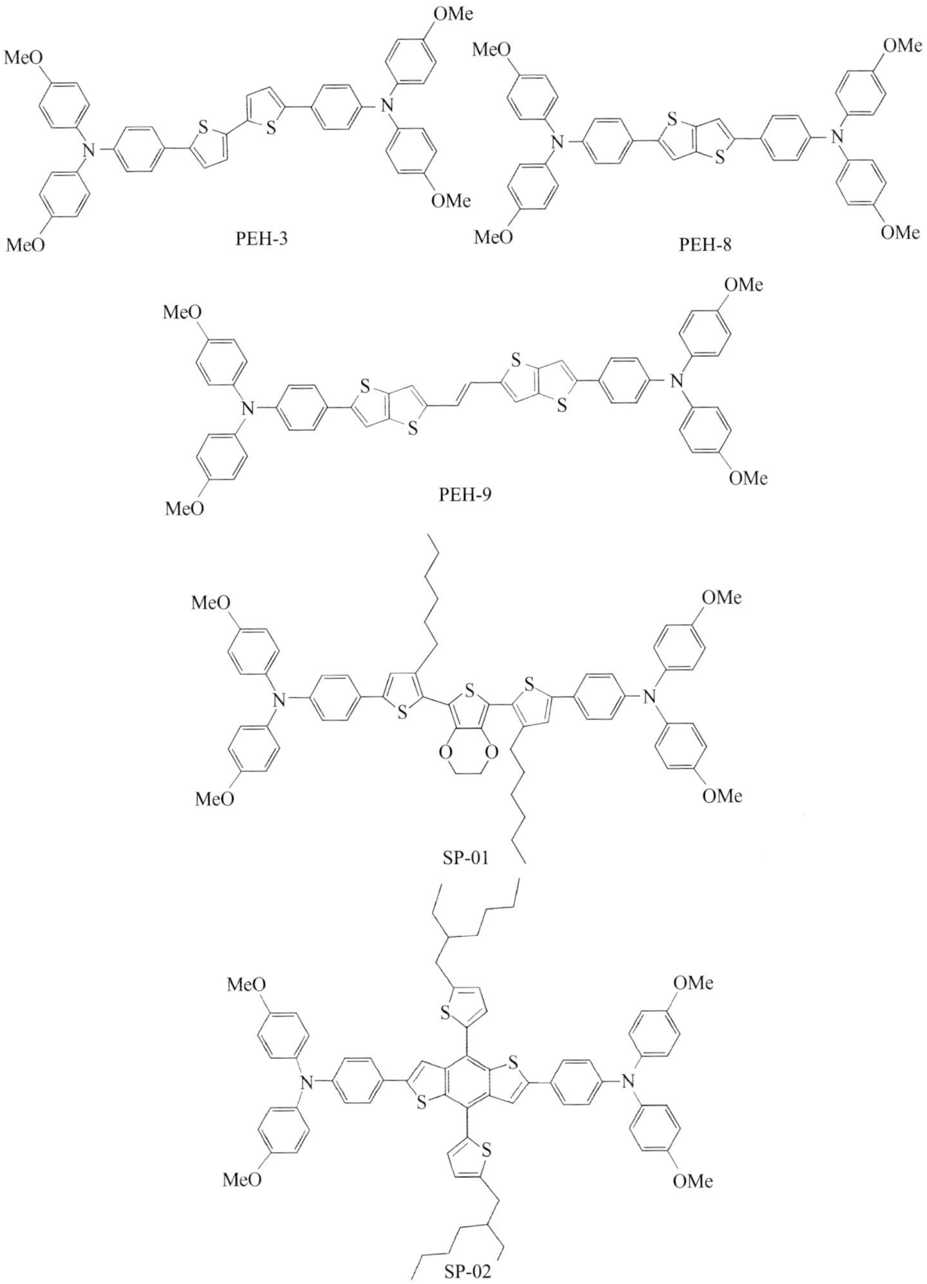

图3-21 PEH-3、PEH-8、PEH-9和SP-01、SP-02分子式

的钙钛矿太阳能电池的转换效率为12.37%，优于SP-02的6.45%和H101的11.59%。由于SP-01具有适当的HOMO能级、良好的导电性、较大的复合电

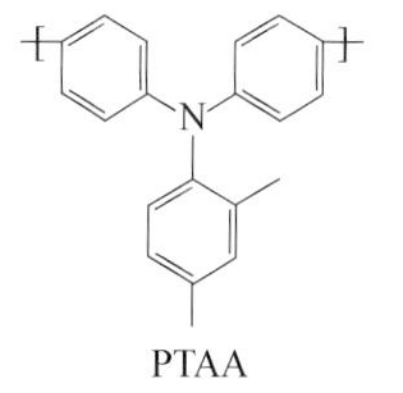

图3-22 PTAA分子式[38]

阻和极好的疏水性等优点，用其制备的电池表现出更高的转换效率、更好的稳定性和更好的经济性。目前该实验室正在做进一步的研究，通过修饰SP-01和SP-02分子及其类似衍生物来寻找性能更好的空穴传输材料。

除了有机小分子空穴传输材料外，聚合物也被报道用作钙钛矿太阳能电池的空穴传输材料。第一个用在钙钛矿太阳能电池中的聚合物是聚[双(4-苯基)(2,4,6-三甲基苯基)胺]（PTAA，图3-22）[38]，其在聚合物空穴传输材料领域保持最高的转换效率记录。2013年，Heo等[38]介绍了一种层状三明治型结构的钙钛矿太阳能电池，该电池采用PTAA作为空穴传输层，获得了16.5mA/cm^{2}的J_{sc}，0.997 V的V_{oc}和0.727的FF，在标准AM1.5G光照条件下具有12.0%的转换效率。2015年，Yang等[39]报道了一种沉积高质量膜的方法，制备出了致密平坦、没有PbI_2残留的$FAPbI_3$膜。使用该技术制备的$FAPbI_3$薄膜，以PTAA为空穴传输材料制备的钙钛矿太阳能电池，最高转换效率达20.1%。

Yan等[40]在电化学聚合反应中，制备了聚（对亚苯）(PPP)、聚噻吩（PT）和聚（4,4-双(*N*-咔唑基)-1,10-联苯）(PPN）等（图3-23）一系列导电聚合物，并用于ITO/conductive-polymer/$CH_3NH_3PbI_3$/C_{60}/BCP/Ag结构的钙钛矿太阳能电池中。其中，以PT为空穴传输材料的电池的平均V_{oc}、J_{sc}、FF和转换效率分别为0.95V、21.2mA/cm^2、0.72和14.7%；以PPN为空穴传输材料的电池的平均V_{oc}、J_{sc}、FF和转换效率分别为0.97V、19.7mA/cm^2、0.66和 12.8%；以PPP为空穴传输材料的电池的平均V_{oc}、J_{sc}、FF和转换效率分别为1.02 V、21.0mA/cm^2、0.71和15.8%。由于三个聚合物中PPP的HOMO能级最低，为−5.31eV，导致其制备的电池具有更高的开路电压，从而获得最高的转换效率。

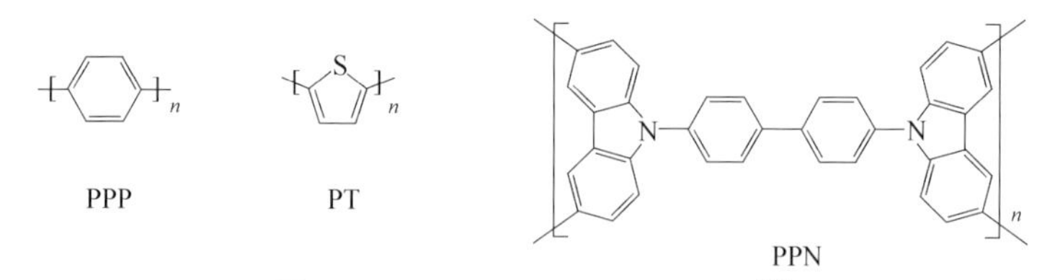

图3-23 PPP、PT、PPN分子式[40]

另外，低聚物最近也被报道用作空穴传输材料。Qin等[41]报道了在基于$CH_3NH_3PbI_3$的器件中使用2,4-二甲氧基-苯基取代的三芳基胺低聚物（S197，图3-24）作为空穴传输材料的例子。基于S197的钙钛矿太阳能电池显示出17.6mA/cm^{2}的J_{sc}，967mV的V_{oc}，0.70的FF和12.0%的转换效率。这是第一次使用低聚物制备出高效率的$CH_3NH_3PbI_3$太阳能电池。

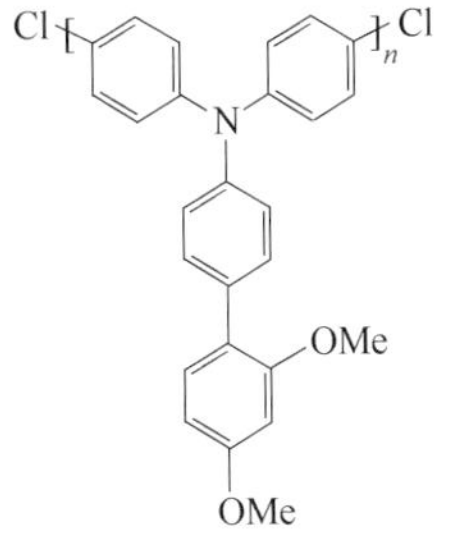

在近年来新兴的钙钛矿太阳能电池中，无机空穴传输材料也得到了广泛的关注。不同于有机小分子空穴传输材料大多只能用于正向结构的钙钛矿太阳能电池，因为有机小分子薄膜能够被制备钙钛矿层常用的DMF或DMSO溶剂溶解破坏，无机空穴传输材料大部分同样适用于倒置结构钙钛矿太阳能电池。此外，无机空穴传输材料通常具有较好的化学稳定性、较高的空穴迁移率和较低的制备成本。因此，开发和应用廉价而稳定的无机空穴传输材料对制备低成本、高稳定性的太阳能电池具有重要的意义。

图3-24　S197分子式[41]

Snaith等[42]首次证明了溶液法制备的NiO薄膜对钙钛矿的荧光具有良好的猝灭效率，即NiO可以作为钙钛矿太阳能电池的有效空穴传输材料。然而，基于NiO为空穴传输材料的器件FTO/NiO/钙钛矿/PCBM/TiO_x/Al的能量转换效率却很低。可能原因主要有以下两个方面：一方面，在NiO基底上以一步旋涂法制备的钙钛矿薄膜的质量较差，不能充分覆盖NiO基底，使得部分NiO与PCBM直接接触而发生漏电现象，从而大大降低了器件开路电压；另一方面，溶液法制备的NiO薄膜的导电性较差，大大增加了器件的串联电阻，导致器件的短路电流密度很低。郭宗枋等[43]发现，对溶液法制备的NiO薄膜进行2 min的紫外-臭氧（UVO）光清洗不仅能够将NiO的逸出功从5.33eV提高到5.40eV以更好地与$CH_3NH_3PbI_3$钙钛矿的价带能级（−5.4eV）匹配，而且还能较好地改善NiO薄膜的亲水性，从而改善钙钛矿在NiO基底上的成膜性，提高钙钛矿薄膜对NiO基底的覆盖率。因此，以NiO为空穴传输材料的钙钛矿光伏器件ITO/NiO_x/$CH_3NH_3PbI_3$/PCBM/BCP/Al的光电转换效率可达7.8%，其中V_{oc}、J_{sc}、FF分别为0.92V、12.43 mA/cm^2和0.68，如图3-25所示。

魏荧[44]制备了Ag掺杂NiO_x薄膜（Ag∶NiO_x）作为空穴传输层，以$MAPbI_3$为光吸收层，制备出光电转换效率高且环境稳定性好的倒置钙钛矿太阳能电池。基于2%（原子分数）Ag：NiO_x空穴传输层的钙钛矿太阳能电池性能优于基于NiO_x空穴传输层的钙钛矿太阳能电池。当Ag的掺杂量为2%（原子分数）时，Ag∶NiO_x薄膜保持着较高的透光性，薄膜中纳米粒子粒径较小且均匀分布，且相比于纯NiO_x薄膜，Ag∶NiO_x薄膜粗糙度更低、导电性更好、空穴迁移率更高，其上的钙钛矿膜结晶更好、覆盖率更高；Ag的掺杂使电池的短路电流和填充因子都得到提升，电池的稳定性也得到改善。

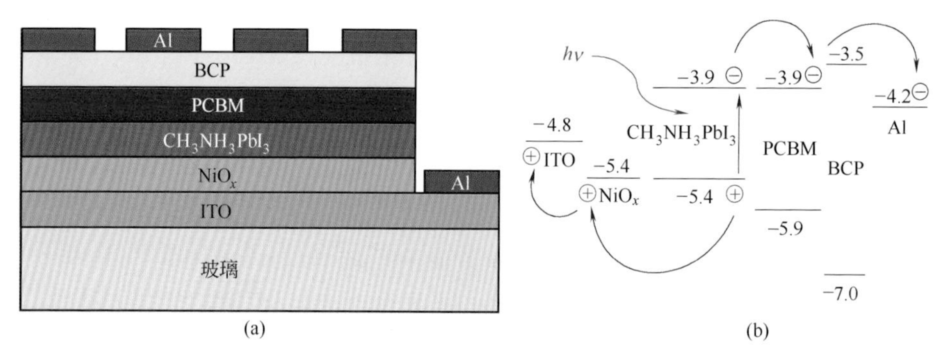

图3-25 ITO/NiO_x/$MAPbI_3$/PCBM/Ag结构电池[43]

2013年，Kamat等[45]首次报道了CuI作为空穴传输材料的情况，制备出的钙钛矿太阳能电池（FTO/TiO_2/$CH_3NH_3PbI_3$/CuI/Au）V_{oc}为0.55V，J_{sc}为17.8mA/cm^2，FF为0.62，转换效率达6%。相同条件下，以Spiro-OMeTAD为空穴传输材料的电池的V_{oc}、J_{sc}、FF和转换效率分别为0.79V、16.1mA/cm^2、0.61和7.9%。与Spiro-OMeTAD器件相比，CuI基器件的开路电压较低，阻抗光谱测试显示，CuI器件中存在更高的电荷复合，如果可以减少装置中的电荷复合，CuI可能成为Spiro-OMeTAD有力的竞争对手。

CuSCN是另一种无机p型半导体空穴传输材料。CuSCN具有较高的空穴迁移率，约为0.01～0.1cm^2/（V·s），且在可见光区和近红外区有较弱的吸收。2014年，Ito等[46]第一次把CuSCN当作空穴传输材料，制成了结构为FTO/致密TiO_2/介孔TiO_2/$CH_3NH_3PbI_3$/CuSCN/Au的钙钛矿太阳能电池，测得的V_{oc}为0.63V，J_{sc}为14.5mA/cm^2，FF是0.53，转换效率最高可达4.85%。未封装时，CuSCN覆盖的$CH_3NH_3PbI_3$在光照下（100mW/cm^2，AM1.5G）有很好的稳定性，而未用CuSCN覆盖的$CH_3NH_3PbI_3$在光照下由黑色变成黄色，说明CuSCN的覆盖可以提高$CH_3NH_3PbI_3$的稳定性，延缓其分解。Qin等[47]通过两次PbI_2沉积来优化钙钛矿层，并采用CuSCN作空穴传输材料，制备出的太阳能电池的转换效率最高可达12.4%。此外，Ye等[48]利用一步快速沉积结晶法在CuSCN层顶部制成了高质量的$CH_3NH_3PbI_3$膜，电池转换效率最高可达16.6%。

铜的氧化物（氧化铜CuO和氧化亚铜Cu_2O）也是一类常见的p型半导体材料，由于晶体中存在铜离子空缺而表现出空穴传输性质，通过对铜离子空位的调节就可以对该氧化物薄膜的载流子浓度和迁移率进行调控。另外，由于铜的氧化物具有储量丰富、无毒、成本低廉和简易制作等优点，使得该类材料成为一种非常有潜力的光伏空穴传输材料。CuO_x薄膜可以在一定程度上减小ITO的表面粗糙度，空白ITO和覆盖有CuO_x薄膜的ITO的粗糙度均方根（RMS）值分别为4.7nm和4.2nm。另外，器件性能对比表明，CuO_x薄膜中Cu^{2+}的占比对器件性能几乎没有影响，这可能是由于CuO和Cu_2O都可以起到有效传输空穴并阻挡电子的作用。经过优化，基于CuO_x为空穴传输材料的倒置结构钙钛矿光伏器件的能量转换效率可高达17.1%，其中V_{oc}、J_{sc}、FF分别为0.99V、23.2mA/cm^{2}和0.74[63]。

铜的硫化物Cu_xS是一类Ⅰ-Ⅵ族化合物半导体材料。这类材料可以通过调节其化学计量比（如Cu_2S、$Cu_{1.96}S$、$Cu_{1.8}S$以及CuS）来调控其禁带宽度（1.5 ～ 2.2eV），从而被广泛应用于光催化剂、太阳能电池和传感器等领域。其中，CuS由于具备较高的空穴迁移率和较宽的禁带宽度（2.0 ～ 2.2eV），既能高效地传导空穴，又能有效地阻挡电子，是一类非常重要的p型半导体材料。Rao等[64]采用溶液法制备CuS纳米粒子（CuSNPs）薄膜作为钙钛矿太阳电池的空穴传输层，研究结果显示，CuSNPs没有形成连续致密的薄膜，而是以分散状态的CuSNPs的形式修饰在ITO表面，但仍起到很好的空穴传输和阻挡电子的作用。经过优化，基于CuSNPs空穴传输材料的倒置结构钙钛矿电池的能量转换效率高达16.2%，其中V_{oc}、J_{sc}、FF分别为1.02V、22.3mA/cm^{2}和0.71。

3.2 常见的钙钛矿电池结构

钙钛矿太阳能电池的器件结构主要有以下几种：介孔结构和平面结构、无电子传输层结构、无空穴传输层结构、无空穴传输层碳电极结构。其中平面结构又根据电荷传输方向可以分为正向结构和倒置结构。图3-26为钙钛矿太阳能电池的几种典型结构。

3.2.1 介孔结构

介孔结构是钙钛矿电池研究初期主要的一类结构，这种结构主要借鉴了全固态染料敏化太阳能电池，一般由FTO导电玻璃、致密电子阻挡层、介孔层、钙钛矿光吸收层、HTM层、金属电极组成。传统的介孔结构PSCs通常是以TiO_2作为介孔材料，其主要作用是作为支架承载吸光材料、增加吸附量，同时传输电子。由于介孔材料能够在基底上形成骨架结构，钙钛矿在沉积过程中会进入骨架结构内部，有助于钙钛矿成膜质量的提高。按介孔材料的导电性能进行分类，钙钛矿电池中的介孔材料可以分为半导体介孔材料和绝缘

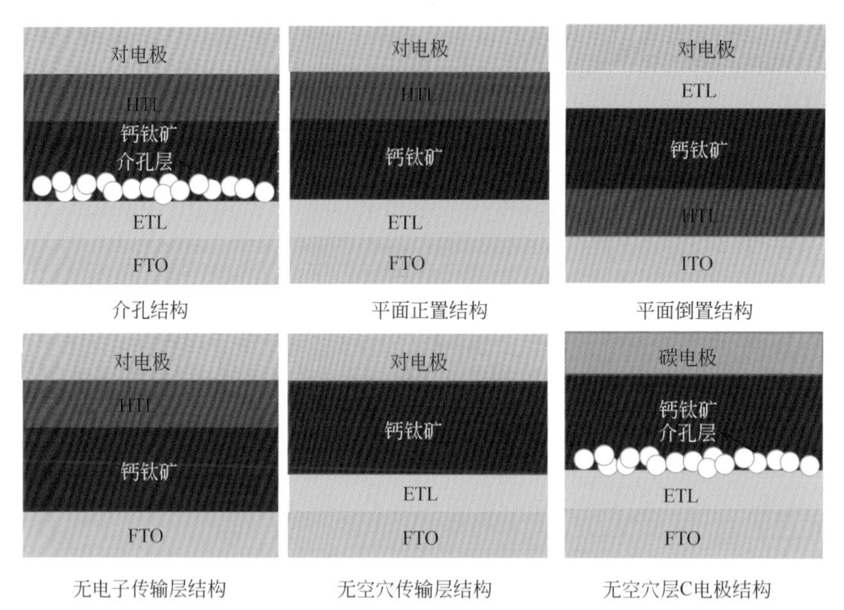

图 3-26 几种典型的钙钛矿太阳能电池结构

体介孔材料，半导体介孔材料如TiO_2[1]、ZnO[49]、NiO[50]等纳米材料，在钙钛矿太阳能电池中，半导体介孔材料除辅助钙钛矿成膜外，还起到了载流子传输的作用；绝缘体介孔材料如Al_2O_3[51]、ZrO_2[52]、SiO_2[53]等纳米材料，可以辅助钙钛矿成膜，但由于材料本身的特性，并不参与载流子传输过程。介孔结构的主要优势在于经过反射等作用延长光在器件中的传播路径，并减少空穴和电子复合，从而使得钙钛矿太阳能电池效率飞速发展。另外，由于钙钛矿填充在介孔结构中，形貌主要取决于介孔层，因此钙钛矿沉积技术对电池整体影响相对较小，重复性较好。然而，为了保证充分的吸光，介孔层厚度通常达到500nm以上，可能降低载流子收集效率。此外，介孔层制备通常需要高温烧结，对于大面积制备不利。

3.2.2 平面结构

相比于介孔结构器件，平面型结构的钙钛矿电池没有使用介孔骨架，而是将钙钛矿层与两侧的p型半导体和n型半导体直接接触。这避免了介孔骨架对电池制备工艺方面的一些限制，简化了电池结构，使钙钛矿太阳能电池在材料体系、制备工艺等方面得到了很大的应用拓展，并且有助于实现钙钛矿电池在柔性等功能化器件方面的应用。因此，相比于介孔结构钙钛矿太阳能电池，平面型钙钛矿太阳能电池虽然发展较晚，但得到了更广泛的研究。

平面结构电池又分为正置结构（n-i-p结构）和倒置结构（p-i-n结构）两类，正置结构器件的光线入射穿过的功能层先后顺序分别为电子传输层、钙钛矿层、空穴传输层。倒置结构器件的先后顺序分别为空穴传输层、钙钛矿层、电子传输层，如图3-27所示。

3.2.2.1　正置结构

正置结构器件中最常用的电子传输材料和空穴传输材料是TiO_2和Spiro-OMeTAD，其电池能级示意如图3-28所示。

3.2.2.2　倒置结构

在反向结构的钙钛矿太阳能电池中，HTL和ETL分别为PEDOT和PCBM的钙钛矿太阳能电池目前研究较多，图3-29为能级结构。其他报道的常用ETL材料还包括C_{60}、$PC_{61}BM$、ICBA，其中$PC_{61}BM$的LUMO能级与$CH_3NH_3PbI_3$的导带匹配很好，激子在钙钛矿/$PC_{61}BM$和钙钛矿/PEDOT界面均可有效解离。$PC_{61}BM$膜厚通常小于100nm，可提高载流子寿命，有利于

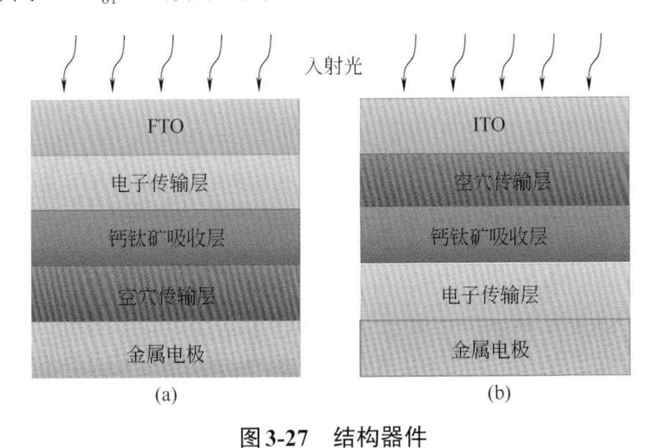

图3-27　结构器件

（a）正置结构器件；（b）倒置结构器件

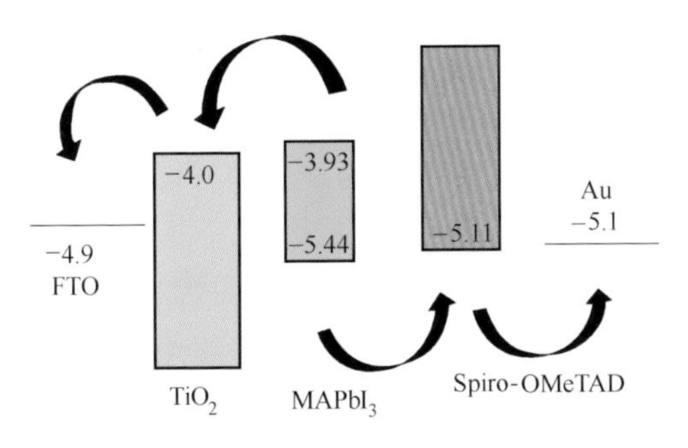

图3-28　FTO/TiO_2/钙钛矿/Spiro-OMeTAD电池能级[54]

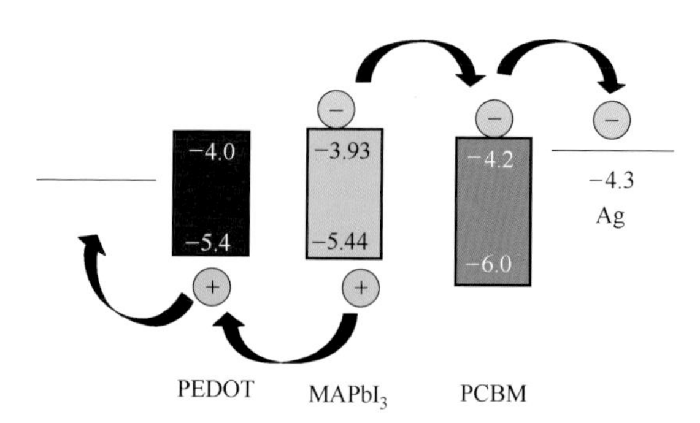

图3-29 ITO/PEDOT：PSS/钙钛矿/PCBM/Ag电池各层能级[54]

载流子传输和收集。

李忱等[55]通过在PEDOT：PSS中掺杂的MoO_x纳米点来改善钙钛矿薄膜的覆盖，减少分流路径，并且在钙钛矿退火过程中MoO_x纳米颗粒可以作为钙钛矿晶核的生长位点，改善薄膜接触。此外，MoO_x增加了空穴传输层的功函数，使能级更好地匹配钙钛矿，同时增强了载流子的传输能力。

氧化镍（NiO）也是倒置结构电池中常用的空穴传输材料之一，NiO晶格中容易出现O^{2-}填隙而形成Ni^{2+}空位，是一种具有高化学稳定性和高空穴迁移率的p型半导体[38,39]，其空穴迁移率高达47.05cm^2/（V·s）[56]。NiO的逸出功可以通过改变O^{2-}填隙或Ni^{2+}空位的浓度在4.5～5.6 eV范围内进行调整[57]，从而实现与钙钛矿材料能级结构的良好匹配。另外，NiO较高的导带能级（−1.8eV[58]）还能够有效地阻挡电子从钙钛矿材料向正极的泄漏。

3.2.3 无电子传输层结构钙钛矿太阳能电池

到目前为止，电子传输层已被视为实现高效钙钛矿太阳能电池的基本要求，但由于钙钛矿材料具有电子-空穴双重传输特性，电子可以不经电子传输层而通过钙钛矿层直接传输至对电极，这表明电子传输层不是获得优良器件效率的先决条件[60]，为进一步简化器件结构和制备过程提供了可能。Kelly课题组[59]制备了无电子传输层器件，加快钙钛矿层/空穴传输层界面的空穴提取，降低了电子-空穴在界面复合的可能性，器件效率可达13.5%，图3-30为电池结构示意图。李美成课题组[60]通过自掺杂连续调控钙钛矿的半导体特性，获得了n型的高质量的钙钛矿薄膜，并与p型的空穴传输层组合构建了有效的p-n异质结，实现光生载流子的有效抽取与分离，从而制备出高效无电子选择层结构的钙钛矿太阳能电池，光电效率达到了15.69%。在平面结构钙钛矿电池中，当无电子传输层存在时，工艺流程的简化有利于电池商业化进程的推进。但同时也无法实现对空穴进行有效的阻挡，导致器件界面处的电子-空穴复合严重，器件效率低下。

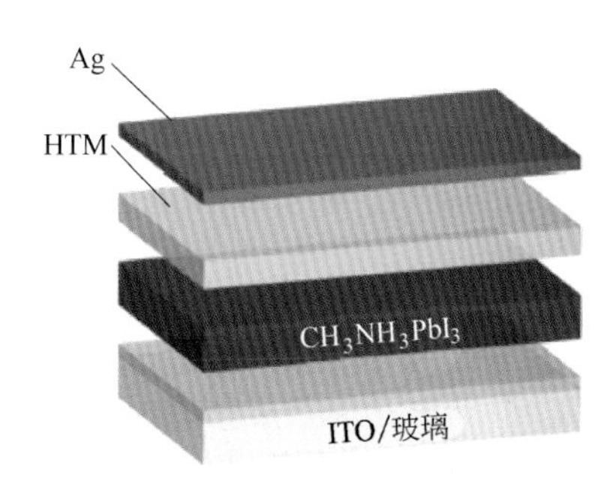

图3-30　无电子传输层结构钙钛矿太阳能电池[59]

3.2.4　无空穴传输层结构钙钛矿太阳能电池

无论是n-i-p正向结构钙钛矿太阳能电池还是p-i-n反向钙钛矿太阳能电池，为保证激子的高效分离，在钙钛矿两侧都具有完整的n型和p型半导体层分别传输电子和空穴。虽然钙钛矿材料成本较低且器件制备成本也较低，但是目前使用的很多电子传输材料（PCBM）和空穴传输材料（Spiro-OMeTAD）成本较高，这极大地提高了钙钛矿太阳能电池的成本，限制了钙钛矿太阳能电池的大规模应用。在正向结构中，如TiO_2致密层等低成本无机n型半导体可以制备出高效器件，而不必依赖高成本的有机电子传输材料，但对于空穴传输材料而言，诸如CuSCN、CuI等无机p型半导体仍无法替代有机空穴传输材料Spiro-OMeTAD。因此，制备无高成本空穴传输层的钙钛矿太阳能电池是降低电池成本的最佳途径。幸运的是，钙钛矿材料本身具有电子-空穴双重传输特性，并且载流子扩散距离很长，因此空穴可以不经空穴传输层而通过钙钛矿层直接传输至对电极。基于以上设想，Etgar等[61]使用钙钛矿材料既作为吸光材料，又作为空穴传输材料，所制备电池的效率为5.5%（图3-31），证明了无空穴传输层器件制备的可行性。通过掺杂改性等手段进一步优化钙钛矿的表面形貌后，器件效率已突破11%。

3.2.5　无空穴传输层碳电极结构

在摆脱对高成本空穴传输材料的依赖后，金、银等贵金属对电极就成为了限制器件成本进一步降低的主要因素。碳材料广泛应用于染料敏化太阳能电池中充当对电极材料，并且与金具有近似的逸出功，具有在钙钛

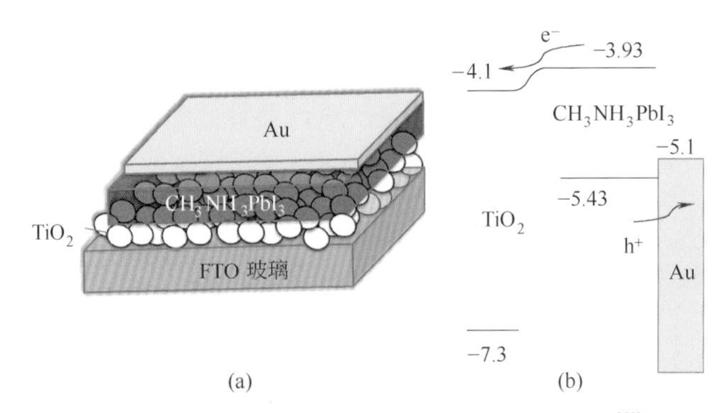

图3-31　无空穴传输层结构钙钛矿太阳能电池[61]

矿太阳能电池方面取代金、银等贵金属对电极的潜力。因此，在无空穴传输层结构的基础上，人们发展了一系列碳对电极钙钛矿太阳能电池。如图3-32所示，通过打印碳电极的方法，制备的器件效率为6.6%。而经过进一步改善薄膜制备工艺后，所制备的无空穴传输层基于碳电极钙钛矿太阳能电池的效率可以达到14%，并且表现出了优异的器件稳定性[62]。碳材料是一类地球资源丰富、成本低廉、环境稳定的材料，有利于低成本商业化进程。

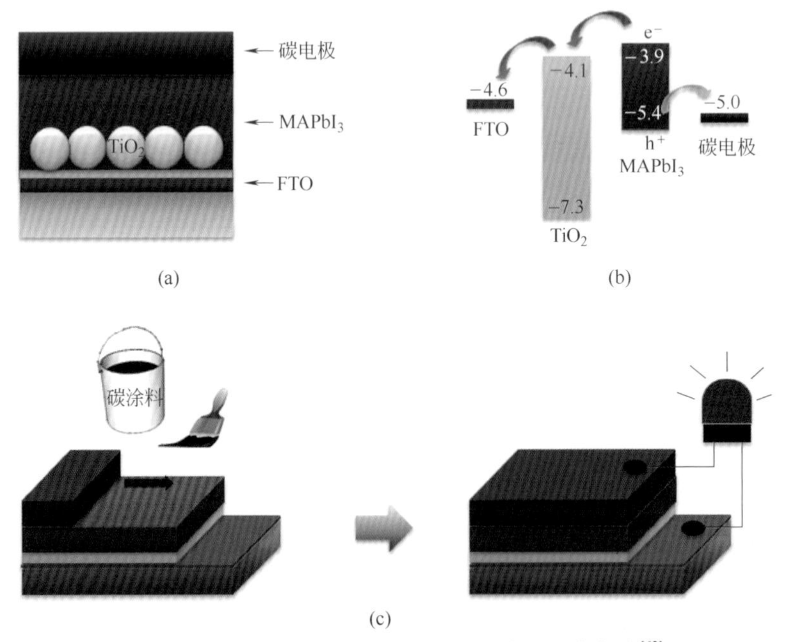

图3-32　无空穴传输层介孔结构钙钛矿太阳能电池[62]

3.3 有机-无机杂化钙钛矿太阳能电池极限效率

典型的太阳能电池转换效率极限，即S-Q效率极限（Shockley-Queisser limit）一直是太阳能电池效率的理论瓶颈。假定：①光子能带大于或等于半导体带隙的光子全部被吸收；②每吸收一个光子产生一个电子-空穴对；③光子被吸收后，能量全部转化为电子与空穴之间的能量差；④半导体中的复合均为辐射复合；⑤半导体存在黑体背景辐射，发射的光子通量取决于半导体电压，高的电压意味着高的发射光子通量。

Shockley-Queisser太阳能电池转换效率极限计算公式：

$$\eta = \frac{qV\left(\Phi_{s} - \Phi_{r}\right)}{\sigma T_{sun}^{4}}$$

式中，q是电子电荷；V是器件电压；Φ_s和Φ_r分别是入射光和复合的光子流强度；σ是Stefan-Boltamann常数；T_{sun}是太阳表面温度。

根据公式，带隙为1.55eV的单节钙钛矿太阳能电池的效率上限为31%。

光照下，钙钛矿层首先吸收光子产生电子-空穴对。由于钙钛矿材激子束缚能的差异，这些载流子或者成为自由载流子，或者形成激子。而且，有机-无机杂化钙钛矿材料具有较低的载流子复合概率和较高的载流子迁移率，所以载流子的扩散距离和寿命较长。例如，$CH_3NH_3PbI_3$的载流子扩散长度至少为100nm，而$CH_3NH_3PbI_{3-x}Cl_x$的扩散长度甚至大于1μm，导致有机-无机杂化钙钛矿太阳能电池具有优异的电学性能。未复合的电子和空穴分别被电子传输层和空穴传输层收集，即电子从钙钛矿层传输到电子传输层，最后被导电基底收集；空穴从钙钛矿层传输到空穴传输层，最后被金属电极收集。载流子传输过程中不可避免地会发生损失，如电子传输层的电子与钙钛矿层空穴的可逆复合、电子传输层的电子与空穴传输层的空穴的复合（钙钛矿层不致密的情况）、钙钛矿层的电子与空穴传输层的空穴的复合。最后，通过连接导电基底和金属电极的电路而产生光电流。

参考文献

[1] Etgar L, Gao P, Xue Z, et al. Mesoscopic $CH_3NH_3PbI_3/TiO_2$ heterojunction solar cells. Journal of the American Chemical Society, 2012, 134 (42): 17396-17399.

[2] Wu W Q, Huang F, Chen D, et al. Solvent-mediated dimension tuning of semiconducting oxide nanostructures as efficient charge extraction thin films for perovskite solar cells with

efficiency exceeding 16%. Advanced Energy Materials，2016，6（7）：1502027.

[3] Zhou H，Chen Q，Li G，et al. Interface engineering of highly efficient perovskite solar cells. Science，2014，345（6196）：542-546.

[4] Chen W，Wu Y，Yue Y，et al. Efficient and stable large-area perovskite solar cells with inorganic charge extraction layers. Science，2015，350（6263）：944-948.

[5] Wang H-H，Chen Q，Zhou H，et al. Improving the TiO_2 electron transport layer in perovskite solar cells using acetylacetonate-based additives. Journal of Materials Chemistry A，2015，3（17）：9108-9115.

[6] Yang D，Zhou X，Yang R，et al. Surface optimization to eliminate hysteresis for record efficiency planar perovskite solar cells. Energy & Environmental Science，2016，9（10）：3071-3078.

[7] Liu D，Kelly T L. Perovskite solar cells with a planar heterojunction structure prepared using room-temperature solution processing techniques. Nature photonics，2014，8（2）：133-138.

[8] Tseng Z-L，Chiang C-H，Wu C-G. Surface engineering of ZnO thin film for high efficiency planar perovskite solar cells. Scientific reports，2015，5：13211.

[9] Lee K-M，Chang S H，Wang K-H，et al. Thickness effects of ZnO thin film on the performance of tri-iodide perovskite absorber based photovoltaics. Solar Energy，2015，120：117-122.

[10] Zhang P，Wu J，Zhang T，et al. Perovskite solar cells with ZnO electron-transporting materials. Advanced Materials，2018，30（3）：1703737.

[11] Bi D，Boschloo G，Schwarzmüller S，et al. Efficient and stable $CH_3NH_3PbI_3$-sensitized ZnO nanorod array solid-state solar cells. Nanoscale，2013，5（23）：11686-11691.

[12] Son D-Y，Im J-H，Kim H-S，et al. 11% efficient perovskite solar cell based on ZnO nanorods：an effective charge collection system. The Journal of Physical Chemistry C，2014，118（30）：16567-16573.

[13] Mahmood K，Swain B S，Jung H S. Controlling the surface nanostructure of ZnO and Al-doped ZnO thin films using electrostatic spraying for their application in 12% efficient perovskite solar cells. Nanoscale，2014，6（15）：9127-9138.

[14] Kim J，Kim G，Kim T K，et al. Efficient planar-heterojunction perovskite solar cells achieved via interfacial modification of a sol–gel ZnO electron collection layer. Journal of Materials Chemistry A，2014，2（41）：17291-17296.

[15] Correa-Baena J P，Tress W，Domanski K，et al. Identifying and suppressing interfacial recombination to achieve high open-circuit voltage in perovskite solar cells. Energy & Environmental Science，2017，10（5）：1207-1212.

[16] Jiang Q，Zhang L，Wang H，et al. Enhanced electron extraction using SnO_2 for high-efficiency planar-structure $HC(NH_2)_2PbI_3$-based perovskite solar cells. Nature Energy，2016，2：16177.

[17] Ren X，Yang D，Yang Z，et al. Solution-processed Nb：SnO_2 electron transport layer for

efficient planar perovskite solar cells. ACS applied materials & interfaces，2017，9（3）：2421-2429.

[18] Yang G，Lei H，Tao H，et al. Reducing hysteresis and enhancing performance of perovskite solar cells using low-temperature processed Y-doped SnO_2 nanosheets as electron selective layers. Small，2017，13（2），1601769.

[19] Correa-Baena J-P，Tress W，Domanski K，et al. Identifying and suppressing interfacial recombination to achieve high open-circuit voltage in perovskite solar cells. Energy & Environmental Science，2017，10（5）：1207-1212.

[20] Leijtens T，Lim J，Teuscher J，et al. Charge density dependent mobility of organic hole-transporters and mesoporous TiO_2 determined by transient mobility spectroscopy: implications to dye-sensitized and organic solar cells. Advanced Materials，2013，25（23）：3227-3233.

[21] Kwon Y S，Lim J，Yun H-J，et al. A diketopyrrolopyrrole-containing hole transporting conjugated polymer for use in efficient stable organic–inorganic hybrid solar cells based on a perovskite. Energy & Environmental Science，2014，7（4）：1454-1460.

[22] 王鸣魁. 有机无机杂化固态太阳能电池的研究进展（太阳能电池专题）. 物理学报，2015，64（3）：78-83.

[23] 曲浩. 低温等离子体处理对钙钛矿太阳能电池性能的研究[D]. 北京：北京印刷学院，2018.

[24] Wang Y K，Yuan Z C，Shi G Z，et al. Dopant-free spiro-triphenylamine/fluorene as hole-transporting material for perovskite solar cells with enhanced efficiency and stability. Advanced Functional Materials，2016，26（9）：1375-1381.

[25] Xu B，Bi D，Hua Y，et al. A low-cost spiro[fluorene-9，9′-xanthene]-based hole transport material for efficient solid-state dye-sensitized solar cells and perovskite solar cells. Energy & Environmental Science，2016，9（3）：873-877.

[26] Liu K，Yao Y，Wang J，et al. Spiro[fluorene-9，9′-xanthene]-based hole transporting materials for efficient perovskite solar cells with enhanced stability. Materials Chemistry Frontiers，2016，1: 100-110.

[27] Park S，Jin H H，Yun J H，et al. Effect of multi-armed triphenylamine-based hole transporting materials for high performance perovskite solar cells. Chemical Science，2016，7（8）：5517-5522.

[28] Zhang F，Liu X，Yi C，et al. Dopant-free donor（D）-π-D-π-D conjugated hole-transport materials for efficient and stable perovskite solar cells. Chemsuschem，2016，9（18）：2578-2585.

[29] Z L，Z Z，Cc C，et al. Rational design of dipolar chromophore as an efficient dopant-free hole-transporting material for perovskite solar cells. Journal of the American Chemical Society，2016，138（36）：11833.

[30] Zhao X，Zhang F，Yi C，et al. A novel one-step synthesized and dopant-free hole transport material for efficient and stable perovskite solar cells. Journal of Materials Chemistry A，2016，4（42）：16330-16334.

[31] Zhang F, Yi C, Wei P, et al. A novel dopant-free triphenylamine based molecular "butterfly" hole-transport material for highly efficient and stable perovskite solar cells. Advanced Energy Materials, 2016, 6 (14) : 1600461.

[32] Bi D, Mishra A, Gao P, et al. High-efficiency perovskite solar cells employing a *S*, *N*-heteropentacene-based D-A hole-transport material. Chemsuschem, 2016, 9 (5) : 433-438.

[33] Molinaontoria A, Zimmermann I, Garciabenito I, et al. Benzotrithiophene-based hole-transporting materials for 18.2% perovskite solar cells. Angewandte Chemie, 2016, 55 (21) : 6270-6274.

[34] Saliba M, Orlandi S, Matsui T, et al. A molecularly engineered hole-transporting material for efficient perovskite solar cells. Nature Energy, 2016, 1 (2) : 15017.

[35] Cho I, Jeon N J, Kwon O K, et al. Indolo[3, 2-b]indole-based crystalline hole-transporting material for highly efficient perovskite solar cells. Chemical Science, 2017, 8 (1) : 734.

[36] Paek S, Zimmermann I, Gao P, et al. Donor-π-donor type hole transporting materials: marked π-bridge effects on optoelectronic properties, solid-state structure, and perovskite solar cell efficiency. Chemical Science, 2016, 7 (9) : 6068-6075.

[37] Su P Y, Chen Y F, Liu J M, et al. Hydrophobic hole-transporting materials incorporating multiple thiophene cores with long alkyl chains for efficient perovskite solar cells. Electrochimica Acta, 2016, 209: 529-540.

[38] Jin H H, Sang H I, Noh J H, et al. Efficient inorganic-organic hybrid heterojunction solar cells containing perovskite compound and polymeric hole conductors. Nature Photonics, 2013, 7 (7) : 486-491.

[39] Yang W S, Noh J H, Jeon N J, et al. High-performance photovoltaic perovskite layers fabricated through intramolecular exchange. Science, 2015, 348 (6240) : 1234.

[40] Yan W, Li Y, Li Y, et al. High-performance hybrid perovskite solar cells with open circuit voltage dependence on hole-transporting materials. Nano Energy, 2015, 16: 428-437.

[41] Qin P, Tetreault N, Dar M I, et al. A novel oligomer as a hole transporting material for efficient perovskite solar cells. Advanced Energy Materials, 2015, 5 (2) : 1400980.

[42] Docampo P, Ball J M, Darwich M, et al. Efficient organometal trihalide perovskite planar-heterojunction solar cells on flexible polymer substrates. Nature Communications, 2013, 4 (7) : 2761.

[43] Jeng J Y, Chen K C, Chiang T Y, et al. Nickel oxide electrode interlayer in $CH_3NH_3PbI_3$ perovskite/PCBM planar-heterojunction hybrid solar cells. Advanced Materials, 2014, 26 (24) : 4107.

[44] 魏荧. 基于掺杂改性的氧化镍空穴传输层制备平面反向钙钛矿太阳能电池及其性能研究[D]. 南昌: 南昌大学, 2017.

[45] Christians J A, Fung R C, Kamat P V. An inorganic hole conductor for organo-lead halide perovskite solar cells. Improved hole conductivity with copper iodide. Journal of

the American Chemical Society，2014，136（2）：758.

[46] Ito S，Tanaka S，Vahlman H，et al. Carbon-double-bond-free printed solar cells from $TiO_2/CH_3NH_3PbI_3$/CuSCN/Au：structural control and photoaging effects. Chemphyschem A European Journal of Chemical Physics & Physical Chemistry，2014，15（6）：1194-200.

[47] P Q，S T，S I，et al. Inorganic hole conductor-based lead halide perovskite solar cells with 12.4% conversion efficiency. Nature Communications，2014，5：3834.

[48] Ye S，Sun W，Li Y，et al. CuSCN-based inverted planar perovskite solar cell with an average PCE of 15.6%. Nano Letters，2015，15（6）：3723.

[49] Kumar M H，Yantara N，Dharani S，et al. Flexible，low-temperature，solution processed ZnO-based perovskite solid state solar cells. Chemical Communications，2013，49（94）：11089-11091.

[50] Wang K C，Jeng J Y，Shen P S，et al. p-Type mesoscopic nickel oxide/organometallic perovskite heterojunction solar cells. Scientific reports，2014，4：4756.

[51] Ball J M，Lee M M，Hey A，et al. Low-temperature processed meso-superstructured to thin-film perovskite solar cells. Energy & Environmental Science，2013，6（6）：1739-1743.

[52] Bi D，Moon S J，Häggman L，et al. Using a two-step deposition technique to prepare perovskite（$CH_3NH_3PbI_3$）for thin film solar cells based on ZrO_2 and TiO_2 mesostructures. Rsc Advances，2013，3（41）：18762-18766.

[53] Lee K，Yoon C M，Noh J，et al. Morphology-controlled mesoporous SiO_2 nanorods for efficient scaffolds in organo-metal halide perovskite solar cells. Chemical Communications，2016，52（22）：4231-4234.

[54] Li D，Shi J，Xu Y，et al. Inorganic-organic halide perovskites for new photovoltaic technology. National Science Review，2018，5（1）：559-576.

[55] 李忱. PEDOT：PSS掺杂对平面钙钛矿太阳能电池性能调控研究[D]. 新乡：河南师范大学，2017.

[56] Guo W，Hui K N，Hui K S. High conductivity nickel oxide thin films by a facile sol-gel method. Materials Letters，2013，92（2）：291-295.

[57] Berry J J，Widjonarko N E，Bailey B A，et al. Surface treatment of NiO hole transport layers for organic solar cells. IEEE Journal of Selected Topics in Quantum Electronics，2010，16（6）：1649-1655.

[58] Irwin M D，Buchholz D B，Hains A W，et al. p-Type semiconducting nickel oxide as an efficiency-enhancing anode interfacial layer in polymer bulk-heterojunction solar cells. Proceedings of the National Academy of Sciences of the United States of America，2008，105（8）：2783.

[59] Liu D，Yang J，Kelly T L. Compact layer free perovskite solar cells with 13.5% efficiency. Journal of the American Chemical Society，2014，136（49）：17116-17122.

[60] Cui P，Wei D，Ji J，et al. Highly efficient electron-selective layer free perovskite solar cells by constructing effective p-n heterojunction. Solar RRL，2017，1（2）：1600027.

[61] Wei Z，Yan K，Chen H，et al. Cost-efficient clamping solar cells using candle soot for hole extraction from ambipolar perovskites. Energy & Environmental Science，2014，7（10）：3326-3333.

[62] Chen H，Wei Z，He H，et al. Solvent engineering boosts the efficiency of paintable carbon-based perovskite solar cells to beyond 14%. Advanced Energy Materials，2016，6（8）：1502087.

[63] Sun W，Li Y，Ye S，et al. High-performance inverted planar heterojunction perovskite solar cells based on a solution-processed CuO_x hole transport layer. Nanoscale, 2016, 8（20）：10806-10813.

[64] Rao H，Sun W，Ye S，et al. Solution-processed CuS NPs as an inorganic hole-selective contact material for inverted planar perovskite solar cells. Acs Appl Mater Interfaces，2016，8（12）：7800-7805.

第4章　有机-无机杂化钙钛矿太阳能电池的稳定性

光电转换效率和器件稳定性是衡量太阳能电池性能的关键，当电池的效率达到效率瓶颈的时候，器件的稳定性就显得尤为重要。如表4-1所示，“Thin-film Terrestrial Photovoltaic Modules”或“Crystalline Silicon Terrestrial Photovoltaic Modules”稳定性测试的国际标准就详细规定了器件的测试项目及条件，其中包括温度测试、湿度测试和光照测试。近年来，钙钛矿太阳能电池得到广泛关注并取得了快速发展，短短几年，其光电转换效率便由3.8%[1]提高到22.7%[2]，最高效率已获得美国可再生能源实验室（NREL）的效率认证。然而，稳定性却成为阻碍钙钛矿太阳能电池商业化进程的绊脚石。将未封装的钙钛矿太阳能电池暴露在大气环境下，钙钛矿材料受到水汽和氧的诱导而分解进而会导致其光电转换性能不断下降，另外高温也会导致钙钛矿材料发生相变和分解。以传统的钙钛矿材料$CH_3NH_3PbI_3$为例，在特定的环境下，钙钛矿薄膜会分解成PbI_2、CH_3NH_3和HI，且过程不可逆，所以钙钛矿电池对于制备工艺以及工作环境要求高。通过界面修饰以及改变器件结构可以在一定程度上提升器件对于温度、湿度以及紫外线的耐受性。目前通过各种改性手段（元素调控以及界面修饰）和封装工艺已经实现了1000h以上的寿命[3]，但这离产业化所要求的户外使用25年的目标仍旧有非常大的差距。因此，分析钙钛矿太阳能电池效率衰减机理以及提升其稳定性成为了当前研究的热点。

表4-1　太阳能电池耐久性测试条件标准

序号	测试项目	测试条件
1	光照强度	光照强度：200W/m^2，全幅自然光照或者采用B级太阳光模拟器（IEC 60904-9）
2	室外性能测试	60 kW·h/m^{2}太阳全幅辐射使电池在最大功率下工作
3	紫外稳定性测试	电池温度：（60±5）℃ 15 kW·h/m^2：280～385nm紫外全幅光照，其中280～320nm的紫外线强度不低于5kW·h/m^2
4	热循环测试	室内温度：-40～85℃进行200个循环，循环时间≤6h，极端环境测试时间≥10min
5	湿度以及高温测试	湿度：85%RH；测试时间：1000h；恢复时间：2～4h 94022A
6	光稳定性能测试	电池温度：（50±10）℃ 光照强度：（800±200）～（1000±200）W/m^2 全幅自然光照或者采用CCC级太阳光模拟器使电池在最大功率下工作

注：电池温度：25℃

4.1 水氧条件下的稳定性

在钙钛矿太阳能电池的制备过程中钙钛矿层不可避免地要与空气接触，导致材料分解和器件性能下降。传统的钙钛矿材料ABX_3本身具有很强的吸湿性，能够吸收其周围环境中存在的水分子并形成一种类似（CH_3NH_3）$_4PbI_6 \cdot 2H_2O$的水合物[4]，同时Wang等[4,5]系统地研究了钙钛矿材料在湿度条件下的分解过程，提出了另一种分解机制：首先，当空气中的H_2O分子透过空穴传输层侵入钙钛矿层后，以$CH_3NH_3PbI_3$为例，$CH_3NH_3PbI_3$便会首先分解成为CH_3NH_3I和PbI_2，除了水以外，氧气氛围和紫外辐射都会导致该反应的发生。反应中分解生成的CH_3NH_3I会有一部分分解为CH_3NH_2和HI，随着材料本身吸入过多的水分子，平衡体系的反应向分解方向进行，此时钙钛矿吸光层中同时存在着CH_3NH_3I、CH_3NH_2和HI，此时HI会发生两种反应，一是HI本身会自己分解为H_2和I_2，二是HI会与O_2反应生成H_2O和I_2。因此在湿度环境下，只要钙钛矿层接触到水汽，以上的反应就会向右自动发生。其化学反应方程式如下：

$$CH_3NH_3PbI_3(s) \rightleftharpoons PbI_2(s) + CH_3NH_3I(aq) \tag{4-1}$$

$$CH_3NH_3I(aq) \rightleftharpoons CH_3NH_2(aq) + HI(aq) \tag{4-2}$$

$$4HI(aq) + O_2(s) \rightleftharpoons 2I_2(s) + 2H_2O(l) \tag{4-3}$$

$$2HI(aq) \rightleftharpoons I_2(s) + H_2(s) \tag{4-4}$$

除此之外Walsh课题组也提出了一种类似的$CH_3NH_3PbI_3$水分条件下的分解理论[6]，他们认为一个H_2O分子便可以使钙钛矿材料发生分解，首先一个H_2O分子先与$CH_3NH_3PbI_3$材料反应生成［（$CH_3NH_3^+$）$_{n-1}$（CH_3NH_2）PbI_3］［H_3O］中间体，而此时过量的H_2O分子则用来充当CH_3NH_2的溶剂和生成HI，该中间体进一步可以分解成为HI的水合物以及极易挥发的甲胺，当甲胺挥发完全后钙钛矿薄膜上只剩下黄色的PbI_2。

$$4CH_3NH_3PbI_3(s) + 2H_2O \rightleftharpoons 3PbI_2(s) + (CH_3NH_3)_4PbI_6 \cdot 2H_2O(aq) \tag{4-5}$$

T. L. Kelly等[7]还证实了钙钛矿与水形成二水合物（CH_3NH_3）$_4PbI_6 \cdot 2H_2O$后的分解，会导致钙钛矿薄膜光吸收的下降；但是Barnes等[8]通过晶体结构和元素XPS分析证明了钙钛矿暴露在水汽中形成了一水合钙钛矿相，而不是二水合钙钛矿。如图4-1所示，钙钛矿在形成一水合钙钛矿化合物后会继续与水汽反应生成二水化合物，最终分解生成碘化铅。同时，他们将钙钛矿薄膜放置在干燥的空气中发现薄膜会发生脱水并分解。从图4-1中的XRD衍射图中可以看出，钙钛矿在湿度环境下，发生晶体结构转换，并且钙钛矿薄膜在90%的湿度环境下发生完全分解。同时通过XPS元素分析也可以得出钙钛矿材料发生了分解。

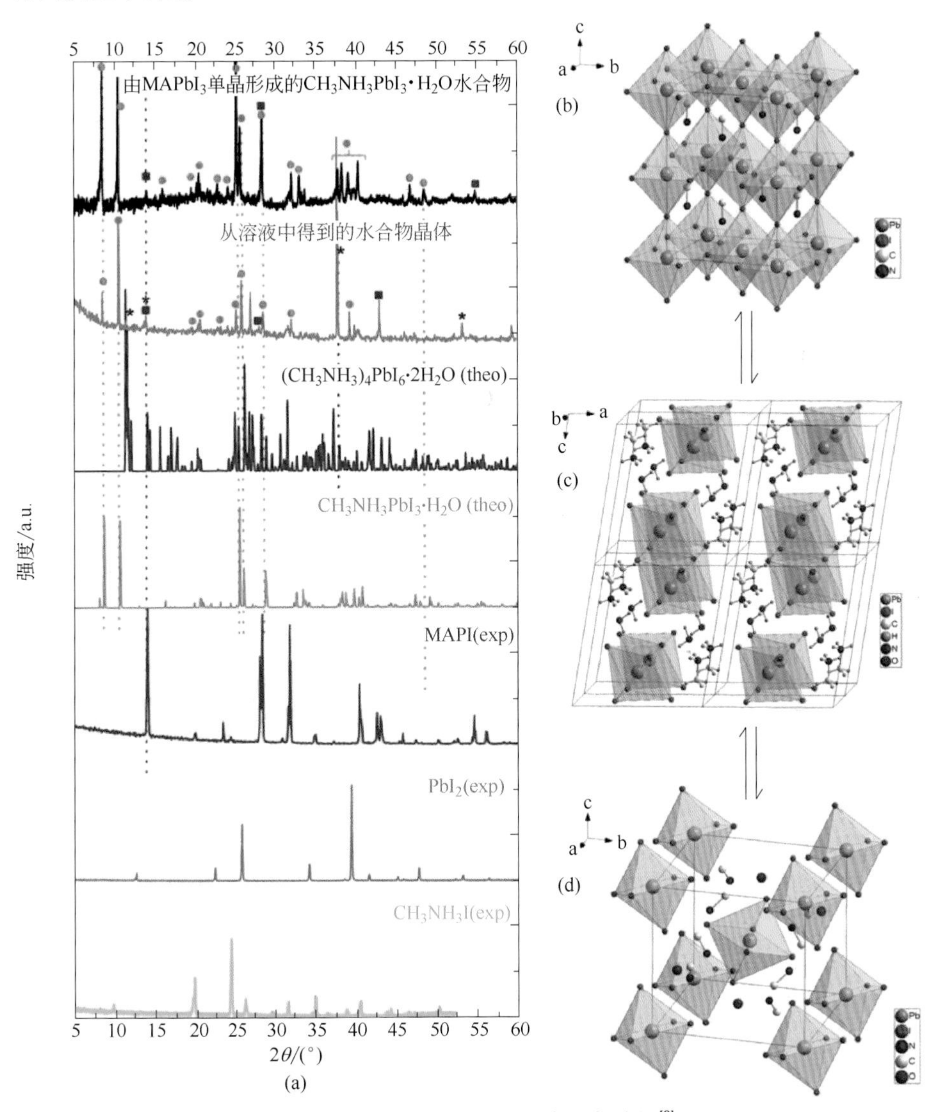

图4-1 XRD分析和钙钛矿的相变过程[8]

鉴于钙钛矿光吸收层在水氧条件下的稳定性较差，因此采用传统工艺制备钙钛矿太阳能电池必须要在手套箱中完成。然而器件的测试过程一般是在大气环境下进行的，所以一般在钙钛矿太阳能电池的测试过程中已经能够明显地观察到分解现象。Seok课题组[9]报道称在相对湿度为55%的条件下$CH_3NH_3PbI_3$便开始发生分解，薄膜颜色在短时间内即可由棕色变成黄色，这一现象直接证明了钙钛矿层的分解。Christians等[4]详细研究了钙钛矿电池在不同湿度环境下的稳定性，结果显示钙钛矿电池（FTO/c-TiO_2/m-TiO_2/$CH_3NH_3PbI_3$/Spiro-OMeTAD/Au）在50%相对湿度以下的室温环境中展示了较好的稳定性。然而相对湿度更高时，钙钛矿薄膜便会发生分解，器件性能明显降低。图4-2展示了钙钛矿薄膜长时间放置在不同湿度下的SEM图，可以明显看到在90%相对湿度的条件下放置14天后钙钛矿薄膜发生分解，钙钛矿电池性能也迅速下降（图4-3）。

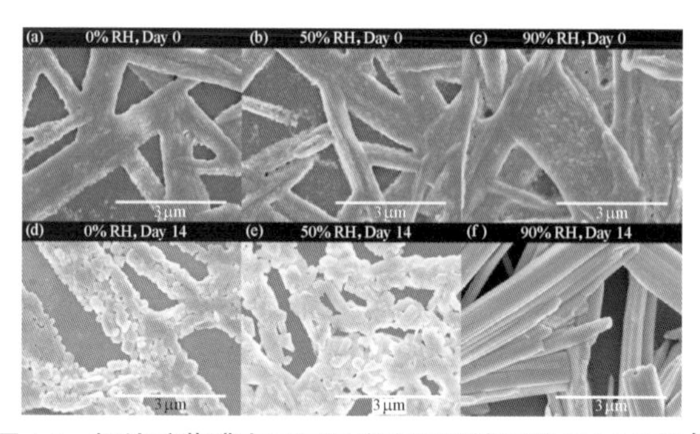

图4-2　钙钛矿薄膜在不同湿度室温环境下的SEM结果[4]

与传统的$CH_3NH_3PbI_3$材料相比，$CH_3NH_3PbBr_3$材料在空气中呈现出更为优异的稳定性，然而$CH_3NH_3PbBr_3$材料的光吸收性能相比而言较低。通过对卤素X的研究表明[10-14]，由于Br的离子半径较小，在钙钛矿材料中随着Br原子比例的不断增加，钙钛矿的晶格常数开始逐步下降，钙钛矿的晶形结构开始转变，从$CH_3NH_3PbI_3$的三维扭曲的四方相结构向$CH_3NH_3PbBr_3$的规则立方相结构转变，因而钙钛矿晶格堆积得更加密集紧密，在一定程度上阻止了$CH_3NH_3^+$所造成的分解，增加了器件的稳定性。因此$CH_3NH_3PbBr_3$比$CH_3NH_3PbI_3$具有更强的稳定性能[15-17]。$CH_3NH_3PbI_3$钙钛矿薄膜在相对湿度大于55%时则会发生明显的分解，电池效率降低。

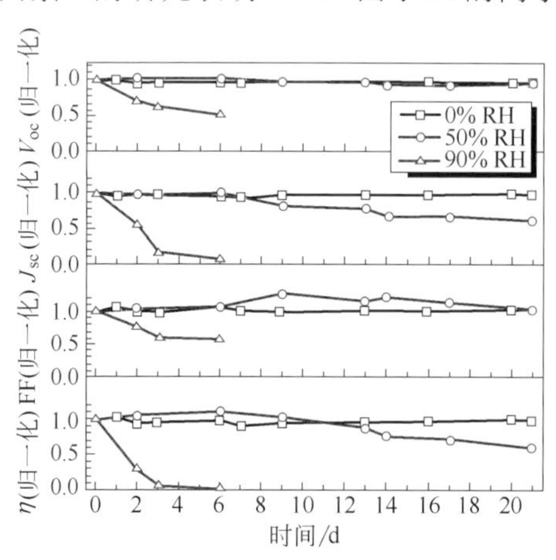

图4-3　钙钛矿电池在不同湿度室温条件下性能变化[4]

而Br掺杂$CH_3NH_3Pb(I_{1-x}Br_x)_3$器件在湿度较大的环境中则更加稳定，如图4-4所示。

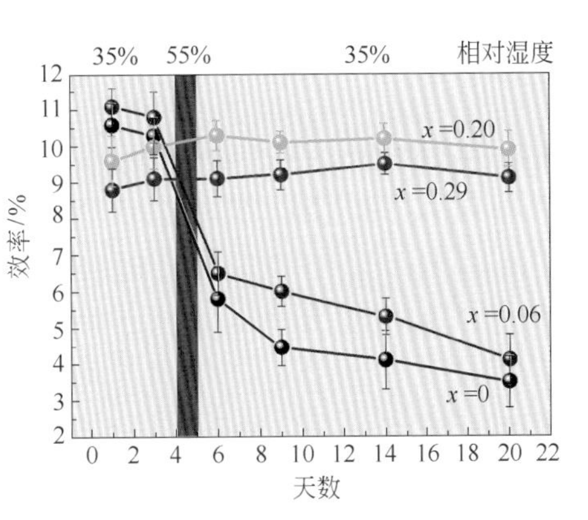

图4-4 室温下未封装的基于$CH_3NH_3Pb(I_{1-x}Br_x)_3$（$x$=0，0.06，0.20，0.29）的平面钙钛矿太阳能电池的PCE变化[15]

（相对湿度保持在35%，电池在第4天暴露于55%相对湿度下1天，以研究高湿度下的性能变化）

近年来，为了改善传统钙钛矿材料$CH_3NH_3PbI_3$在水汽环境下的不稳定性，$HN{=}CH(NH_3)^+$(FA)以及$C_6H_5(CH_2)_2NH_3^+$(PEA)等离子半径较大的有机阳离子被引入到了钙钛矿中，通过部分取代$CH_3NH_3^+$来提升器件的稳定性[18-21]。Karunadasa等[22]将PEA引入到了钙钛矿层中，通过一步法制备了$(PEA)_2(CH_3NH_3)_2[Pb_3I_{10}]$钙钛矿薄膜，并将其放置在相对湿度为52%的环境下与常规$CH_3NH_3PbI_3$薄膜进行了横向对比。经过40多天的对照实验，从图4-5所示的XRD图可以看出$CH_3NH_3PbI_3$薄膜在4～5天的时间内出现PbI_2特征峰，而相同条件下二维结构的$(PEA)_2(CH_3NH_3)_2[Pb_3I_{10}]$在46天后在XRD图中也没有检测到$PbI_2$的特征峰，材料基本没有发生分解。另外，FA类材料也常被用在钙钛矿层中来增加器件的热稳定性能[23]。Park等[24]在$FAPbI_3$中掺杂了10%的Cs^+形成了$FA_{0.9}Cs_{0.1}PbI_3$，并在较低的相对湿度下（<40%）研究了器件的稳定性。通过

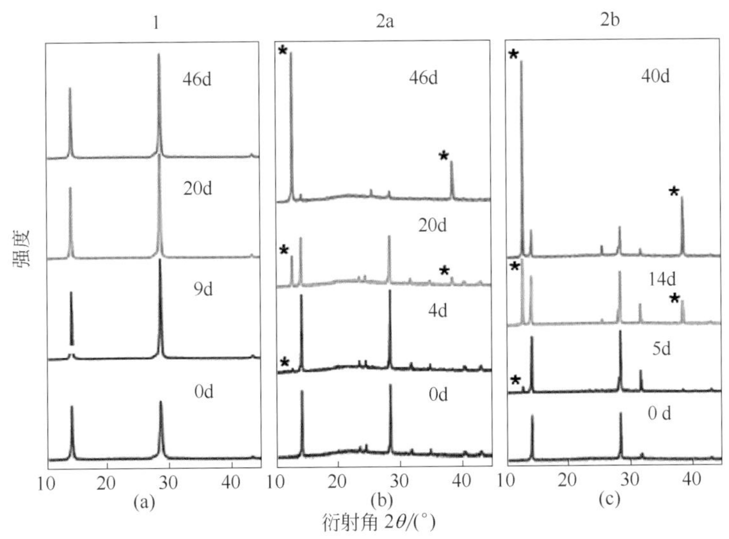

图4-5 在52%相对湿度条件下的$(PEA)_2(CH_3NH_3)_2[Pb_3I_{10}]$和$CH_3NH_3PbI_3$的XRD图[22]

（a）$(PEA)_2(CH_3NH_3)_2[Pb_3I_{10}]$；（b）通过$PbI_2$制备的$CH_3NH_3PbI_3$；（c）通过$PbCl_2$制备的$CH_3NH_3PbI_3$

横向对比，用$FA_{0.9}Cs_{0.1}PbI_3$制备的电池器件在30min后的效率降为初始值的33%，而采用$FAPbI_3$的电池器件在相同时间后只有初始值的19%，因此掺杂Cs可以明显提升材料的湿度稳定性。

丁建宁课题组[25]通过第一性原理对有水或无水存在的情况下，钙钛矿材料有机单元、无机单元和H_2O之间的主要的相互作用的最稳态能量进行计算，结果发现当Br^-、Cl^-取代结构中的I^-，或$NH_2CH_2NH_2$、$NH_2CH_2CH_2NH_2$这两种有机分子来取代$CH_3NH_3PbI_3$中的CH_3NH_2，所得的钙钛矿材料相比于$CH_3NH_3PbI_3$稳定性有所提高，但是这并不能阻止H_2O带来的分解。由于H_2O的强极性，有机-无机杂化钙钛矿结构在湿度的环境下不可避免地会发生分解。因此，为了提高有机-无机杂化钙钛矿太阳能电池性能，减少或避免钙钛矿材料接触水汽是制备电池过程中非常必要的步骤。他们采用ALD的方法在HTM层上沉积了一层薄薄的Al_2O_3，在经过24天的湿度稳定性实验之后仍

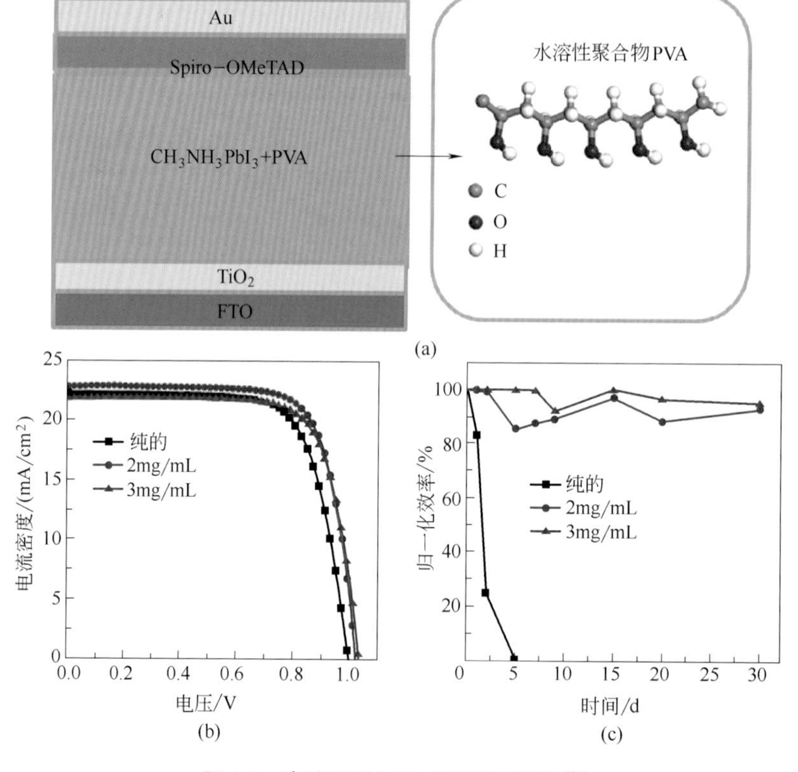

图4-6　高稳定性钙钛矿薄膜及器件[26]

（a）钙钛矿电池结构和PVA分子结构示意；（b）不同浓度PVA掺杂的钙钛矿太阳能电池*J-V*曲线；（c）90%相对湿度条件下电池效率衰减趋势

旧保持了90%以上的光电转换效率。此外，丁建宁课题组Sun等[26]通过使用水溶性添加剂聚乙烯醇（PVA）对$MAPbI_3$薄膜进行改性，减少水汽与钙钛矿材料的接触，实现了高稳定性钙钛矿薄膜及器件的制备（图4-6）。PVA对水分的吸收为多级吸收，从而使得PVA可以同时吸收并锁住水分。由于PVA较强的吸水能力，当钙钛矿器件暴露在高湿度环境中，大部分的水分子会被PVA吸收，从而大大降低钙钛矿材料受水分子腐蚀的可能性，提高器件的湿度稳定性。加入了PVA的钙钛矿电池效率达到17.41%，比纯钙钛矿电池效率提高了约12%，且在90%的高湿度环境中放置30天后，电池效率衰减＜10%。

虽然大多数的文献都指出水汽对钙钛矿太阳能电池的性能影响是不可逆的[1,4,15,25,26]，但是仍有一些文献利用适量的水汽制备出了高效的钙钛矿太阳能电池。Yang等[27]利用过量的CH_3NH_3I和$PbCl_2$反应，通过控制薄膜在空气中加热的反应时间，让水汽和钙钛矿充分反应，制备出的钙钛矿薄膜晶粒更大，其电池性能可达19.3%。研究表明CH_3NH_3I材料具有很强的亲水性，在空气中吸收一定量的水汽后溶解，从而CH_3NH_3I可以快速转移到PbI_2的八面体晶格空隙中。通过对薄膜的XRD和SEM分析可知，$CH_3NH_3PbI_{3-x}Cl_x$的形成是通过三步反应来完成的。XRD结果表明，烧结20min时钙钛矿薄膜中仅有PbI_2存在，表明$PbCl_2$中的Cl^-通过和溶液中I^-的交换而形成PbI_2。烧结60min时PbI_2完全转化生成$CH_3NH_3PbI_3$和$CH_3NH_3PbCl_3$。烧结85min后，$CH_3NH_3PbCl_3$中的CH_3NH_3Cl部分被CH_3NH_3I替代，从而生成$CH_3NH_3PbI_{3-x}Cl_x$。然而，在器件制备好之后，$CH_3NH_3PbI_{3-x}Cl_x$薄膜对水分仍然十分敏感，在空气中放置了6天之后，效率迅速衰减到不足原来的5%。

最近，更为稳定的HTM材料陆续被应用在钙钛矿太阳能电池中。Liu等[47]将没有经过p型掺杂的TTF-1（tetrathiafulvalene，图4-7）应用在钙钛矿太阳能电池中，得到了11.03%的光电转换效率，而在相同工艺条件下以经过p型掺杂的Spiro-OMeTAD作为HTM的钙钛矿太阳能电池的光电转换效率为11.4%。此外，在相对湿度为40%的室温条件下对这两种HTM的钙钛矿太阳能电池稳定性进行测试，TTF-1稳定性明显好于Spiro-OMeTAD以及另外一种更加不稳定的HTM材料P3HT。他们认为这种稳定性的提高是因为TTF-1中没有使用添加剂并且TTF-1结构中有着疏水的烷基链。解决HTM不稳定性的另一个方法就是移除HTM制备无空穴传输材料的钙钛矿太阳能电池。Shi等[48]通过在钙钛矿层、Au电极之间构建欧姆接触，达到调控$CH_3NH_3PbI_3$/Au界面、提高电池效率和电池稳定性的作用，该方法制备的钙钛矿太阳能电池光电转换效率达到10.5%，实验结果表明在空气中光照下放置1000h，光电转换效率只有微弱的衰减。

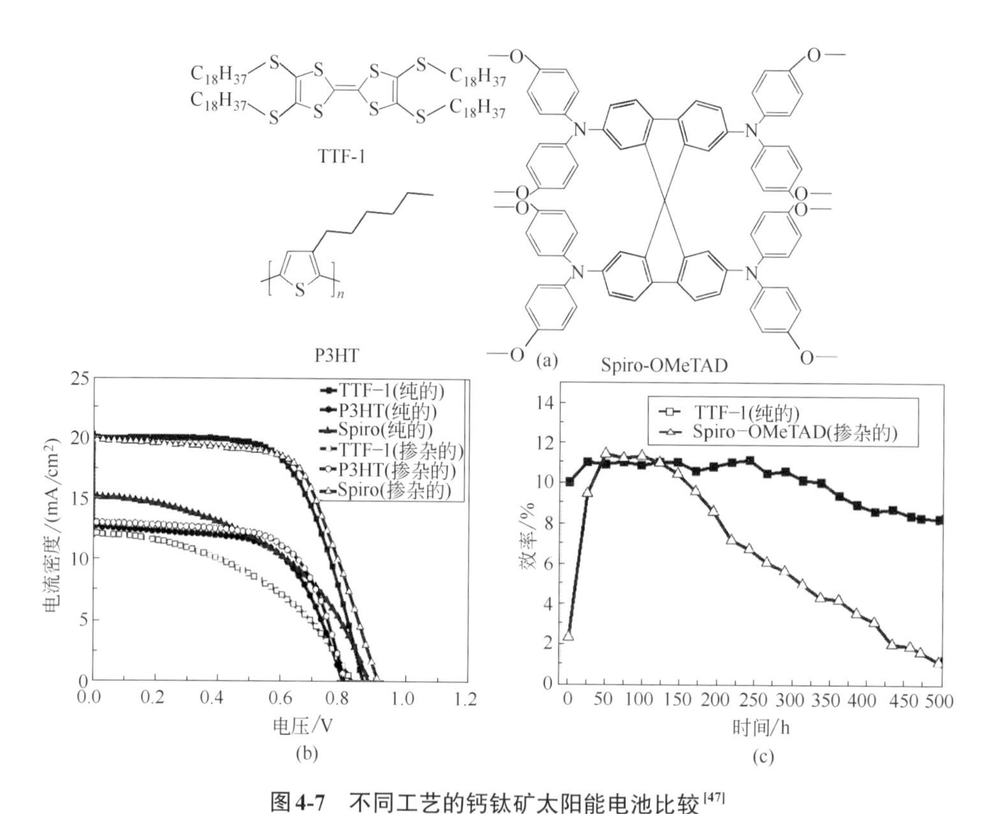

图4-7 不同工艺的钙钛矿太阳能电池比较[47]

（a）TTF-1、P3HT和Spiro-OMeTAD的分子结构；（b）TTF-1、P3HT和Spiro-OMeTAD的电流-电压曲线；（c）光照强度为AM1.5G、相对湿度为40%、室温条件下TTF-1和Spiro-OMeTAD为HTM制备器件的稳定性随时间的变化

4.2 高温条件下的稳定性

温度也是影响钙钛矿太阳能电池稳定性的重要因素。持续受热或者高温不仅会降低钙钛矿太阳能电池的稳定性，还会破坏钙钛矿吸光层材料的晶体结构，最终导致器件性能和寿命的不可逆下降。这里必须指出的是，在考虑钙钛矿太阳能电池热稳定性的时候不仅要考虑钙钛矿材料本身的热稳定性，还需要考虑器件整体的热稳定性。对于含有空穴传输层的常规钙钛矿太阳能电池器件，Spiro-OMeTAD等HTM层的玻璃化转变温度、添加剂（如4-叔丁基吡啶，TBP）或溶剂的残留等也会影响钙钛矿太阳能电池的热稳定性。由于太阳能电池很可能会在超过60℃的环境下长时间使用，但部分文献报道钙钛矿薄膜在80℃下退火1h便发生分解，因此钙钛矿材料本身的热稳定性对于

钙钛矿电池的长期稳定性至关重要。Bert等[28]在85℃下研究了钙钛矿材料在不同环境中的稳定性，经过24h的实验后发现，材料的形貌、导电性以及化学组分都有了很大的变化，同时将该材料制备成器件并将其分别放置在85℃的空气和N_2氛围下持续光照后发现$CH_3NH_3PbI_3$都发生了分解。

（1）钙钛矿的晶体结构稳定性研究

钙钛矿材料的晶体结构会随着自身组成和环境（如温度、压力等）的变化而改变，并直接对钙钛矿太阳能电池的稳定性造成影响。根据Goldschmit等推导的钙钛矿晶体结构容忍因子（t）公式可知，t的取值在0.78～1.05，则表示该结构稳定可靠。目前应用最为广泛的钙钛矿材料CH_3NH_3I的容忍因子（t）值为0.834（r_A=180pm，r_B=119pm，r_X=220pm），其晶格构型为扭曲的三维立体结构，因此可以通过更换或者部分引入不同大小的阳离子或替换阴离子来调整晶体的容忍因子，例如Cs^+[28,29]、Cu^{2+}、PEA^+[30,31]、FA^+[32-34]、BEA^+[35]、Sn^+、Cl^-[36-38]、Br^-[36,39,40]和BF_4^-[41-43]最终获得更加稳定的晶体结构。根据容忍因子的大小，可以推测有12种稳定的有机-无机杂化钙钛矿晶体存在。表4-2列出了部分钙钛矿晶体的相转变温度和晶系类型。除了离子半径，温度和压力也是影响钙钛矿晶体结构的重要因素。文献研究了不同温度下$CH_3NH_3PbX_3$（X＝Cl、Br、I）的晶体结构。如表4-2所示，$CH_3NH_3PbX_3$（X＝Cl、Br、I）

表4-2 钙钛矿晶体的相转变温度和晶系类型

材料	相转变温度/K	晶系
$CsSnI_3$	300	正交
	350	四方
	478	立方
$CH_3NH_3GeCl_3$	250	正交
	370	三方
	475	立方
$CH_3NH_3PbCl_3$	＜173	正交
	173～179	四方
	＞179	立方
$CH_3NH_3PbBr_3$	＜145	正交
	150～237	四方
	＞237	立方
$CH_3NH_3PbI_3$	＜162	正交
	162～327	四方
	＞327	立方

晶体结构的对称性随着温度的升高而增加。值得注意的是，在室温条件下，$CH_3NH_3PbI_3$是四方晶系而$CH_3NH_3PbBr_3$和$CH_3NH_3PbCl_3$是立方晶系，这与钙钛矿晶体结构的对称性随着容忍因子的增大而增大的规律是相符的。56℃是钙钛矿由四方晶系向立方晶系转变的转变温度。

（2）钙钛矿的热稳定性研究

光照条件下，器件的温度很可能在$CH_3NH_3PbI_3$的相变温度之上，因此需要研究在加热条件下钙钛矿的相变是否会影响钙钛矿太阳能电池的性能。Amalie等[44]研究了钙钛矿晶型和其各个组分在加热条件下的变化。研究发现，沉积方法的不同会使钙钛矿的晶相从四方到立方转变。与以PbI_2为前驱体不同，以$PbCl_2$为前驱体的情况下没有发现晶相转变，形成过程中细微的差别可能最终会影响器件的光电性能和稳定性。同时发现在钙钛矿的分解过程中，由于CH_3NH_3I在钙钛矿晶格结构中与其他离子作用力更强，其分解的速率要比HI慢，这种因素也可能会影响到钙钛矿的长期稳定性。同时有相关文献报道了$CH_3NH_3PbI_3$的导热性能[45]，他们的研究表明，大型的单晶和多晶状态下的$CH_3NH_3PbI_3$的热导率非常低，这意味着光照产生的热量在钙钛矿中不能被很快导出，从而影响器件的寿命。

（3）空穴传输层材料的热稳定性研究

除了钙钛矿材料自身的热稳定性，以Spiro-OMeTAD为主的HTM也是影响钙钛矿太阳能电池稳定性的重要因素。Fang等[46]详细研究了烘干温度对Spiro-OMeTAD及相应器件性能的影响。结果发现，经烘干后，Spiro-OMeTAD的结晶性和氧化程度得到提高，从而有利于空穴在HTM中传输，进而提高钙钛矿太阳能电池的短路电流。但是，高温烘干导致Li-TFSI 转移到了TiO_2的表面，并且会伴有TBP的部分挥发，TiO_2的费米能级会下移，进而导致器件的开路电压和填充因子下降。

4.3 光照条件下的稳定性

在传统的钙钛矿太阳能电池中大多采用TiO_2作为电子传输层或者纳米多孔支架层，而TiO_2是一种良好的光催化材料，标准的AM1.5G光照中大约有5%的紫外线，导致器件光照稳定性较差。当TiO_2吸收了波长为300nm左右的紫外线后，价带电子（e^-）受到激发跃迁到导带，同时在价带上留下空穴（h^+），而光生空穴具有很强的氧化性，会主动吸收钙钛矿光吸收层界面附着的电子。以TiO_2作为电子传输层的器件在光照下会发生以下的反应[49-52]：

$$2I^- \rightleftharpoons I_2 + 2e^- \tag{4-6}$$

$$3CH_3NH_3^+ \rightleftharpoons 3CH_3NH_2(aq) + 3H^+ \tag{4-7}$$

$$I^- + I_2 + 3H^+ + 2e^- \rightleftharpoons 3HI\,(aq) \tag{4-8}$$

从上述的反应中可以得出，光照下作为电子传输材料TiO_2与光吸收材料发生反应，将界面上存在的I^-氧化成为I_2，使钙钛矿材料分解成为甲胺和HI，导致电池性能下降。Snaith教授课题组[53]首先提出了钙钛矿太阳能电池在紫外线下的稳定性问题。他们对比研究了紫外线照射下，N_2保护时封装与未封装器件的光伏性能，结果发现未封装的钙钛矿太阳能电池具有更好的稳定性。基于以上的实验结果他们提出了表面态的观点，如图4-8所示。该观点认为空气中的O_2可以消除TiO_2的各种表面缺陷态，同时这些表面态会作为陷阱和光吸收层中的电子相结合，此时光生空穴会与O_2吸附位置的电子相结合造成O_2的解吸。而在TiO_2导带形成的光生电子会与空穴传输层中的空穴复合，从而导致电池器件中电子反向复合概率的增大。TiO_2的表面可以不断吸收空气中的O_2而减少缺陷态。同时他们通过采用Al_2O_3作为多孔层实现了器件长于1000 h的光照稳定性。

近几年，随着制备工艺的改进和材料结构的不断优化，钙钛矿太阳能电池效率得以迅速提升，着手解决材料的稳定性、推进钙钛矿太阳能电池商业化等问题也提上了日程。目前有多种手段可以改善电池的光照稳定性[54-56]，如界面修饰等，CsBr[51]、CsCl[57]和Sb_2S_3[58]等材料对TiO_2进行修饰可以在一定程度上抑制钙钛矿电池器件在紫外线下的分解（图4-9）。Ito等[58]采用Sb_2S_3在TiO_2和$CH_3NH_3PbI_3$的界面进行修饰（图4-10），以此阻止TiO_2和$CH_3NH_3PbI_3$的直接接触，从而抑制了I^-的电子被TiO_2所捕获，钙钛矿太阳能电池的稳定性得到提高。丁建宁课题组[49]通过在TiO_2致密层和钙钛矿层中间引入单分子HOOC—R—$NH_3^+Cl^-$层来提高钙钛矿太阳能电池的光照稳定性。吸附在TiO_2层上的水氧在紫外线照射下会被氧化成超氧负离子和氢氧自由基，这些氧化物可以迅速地使得钙钛矿层分解，而在HOOC和$NH_3^+Cl^-$两个基团中间的烷基数较大的直链的HOOC—R—$NH_3^+Cl^-$可以有效地避免钙钛矿层与它们接触，从而抑制光照下钙钛矿的分解。同时，他们发现如果直链HOOC—R—$NH_3^+Cl^-$中的烷基数量合适，在引入到钙钛矿电池中后不但能提高电池的光照稳定性，而且可能会提高电池的能量转换效率。

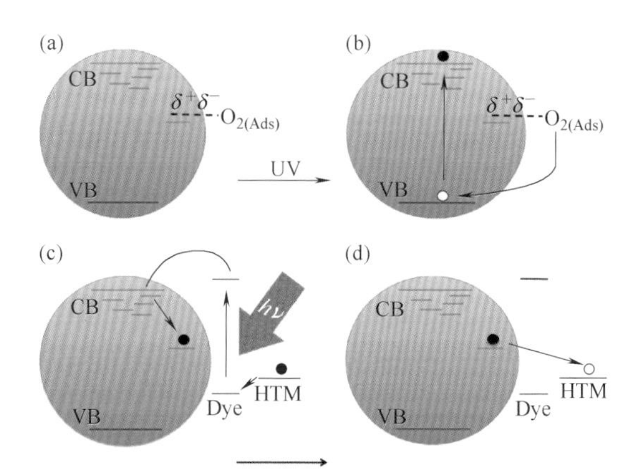

图 4-8　紫外测试条件下的钙钛矿材料分解机理示意[53]

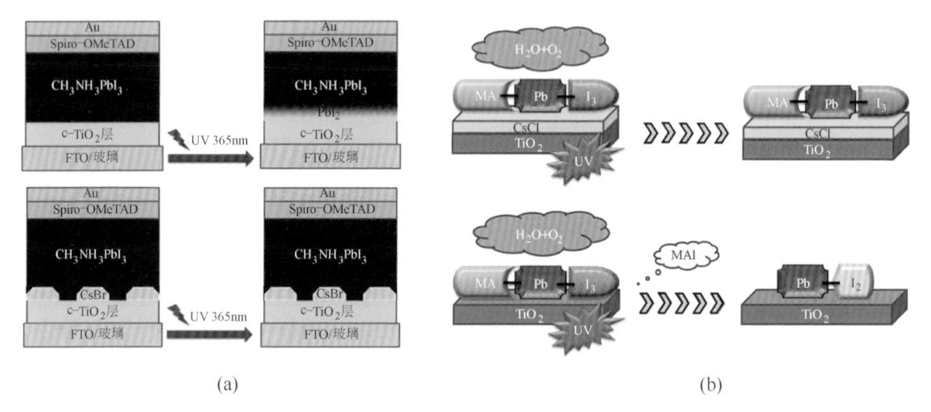

图 4-9　通过界面修饰的方案来有提升器件光照稳定性示意

（a）CsBr[51]；（b）CsCl[57]

然而采用界面修饰的方法只能缓解钙钛矿材料本身的分解并不能够完全解决钙钛矿电池的光照稳定性问题。最近Chander等[59]提出的采用一种紫外滤光材料来过滤掉太阳光线中有害的紫外线，为解决钙钛矿光照稳定提供新的可能。通过在入射光之前增加了一层下转换材料YVO^{4+}：Eu^{3+}作为紫外滤光层，该层还能释放出长波来增大电池的短路电流。丁建宁课题组[60]使用了一种全新的紫外线阻挡层UV-234来吸收几乎全部紫外线，并配合硅烷偶联剂对TiO_2/$MAPbI_3$进行界面处理，以大幅降低紫外光对于钙钛矿薄膜的影响，经过长时间的紫外衰减实验后，最终保持了13.67%的光电转换效率（图4-11）。

虽然采用界面修饰和增加紫外滤光层的方法都能够在一定程度上提升钙钛矿太阳能电池的光照稳定性，然而并不能从根本上解决稳定性难题。因此，寻找一种可替代的电子传输层显得尤为重要。除了改进电池结构，封装工艺

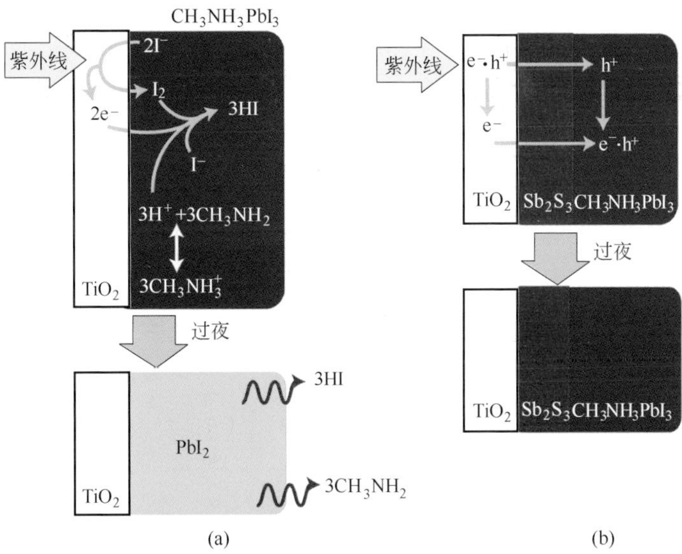

图 4-10 TiO_2/钙钛矿薄膜在紫外线下化学过程示意[58]

（a）无 Sb_2S_3 修饰；（b）有 Sb_2S_3 修饰

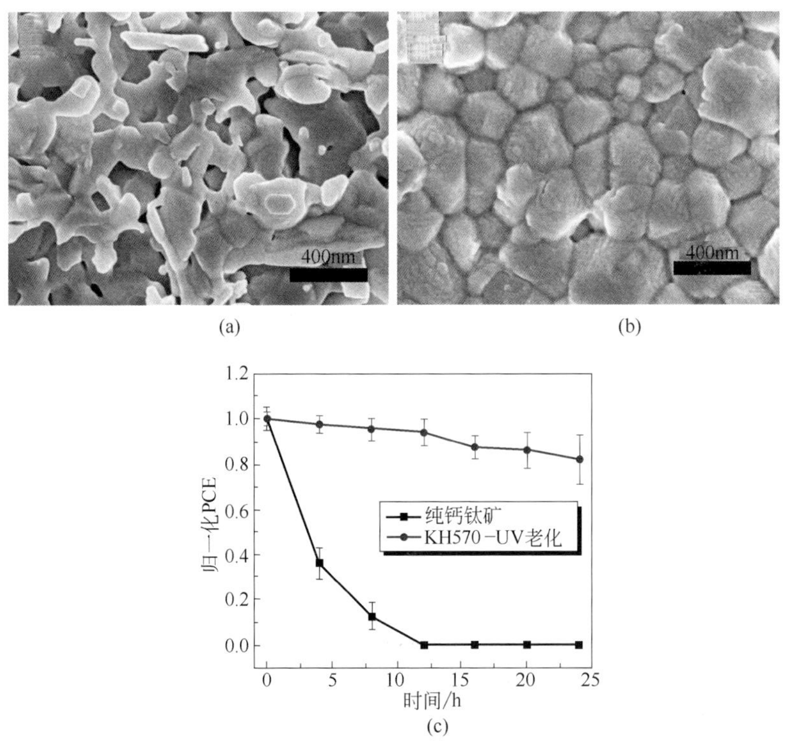

图 4-11 KH570处理前后钙钛矿薄膜的SEM对比图以及紫外老化实验后钙钛矿电池的效率衰减曲线[60]

以及制备工艺对器件的稳定性也有很大的影响。Hashmi等[54]采用喷墨印刷碳电极的方式极大地提升了钙钛矿电池在强紫外条件下的光照稳定性，同时该实验还研究了不同环境中器件的稳定性，在水氧气氛中，电池的稳定性较差，而采用环氧树脂封装后，其稳定性明显提升，经过1000h的紫外老化，薄膜未发生明显降解（图4-12），器件仍能够保持较高的光电转换效率。实验过程中紫外线照射期间的总量测试实际上甚至超过了商业化所需要的标准，因此，从商业化的观点来看，碳电极和环氧树脂封装的组合为钙钛矿电池的产业化提供了非常高的参考意义。

图4-12　经过1000h紫外老化测试后的采用环氧树脂封装的钙钛矿电池[54]

4.4 小结

作为一种新兴的电池器件，短短几年钙钛矿太阳能电池在电池效率方面取得了极大的突破，器件的稳定性研究也取得了一定的进展，但关于其稳定性特别是热稳定性等一些基础理论问题尚未解决。钙钛矿太阳能电池稳定性的调控是个系统过程，包括钙钛矿组成和晶体结构的材料设计与合成、薄膜制备、界面工程、封装方法（多层膜封装或盔式封装）、模块技术等，目前相关研究及报道相对较少。但是针对钙钛矿太阳能电池稳定性相关的关键理论问题或技术课题目前一些研究小组已经开始着力研究和开发，期待不久的将来钙钛矿太阳能电池在稳定性方面取得新的突破，为钙钛矿太阳能电池的产业化和应用打下良好的基础。

参考文献

[1] Kojima A, Teshima K, Shirai Y, et al. Organometal halide perovskites as visible-light sensitizers for photovoltaic cells. Journal of the American Chemical Society, 2009, 131（17）: 6050-6051.

[2] NREL chart, http: //www.nrel.gov/ncpv/images/efficiency_chart.jpg.

[3] Anyi M, Xiong L, Linfeng L, et al. A hole-conductor-free, fully printable mesoscopic perovskite solar cell with high stability . Science Foundation in China, 2014, 345（2）: 13.

[4] Christians J A, Miranda Herrera P A, Kamat P V. Transformation of the excited state and photovoltaic efficiency of $CH_3NH_3PbI_3$ perovskite upon controlled exposure to humidified air. Journal of the American Chemical Society, 2015, 137（4）: 1530-1538.

[5] Li W, Li J, Wang L, et al. Post modification of perovskite sensitized solar cells by aluminum oxide for enhanced performance. Journal of Materials Chemistry A, 2013, 1（38）: 11735-11740.

[6] Frost J, Butler K T, Brivio F, et al. Atomistic origins of high-performance in hybrid halide perovskite solar cells. Nano Letters, 2014, 14（5）: 2584-2590.

[7] Yang J, Siempelkamp B D, Liu D, et al. Investigation of $CH_3NH_3PbI_3$ degradation rates and mechanisms in controlled humidity environments using in situ techniques . ACS nano, 2015, 9（2）: 1955-1963.

[8] Leguy A M A, Hu Y, Campoy-Quiles M, et al. Reversible hydration of $CH_3NH_3PbI_3$ in films, single crystals, and solar cells. Chemistry of Materials, 2015, 27（9）: 3397-3407.

[9] Noh J H, Im S H, Heo J H, et al. Chemical management for colorful, efficient, and stable inorganic-organic hybrid nanostructured solar cells. Nano Letters, 2013, 13（4）: 1764-1769.

[10] Kitazawa N, Watanabe Y, Nakamura Y. Optical properties of $CH_3NH_3PbX_3$,（X = halogen） and their mixed-halide crystals. Journal of Materials Science, 2002, 37（17）: 3585-3587.

[11] Huang L Y, Lambrecht W R L. Electronic band structure, phonons, and exciton binding energies of halide perovskites $CsSnCl_3$, $CsSnBr_3$, and $CsSnI_3$ Phys Rev B, 2013, 88（16）: 4977-4984.

[12] Colella S, Mosconi E, Fedeli P, et al. $MAPbI_{3-x}Cl_x$ mixed halide perovskite for hybrid solar cells: the role of chloride as dopant on the transport and structural properties. Chemistry of Materials, 2013, 25（22）: 4613-4618.

[13] Xing G, Mathews N, Sun S, et al. Long-range balanced electron and hole-transport lengths in organic-inorganic $CH_3NH_3PbI_3$. Science, 2013, 342（6156）: 344-351.

[14] Stranks S D, Eperon G E, Grancini G, et al. Electron-hole diffusion lengths exceeding 1

micrometer in an organometal trihalide perovskite absorber. Science, 2013, 342 (6156): 341-345.

[15] Noh J H, Im S H, Heo J H, et al. Chemical management for colorful, efficient, and stable inorganic–organic hybrid nanostructured solar cells. Nano letters, 2013, 13 (4): 1764-1769.

[16] Cheng Z, Lin J. Layered organic-inorganic hybrid perovskites: structure, optical properties, film preparation, patterning and templating engineering. CrystEng Comm, 2010, 12 (10): 2646-2662.

[17] Baikie T, Fang Y, Kadro J M, et al. Synthesis and crystal chemistry of the hybrid perovskite (CH_3NH_3) PbI_3 for solid-state sensitised solar cell applications. Journal of Materials Chemistry A, 2013, 1 (18): 5628-5641.

[18] Li X, Bi D, Yi C, et al. A vacuum flash–assisted solution process for high-efficiency large-area perovskite solar cells. Science, 2016, 353 (6294): 58-62.

[19] Lee J W, Kim D H, Kim H S, et al. Formamidinium and cesium hybridization for photo- and moisture-stable perovskite solar cell. Advanced Energy Materials, 2015, 5 (20): 1501310-151319.

[20] Niu G, Guo X, Wang L. Review of recent progress in chemical stability of perovskite solar cells. Journal of Materials Chemistry A, 2015, 3 (17): 8970-8980.

[21] Hwang I, Jeong I, Lee J, et al. Enhancing stability of perovskite solar cells to moisture by the facile hydrophobic passivation. ACS applied materials & interfaces, 2015, 7 (31): 17330-17336.

[22] Smith I C, Hoke E T, Solis-Ibarra D, et al. A layered hybrid perovskite solar-cell absorber with enhanced moisture stability. Angewandte Chemie, 2014, 126 (42): 11414-11417.

[23] Koh T M, Fu K, Fang Y, et al. Formamidinium-containing metal-halide: an alternative material for near-IR absorption perovskite solar cells. The Journal of Physical Chemistry C, 2013, 118 (30): 16458-16462.

[24] Lee J W, Kim D H, Kim H S, et al. Formamidinium and cesium hybridization for photo- and moisture-stable perovskite solar cell. Advanced Energy Materials, 2015, 5 (20): 1501310-1501319.

[25] Dong X, Fang X, Lv M, et al. Improvement of the humidity stability of organic–inorganic perovskite solar cells using ultrathin Al_2O_3 layers prepared by atomic layer deposition. Journal of Materials Chemistry A, 2015, 3 (10): 5360-5367.

[26] Sun Y, Wu Y, Fang X, et al. Long-term stability of organic–inorganic hybrid perovskite solar cells with high efficiency under high humidity conditions. Journal of Materials Chemistry A, 2017, 5 (4): 1374-1379.

[27] Zhou H, Chen Q, Li G, et al. Interface engineering of highly efficient perovskite solar cells. Science, 2014, 345 (6196): 542-546.

[28] Niemann R G, Gouda L, Hu J, et al. Cs^+ incorporation into $CH_3NH_3PbI_3$ perovskite: substitution limit and stability enhancement. Journal of Materials Chemistry A, 2016, 4

(45): 17819-17827.

[29] Salado M, Kokal R K, Calio L, et al. Identifying the charge generation dynamics in Cs^+-based triple cation mixed perovskite solar cells. Physical Chemistry Chemical Physics, 2017, 19 (34): 22905-22914.

[30] Smith I C, Hoke E T, Solis-Ibarra D, et al. A layered hybrid perovskite solar-cell absorber with enhanced moisture stability. Angewandte Chemie, 2014, 126 (42): 11414-11417.

[31] Byun J, Cho H, Wolf C, et al. Efficient visible quasi-2D perovskite light-emitting diodes. Advanced Materials, 2016, 28 (34): 7515-7520.

[32] Saliba M, Matsui T, Seo J Y, et al. Cesium-containing triple cation perovskite solar cells: improved stability, reproducibility and high efficiency. Energy & environmental science, 2016, 9 (6): 1989-1997.

[33] McMeekin D P, Sadoughi G, Rehman W, et al. A mixed-cation lead mixed-halide perovskite absorber for tandem solar cells. Science, 2016, 351 (6269): 151-155.

[34] Yi C, Luo J, Meloni S, et al. Entropic stabilization of mixed A-cation ABX_3 metal halide perovskites for high performance perovskite solar cells. Energy & Environmental Science, 2016, 9 (2): 656-662.

[35] Solis-Ibarra D, Smith I C, Karunadasa H I. Post-synthetic halide conversion and selective halogen capture in hybrid perovskites. Chemical science, 2015, 6 (7): 4054-4059.

[36] Zhou H, Chen Q, Li G, et al. Interface engineering of highly efficient perovskite solar cells. Science, 2014, 345 (6196): 542-546.

[37] Lee M M, Teuscher J, Miyasaka T, et al. Efficient hybrid solar cells based on meso-superstructured organometal halide perovskites. Science, 2012: 643-647.

[38] Vorpahl S M, Stranks S D, Nagaoka H, et al. Impact of microstructure on local carrier lifetime in perovskite solar cells. Science, 2015, 348 (6235): 683-686.

[39] Hao F, Stoumpos C C, Cao D H, et al. Lead-free solid-state organic–inorganic halide perovskite solar cells. Nature Photonics, 2014, 8 (6): 489-495.

[40] Green M A, Ho-Baillie A, Snaith H J. The emergence of perovskite solar cells. Nature Photonics, 2014, 8 (7): 506-514.

[41] Chen J, Rong Y, Mei A, et al. Hole-conductor-free fully printable mesoscopic solar cell with mixed-anion perovskite $CH_3NH_3PbI_{(3-x)}(BF_4)_x$. Advanced Energy Materials, 2016, 6 (5): 1502009-1502015.

[42] Yan W, Li Y, Li Y, et al. Stable high-performance hybrid perovskite solar cells with ultrathin polythiophene as hole-transporting layer. Nano Research, 2015, 8 (8): 2474-2480.

[43] Li X, Tschumi M, Han H, et al. Outdoor performance and stability under elevated temperatures and long-term light soaking of triple-layer mesoporous perovskite photovoltaics. Energy Technology, 2015, 3 (6): 551-555.

[44] Dualeh A, Gao P, Seok S I, et al. Thermal behavior of methylammonium lead-trihalide perovskite photovoltaic light harvesters. Chemistry of Materials, 2014, 26 (21): 6160-

6164.

[45] Pisoni A, Jacimovic J, Barisic O S, et al. Ultra-low thermal conductivity in organic–inorganic hybrid perovskite $CH_3NH_3PbI_3$. The journal of physical chemistry letters, 2014, 5（14）: 2488-2492.

[46] Fang Y, Wang X, Wang Q, et al. Impact of annealing on spiro-OMeTAD and corresponding solid-state dye sensitized solar cells. Physica status solidi（a）, 2014, 211（12）: 2809-2816.

[47] Liu J, Wu Y, Qin C, et al. A dopant-free hole-transporting material for efficient and stable perovskite solar cells. Energy & Environmental Science, 2014, 7（9）: 2963-2967.

[48] Shi J, Dong J, Lv S, et al. Hole-conductor-free perovskite organic lead iodide heterojunction thin-film solar cells: High efficiency and junction property. Applied Physics Letters, 2014, 104（6）: 063901-063904.

[49] Dong X, Fang X, Lv M, et al. Method for improving illumination instability of organic-inorganic halide perovskite solar cells. Science Bulletin, 2016, 61（3）: 236-244.

[50] Qin X, Zhao Z, Wang Y, et al. Recent progress in stability of perovskite solar cells. Journal of Semiconductors, 2017, 38（1）: 011002-011011.

[51] Li W, Zhang W, Van Reenen S, et al. Enhanced UV-light stability of planar heterojunction perovskite solar cells with caesium bromide interface modification. Energy & Environmental Science, 2016, 9（2）: 490-498.

[52] Tsai H, Nie W, Blancon J C, et al. High-efficiency two-dimensional ruddlesden–popper perovskite solar cells. Nature, 2016, 536（7616）: 312-316.

[53] Leijtens T, Eperon G E, Pathak S, et al. Overcoming ultraviolet light instability of sensitized TiO_2 with meso-superstructured organometal tri-halide perovskite solar cells. Nature communications, 2013, 4: 2885-2893.

[54] Hashmi S G, Tiihonen A, Martineau D, et al. Long term stability of air processed inkjet infiltrated carbon-based printed perovskite solar cells under intense ultra-violet light soaking. Journal of Materials Chemistry A, 2017, 5（10）: 4797-4802.

[55] Hashmi S G, Martineau D, Li X, et al. Air processed inkjet infiltrated carbon based printed perovskite solar cells with high stability and reproducibility. Advanced Materials Technologies, 2017, 2（1）: 1600183-1600189.

[56] Wang X, Deng L L, Wang L Y, et al. Cerium oxide standing out as an electron transport layer for efficient and stable perovskite solar cells processed at low temperature. Journal of Materials Chemistry A, 2017, 5（4）: 1706-1712.

[57] Li W, Li J, Niu G, et al. Effect of cesium chloride modification on the film morphology and UV-induced stability of planar perovskite solar cells. Journal of Materials Chemistry A, 2016, 4（30）: 11688-11695.

[58] Ito S, Tanaka S, Manabe K, et al. Effects of surface blocking layer of Sb_2S_3 on nanocrystalline TiO_2 for $CH_3NH_3PbI_3$ perovskite solar cells. The Journal of Physical Chemistry C, 2014, 118（30）: 16995-17000.

[59] Chander N, Khan A F, Chandrasekhar P S, et al. Reduced ultraviolet light induced degradation and enhanced light harvesting using YVO_4: Eu_3^+ down-shifting nano-phosphor layer in organometal halide perovskite solar cells. Applied Physics Letters, 2014, 105 (3) : 033904-033909.
[60] Sun Y, Fang X, Ma Z, et al. Enhanced UV-light stability of organometal halide perovskite solar cells with interface modification and a UV absorption layer. Journal of Materials Chemistry C, 2017, 5 (34) : 8682-8687.

Chapter 04

第5章　有机-无机杂化钙钛矿太阳能电池低温工艺及柔性器件

有机-无机杂化钙钛矿晶体薄膜自2009年首次在太阳能电池上应用以来，光电转换效率获得了大幅度提高，引起了人们广泛关注。目前，有机-无机杂化钙钛矿电池最高效率为22.7%，能够与商用的硅基太阳能电池相媲美，已远超过有机太阳能电池和染料敏化太阳能电池。同时钙钛矿材料具有光电性能卓越、成本低、轻质等优点，为其进一步在柔性电子器件、可穿戴能源等领域的应用提供了可能。相比于其他柔性电池技术，如Si、CIGS、染料敏化和有机太阳能电池，钙钛矿太阳能电池因其可低温制备和溶液加工，使其在大规模制备上具有成本优势，能更好地应用于可穿戴电子设备。本章将聚焦柔性及半透明钙钛矿太阳能电池的发展现状，讨论了柔性钙钛矿太阳能电池n-i-p和p-i-n两种主要的器件结构，详述了钙钛矿器件的低温制备工艺，以及如何提高柔性钙钛矿电池的效率及稳定性，并针对性地介绍了柔性钙钛矿电池的电极材料。鉴于钙钛矿材料的优势和特性，作为太阳能电池领域的一个重要分支，可以确信柔性钙钛矿太阳能电池具有极高的应用潜力，而这些应用也将进一步推动基于该类材料的发展。

钙钛矿电池发展至今，研究重点主要集中在器件结构、材料体系、薄膜制备方法以及光电机理研究等方面[1-8]，以获得更高的光电转换效率，提高钙钛矿电池的稳定性。除此之外，由于钙钛矿材料具有较长的载流子传输距离以及较高的吸光性能，使得器件所需的钙钛矿吸收层可以很薄，相较于传统的需要较大膜厚来保证吸光性的硬质光伏材料，更容易制备出柔性及半透明器件，这种优势赋予了钙钛矿太阳能电池在可穿戴设备以及建筑玻璃等领域的应用潜力，近年来也出现了很多相关报道[9-11]。

柔性钙钛矿太阳能电池在钙钛矿太阳能电池的发展中是一个非常重要的应用方向。目前的研究工作主要分为两个方面：一方面是基于柔性平面基底制备的平板柔性太阳能电池[12-17]；另一方面则是通过增大宏观一维基底的长径比获得柔性的纤维型太阳能电池[18,19]。本章将对柔性及半透明钙钛矿太阳能电池目前已报道的研究工作进行总结，并对该领域未来的发展进行展望。

5.1 钙钛矿太阳能电池低温工艺

目前，高效钙钛矿太阳能电池均采用典型的三明治构型（阴极/电子传输层/钙钛矿吸光层/空穴传输层/阳极）。一般的电子传输层材料需要高温烧结（>450℃），此过程不仅增加了能耗，同时也限制了在柔性太阳能电池中的应用。对于电子传输层材料，主要有SnO_2、TiO_2、ZnO、富勒烯（C_{60}）及其衍生物（PCBM），其中TiO_2、ZnO、SnO_2等是性能较为优异的电子传输层材料，具有良好光学性能及高载流子迁移率且能带匹配，被广泛应用在正置结构的钙钛矿太阳能电池中。但这类电子传输层材料一般需要高温烧结，如TiO_2致密层作为电子传输层，其制备过程需要在450～500℃的高温下进行退火，从而得到晶型合适的锐钛矿型TiO_2。而平板柔性电池通常使用的PET或PEN基底能承受的温度一般不超过150℃[20]。因此，柔性钙钛矿电池的研究重点在于低温工艺。

近几年也开发出一些低温制备工艺，较为适合用于柔性基底上的钙钛矿电池的制备[21,22]。目前许多低温制备n-型金属氧化物电子传输层的方法也可以直接运用于制备柔性钙钛矿电池，如电沉积、原子层沉积（ALD）、低温溶液法等。ZnO具有较高的电子传输效率，并且易于低温制备，柔性钙钛矿太阳能电池的应用有着较多的报道。柔性平板钙钛矿太阳能电池最早由2013年Snaith课题组[23]在PET柔性基底上获得，能量转换效率达到6%，超过了大多数平板固态柔性有机太阳能电池和染料敏化太阳能电池（图5-1）。Kumar[24]等在2013年，利用电沉积法生长ZnO致密层，再使用溶剂热方法生长ZnO纳米棒，从而得到了可以低温制备的致密层和多孔层，作为钙钛矿吸收层的支架在刚性衬底上获得了8.90%的转换效率，并在柔性衬底上获得了2.62%的转

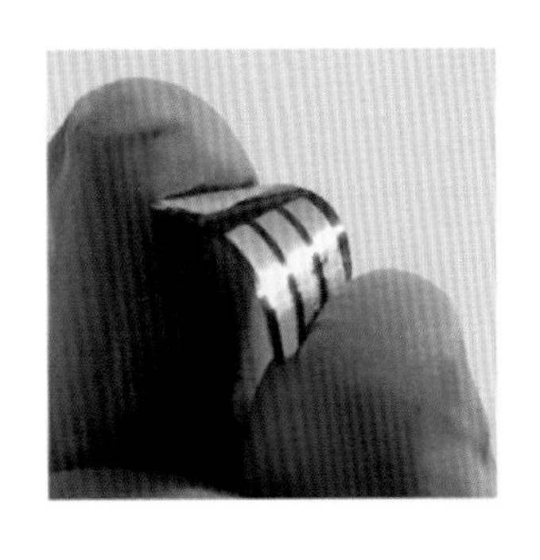

(a)

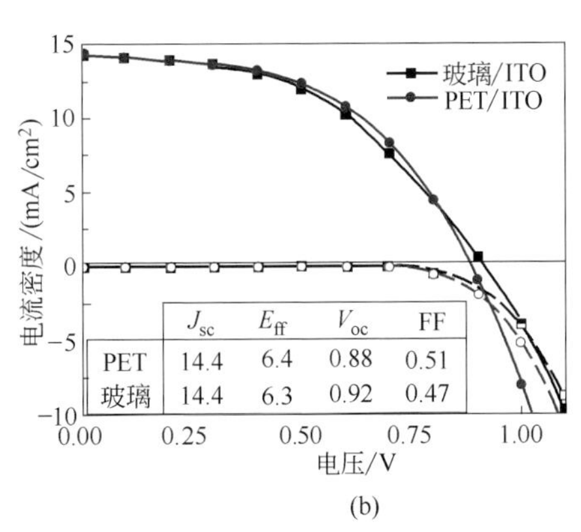

(b)

图5-1 （a）第一块柔性钙钛矿电池的照片；（b）分别制备在玻璃/ITO、PET/ITO上的*J-V*曲线[23]

换效率。之后，Liu等[25]首先制备了ZnO纳米颗粒，然后通过旋涂的方法在室温下制备ZnO电子传输层，在刚性衬底上得到了15.7%的转换效率，柔性基底上的效率也超过10%。Zhang等[26]通过水解的方法制备了NiO_x纳米颗粒，旋涂在PET-ITO基底上并在150℃下加热烧结以代替PEDOT：PSS作为p-i-n型柔性钙钛矿太阳能电池的空穴传输材料，采用无须退火的富勒烯衍生物作为电子传输层，在柔性基底上器件的最高能量转换效率达到了14.53%，并且几乎没有迟滞现象。

5.2 柔性电极

高性能柔性钙钛矿太阳能电池的发展目前主要受限于柔性基底无法承受高温热退火处理，且传统的ITO柔性电极耐弯曲性差和面电阻高。钙钛矿太阳能电池电极材料主要包括透明导电电极、金属电极和碳电极。透明导电电极主要是在玻璃或柔性聚合物上沉积透明导电氧化物（ITO、FTO、AZO等）、导电高分子、银纳米线、石墨烯、碳纳米管、超薄金属、金属线薄层玻璃[27]等，其中FTO的功函数在4.4eV附近，是钙钛矿太阳能电池研究最常用的透明电极材料，与常用的电子传输材料的费米能级（–4.0eV附近）匹配较好，此外FTO薄膜材料还具有耐高温（<500℃）和耐化学腐蚀等优点。但FTO透光性相对偏低（一般可见光透过率在80%～90%），且表面粗糙度较大（>10nm）。ITO也是常用的透明电极材料，透光性较好且表面粗糙度较小，但是价格高于FTO。在有机-无机杂化钙钛矿太阳能电池的研究中，绝大部分研究者都以ITO玻璃或FTO玻璃作为支撑材料、电极和受光面，但是基于该类结构的钙钛矿太阳能电池不能卷曲。在柔性有机-无机杂化钙钛矿太阳能电池的研究中，绝大部分研究者以ITO/PET作为电极材料，在众多柔性钙钛矿电池的弯折测试中发现，多次弯折后器件效率下降的一个重要原因是ITO膜本身的破裂，因此为了提高柔性钙钛矿太阳能电池的弯折性能，改善和制备新的电极材料仍然是一个重要的研究方向。虽然目前刚性衬底钙钛矿电池效率已经超过22%[28]。但是，目前国际上柔性薄膜太阳能电池最高效率仅为17.3%[50]，仍然有很大的上升空间。

无论是在有机发光二极管（OLED）还是在太阳能电池（SCs）中，材料的界面处通常都会有较多的光被反射，造成比较大的效率损失，因此在柔性衬底处采用可以减少反射的纳米结构对于提高柔性器件的整体效率具有较大作用。Tavakoli等[54]首先通过酸刻蚀及阳极氧化的方法制备了Al的倒锥形图案化模板（图5-2），然后以此为模板固化PDMS就得到了高度规整的锥形防反射膜层。这样的减反膜覆盖在柔性太阳能电池的透光面，使电池的能量转换效率从12.06%

提高到了13.14%。之后，Tavakoli等[29]以织构化的环氧树脂为基底，溅射ITO作为导电层，ZnO作为电子传输层，然后蒸镀钙钛矿层，最后加上Spiro-OMeTAD和Au构成完整的太阳能电池（图5-3）。通过理论计算和实际测试发现，这样的基底织构化结构可以大幅降低光反射，提高光利用率。最终，电池能量转换效率从平面结构的6.3%提升到了10.2%，效率提高了60%，具有非常显著的效果。

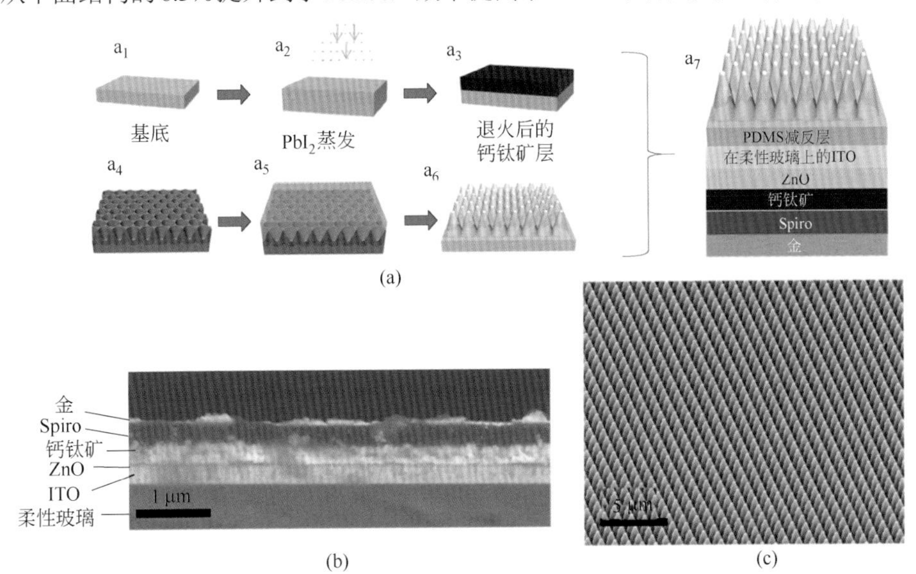

图5-2 纳米锥织构化PDMS膜覆盖的柔性钙钛矿电池[54]

（a）PDMS减反层及钙钛矿电池的制备过程示意图；（b）电池截面SEM图；（c）PDMS纳米锥表面SEM图

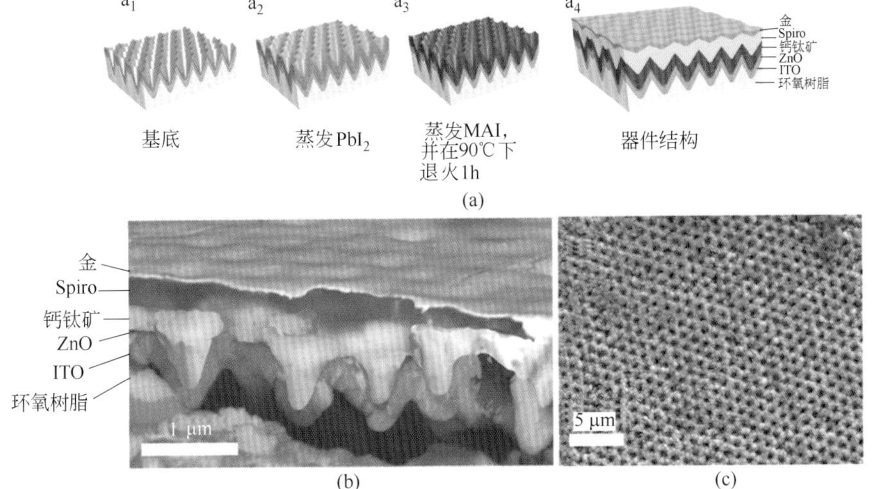

图5-3 倒锥形织构化环氧树脂为基底的钙钛矿电池[29]

（a）电池制备过程示意图；（b）电池截面SEM图；

（c）倒锥形织构化塑料基底上沉积钙钛矿薄膜的表面SEM图

目前，选择合适的柔性电极材料依然是一个很重要的研究课题，研究者需要对柔性钙钛矿太阳能电池的机理和结构进行探索和优化，和其他的柔性器件进行对比，制备出兼顾器件性能和生产成本的柔性电极。

5.3 平板柔性钙钛矿太阳能电池

平板柔性钙钛矿太阳能电池自2013年出现以来获得了快速发展，无论是器件效率还是器件稳定性都得到了极大提升，为下一步的实际应用打下了坚实基础。但是应该看到，与平板刚性钙钛矿太阳能电池22%的能量转换效率相比，平板柔性钙钛矿电池的效率仍然有较大的差距，并且器件的弯折稳定性也有待进一步增强。与此同时，完全低温制备的平板柔性钙钛矿电池极有希望实现印刷、卷对卷等工业生产工艺，并进一步实现产业化，真正走向实用。

平板柔性钙钛矿电池可分为n-i-p和p-i-n两种器件结构，其中n-i-p结构是指电子传输层/钙钛矿层/空穴传输层的器件结构，而p-i-n结构是指空穴传输层/钙钛矿层/电子传输层的器件结构，下面将分别介绍这两类平板柔性钙钛矿电池器件。

5.3.1 n-i-p型柔性钙钛矿太阳能电池

n-i-p结构是最为常见的钙钛矿结构，一般用金属氧化物作为电子传输层，如TiO_2、ZnO和SnO_2等，其重点在于实现低温制备电子传输层。

Sang Hyuk Im课题组[30]使用溶胶-凝胶的方法制备了ZnO纳米溶胶，旋涂后在150℃下退火15min，使用聚三芳胺（PTAA）作为空穴传输层，最终得到的柔性器件的能量转换效率达到了15.96%，几乎没有迟滞现象，弯曲到曲率半径为4mm时仍然能够保持初始效率的90%以上（图5-4）。

除了使用ZnO替换TiO_2作为电子传输层以外，科研人员还研究了其他可以低温制备的电子传输材料。Ameen等[31]直接在PET-ITO上射频磁控溅射Ti作为电子传输层，制备的器件结构为PET-ITO/Ti/ $CH_3NH_3PbI_3$/Spiro-OMeTAD/Ag，控制Ti层的厚度为100nm时，获得了最高8.39%的能量转换效率。Ke等[32]对SnO_2在钙钛矿电池中的应用做了深入研究，首先旋涂$SnCl_2 \cdot 2H_2O$前体溶液，然后在180℃下加热退火1h，在刚性基底上获得了17.2%的能量转换效率，为进一步在柔性基底上的应用奠定了基础。Shin等[33]进一步使用ZnO和SnO_2的混合氧化物Zn_2SnO_4（ZSO）作为电子传输层材料（图5-5），首先利用$ZnCl_2$和$SnCl_4$混合溶液在水合肼的作用下水解得到高度分散、尺寸均一的ZSO纳米颗

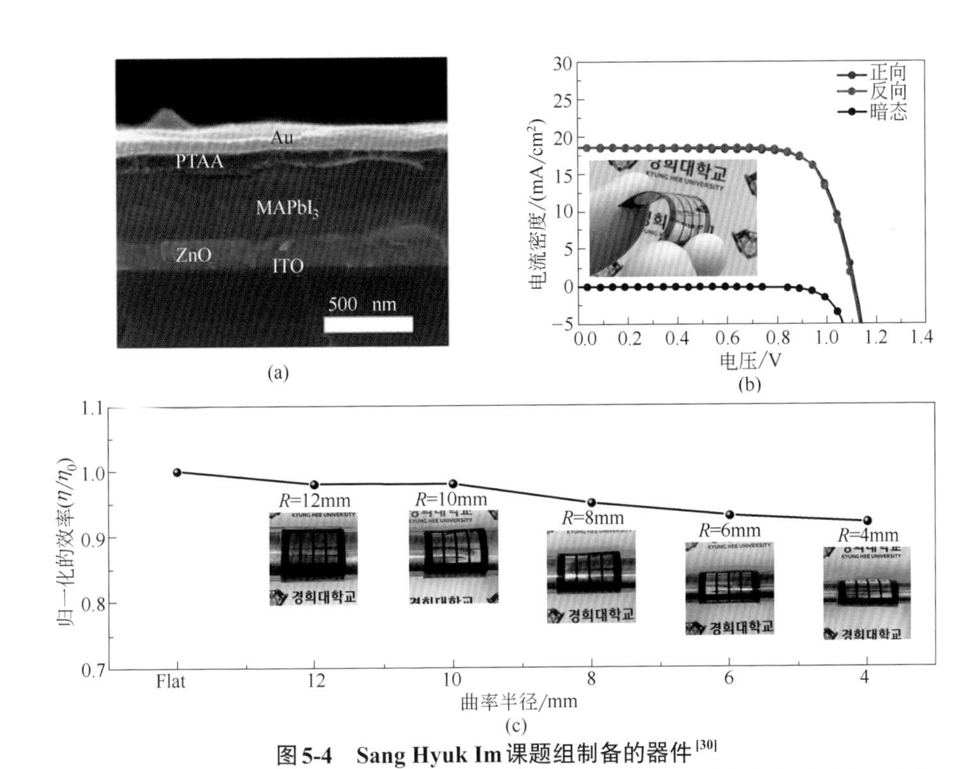

图5-4 Sang Hyuk Im课题组制备的器件[30]

（a）Sang Hyuk Im课题组器件截面图；（b）PEN/ITO/ZnO/$MAPbI_3$/PTAA/Au结构柔性器件的*J-V*曲线；（c）不同弯曲半径下的电池效率（归一化）

粒，然后旋涂制膜并在100℃下退火。制备出的ZSO电子传输层具有优良电子传输能力的同时，具有比TiO_2致密层更好的减反效果和透光能力，最终在柔性基底上制备的钙钛矿电池的效率达到了15.3%。

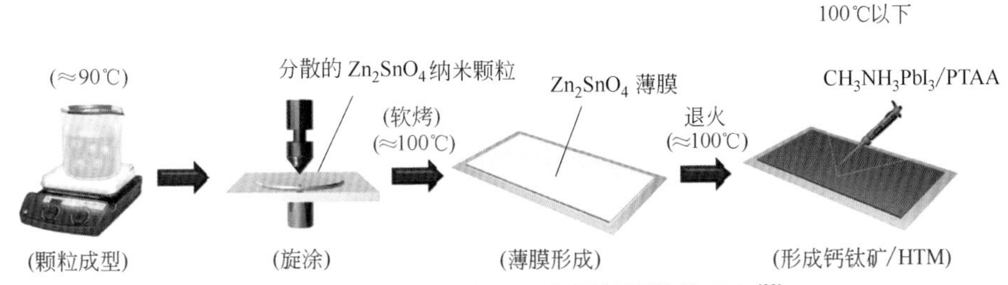

图5-5 ZSO纳米颗粒低温制备柔性器件的示意[33]

研究者在低温制备TiO_2致密层方面也做了大量的工作，从而使传统的TiO_2材料能够用于柔性钙钛矿太阳能电池。F. D. Giacomo等[34]首先用原子层沉积（ALD）的方法在PET-ITO基底上制备了TiO_2致密层（图5-6），然后旋涂TiO_2致密层前体溶液。与传统的500℃退火方法不同的是，他们在145℃挥发溶剂后，用紫外光照去除有机添加剂，并促进TiO_2颗粒的接触与成键，最终得到的器件能量转换效率为8.4%。

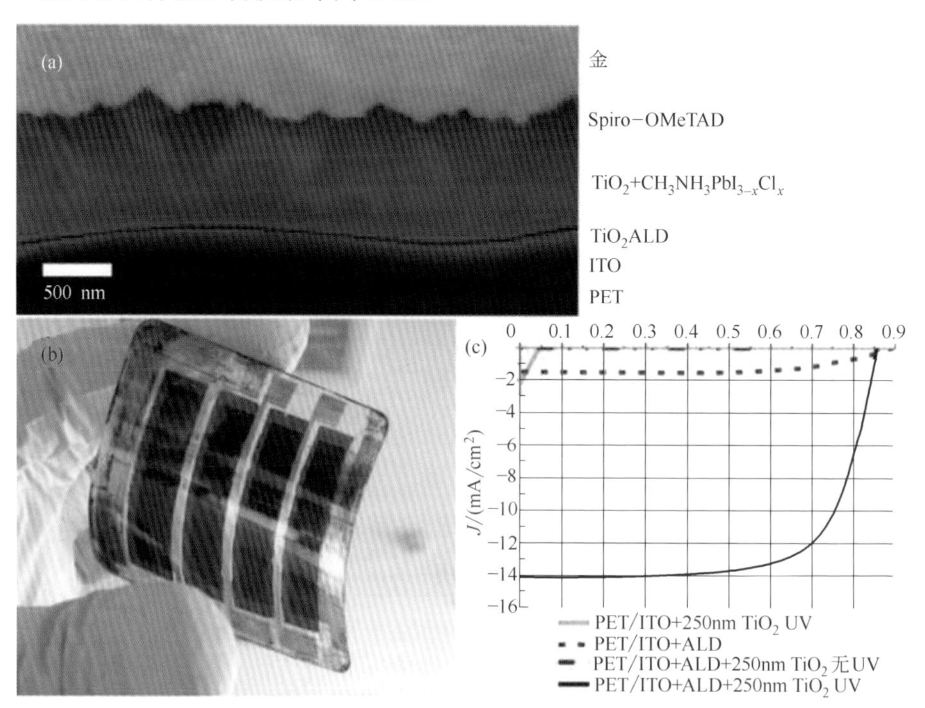

图5-6 低温两步法（ALD+UV）制备柔性钙钛矿电池电子传输层[34]

（a）ALD法制备柔性钙钛矿太阳能电池的截面SEM图；（b）4个电池串联模块（5.6cm×5.6cm）；（c）电池的J-V曲线

Dkhissi等[35]首先使用水热法合成了锐钛矿型的TiO_2纳米颗粒，旋涂纳米颗粒悬浮液，然后在150℃下退火1 h制备电子传输层，并使用气体辅助的方法来优化钙钛矿的成膜，最终得到的器件效率达到了12.3%。Qiu等[36]则使用了电子束诱导蒸发的方法来制备TiO_2致密层，研究发现钙钛矿层的覆盖度与TiO_2致密层的膜厚有明显关系，在TiO_2最优的膜厚下获得了13.5%的能量转换效率。Yang等[37]使用磁控溅射的方法，在PET-ITO上制备了一层非晶的TiO_2致密层，通过稳态光致发光谱发现非晶的TiO_2层相比锐钛矿型的TiO_2而言反而具有更高的电子迁移率，最终得到的柔性器件能量转换效率超过了15.07%（图5-7）。

除了使用金属氧化物外，$PC_{61}BM$[38]、C_{60}[39]、离子液体[40]等能够低温制备的电子传输材料，也被应用于平板柔性钙钛矿电池中，并获得了较高的能量转换效率。Yang[40]等利用一种固态离子液体作为钙钛矿太阳能电池的电子传

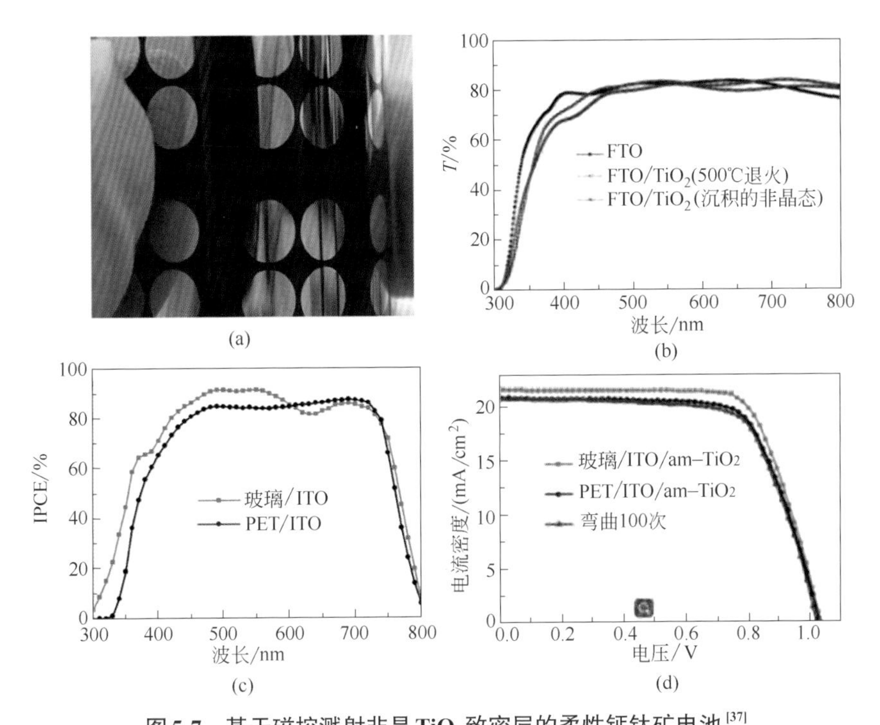

图5-7　基于磁控溅射非晶 TiO_2 致密层的柔性钙钛矿电池[37]

（a）柔性钙钛矿电池照片；（b）TiO_2 薄膜的透过光谱；（c）分别在刚性衬底和柔性衬底上的IPCE曲线；（d）分别制备在刚性和柔性衬底上电池的*J-V*曲线

输材料，能够有效提高器件的效率（图5-8），还可以很好地抑制器件中的电流-电压滞后效应，制备的柔性电池效率高达16.09%，是目前正置柔性电池的最高效率。优异的器件性能主要归因于该离子液体具有很好的光增透作用、较高的电子迁移率和合适的能级，同时离子液体可以有效钝化钙钛矿薄膜中的缺陷。这一研究成果为实现低成本、大面积柔性钙钛矿太阳能电池的制备提供了切实可行的途径。

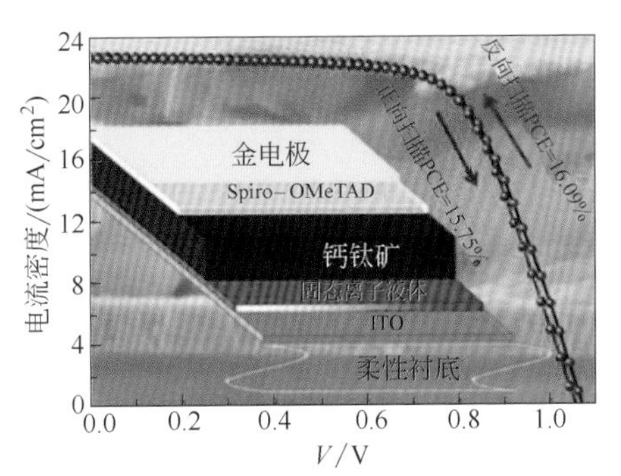

图5-8　基于离子液体的柔性钙钛矿太阳能电池的器件结构及最优电池正反测试条件下的*J-V*曲线[40]

Xu等[41]进一步完全去掉了电子传输层，使PET-ITO和钙钛矿层直接接触，器件结构为ITO（PET）/Cl-$FAPbI_3$/Spiro-OMeTAD/Au，极大地简化了电池结构和制备过程（图5-9），经过优化，最终得到的器件效率也达到了12.7%。

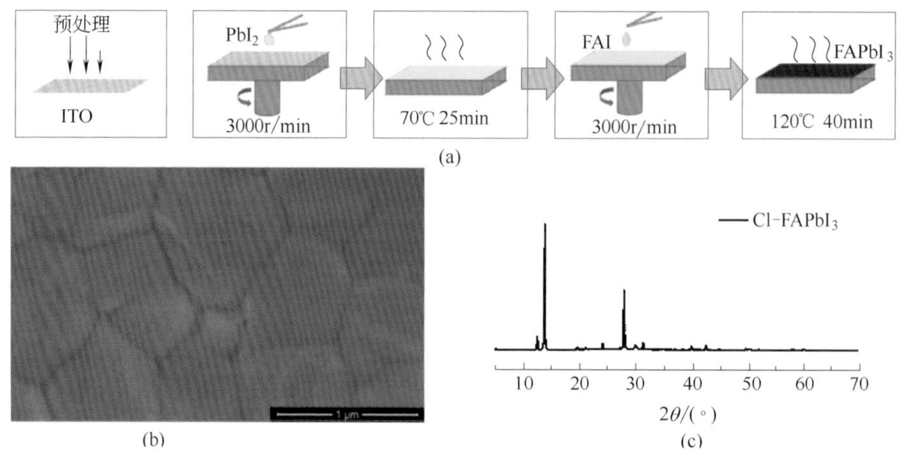

图5-9 Xu等制备的柔性钙钛矿电池器件[41]

(a) 柔性钙钛矿电池制备过程；(b) 钙钛矿正面SEM图；(c) 钙钛矿膜XRD图

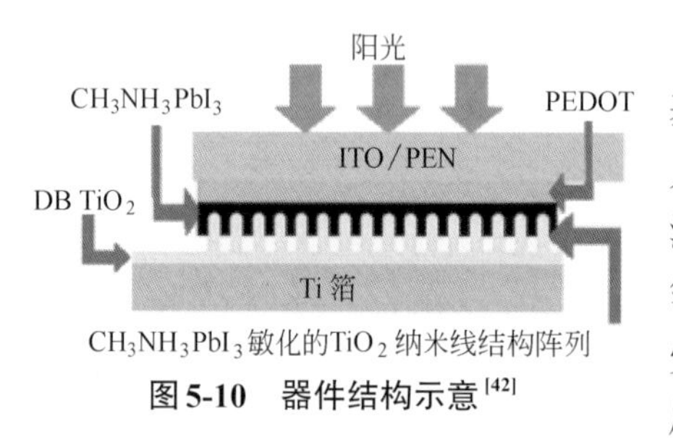

图5-10 器件结构示意[42]

另外，使用最为广泛的PET或PEN基底不能承受超过150℃的高温，科研人员迫切需要寻找一种兼具柔性和耐高温的基底材料。因此，薄层金属（如钛箔）这样一种既具有柔性同时又能够承受高温的基底就受到了人们的关注。薄层金属作为基底后，由于基底能够承受高温，就能够使用传统的高温方法来制备致密层和多孔层。但薄层金属基底不透光，因此器件必须使用透明的对电极。在此基础上，Xiao等[42]在高压釜中，利用高浓度的NaOH腐蚀钛箔再烧结，制备出了TiO_2纳米线（TNW）阵列作为电子传输层，其电池结构如图5-10所示。结合PEDOT作为空穴传输层，PET-ITO作为透明对电极，最终柔性钙钛矿电池的能量转换效率达到了13.07%。

5.3.2 p-i-n型柔性钙钛矿太阳能电池

p-i-n型太阳能电池结构是有机太阳能电池（OPV）的基本结构，2013年Snaith课题组[23]首先把这样的器件结构应用于钙钛矿电池中，其电池结构为PET-ITO/ PEDOT：PSS/$CH_3NH_3PbI_{3-x}Cl_x$/PCBM/TiO_x/Al，在柔性基底上其器件效率可以达到6%。该项工作开创了p-i-n型钙钛矿太阳能电池的先河，使OPV中使用的材料、制备工艺能够被轻易地转移到钙钛矿电池的制备中，也促进了柔性钙钛矿太阳能电池的快速发展。由于p-i-n型钙钛矿太阳能电池不再需要TiO_2等金属氧化物作为电子传输材料，PEDOT：PSS、PCBM等有机材料可以被广泛使用，因此不再需要高温烧结过程，使p-i-n型结构更加适合柔性钙钛矿电池的制备。

与n-i-p型钙钛矿电池相比，最初的p-i-n型钙钛矿太阳能电池的效率相对较低，因此研究人员不断改进制备工艺来提高能量转换效率。You等[43]使用与上述完全相同的器件结构，通过优化制备工艺，把能量转换效率提高到9.2%。Chen等[44]则通过反复进行蒸镀$PbCl_2$、浸入CH_3NH_3I的步骤，逐层生长钙钛矿层，以提高钙钛矿层的厚度及平整度，最终在柔性基底上获得了12.25%的能量转换效率。

为了进一步提高柔性钙钛矿电池的性能，需要精确调控钙钛矿层的成膜过程及形貌。具体可以在钙钛矿前体溶液中掺入聚乙烯亚胺离子（PEIHI）[45]、磺酸铵[46]、聚（2-乙基-2-噁唑啉）（PEOXA）[47]等来调控钙钛矿的成膜和结晶过程，优化后的器件能量转换效率最高可以达到13.8%。2017年，Dong等[48]找到了一种更为简单的方法来调控钙钛矿的成膜和结晶。通过旋涂制备好钙钛矿薄膜后，使用硫氰酸铵（NH_4SCN）进行后处理，钙钛矿薄膜经过分解再重结晶的过程（图5-11），形成的钙钛矿薄膜晶粒更大、结晶性更好、缺陷更少。将该钙钛矿薄膜制备工艺运用到倒置平面异质结钙钛矿太阳能电池中，在刚性衬底上获得了高达19.44%的光电转换效率，在柔性电池中获得了17.04%的光电转换效率。同年，Yoon等[49]在PEN/graphene基底上制备了倒置结构的柔性钙钛矿太阳能电池（图5-12），通过优化工艺参数将效率提升到了17.3%，

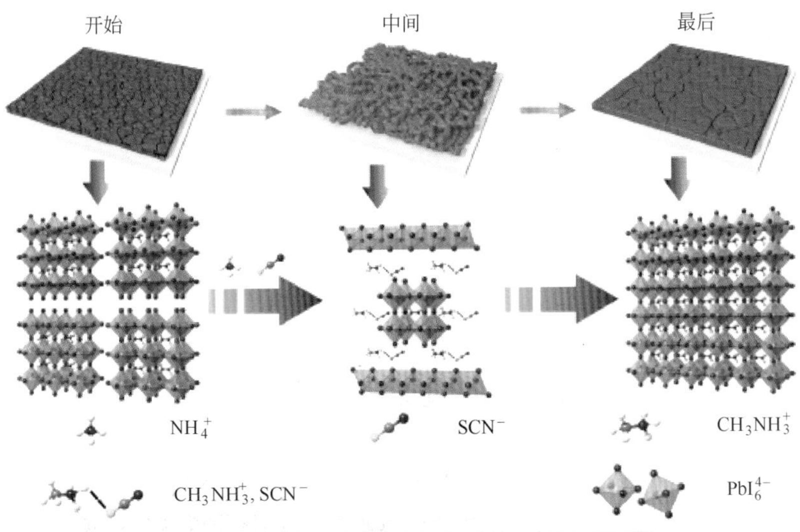

图5-11 硫氰酸铵（NH_4SCN）后处理结晶过程[48]

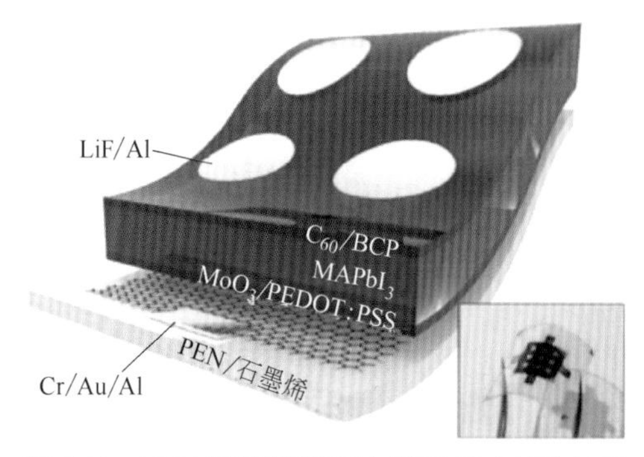

图5-12　PEN/石墨烯基底上制备反式结构的柔性钙钛矿太阳能电池结构

该效率是目前国际上柔性薄膜太阳能电池的最高效率。虽然柔性钙钛矿太阳能电池的效率增长非常迅速，在短短的4年时间里效率由2.62%增长到17.3%，但是，相比于刚性器件的效率（22.7%）仍然有待进一步提高。

目前，普通电源对可穿戴电子的户外使用性、大面积贴合性和安全性有较大限制。柔性可穿戴是未来钙钛矿电池发展的热点方向，因此抗弯折性是衡量其性能的重要方面。Li等[50]研制出具有自支撑性的超薄柔性钙钛矿太阳能电池（图5-13），比功率（单位质量输出功率）达到了1.96kW/kg。该电池采用57mm厚的超薄柔性复合电极，该柔性复合电极由内嵌式网格银和导电聚合物（PH1000）组成，具有约3Ω/sq的低面电阻，在可见光范围内可达到82%～86%的透过率。同时利用可剥离的硬化PET薄膜作为柔性基底保护膜，减少因热退火导致的柔性基底形变对器件性能产生的影响。以此电极作为钙钛矿太阳能电池的柔性电极，并采用钙钛矿晶体两步合成法成功实现钙钛矿晶体薄膜在柔性电极上的可控生长，最终获得了与刚性基底电池性能相当的柔性钙钛矿太阳能电池，效率突破了14%，是目前基于非传统ITO柔性电极钙钛矿太阳能电池的最高效率。与此同时，该柔性电池具有超强的耐弯曲性，不同弯曲程度下电池效率基本不发生变化，经过5000次以上充分弯曲，依然能保持原有效率的95%以上，首次明确地展示出钙钛矿晶体薄膜适合在柔性光电子器件中应用。

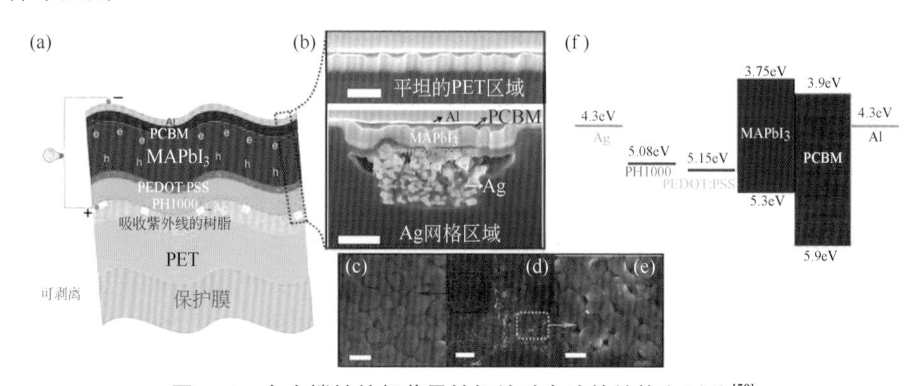

图5-13　自支撑性的超薄柔性钙钛矿电池的结构和形貌[50]

5.4 纤维型钙钛矿太阳能电池

有机-无机杂化钙钛矿太阳能电池具有高效、固态和溶液制备等显著特点，成为柔性、轻质、非液态光伏纤维的候选之一。纤维状太阳能电池并非钙钛矿体系独创，在染料敏化太阳能电池、有机太阳能电池体系中皆有相当数量的报道[51]。借鉴之前相关工作思路，2014年Qiu等[52]报道了不锈钢丝上同轴结构的钙钛矿纤维电池（图5-14），以多孔二氧化钛负载钙钛矿材料为吸光层，以多壁碳纳米管薄膜为透明导电电极，器件效率达3.3%。此外，Deng等[53]研究了具有弹性的纤维型钙钛矿太阳能电池，可以在250个拉伸循环下保持95%以上的效率，但是整体效率较低，仅有1%左右（图5-15）。

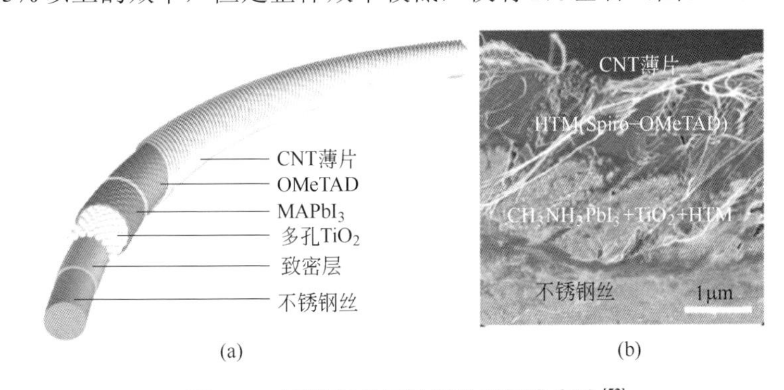

图5-14　不锈钢丝同轴钙钛矿纤维电池[52]

（a）同轴结构的钙钛矿纤维电池结构；（b）电池截面SEM图

Li等[55]以碳纳米管纤维为双缠绕电极的基底，分别构筑钙钛矿纤维光阳极和P3HT/单壁碳纳米管纤维阴极，结构如图5-16（a）所示。该柔性纤维电池取得了3.03%的效率，可承受千次弯折，弯折次数与效率对应的变化如图5-16（b）所示，PMMA保护层的引入可使其保持90 h以上的稳定。

研究人员在透明导电电极方面也进行了改进，Lee等[56]使用银纳米线喷涂作为透明导电电极（图5-17），透光率可以达到70%（波长为550nm时），同时电解钛丝表面，并剥离使其增加表面积，提高钙钛矿曲面成膜质量，效率提升到3.85%。但是总体来说，在很长的一段时间里，纤维型钙钛矿太阳能电池领域一直处于效率较低的情况（<4%）。直到Hu等[57]提出了一种以钛丝为基底的单缠绕结构纤维型钙钛矿太阳能电池，同时改进活性层提拉工艺以及使用电加热辅助成膜，并以薄膜金作为透明对电极，优化后的器件效率达到5.35%［图5-18（a）］，远远突破了固有的效率瓶颈，器件长度达到2.5cm，

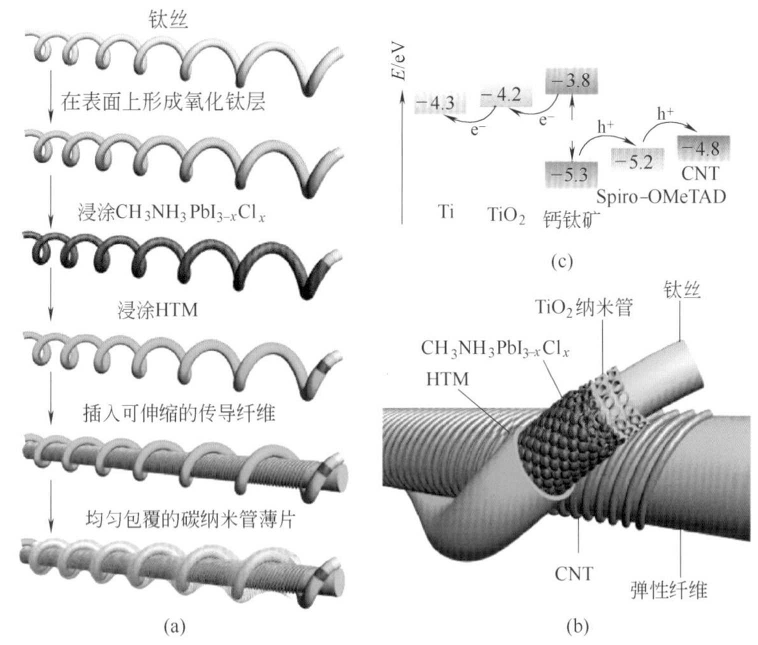

图5-15　弹性的纤维形态钙钛矿电池[53]

（a）弹性的纤维形态钙钛矿太阳能电池制备过程；（b）结构示意；（c）器件能带结构示意

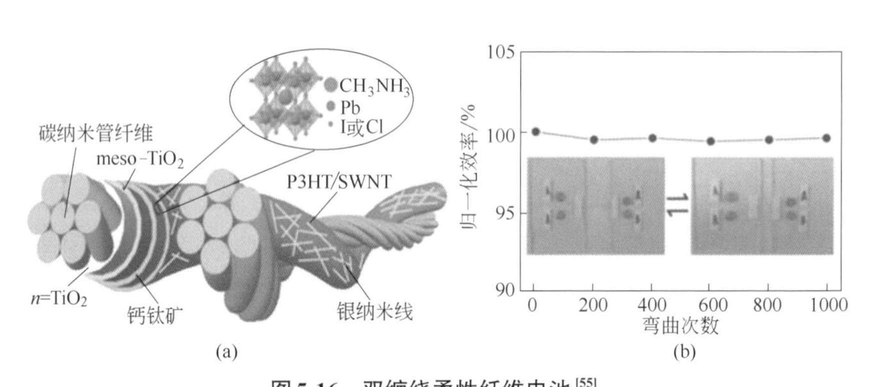

图5-16　双缠绕柔性纤维电池[55]

（a）双缠绕柔性纤维电池结构；（b）弯折次数与效率对应变化

最高填充因子达到0.7，远超过此前器件的填充因子，这意味着钙钛矿膜层质量较佳。他们首次在纤维型钙钛矿太阳能电池领域罗列了效率分布统计与正反扫对比结果，相关结果如图5-18（b）、（c）所示，数据的可靠性与规范性得到进一步提升。此外，他们针对纤维形态特有的吸收散射光模式也做了研究［图5-18（d)]，表观效率达到8.43%。

Qiu等[58]提出了以电解钛丝形成的二氧化钛纳米管作为多孔层，以电沉

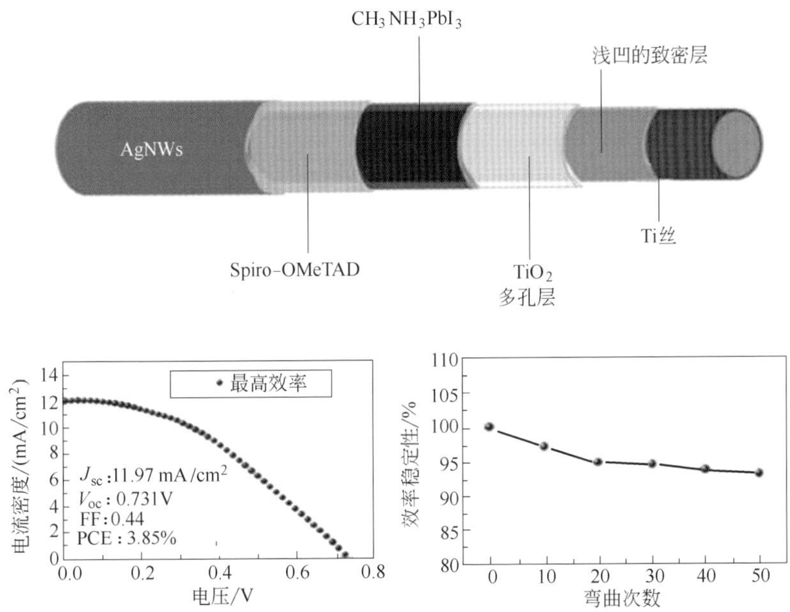

图 5-17　以纳米线为电极的纤维结构钙钛矿结构和性能[56]

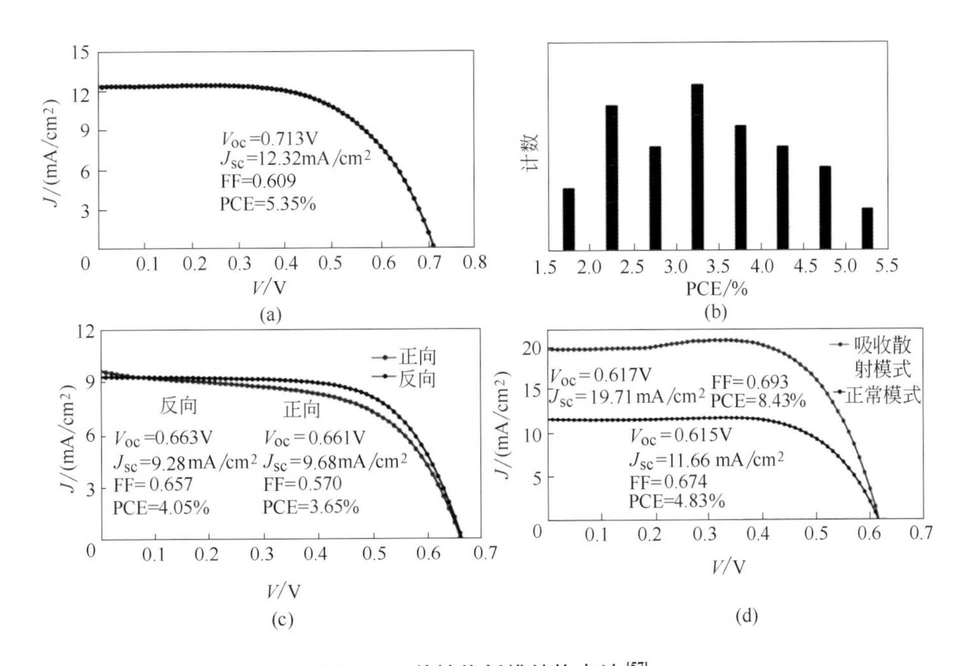

图 5-18　单缠绕纤维结构电池[57]

(a) 最佳*J-V*曲线；(b) 效率分布统计图；(c) 正扫和反扫情况下的*J-V*曲线；(d) 吸收散射模式和正常模式下的*J-V*曲线

积氧化铅后转化成碘化铅，再用两步法形成钙钛矿膜层的纤维型钙钛矿太阳能电池（图5-19），虽然手段较为繁复，但是膜层质量较好，孔隙填充也较为深入饱满，并且从工艺的角度出发有可能制备较大尺寸的器件，最终电池效率为7.2%，但报道中并未标注实际器件尺寸。

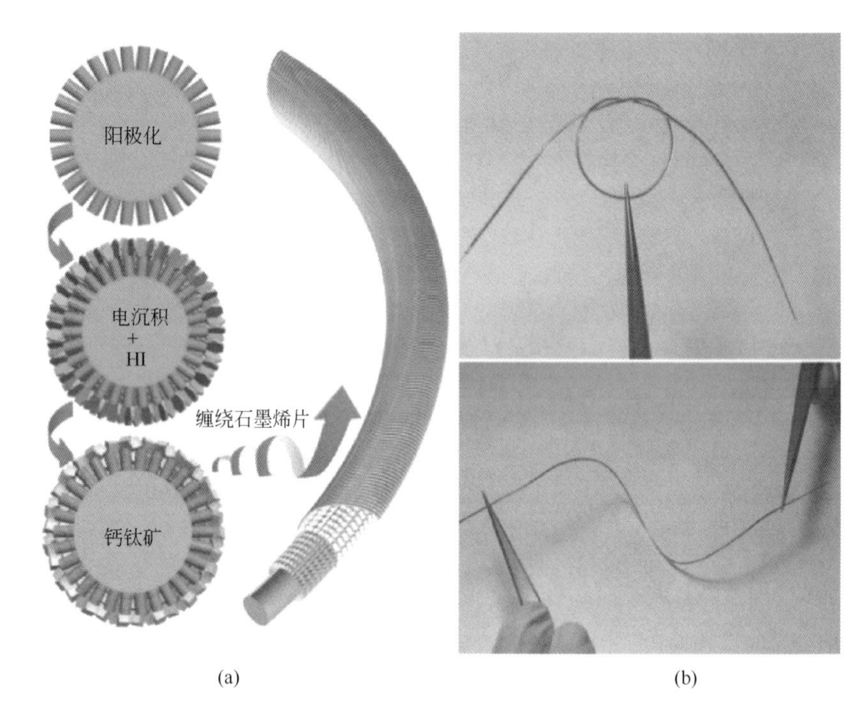

图5-19　引入多孔层的纤维钙钛矿电池[58]

（a）电池示意图；（b）电池扭曲图

目前纤维型钙钛矿太阳能电池的效率已经接近液态染料敏化纤维太阳能电池的效率，研究成果已相当可观，但考虑到平板钙钛矿太阳能电池的优异性能，纤维器件的性能还有很大的优化提升空间，一方面有望超过以往的其他材料体系的纤维型太阳能电池。另一方面来说，出于应用方面的考虑，目前纤维型钙钛矿太阳能电池仍然存在大量问题，可重复性和规模化制备技术仍有待探索，器件稳定性和寿命仍需要进一步提升。理想的情况下，引入必要的封装结构可以改善稳定性，并防止活性材料污染，但系统性的研究仍有待开展。此外，关于此新兴领域，许多关于纤维形态的特有表述还不是很规范，例如器件尺寸、光照模式、测试时的状态、是否有对散射光做出严格的限制、效率测试是否接收了散射光，都是需要规范化的问题[51]。

5.5 小结

柔性钙钛矿太阳能电池在短短几年时间内，光电转换效率从最初的2.62%增长到17.3%，无论是器件效率还是器件稳定性都得到了极大的提升，为下一步的实际应用打下了坚实基础。虽然将刚性基底钙钛矿电池的制备工艺运用到柔性衬底上有诸多限制，电池性能也有待提高，但由于柔性钙钛矿电池在特定领域以及使用环境下具有独特的优势，如可穿戴设备、光伏窗户等，能够进一步扩展钙钛矿电池的应用领域，因此钙钛矿柔性电池的研究具有非常深远的意义。对未来前进方向来说，提高柔性器件效率是一方面，更重要的是此类器件主要是基于应用层面开发的，如果完全低温制备柔性钙钛矿电池的工艺成熟，极有希望推动全印刷、卷对卷等工业化钙钛矿工艺的进一步实现，迅速推动其实现产业化，因此柔性钙钛矿电池具有非常重要的研究意义和十分可观的应用前景。

柔性钙钛矿太阳能电池是钙钛矿电池研究领域的一个重要课题，研究者需要对柔性钙钛矿太阳能电池的结构进行优化，参照其他的柔性器件，在提高其稳定性的同时提高效率，降低生产成本。另外钙钛矿太阳能电池还非常有可能实现卷对卷的制备，结合柔性衬底，是柔性钙钛矿电池发展的一个重要方向。钙钛矿太阳能电池作为一种极具潜力的新兴太阳能电池，带动了一系列特种太阳能电池的蓬勃发展，有望为未来的生活提供一些新的可能性。

参考文献

[1] Li H，Shi W N，Huang W C，et al. Carbon quantum dots/TiO_x electron transport layer boosts efficiency of planar heterojunction perovskite solar cells to 19%. Nano Lett，2017，17（4）：2328-2335.

[2] Zuo L J，Guo H X，deQuilettes Dane W，et al. Polymer-modified halide perovskite films for efficient and stable planar heterojunction solar cells. Sci Adv，2017，3（8）：e1700106.

[3] Lee J W，Bae S H，Hsieh Y T，et al. A bifunctional Lewis base additive for microscopic homogeneity in perovskite solar cells. Chem，2017，3（2）：290-302.

[4] Lee J W，Kim S G，Bae S H，et al. The interplay between trap density and hysteresis in planar heterojunction perovskite solar cells. Nano Lett，2017，17（7）：4270-4276.

[5] Dong S Q，Liu Y S，Hong Z，et al. Unraveling the high voc and high performance of integrated perovskite/organic bulk-heterojunction solar cells. Nano Lett，2017，17（8）：5140-5147.

[6] Petrov A A, Sokolova I P, Belich N A, et al. Crystal structure of DMF-intermediate phases uncovers the link between $CH_3NH_3PbI_3$ morphology and precursor stoichiometry. J Phys Chem C, 2017, 121 (38): 20739-20743.

[7] Syzgantseva O A, Saliba M, Grätzel M, et al. Stabilization of the perovskite phase of formamidinium lead triiodide by methylammonium, Cs, and/or Rb Doping J Phys Chem Lett, 2017, 8 (6): 1191-1196.

[8] Hashmi S G, Martineau D, Dar M I, et al. High performance carbon-based printed perovskite solar cells with humidity assisted thermal treatment. J Mater Chem A, 2017, 5: 12060-12067.

[9] Stefano P, Fan F, Roland W, et al. Impact of interlayer application on band bending for improved electron extraction for efficient flexible perovskite mini-modules. Nano Energy, 2018, 49: 300-307.

[10] Tavakoli M M, Tsui K-H, Zhang Q, et al. Highly efficient flexible perovskite solar cells with antireflection and self-cleaning nanostructures. ACS Nano, 2015, 9 (10): 10287-10295.

[11] Sears K K, Fievez M, Gao M, et al. ITO-free flexible perovskite solar cells based on roll-to-roll, slot-die coated silver nanowire electrodes. Sol RRL, 2017, 1 (8): 1700059.

[12] Kojima A, Teshima K, Shirai Y, et al. Organometal halide perovskites as visible-light sensitizers for photovoltaic cells. J Am Chem Soc, 2009, 131 (17): 6050-6051.

[13] Kim H-S, Lee C-R, Im J-H, et al. Lead iodide perovskite sensitized all-solid-state submicron thin film mesoscopic solar cell with efficiency exceeding 9% . Sci Rep, 2012, 2 (8): 591.

[14] Yang W Se, Park B-W, Jung E H, et al. Iodide management in formamidinium-lead-halide-based perovskite layers for efficient solar cells. Science, 2017, 356 (6345): 1376-1379.

[15] Kim H-S, Im S H, Park N-G. Organolead halide perovskite: new horizons in solar cell research, organolead halide perovskite: new horizons in solar cell research. J Phys Chem C, 2014, 118 (11): 5615-5625.

[16] Seo J, Noh J H, Seok S II. Rational strategies for efficient perovskite solar cells. Acc Chem Res, 2016, 49 (3): 562-572.

[17] Yin X, Chen P, Que M, et al. Highly efficient flexible perovskite solar cells using solution-derived NiO_x hole contacts. ACS Nano, 2016, 10 (3): 3630-3636.

[18] Lee M, Ko Y , Min B K, et al. Silver nanowire top electrodes in flexible perovskite solar cells using titanium metal as substrate. Chemsuschem, 2015 , 9 (1): 31-35.

[19] Hua G, Guo W, Yu R, et al. Enhanced performances of flexible ZnO/perovskite solar cells by piezo-phototronic effect. Nano Energy, 2016, 23: 27-33.

[20] Ye M, Hong X, Zhang F, et al. Recent advancements in perovskite solar cells: flexibility, stability and large scale. J Mater Chem A, 2016, 4 (18): 6755-6771.

[21] Yang C, Yu M, Chen D, et al. An annealing-free aqueous-processed anatase TiO_2

compact layer for efficient planar heterojunction perovskite solar cells. Chem Commun, 2017 , 53 (79): 10882-10885.

[22] Liu D, Li S, Zhang P, et al. Efficient planar heterojunction perovskite solar cells with Li-doped compact TiO_2 layer. Nano Energy, 2017, 31: 462-468.

[23] Docampo P, Ball J M, Darwich M, et al. Efficient organometal trihalide perovskite planar-heterojunction solar cells on flexible polymer substrates. Nat Commun, 2013, 4 (7): 2761.

[24] Kumar M H, Yantara N, Dharani S, et al. Flexible, low-temperature, solution processed ZnO-based perovskite solid state solar cells. Chem Commun, 2013, 49 (94): 11089-11091.

[25] Liu D, Kelly T L. Perovskite solar cells with a planar heterojunction structure prepared using room-temperature solution processing techniques. Nat Photonics, 2014, 8 (2): 133-138.

[26] Zhang H, Cheng J, Lin F, et al. Pinhole-free and surface-nanostructured NiO_x film by room-temperature solution process for high-performance flexible perovskite solar cells with good stability and reproducibility. ACS Nano, 2016, 10 (1): 1503-1511.

[27] Tavakoli M M, Tsui K-H, Zhang Q, et al. Highly efficient flexible perovskite solar cells with antireflection and self-cleaning nanostructures. ACS Nano, 2015, 9 (10): 10287-10295.

[28] NREL Efficiency Chart, http: //www. Nrel. gov/pv/assets/images/efficiency_chart.jpg.

[29] Tavakoli M M, Lin Q, Leung S-F, et al. Efficient, flexible and mechanically robust perovskite solar cells on inverted nanocone plastic substrates. Nanoscale, 2016, 8 (7): 4276-4283.

[30] Heo J H, Lee M H, Han H J, et al. Highly efficient low temperature solution processable planar type $CH_3NH_3PbI_3$ perovskite flexible solar cells. J Mater Chem A, 2016, 4 (5): 1572-1578.

[31] Ameen S, Akhtar M S, Seo H-K, et al. Exclusion of metal oxide by an RF sputtered Ti layer in flexible perovskite solar cells: energetic interface between a Ti layer and an organic charge transporting layer. Dalton Trans, 2015, 44 (14): 6439-6448.

[32] Ke W, Fang G, Liu Q, et al. Low-temperature solution-processed tin oxide as an alternative electron transporting layer for efficient perovskite solar cells. J Am Chem Soc, 2015, 137 (21): 6730-6733.

[33] Shin S S, Yang W S, Noh J H, et al. High-performance flexible perovskite solar cells exploiting Zn_2SnO_4 prepared in solution below 100 ℃. Nat Commun, 2015, 6: 7410.

[34] Giacomo F D, Zardetto V, D' Epifanio A, et al. Flexible perovskite photovoltaic modules and solar cells based on atomic layer deposited compact layers and UV-irradiated TiO_2 scaffolds on plastic substrates. Adv Energ Mater, 2015, 5 (8): 1401808.

[35] Dkhissi Y, Huang F, Rubanov S, et al. Low temperature processing of flexible planar perovskite solar cells with efficiency over 10%. J Power Sources, 2015, 278 (15): 325-

331.

[36] Qiu W, Paetzold U W, Gehlhaar R, et al. An electron beam evaporated TiO_2 layer for high efficiency planar perovskite solar cells on flexible polyethylene terephthalate substrates. J Mater Chem A, 2015, 3 (45) : 22824-22829.

[37] Yang D, Yang R, Zhang J, et al. High efficiency flexible perovskite solar cells using superior low temperature TiO_2. Energ Environ Sci, 2015, 8 (11) : 3208-3214.

[38] Kim J H, Chueh C-C, Williams S T, et al. Room-temperature, solution-processable organic electron extraction layer for high-performance planar heterojunction perovskite solar cells. Nanoscale, 2015, 7 (41) : 17343-17349.

[39] Ke W, Zhao D, Grice C, et al. Efficient fully-vacuum-processed perovskite solar cells using copper phthalocyanine as hole selective layers. J Mater Chem A, 2015, 3 (47) : 23888-23894.

[40] Yang D, Yang R, Ren X, et al. Hysteresis-suppressed high-fficiency flexible perovskite solar cells using solid-state ionic-liquids for effective electron transport. Adv Mater, 2016, 28 (26) : 5206–5213.

[41] Xu X, Chen Q, Hong Z, et al. Working mechanism for flexible perovskite solar cells with simplified architecture. Nano Lett, 2015, 15 (10) : 6514-6520.

[42] Xiao Y, Han G, Zhou H, et al. An efficient titanium foil based perovskite solar cell: using a titanium dioxide nanowire array anode and transparent poly (3, 4-ethylenedioxythiophene) electrode. RSC Adv, 2016, 6 (4) : 2778-2784.

[43] You J, Hong Z, Yang Y (Michael) , et al. Low-temperature solution-processed perovskite solar cells with high efficiency and flexibility. ACS Nano, 2014, 8 (2) : 1674-1680.

[44] Chen Y, Chen T, Dai L, et al. Layer-by-layer growth of $CH_3NH_3PbI_{3-x}Cl_x$ for highly efficient planar heterojunction perovskite solar cells. Adv Mater, 2015, 27 (6) : 1053-1059.

[45] Yao K, Wang X, Xu Y-X, et al. A general fabrication procedure for efficient and stable planar perovskite solar cells: morphological and interfacial control by in-situ-generated layered perovskite. Nano Energ, 2015, 18: 165-175.

[46] Guo Y, Sato W, Shoyama K, et al. Sulfamic acid-catalyzed lead perovskite formation for solar cell fabrication on glass or plastic substrates. J Am Chem Soc, 2016, 138 (16) : 5410-5416.

[47] Xue Q, Hu Z, Sun C, et al. Metallohalide perovskite-polymer composite film for hybrid planar heterojunction solar cells. RSC Adv, 2015, 5 (1) : 775-783.

[48] Dong H, Wu Z, Xi J, et al. Pseudohalide-induced recrystallization engineering for $CH_3NH_3PbI_3$ film and its application in highly efficient inverted planar heterojunction perovskite solar cells. Adv Funct Mater, 2018, 28 (2) : 1704836.

[49] Yoon J, Sung H, Lee G, et al. Super flexible, high-efficiency perovskite solar cells utilizing graphene electrodes: towards future foldable power sources. Energy Environ Sci, 2016, 10 (1) : 337-345.

[50] Li Y, Meng L, Yang Y （Michael）, et al. High-efficiency robust perovskite solar cells on ultrathin flexible substrates. Nature Commun, 2016, 7: 10214.

[51] Peng M, Zou D. Flexible fiber/wire-shaped solar cells in progress: properties, materials, and designs. J Mater Chem A, 2015, 3 (41) : 20435-20458.

[52] Qiu L, Deng J, Lu X, et al. Integrating perovskite solar cells into a flexible fiber. Angew Chem Int Ed, 2014, 53 (49) : 10425-10428.

[53] Deng J, Qiu L, Lu X, et al. Elastic perovskite solar cells. J Mater Chem A, 2015, 3 (42) : 21070-21076.

[54] Tavakoli M M, Tsui K-H, Zhang Q, et al. Highly efficient flexible perovskite solar cells with antireflection and self-cleaning nanostructures. ACS Nano, 2015, 9 (10) : 10287-10295.

[55] Li R , Xiang X, Tong X, et al. Wearable double-twisted fibrous perovskite solar cell. Adv Mater, 2015, 27 (25) : 3831-3835.

[56] Lee M, Ko Y, Jun Y. Efficient fiber-shaped perovskite photovoltaics using silver nanowires as top electrode. J Mater Chem A, 2015, 3 (38) : 19310-19313.

[57] Hu H, Jun Y, Peng M, et al. Fiber-shaped perovskite solar cells with 5.3% efficiency. J Mater Chem A, 2016, 4 (10) : 3901-3906.

[58] Qiu L, He S, Yang J, et al. Fiber-shaped perovskite solar cells with high power conversion efficiency. Small, 2016, 12 (18) : 2419-2424.

第6章　有机-无机杂化钙钛矿叠层太阳能电池

太阳能电池由于其利用可再生清洁能源进行发电，成为化石燃料最有前景的替代者，引起了人们的广泛关注。在过去的数十年中，硅基电池[1-3]，砷化镓（GaAs）[4]、碲化镉（CdTe）[5]、铜铟镓硒（CIGS）[6]等薄膜电池逐渐从实验室研究走向产业化，尤其是硅基太阳能电池，近年来一直占据着全球光伏产业的大部分市场。对于单结太阳能电池，由于Shockley-Queisser限制[7]，其光电转换效率存在上限。目前单结硅电池的最高效率（26.6%[3]）已经接近理论最高效率29.4%[8]。解决限制的有效途径，就是以低带隙太阳能电池（Si、CIGS、CdTe等）作为底电池，结合宽带隙的顶电池，制备多结叠层电池。叠层电池能够更好地利用太阳光谱中的短波长光子，因此具有比单结太阳能电池更高的转换效率。

近年来，钙钛矿太阳能电池（PSC）迅速崛起，2017年的认证效率已经达到22.7%[9]。钙钛矿材料具有载流子扩散长度大[10,11]、迁移率高[12]及光吸收系数大[13]等优点。此外，由于组分的可调节性，钙钛矿光吸收材料的带隙可以从1.2eV调节到2.2eV[14,15]，这意味着钙钛矿电池有潜力作为叠层电池的顶电池。近年来，在钙钛矿电池巨大潜力的驱动下，研究者对钙钛矿基叠层电池展开了大量的研究，尤其是PSC/Si、PSC/CIGS、PSC/PSC等叠层结构，其效率发展趋势如图6-1所示。目前为止，四端（4-T）钙钛矿/硅叠层电池的最高效率已经

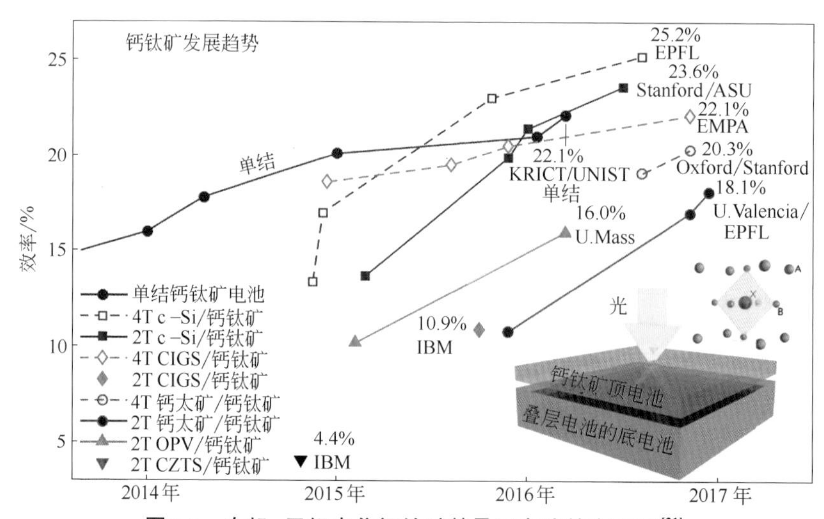

图6-1　有机-无机杂化钙钛矿基叠层电池效率进展[21]

超过26%[16]，两端（2-T）钙钛矿/硅叠层电池的最高效率为23.6%[17]，钙钛矿/钙钛矿叠层电池的效率也已经达到了20.3%[18]，并有望在2030年以前达到26%。Almansouri等[19,20]预测两结钙钛矿/硅叠层电池的实际效率可以达到30%。

6.1 钙钛矿叠层太阳能电池结构

叠层电池的结构可以分为顶电池和底电池直接接触串联的2-T叠层结构以及顶电池和底电池机械堆叠或光学耦合的4-T结构，如图6-2所示。本节将就不同结构钙钛矿叠层电池的发展进行讨论。

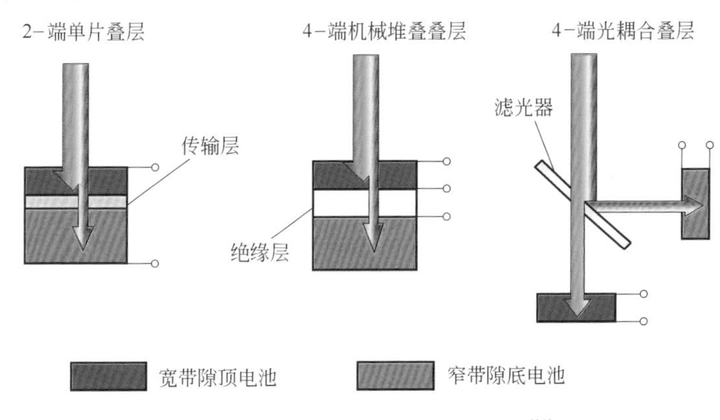

图6-2 叠层电池三种常见的结构[21]

6.1.1 机械堆叠4-T叠层电池

以钙钛矿电池为顶电池的4-T机械叠层电池具有其独特的优势。该结构模式下，顶电池和底电池是分别独立制备的，每个子电池可以采用其最优的工艺进行制备，而不必相互妥协。此外，由于每个电池独立工作，叠层电池的效率是两个子电池效率之和，电流匹配问题无须考虑，且可以自由选择顶电池的光线入射端（沉积的半透明电极端或透明导电玻璃端）。对于典型的半透明钙钛矿电池，沉积的半透明电极的透过率通常略低于底部的透明导电薄膜/玻璃基底的透过率，光线从玻璃基底端射入比从沉积的半透明电极端能够具有更高的光电流和光电转换效率。因此，4-T机械叠层电池能够充分发挥顶电池的优势，最大限度降低电流损失，从而提高叠层电池整体的效率。

2014年，Bailie等[22]首次报道了4-T钙钛矿叠层电池，他们以半透明银纳米线（AgNWs）作为电极制备了半透明钙钛矿电池，获得了与不透明钙钛矿电池相同的光电转换效率（PCE=12.7%），然后将半透明钙钛矿电池以机械堆叠的方式放在CIGS和晶硅电池上，从而制备出PSC/CIGS和PSC/Si叠层电池［图6-3（a)］，其中半透明钙钛矿电池在800 ～ 1200nm波长范围内的透过率为60% ～ 77%，大部分的透过率损失来源于FTO电极、AgNW电极和Spiro-OMeTAD的寄生吸收。对于PSC/Si叠层电池，Bailie等采用的是商业生产中无法使用的低质量晶硅，单结低质量Si电池效率为11.4%，半透明钙钛矿电池的效率能够大大提高整体电池的性能，叠层电池效率达17%，提升了近50%［图6-3（b)］，这一大幅度的效率提升可以促进低质量Si在光伏产业中的应用。但该结构的叠层电池中，经过顶电池的过滤后，底电池短路电流密度大幅度降低，如图6-3（c）所示，原CIGS电池短路电流密度为31.2 mA/cm^2，经钙钛矿电池过滤后，短路电流密度降至10.9 mA/cm^2，因此之后的研究者们开始尝试使用透过率更高的半透明薄膜作为钙钛矿电池的电极。Werner等[23]采用MoO_x/IZO作为钙钛矿电池的透明电极，获得13.4%的转换效率，使PSC/Si叠层电池效率提升至22.8%；Yang等[24]利用超薄金属作为透明电极，将器件效

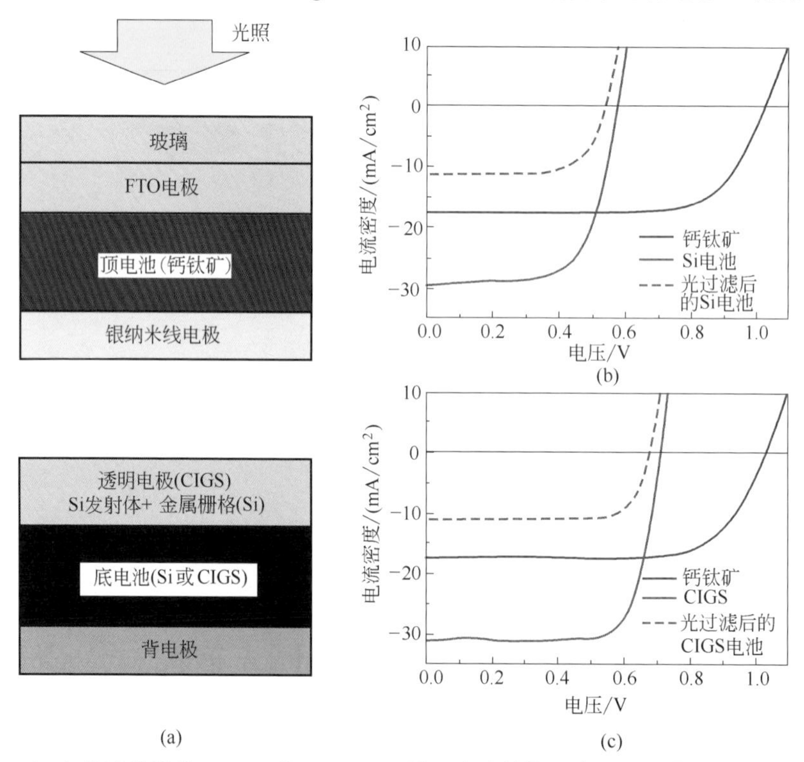

图6-3 （a）机械堆叠的PSC/Si或PSC/CIGS叠层电池结构示意；(b）半透明PSC、未过滤Si、PSC过滤后Si电池的*J-V*曲线；(c）半透明PSC、未过滤CIGS、PSC过滤后CIGS电池的*J-V*曲线[22]

率从单结CIGS电池的12.4%提升至4-T式PCS/CIGS叠层电池的15.5%。关于透明电极部分，我们将在下一小节展开详细讨论。

高效率4-T钙钛矿叠层电池中钙钛矿顶电池的典型结构是TCO玻璃基底/电子传输层/钙钛矿吸收层/spiro-OMeTAD空穴传输层/MoO_x缓冲层/ITO半透明电极（金属网格）。2016年，Werner等[25]采用这一结构，制备了PCE为16.4%的钙钛矿电池，与Si异质结（SHJ）电池结合制备了PSC/SHJ叠层电池，获得了25.2%的当时最高钙钛矿叠层电池效率（图6-4）。考虑到Si电池主要负责吸收利用近红外光谱，Werner等在SHJ电池正面覆盖了双层减反层，背面沉积了MgF_2背反射层，以增强SHJ电池对红外光的吸收。即便研究者们通过不同手段增加底电池的光利用率，$MAPbI_3$基钙钛矿电池作为顶电池时，Si基底电池吸收的光谱能量范围仅在1.1～1.6eV。因此，为了进一步提高叠层电池的性能，需要将钙钛矿顶电池的带隙调高至最理想的1.7～1.8eV[26]。钙钛矿材料多种阳离子组分的调控为优化钙钛矿带隙提供了可能，大部分文献报道利用FA、MA和Cs作为钙钛矿材料的阳离子，Duong等[27]在此基础上引入了尺寸更小的Rb离子，以获得带隙更大、稳定性更高的钙钛矿材料，该钙钛矿材料$Rb\text{-}FA_{0.75}MA_{0.15}Cs_{0.1}PbI_2Br$的带隙为1.73eV，制备的不透明钙钛矿电池稳定效率为17.4%，且几乎没有迟滞现象，其电池结构及钙钛矿形貌如图6-5所示（图见下页）。之后他们用MoO_x（10nm）/ITO（40nm）透明薄膜取代金电极，制备了半透明钙钛矿电池，其稳定效率为16%，在720～1100nm波长范围内的透过率达到84%。原本效率为23.9%的Si基底电池经该半透明钙钛矿电池过滤后，效率保持在10.4%，最终获得的PSC/Si叠层电池效率达26.4%，是目前报道的4-T钙钛矿叠层电池的最高效率。

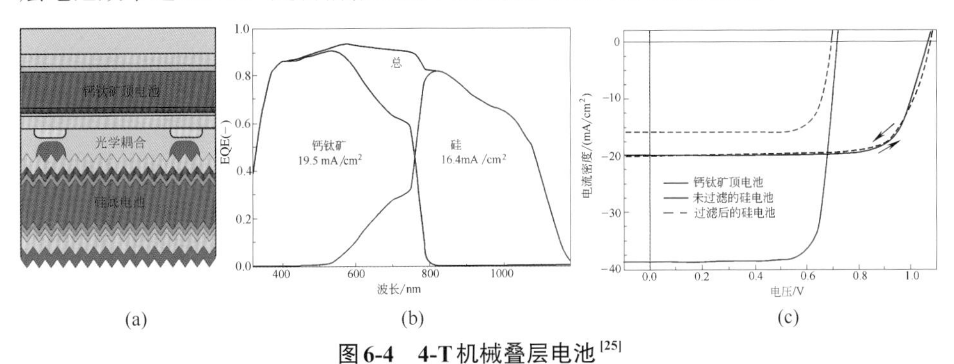

图6-4 4-T机械叠层电池[25]

（a）4-T机械叠层电池结构；（b）钙钛矿电池、SHJ底电池及叠层电池EQE图；（c）PSC、未过滤SHJ、PSC过滤的SHJ电池*J-V*曲线

6.1.2 光学耦合4-T叠层电池

另一种叠层概念是基于光谱分离的光学耦合4-T结构，即利用分色镜将

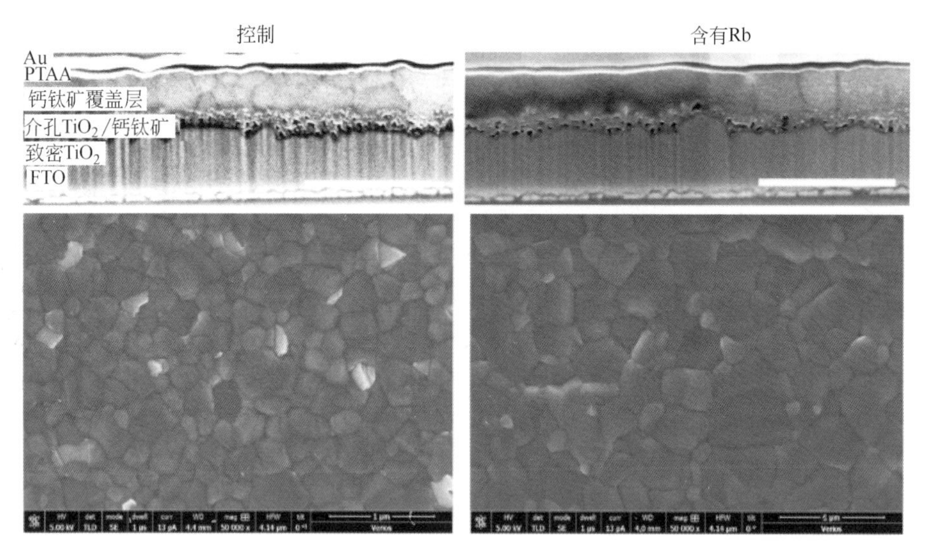

图6-5 Rb-$FA_{0.75}MA_{0.15}Cs_{0.1}PbI_2Br$钙钛矿电池的截面SEM图及钙钛矿薄膜平面SEM图[16]

短波长的光反射至宽带隙的顶电池，长波长光透过后被窄带隙的底电池吸收，从而最大限度地吸收入射的太阳光、降低热损失。与机械堆叠的4-T串联电池相似，顶电池和底电池的制备和工作都是独立的，不用考虑工艺兼容性和电流的匹配。另外，对于钙钛矿顶电池，只要求一个透明电极，避免了透明电极寄生吸收损失[27]。

Barnett等[28]曾经对光学耦合系统的概念进行报道，Uzu等[29]在2015年将其应用于钙钛矿/晶硅的4-T叠层电池。如图6-6（a）所示，在这套光学耦合系统中，分光器分别与两个电池成45°夹角。分光器是通过在玻璃基底的两侧分别溅射多层具有高（n≈1.9～2.2）、低（n≈1.5）折射率的绝缘氧化物制得的，多层结构可以减少玻璃和空气界面的反射损失，并可以通过改变层数或厚度来控制截断波长。在该报道中，顶电池为$MAPbI_3$基钙钛矿电池，其具体结构为FTO玻璃/TiO_2阻挡层/TiO_2多孔层/$CH_3NH_3PbI_3$/Spiro-OMeTAD空穴传输层/Au，Au作为钙钛矿电池的背面电极；底电池为SHJ电池，为了减少反射，SHJ电池正面通过电子束沉积了一层MgF_2减反层；分光器截断波长为550nm，也就是说太阳光中低于550nm波长的光被分光镜反射给PSC吸收，大于550nm波长的光则透过分光镜，被底部的SHJ电池吸收。使用分光镜后，PSC的效率由AM1.5G太阳光谱条件下的15.3%降至7.5%，SHJ电池效率则由25.2%降低至20.5%，最终光学耦合的PSC/SHJ叠层电池效率为28%。Uzu等[29]指出，为了提高光学耦合4-T叠层电池的效率，增加顶电池的开路电压V_{oc}至关重要，因此通过引入Br^-等方法增加钙钛矿电池的带隙，提高钙钛矿电池的

V_{oc}，将有助于提高叠层电池的整体性能，效率有望超过30%。

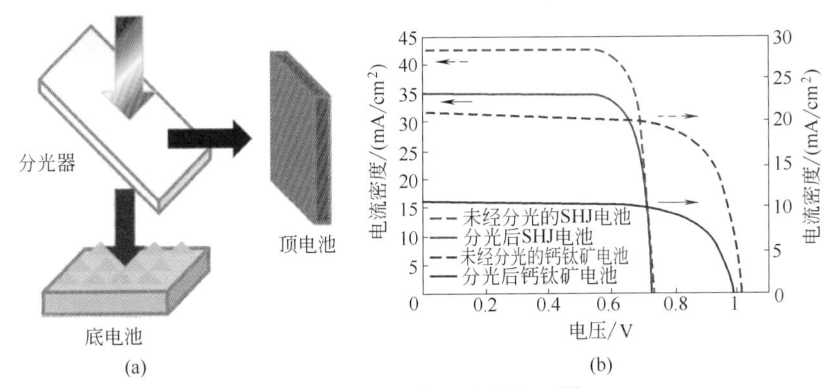

图6-6 光学耦合系统的应用[29]

（a）分光系统结构示意；（b）分光耦合的PSC/SHJ叠层电池*J-V*测试曲线

随后，Sheng等[30]便报道了用宽带隙的$CH_3NH_3PbBr_3$代替$CH_3NH_3PbI_3$作为顶电池的光学耦合4-T叠层电池，并首次以$CH_3NH_3PbI_3$基钙钛矿太阳能电池为底电池，制备了全钙钛矿叠层电池。与Uzu等的报道类似，Sheng等采用了相似的分光系统，分光器的截断波长也为550nm（图6-7）。$CH_3NH_3PbBr_3$顶电池的叠加，相对于单结$CH_3NH_3PbI_3$基钙钛矿电池，效率提升幅度达11%，比单结钝化发射极背部局域扩散（PERL）硅电池的效率提高了3%，最终获得的$MAPbBr_3/MAPbI_3$叠层电池效率为13.4%，$MAPbBr_3$/Si叠层电池效率为23.4%。但这一工作未能进一步提升光学耦合4-T钙钛矿叠层电池的整体效率，对于该结构叠层电池，改善分光系统的性能，更合理地分配光谱，平衡钙钛矿电池带隙和量子效率将成为进一步研究的重点。

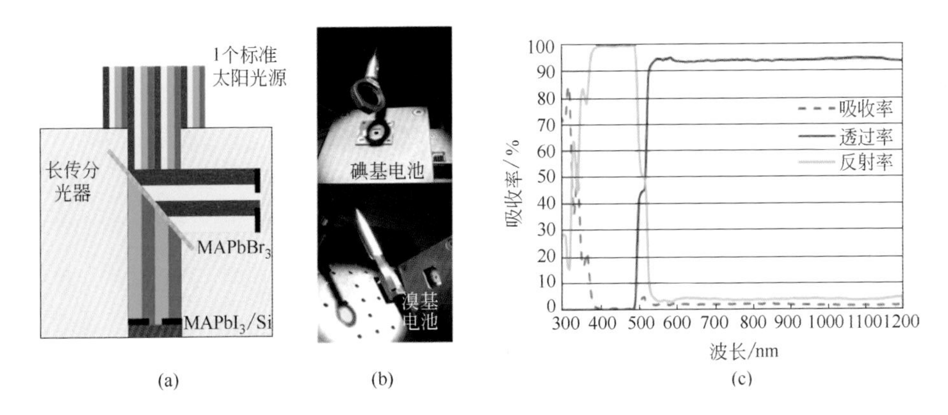

图6-7 Sheng等研究的分光系统[30]

（a）分光系统结构示意；（b）光学耦合$MAPbBr_3/MAPbI_3$叠层电池*J-V*性能测试装置照片；（c）测试所得分光镜透过、反射光谱及计算所得吸收光谱丁建宁课题组Li等[31]在传统分光技术的基础上构建了类似的4-T钙钛矿叠层电池，不同的是他们避免了使用由于设计复杂而限制实用性的分光器，而提出了一种反射过滤系统，利用宽带隙的钙钛矿电池将长波长光反射到窄带隙的CZTSSe电池，图6-8（a）所示为其叠层电池示意图，图6-8（b）为钙钛矿电池反射光谱。钙钛矿电池与入射光成45°角，窄带隙的CZTSSe与钙钛矿电池成45°角，使反射的长波长光能正常照射到窄带隙电池上。最终该PSC/CZTSSe叠层电池获得了16.1%的光电转换效率，其EQE和*J-V*曲线如图6-8（c）、（d）所示。另外Li等[32]将该技术延伸到PSC/Si叠层电池，获得了最高效率23.1 %的叠层器件。

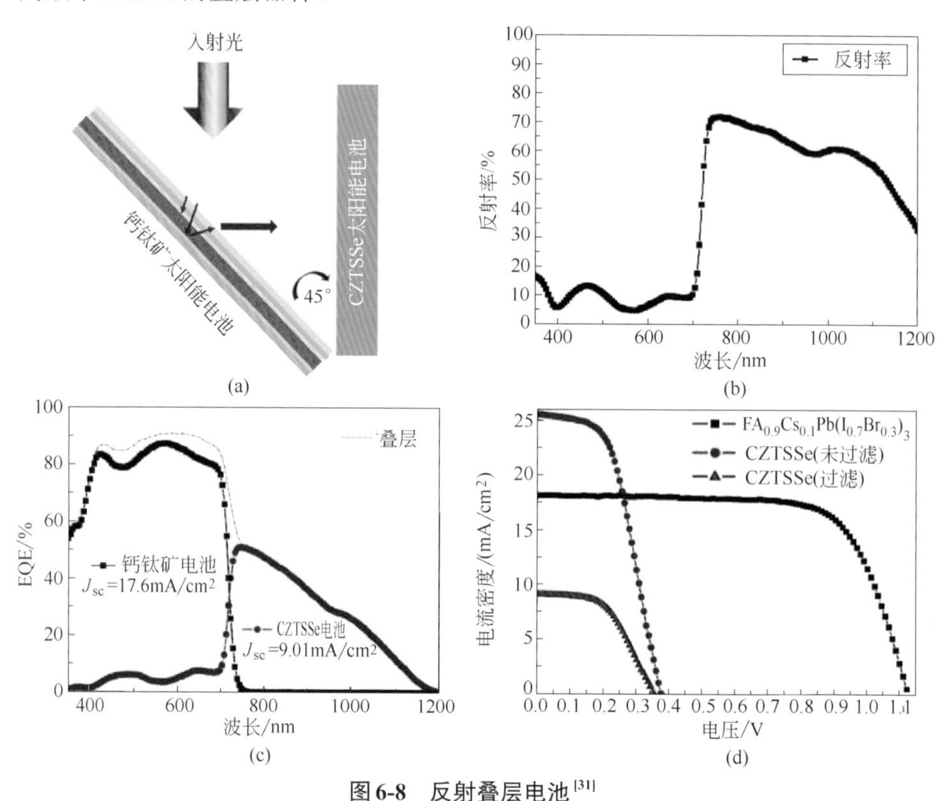

图6-8　反射叠层电池[31]

（a）钙钛矿/CZTSSe反射叠层电池示意；（b）钙钛矿电池反射率；（c）钙钛矿/CZTSSe叠层电池EQE；（d）*J-V*曲线

6.1.3　单片集成2-T叠层电池

最早报道的钙钛矿叠层电池的结构即为单片集成的2-T串联结构，即顶电池和底电池通过中间复合层或隧穿层结合在一起。相比于4-T叠层电池，2-T叠层电池省略了顶电池的背电极和底电池的上电极，这意味着该结构可以减少器件的材料损耗、节约成本，并降低电极寄生吸收导致的光电流损失。但同时2-T叠层电池在制备过程中也存在着更大的挑战。由于顶电池是以底电池为基底，逐层制备，因此工艺兼容性至关重要；其次，顶电池和底电池直接串联接触，光电流受到其中较低者的限制，从而要求两个电池的电流匹配；另外电池间的复合层制备以及叠层电池的光谱分配都是需要考虑的问题。

2014年，Todorov等[33]首次对单片集成的2-T钙钛矿叠层电池进行了报道，他们以PSC为顶电池，Cu_2ZnSnS_4（CZTS）半导体薄膜电池为底电池，PEDOT：PSS/ITO作为中间复合层，制备了具体结构为玻璃/Mo/$Cu_2ZnSn(S,Se)_4$/CdS/ITO/PEDOT：PSS/$NH_3CH_3PbI_3$/PCBM/Al的串联电池（图6-9），但最终得到的串联电池效率仅为4.4%，远低于单结PSC的12.3%和单结CZTS电池的11.6%。随后，Todorov等[34]用CIGS取代CZTS，在钙钛矿材料中引入Br^-以增大带隙，并通过热蒸发沉积BCP(5nm)/Ca(10～15nm)作为钙钛矿电池的透明电极，其透过率达到80%，制备了类似结构的PSC/CIGS单片集成串联电池，但所得的叠层器件性能（PCE=10.98%）仍低于独立的子电池性能。上述结果主要受限于被遮挡后的底电池较低的短路电流密度。

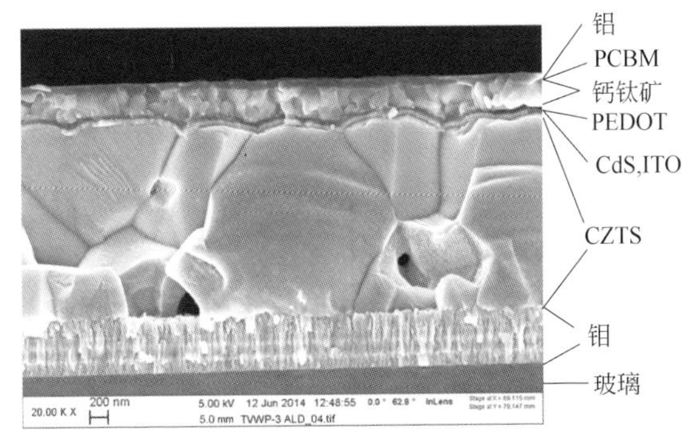

图6-9　单片串联电池PSC/CZTS的截面SEM图[33]

在单片集成2-T钙钛矿串联电池结构中，应用最为广泛、研究最为深入的还是以Si基太阳能电池作为底电池。Mailoa等[35]首次报道了2-T的PSC/Si叠层电池，他们以n型Si为基础制备了Si同质结底电池，并用n^{++}/p^{++}隧道结连接Si电池和钙钛矿电池（图6-10），由于Si的间接带隙特性，该带间隧道结会促进多数载流子通过隧道效应复合，同时抑制寄生吸收，但该单结Si电池的效率为13.8%，远低于产业化的平均水平，这主要是受限于叠层设计的考虑：①由于要在表面沉积钙钛矿材料，Si电池表面未做织构化陷光处理；②没有p型表面钝化，因为该技术无法在隧道结的n型部分实施。钙钛矿电池部分，他们在隧道结上采用原子层沉积技术（ALD）沉积了30nm厚的TiO_2阻挡层，然后旋涂了TiO_2多孔层、钙钛矿层、Spiro-OMeTAD空穴传输层，半透明电极采用最大透过率达89.5%的AgNWs，最后热蒸发111nm厚的LiF作为减反层。最终制得的2-T式PSC/Si叠层电池获得了13.7%的效率，他们发现该叠层电池的效率主要受限于钙钛矿电池较低的短路电流密度，因为Spiro-OMeTAD的寄生吸收率主要受限于钙钛矿电池较低的短路电流密度，因为Spiro-OMeTAD的寄生吸收造成了大量的光电流损失。为了降低这一损失，可以优化Spiro-OMeTAD的厚度或采用其他传输性能好同时寄生吸收低的空穴传输材料。

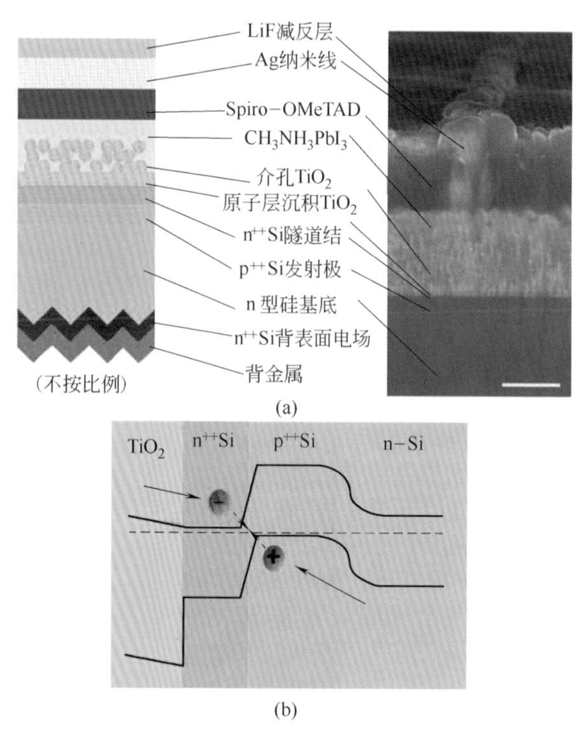

图6-10　单片集成2-T钙钛矿/硅叠层电池[35]

（a）单片集成2-T钙钛矿/硅叠层电池结构（SEM比例尺500nm）；（b）PSC/Si电池界面能带

随着钙钛矿吸收材料的发展及各层工艺优化，钙钛矿电池的性能迅速提升，PSC/Si电池的短路电流密度通常受到Si电池的制约，如何增加底电池的光电流成为近年来的研究重点，一些研究者开始采用对近红外光有更好响应的、当前Si基光伏市场性能最好的SHJ电池作为底电池。但是SHJ电池对于温度比较敏感，超过200℃时，a-Si：H层开始不稳定，这就要求钙钛矿电池的制备必须在低温下完成。2015年，Albrecht等[10]用ALD沉积SnO_2取代原来的介孔TiO_2作为电子吸收材料［图6-11（a)］，实现低温制备，制得的PSC/SHJ单片集成串联电池稳定效率为18.1%。Ballif等[36]从有机叠层电池制备中获得启发，以PEIE/PCBM双层结构作为电子传输层［图6-11（b)］，在所有工艺低于150℃条件下制备了平面钙钛矿电池，从而保证了SHJ底电池的稳定性，并且叠层电池效率在孔径面积为0.17cm^{2}时高达21.2%，孔径面积为1.22cm^{2}仍有19.2%，这对叠层电池在未来的实际应用有着重要的意义。

Albrecht等[10]发现应用于叠层电池的SHJ电池性能低于当前的标准水平，这主要是因为2-T叠层电池中的SHJ表面没有金字塔结构，造成光子的反射损失。Ballif等[36]也在报道中指出，要增加底电池的光子吸收，需要对Si电池背面进行金字塔或其他减反处理。2017年，Bush等[37]对SHJ底电池背面进行金字塔织构化处理后，通过不锈钢网眼在ITO层上喷涂了300nm厚的Si纳米颗粒（SiNP）层（图6-12），这一SiNP层能够增加SHJ电池的红外光转换效率，将SHJ电池短路电流密度从17.5mA/cm^{2}提高至18.2mA/cm^2。此外，ITO透明电极直接溅射过程中会对钙钛矿电池造成极大破坏，多数报道中采用MoO_x缓冲层来保护钙钛矿和空穴传输层，但钙钛矿中的I会与MoO_x发生化学反应，从而影响钙钛矿电池的长期稳定性，因此Bush等[37]通过ALD或CVD沉积了SnO_2/ZTO双分子层作为缓冲层，保护钙钛矿电池不被ITO溅射破坏的同时降低寄生吸收、有效抽取电子，并大大提高钙钛矿电池的环境稳定性，该钙钛矿电池效率为14.5%，短路电流密度为18.7mA/cm^2。在稳定性测试中，未封装的钙钛矿电池在温度35℃、相对湿度40%下放置1000h后，效率几乎没有降低，封装后在温度85℃、相对湿度85%条件下放置1000h，效率衰减不到10%。Bush等报道的单片集成PSC/SHJ串联电池短路电流密度为18.7mA/cm^2，最终获得了23.6%的认证效率，是目前为止2-T钙钛矿叠层电池的最高认证效率，这一效率远远高于两个子电池的效率，也超过了目前单结钙钛矿电池的最高效率，接近单结Si电池记录。性能损失模拟计算显示，拓宽钙钛矿带隙并降低底电池表面反射可以获得更高的匹配电流密度和更高的电压，从而进一步提升钙钛矿叠层电池的光电转换效率。

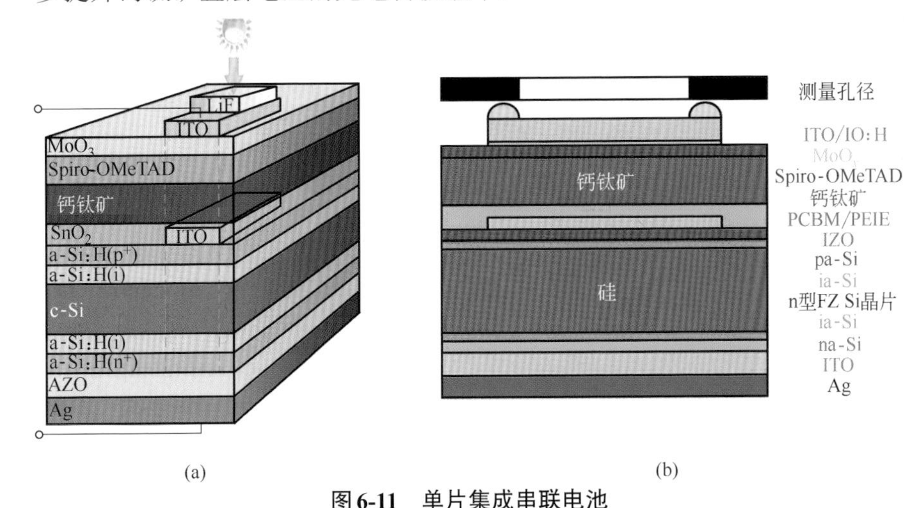

图6-11　单片集成串联电池

（a）SnO_2电子传输层的单片集成PSC/SHJ串联电池结构[69]；（b）PCBM/PEIE电子传输层的单片集成PSC/SHJ串联电池结构[36]

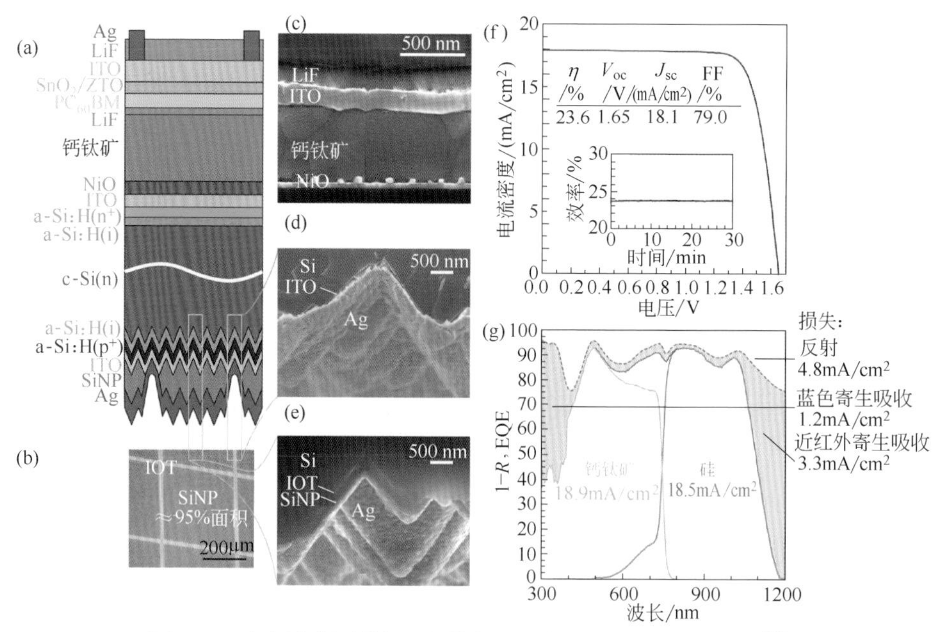

图6-12 底电池背面进行了织构化处理的PSC/SHJ串联电池[37]

(a) PSC/SHJ串联电池结构;(b) SHJ底电池背面硅纳米颗粒图案的光学显微镜照片;(c) 钙钛矿顶电池截面SEM图;(d) 无SiNP部分SHJ背部的截面SEM图;(e) SiNP修饰部分SHJ背部的截面SEM图;(f) PSC/SHJ串联电池*J-V*曲线;(g) PSC/SHJ叠层电池的吸收、顶电池PSC和底电池SHJ的EQE图谱

除了CIGS、CZTS、Si电池以外,PSC也可以作为单片集成2-T钙钛矿叠层电池的底电池,即PSC-1/PSC-2全钙钛矿叠层电池。全钙钛矿叠层电池进一步节约了成本,并具有全部低温制备的优势。但因缺少低带隙的钙钛矿材料,且溶液法逐层沉积的实际操作困难,使得2-T全钙钛矿叠层电池仍然停留在创新阶段。Zhou等[38]首次报道了2-T全钙钛矿叠层电池,他们在底电池和顶电池采用了相同的钙钛矿吸收层(带隙1.6eV),由于上层钙钛矿旋涂过程使用的极性溶剂很容易溶解下层的钙钛矿材料,他们采用多种有机物组成了复合层Spiro-OMeTAD/PEDOT:PSS/PEI/PCBM:PEI,但也仅仅得到了7%的转换效率。其最主要的原因是复合层电阻过大,以及带隙不合适导致的光电流失配。2015年,Im小组[39]以直接叠压的方式制备了$MAPbI_3/MAPbBr_3$串联电池,其带隙分别为1.6eV和2.2eV,但所获得的效率仍低于预期,仅为10.8%。这一结果也表明传统钙钛矿与更高带隙钙钛矿的组合是不成功的,因为他们对太阳光照中大量存在的红外光利用率太低,2-T的PSC-1/PSC-2全钙钛矿叠层电池的主要突破应来自于低带隙钙钛矿材料的应用。目前为止,获得低带隙钙钛矿材料最普遍、最有效的方法就是用Sn取代Pb,可以将带隙从1.6eV降至1.2eV,但Sn的取代存在两个重大问题。首先Sn^{2+}很容易被氧化为Sn^{4+},Sn

基钙钛矿材料极不稳定[40]；其次Sn基钙钛矿的结晶速度快，很难控制，难以获得光滑、高质量的吸收层，Sn基钙钛矿电池的效率远不能和Pb基钙钛矿电池媲美。但近来一些研究报道称使用含有DMSO的前驱液溶剂并用反溶剂处理，可以得到较高质量的Sn-Pb双态钙钛矿薄膜[41-43]。Yang等[42]研究了不同x取值时$MAPb_{1-x}Sn_xI_3$薄膜的表面形貌和光电性质，选择x=0.25时最适合用作钙钛矿电池光吸收材料，其带隙为1.33eV。值得注意的是$FA_{0.5}MA_{0.5}Pb_{0.75}Sn_{0.25}I_3$具有接近Pb基钙钛矿的稳定性，远好于Sn基钙钛矿的稳定性。全钙钛矿叠层电池更大的进展来自于McGehee[41]小组的工作，他们在此前研究的基础上，引入Cs，通过调整Cs、FA的比例，将Sn-Pb双态钙钛矿电池的效率从10.9%提高到14.1%，此时钙钛矿材料$FA_{0.75}Cs_{0.25}Sn_{0.5}Pb_{0.5}I_3$的带隙为1.2eV。此外，他们通过ALD法将$SnO_2$和ITO层结合，解决了另一个难题，制备出电性能损耗低的中间复合层。顶电池直接在溅射的ITO上沉积，ITO能够保护底电池并具有优异的电学和光学性质。通过在1.8eV的$FA_{0.83}Cs_{0.17}Pb(I_{0.5}Br_{0.5})_3$钙钛矿

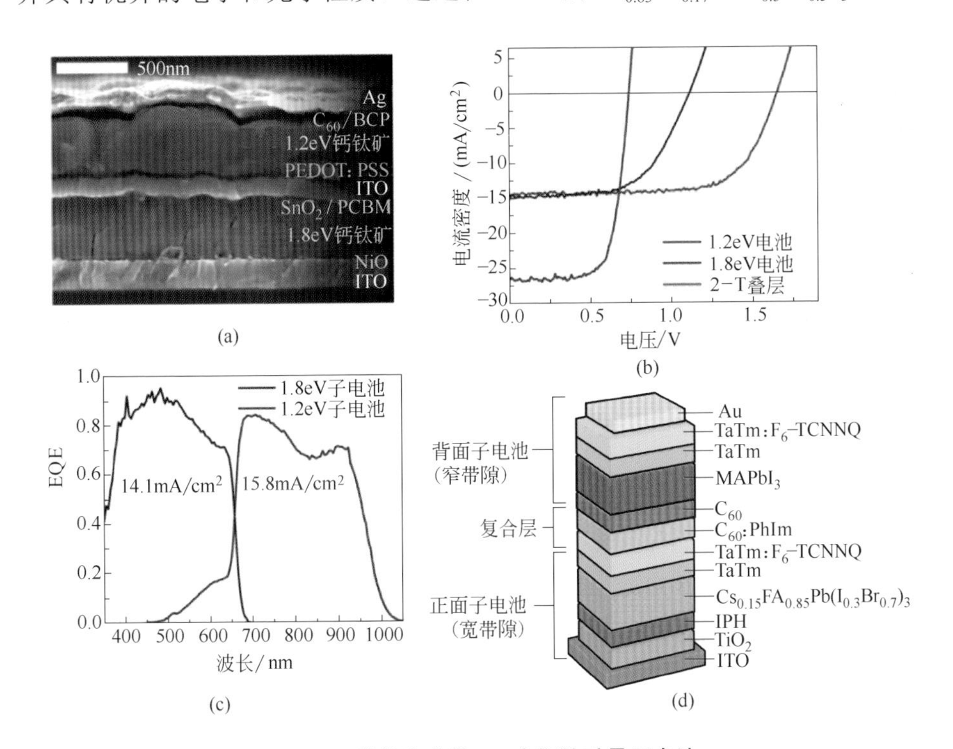

图6-13　单片集成的2-T全钙钛矿叠层电池

（a）溶液法制备的单片集成2-T全钙钛矿叠层电池截面SEM图；（b）1.2eV/1.8eV全钙钛矿2-T叠层电池的J-V曲线；（c）1.2eV/1.8eV全钙钛矿2-T叠层电池的EQE曲线[41]；（d）溶液-热蒸发法制备的单片集成2-T全钙钛矿叠层电池结构示意[44]

子电池上制备1.2eV的$FA_{0.75}Cs_{0.25}Pb_{0.5}Sn_{0.5}I_3$的钙钛矿子电池，制得的2-T全钙钛矿叠层电池具有17.0%的光电转换效率和1.65V的开路电压，叠层电池的截面SEM图、*J-V*曲线特性及EQE曲线如图6-13所示。另一种规避复杂中间层的方法就是采用与溶液法兼容的热沉积法制备顶电池。Bolink等[44]在溶液法制备的2eV的$Cs_{0.15}FA_{0.85}Pb(I_{0.3}Br_{0.7})_3$子电池上，热蒸发沉积了1.6eV的$MAPbI_3$子电池，两个子电池之间用掺杂的有机半导体连接，如图6-13（d）所示，最终获得了目前报道的最高效率18%。但是2eV和1.6eV的带隙并不是最理想的组合，随着热沉积法制备多组分混合钙钛矿材料的实现，这种溶液-蒸发的方法将会更具优势。

6.2 透明电极或复合层

对于叠层器件的透明电极或中间复合层有两个关键要求：高的透过率和低的电损失，它们的选择主要取决于叠层电池的结构、薄膜层对沉积方法的敏感性以及相邻电荷传输层的选择。关于这部分内容，一些实验小组做过比较详细的总结和介绍[27,45]，这里主要对几种常见的透明电极材料以及2-T钙钛矿叠层电池中复合层的选择做一个简单的概述。

6.2.1 透明电极材料

选择合适的材料作为钙钛矿顶电池的透明电极对钙钛矿叠层电池来说至关重要，作为PSC的上电极，要求该透明电极在300～1200nm范围内具有较高的透过率，若是用作PSC和底电池之间的电极，则要求对600～1200nm波长范围内的光具有透过窗口。除了透过率的要求，透明电极还必须具有优异的横向导电性以更好地收集光生载流子，较大的电阻会导致严重的能量损失。目前为止最常用的几种透明电极的材料有透明导电氧化物（TCO）、银纳米线、超薄金属及石墨烯等碳材料薄膜。

6.2.1.1 透明导电氧化物

钙钛矿叠层电池中应用最为广泛的TCO包括氧化铟锡（ITO）、氢化氧化铟（IO：H）、铝掺杂氧化锌（AZO）或铟掺杂氧化锌（IZO）等。

ITO透明电极：ITO是钙钛矿叠层电池中应用最多的TCO材料，几乎所有结构的最高效钙钛矿叠层电池都应用ITO作为上电极或中间复合层[13,46-48]。ITO在可见光范围内具有较高的透过率，但ITO通常采用磁控溅射的方法制备，会严重破坏电池的性能，通常在Spiro-OMeTAD层上沉积30nm厚的MoO_x作为缓冲层，以降低溅射过程中的高能量带来的破坏［图6-14（a）］。MoO_x的能带位置与ITO匹配，且可以在低温下制备，但MoO_x的红外线消光系数较高，且对FF有较大的影响。研究者们发现SnO_2[41]、AZO[13]等也可以作为溅射ITO时的缓冲层，它们适用于PSC的电子传输层上。因此需要根据器件的具体结构选择合适的缓冲层。

IO∶H透明电极：Fu等[49]采用室温下射频磁控溅射的高迁移率的IO∶H作为背电极，制得的半透明钙钛矿电池稳定效率为14.2%，该电池在近红外区域的平均透过率为72%。IO∶H较低的红外线吸收率和高迁移率使得钙钛矿顶电池具有较低的寄生吸收。但是铟对于未来钙钛矿叠层电池的大规模生产是个挑战[50]，因为铟是一种稀有元素，只是锌矿开采的一种微量副产物，而且铟的提取比较困难，它通常与有毒重金属共存。

AZO或IZO透明电极：非晶态AZO或IZO薄膜的制备可以在低温、低压下实现，可以极大地消除溅射带来的破坏，且具有优异的电学和光学性能。Werner等[51]直接在Spiro-OMeTAD上溅射IZO作为PSC的背电极，获得了9.7%的效率，该IZO方阻为35Ω/sq，对400～1200nm波长范围内光的吸收不到3%。添加MoO_x缓冲层后［图6-14（b）］，电池的效率提升到10.3%。后来他们通过钙钛矿层的优化，将IZO电极的PSC效率提升至14.7%[23]。与IZO类似，低温制备的AZO也可以作为半透明PSC的透明电极，其方块电阻约为55Ω/sq。

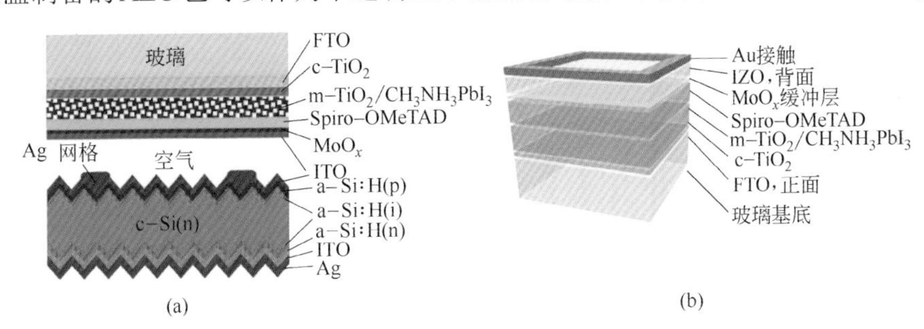

图6-14　TCO电极的PSC/Si叠层电池

（a）MoO_x缓冲层、溅射ITO透明电极的PSC/Si叠层电池结构示意[48]；
（b）IZO作为电极的半透明PSC的结构示意[51]

6.2.1.2　银纳米线（AgNWs）

AgNWs由于其高电导率、高透过性、溶液法制备和机械柔性等特点，成功应用于Si电池、有机电池、染料敏化电池等[52-54]。一些研究小组尝试将其应用于钙钛矿电池中，制备半透明的PSC。但溶液法沉积AgNWs过程中，水或乙醇溶剂会导致钙钛矿的分解[55]，Guo等[55]在AgNWs和钙钛矿电池的PCBM电子传输层之间引入了ZnO缓冲层（图6-15），制备了PCE为8.5%的半透明PSC，在600 ~ 900nm范围内光透过率约为50%，AgNWs的方阻为20Ω/sq。另一种方法就是先在PET基底上喷涂AgNWs，然后通过施压将其机械转移到钙钛矿电池上[35]，从而完全避免溶剂腐蚀。这种转移的AgNWs透明电极在600 ~ 1000nm范围内的光透过率约为90%，方阻为14.4Ω/sq，制得的钙钛矿顶电池效率为12.7%，800 ~ 1200nm范围内器件光透过率为60% ~ 70%。

图6-15　AgNWs电极半透明PSC[55]

（a）ZnO缓冲层、AgNWs电极的半透明PSC的结构示意；（b）半透明PSC的透过光谱

除了溶剂腐蚀以外，AgNWs电极在钙钛矿电池中的应用还存在一个关键问题——稳定性问题[55]。即使在氮气氛围下，器件性能也会发生持续衰减，可能是因为钙钛矿中的I^-和AgNWs的Ag^+发生化学反应形成了AgI，增大了器件的串阻和AgNWs电极的方阻，从而影响电荷的抽取。为了解决稳定性问题，Chang等[56]在AgNWs和钙钛矿层之间引入致密的ZnO阻挡层，并在AgNWs上包覆一层Al_2O_3绝缘层，但也仅仅维持了短期的稳定，对于长期稳定性还需要找寻更合适的方法或对钙钛矿更稳定的金属材料。

6.2.1.3　超薄金属

超薄金属在PSC中的应用最开始是为了获得中和色的半透明电池，然后转移应用到钙钛矿叠层电池的顶电池中。与溅射TCO相比，超薄金属通过热蒸发法沉积制备对钙钛矿材料的影响很小[57]，因此不需要缓冲层，同时超薄金属电极通常具有较好的导电性。但在Spiro-OMeTAD上直接沉积超薄Au或Ag金属层，金属原子很容易形成簇状或岛状，无法得到连续的薄膜[24,58]。于是，Gaspera等[58]先在Spiro-OMeTAD上沉积一层MoO_3作为籽晶层，从而获得了方阻为13Ω/sq的连续的Au薄膜（10nm），并在其上沉积了另一层MoO_3作为减反层，提出了电介质-金属-电介质堆叠的半透明电极结构。Yang等[24]发现对于Ag来说，MoO_x-Ag-MoO_x的结构仍然无法获得连续的膜，于是他们在沉积10nmAg之前先沉积了1nm的Au作为籽晶层（图6-16），最终制备出的半透明PSC效率为11.5%，用作PSC/CIGS 4-T叠层电池的顶电池。该MoO_x-金属-MoO_x结构仅适用于PSC的空穴传输层，Chen等[57]发明了一种新型结构的超薄金属电极Cu（1nm）/Au（7nm）/BCP（40nm），可同时应用于钙钛矿的电子和空穴传输层，制得的半透明PSC效率为16.5%，红外区域透过率约为60%。尽管超薄金属透明电极制备简单、导电率高，但它的寄生吸收，尤其在红外线区域，极大地限制了其在叠层电池中的应用。

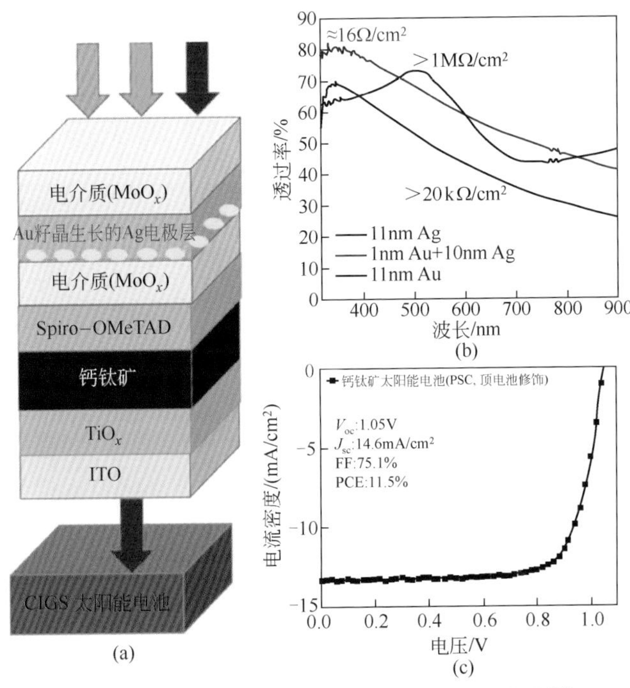

图6-16　超薄金属电极PSC/CIGS4-T叠层电池[24]

（a）MoO_x-Au/Ag-MoO_x超薄金属透明电极的PSC/CIGS机械叠层电池结构示意；（b）Ag、Au/Ag、Au薄膜的透过率和电导率图谱；（c）超薄金属电极PSC的J-V曲线

6.2.1.4　石墨烯或其他碳材料

石墨烯具有非常优异的光透过性，几乎在全部光谱范围内没有自由电荷吸收，透过率高于90%[59]。600～1200nm范围内其透过率几乎保持在一个常数$1-N\pi\alpha$，其中N是石墨烯层数，α是单层石墨烯的吸光系数[60]。此外，石墨烯展现出优异的机械和化学稳定性，石墨烯透明电极的最大问题来源于其较大的方阻，在具有高透过率的同时获得较好的导电性是石墨烯或其他碳材料在钙钛矿叠层电池中应用的最大挑战。You等[61]在PMMA基底上通过CVD生长石墨烯层，然后将其在60℃下通过施压转移到PSC的Spiro-OMeTAD层

上，作为PSC的上电极［图6-17（a）］。在层压之前，他们先在石墨烯上旋涂了20nm厚的PEDOT：PSS以降低其方阻。光从玻璃端和石墨烯端射入时，该半透明PSC的效率分别为12.02%和11.65%。除了石墨烯，碳纳米管（CNT）也可作为PSC的透明电极。Li等[62]将独立的CNT薄膜转移到Spiro-OMeTAD层上［图6-17（b）］，制得了效率为9.90%的半透明PSC。但是相比于石墨烯，CNT的方阻更大（2～5kΩ/sq）、透过率更低（约60%），从而导致PSC的FF和J_{sc}偏低。值得注意的是，石墨烯或其他碳材料作为2-T钙钛矿叠层电池的中间复合层似乎有更大的潜力和前景。

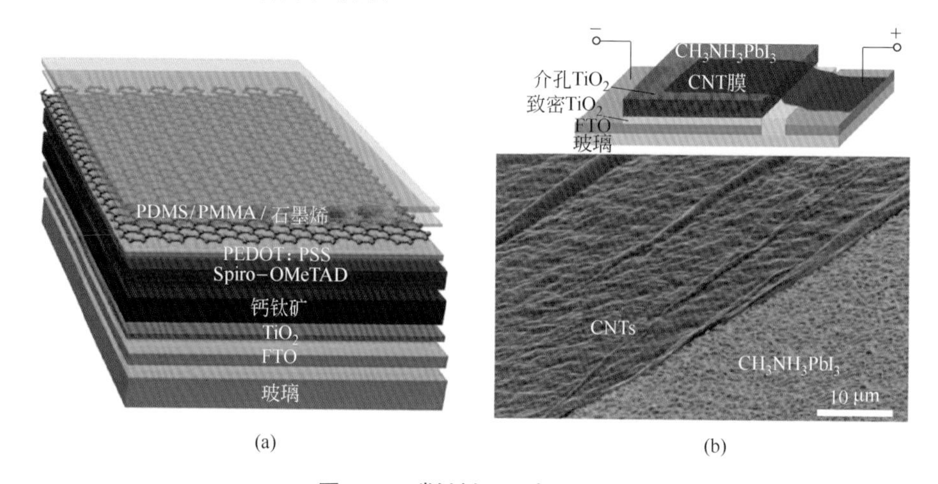

图6-17　碳材料透明电极PSC

（a）石墨烯透明电极的半透明PSC结构[61]；（b）CNT透明电极的PSC结构及CNT-MAPbI$_3$界面处SEM图[62]

6.2.2　2-T叠层电池的中间复合层

2-T钙钛矿叠层电池的最大挑战就是顶电池和底电池中间复合层的设计和制备。作为两个子电池之间的桥梁，该中间层必须能够使电子和空穴有效地发生复合，同时尽可能减少电压损失和光损失。

2-T叠层电池中通常采用TCO作为中间复合层，两边分别是空穴和电子传输层。Werner等[36]制备的PSC/Si叠层电池就是在p$^+$a-Si：H层上溅射IZO薄膜作为中间复合层，然后沉积PCBM/PEIE复合有机层作为钙钛矿顶电池的电子传输层。Eperon等[41]制备的PSC-1/PSC-2全钙钛矿叠层电池则是以ITO为复合层，一边是电子传输层SnO$_2$/PCBM，另一边是空穴传输层PEDOT：PSS。在溅射ITO之前，先在SnO$_2$/PCBM上ALD沉积了2nm的ZnO作为缓冲层。中间复合层ITO还在PEDOT：PSS的旋涂过程中形成一层物理屏障，保护先制备的钙钛矿电池不受水分的侵蚀。PSC/CZTS和PSC/CIGS叠层电池也多采用溅射的ITO作为中间复合层[33,34]，并分别以CdS和PEDOT：PSS作为电子和空穴传输层。

尽管In基TCO是现在钙钛矿叠层电池中应用最为广泛的中间复合层材料，但如上文所述，In是一种稀有元素，开采比较困难，因此需要研究和开发更多性能合适、原料丰富、成本低廉的材料，取代In的使用，如石墨烯等，以适应未来的产业化生产。

6.3 钙钛矿叠层太阳能电池的能量损失分析

尽管近年来钙钛矿叠层电池的发展十分迅速，但其效率仍远远低于理论最高效率（42%）。了解叠层电池中存在的能量损失对进一步改善钙钛矿叠层电池的性能至关重要。钙钛矿叠层电池的损失主要有两个方面：光损失和电损失。对于单片集成的2-T叠层器件，还多了一种能量损失，即顶电池和底电池的电流失配。要实现高效的叠层电池，必须尽可能降低这些能量的损失。

6.3.1 光损失

钙钛矿叠层电池的光损失包括上表面的反射损失和透明电极或中间层的寄生吸收损失。图6-18给出了PSC/Si叠层电池中的光损失情况，其中白色部分是不同波长的反射损失，其他颜色是各层的吸收情况[63]。

由于叠层电池各层反射率失配，反射损失会导致大量的能量损失，尤其在长波区域。反射损失主要发生在顶电池的上电极和底电池表面。为了降低反射损失，需要对这两个表面进行减反处理。首先，在钙钛矿电池顶电极上沉积减反层，如LiF、MgF_2等[10,45]。Duong等[45]在顶电池的上电极上沉积100nm厚的MgF_2作为减反层，使得PSC的反射损失降低至2.33mA/cm^2。另外，可以对底电池表面进行织构化处理。对于单片集成的叠层电池，考虑到顶电池的覆盖率和并阻，通常底电池要采用光滑的Si或其他半导体电池，有报道指出直接在织构化的Si电池上制备钙钛矿顶电池可以将反射损失降低至0.5mA/cm^2 [64,65]。但是在织构化Si电池上沉积钙钛矿仍然是一个巨大的挑战。

在PSC/Si叠层电池中钙钛矿层和Si层吸收光产生光电流，但其他层（透明电极、电子传输层、空穴传输层、中间复合层等）的光吸收不会对光电流做出贡献，从而导致了寄生吸收损失。Jiang等[20]模拟计算了各种结构PSC/Si叠层电池中各层的光吸收情况，发现寄生吸收损失主要来自于透明电极和

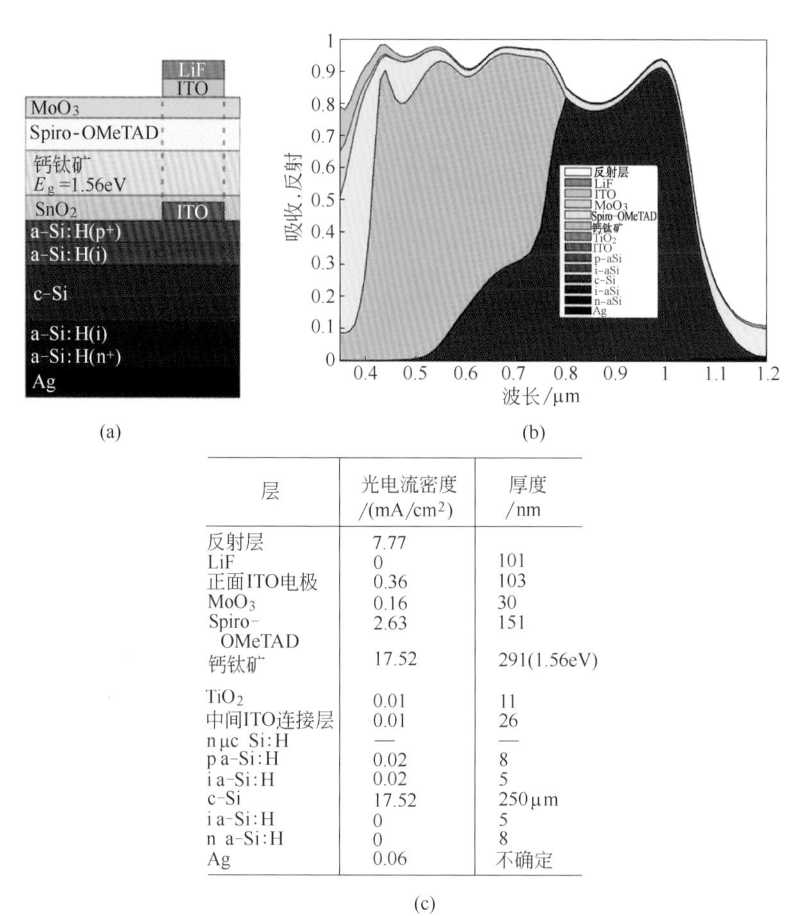

层	光电流密度 /(mA/cm²)	厚度 /nm
反射层	7.77	
LiF	0	101
正面ITO电极	0.36	103
MoO_3	0.16	30
Spiro-OMeTAD	2.63	151
钙钛矿	17.52	291(1.56eV)
TiO_2	0.01	11
中间ITO连接层	0.01	26
n μc Si:H	—	—
p a-Si:H	0.02	8
i a-Si:H	0.02	5
c-Si	17.52	250μm
i a-Si:H	0	5
n a-Si:H	0	8
Ag	0.06	不确定

(c)

图6-18 PSC/Si单片集成2-T叠层电池中的光损失[63]

（a）PSC/Si单片集成2-T叠层电池结构；（b）PSC/Si单片集成2-T叠层电池的反射和吸收谱；（c）各层厚度的优化及模拟的光电流

Spiro-OMeTAD的光吸收。首先对于透明电极部分，FTO玻璃不适合应用于4-T钙钛矿叠层电池，因为钠钙玻璃和FTO层的吸收损失较大；另外超薄金属透明电极也会带来较大的反射和吸收损失，仅从光学性质出发，石墨烯是最具潜力的半透明电极材料，相比之下石墨烯的反射和吸收损失最小。降低透明电极的厚度也能有效减少其寄生吸收损失，但同时会导致电损失的增加。对于Spiro-OMeTAD，当Spiro-OMeTAD位于PSC顶电池的上电极端时，产生的寄生吸收损失可达1.3mA/cm^2，但当Spiro-OMeTAD位于PSC电池的下电极端时，其寄生吸收损失可忽略不计，这说明p-i-n结构的PSC顶电池可以有效降低寄生吸收导致的能量损失。另外还可以采用其他寄生吸收极小的空穴传输材料代替Spiro-OMeTAD，如PTAA、PEDOT：PSS、NiO等。

6.3.2 电损失

由薄膜表面电阻引起的电损失与最大功率处电流密度和表面电阻的乘积成正比，因此电池的透明电极、空穴传输层、电子传输层的表面电阻都对最终的效率有着重要的影响。上文中提到，降低透明电极的厚度可以减少其寄生吸收，但同时又会增加薄膜的表面电阻，从而导致更大的V_{oc}损失和FF损失。因此，优化薄膜厚度，使光损失和电损失之间达到平衡是提高叠层电池性能的重要途径之一。

6.3.3 电流失配导致的能量损失

对于单片集成的2-T钙钛矿叠层电池，顶电池和底电池的电流匹配是获得高效器件的重要条件之一，因为叠层器件的光电流取决于子电池中较小的光电流，任何的电流失配都会导致较大的能量损失。Albrecht等[63]制备出效率高达18.1%的单片集成PSC/Si叠层电池，但顶电池和底电池的光电流密度分别为16.7 mA/cm^{2}和14.3mA/cm^2，而叠层电池电流密度受限于底电池电流密度，从而限制了整个叠层电池的效率。Bush等[37]通过对底电池的优化，将底电池短路电流密度提高至18.2mA/cm^2，与短路电流密度为18.7mA/cm^{2}的钙钛矿顶电池基本匹配，最大限度地降低了能量损失，最终获得23.6%的最高认证效率。达到电流匹配的主要途径有优化钙钛矿电池各层厚度、选择更宽带隙钙钛矿材料或对底电池进行更好的减反处理以增加其光吸收。

6.4 钙钛矿叠层电池效率极限

2014年，Almansouri等[19]基于细致平衡条件对2-T钙钛矿/硅叠层光伏器件进行理论模拟，计算得出其极限效率约为40%。但是玻璃和FTO的寄生吸收会导致电池效率的大幅度降低，他们根据当前单结器件的研究水平，推测2-T钙钛矿/硅叠层电池的实际转换效率可达30%。考虑到钙钛矿材料内部的光学振荡，他们研究了两种方案分别针对平面结构［式（6-1）］和具有Lambertian陷光结构器件［式（6-2）］：

$$A=1-\exp(-2\alpha W) \tag{6-1}$$

$$A=\alpha/[\alpha+(1/4n^2W)] \tag{6-2}$$

式中，α是光吸收系数；W是厚度；n为折射率。这里的钙钛矿材料吸光系数是采用Sun[66]等报道的$CH_3NH_3PbI_3$吸光系数，折射率在全波段设定为

2.55。硅底电池设定厚度为300μm，具有陷光结构，除固有辐射复合外还包括俄歇复合。硅材料的折射率是根据Green[67]报道的列表。图6-19给出了钙钛矿顶电池（方形符号）、硅底电池（圆形符号）的短路电流密度，其中蓝色线代表不考虑光学损失的情况，绿色和红色分别为包含了玻璃反射或玻璃/FTO带来的光学损失。此外，图6-19中还显示了2-T钙钛矿/硅叠层电池电流匹配时的效率极限（三角符号）。该计算中，入射光在钙钛矿膜中一次性通过，在硅片中则经过了Lambertian陷光结构。

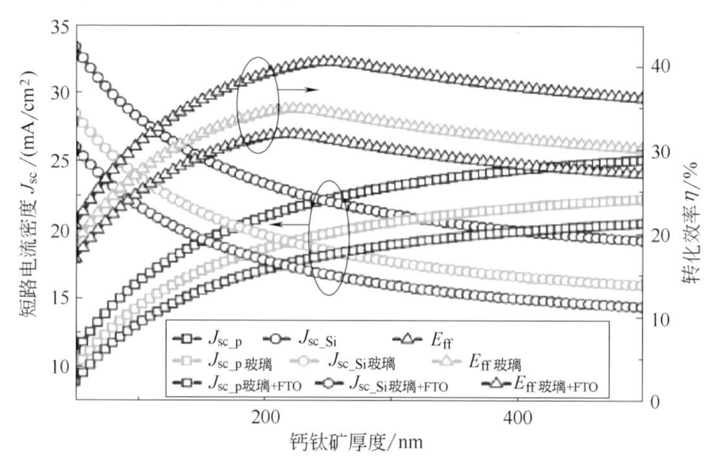

图6-19　钙钛矿、硅电池的短路电流密度及2-T钙钛矿/硅叠层电池效率与钙钛矿厚度的关系[19]（蓝色为无光损伤情况，绿色代表考虑玻璃导致的光损伤，红色代表考虑玻璃/FTO导致的光损失）

后来，Bruno Ehrler等[68,69]根据修改后的S-Q极限效率理论[7]分别计算了2-T和4-T钙钛矿/Si叠层电池的理论最高效率。能量大于带隙的入射光子通量形成光电流J_G和电压相关的复合电流J_R，而整体的光电流J定义为：$J=[J_G-J_R(V)]$。每个子电池的光电流J_G为：

$$J_G=\int_{E_{min}}^{E_{max}}\Gamma(E)\mathrm{d}E$$

式中，$\Gamma(E)$是入射光谱的光子通量。在叠层结构中，子电池还会受到另一个电池发射光的额外光照。因此太阳光谱和另一电池发射光引起的钙钛矿顶电池和Si底电池电流分别为：

$$J_G^{perovskite}=\int_{E_G^{perovskite}}^{E_{max}}\Gamma(E)\,\mathrm{d}E+\frac{2\pi q}{c^2h^3}\int_{E_G^{perovskite}}^{E_{max}}\frac{E^2}{e^{\frac{E-qV_{Si}}{kT}}-1}\mathrm{d}E$$

$$J_G^{Si}=\int_{E_G^{Si}}^{E_G^{perovskite}}\Gamma(E)\,\mathrm{d}E+\frac{2\pi q}{c^2h^3}\int_{E_G^{perovskite}}^{E_{max}}\frac{E^2}{e^{\frac{E-qV_{perovskite}}{kT}}-1}\mathrm{d}E$$

式中，E_G^{Si}为Si底电池的带隙，为1.12eV；$E_G^{perovskite}$为钙钛矿顶电池带隙；q为基础电荷；c为光速；h为普朗克常量；k为玻尔兹曼常量；T为温度；V为应用电压。复合电流假设只由辐射复合导致，其计算公式为：

$$J_R(V)=f_w\frac{2\pi q}{c^2h^3}\int_{E_G}^{E_{max}}\frac{E^2}{e^{\frac{E-qV}{kT}}-1}dE$$

式中，E_G为对应的带隙；f_w为考虑了电池发射的辐射复合角度的几何因子。Shockley和Queisser[7]假设的是平面结构，只从电池的正面和背面发射辐射，即f_w=2。Bruno Ehrler等[69]假设Si电池背面具有完美的反射，钙钛矿和硅电池之间是光谱选择性反射，因此电池只能从正表面发射辐射，也就是f_w=1。

对于电流匹配的2-T叠层电池，$J=J_{perovskite}=J_{Si}$，其功率为：

$$P_{out}^{series}=\left(V_{perovskite}+V_{Si}\right)J$$

而对于4-T的叠层电池，既不需要电流匹配，也不需要电压匹配，其整体功率为：

$$P_{out}^{four-terminal}=J_{perovskite}V_{perovskite}+J_{Si}V_{Si}$$

钙钛矿/硅叠层电池的转换效率为：

$$\eta=\mathrm{Max}\left[\frac{P_{out}(V)}{P_{sun}}\right]$$

式中，P_{sun}是太阳光入射功率。Bruno Ehrler等[69]指出钙钛矿/硅叠层电池中钙钛矿的最佳带隙为1.73eV，在该带隙条件下，计算得出光照AM1.5G、温度25℃时，2-T钙钛矿/硅叠层电池极限理论效率为45.1%，4-T钙钛矿/硅叠层电池极限理论效率为45.3%。

6.5 小结

钙钛矿电池作为叠层电池的顶电池具有巨大的潜力，目前为止，研究者们成功制备出不同结构的高效钙钛矿叠层电池。机械堆叠4-T钙钛矿叠层电池最高效率达25.2%，光学耦合4-T钙钛矿叠层最高效率达28%，单片集成2-T钙钛矿叠层电池的最高认证效率达23.6%，均高于单结钙钛矿电池的最高效率，接近Si电池的最高水平。另外，由于Si电池的市场统治力及Si电池与PSC良好兼容性，PSC/Si叠层电池有望最早实现工业化。钙钛矿叠层电池的进一步发展可以从以下几个方面入手：

① 制备高性能宽带隙钙钛矿电池，获得更高 V_{oc}；

② 开发使用更合适的透明电极或复合层材料，降低In使用的同时，减少寄生吸收导致的电流损失；

③ 研究更好的陷光技术，对光有选择性地吸收透过，即对于顶电池，增加短波长光吸收的同时增加长波长光的透过；

④ 电流匹配，尤其对于2-T钙钛矿叠层电池，对底电池表面进行合理的织构化处理，减少反射损失。

上述方法可以有效提高钙钛矿叠层电池的光电转换效率，随着制备技术、结构设计的改进，钙钛矿叠层电池的效率有望超过30%。但要实现钙钛矿叠层电池的商业化应用，除了提高PCE以外，更重要的是要解决钙钛矿电池的稳定性和大面积制备，这也是单结钙钛矿电池面临的主要问题。一旦钙钛矿电池大规模生产和使用寿命问题得到解决，钙钛矿叠层电池将会因其低成本、高效率等优势迅速占领光伏市场，满足未来世界的能量需求。

参考文献

[1] Green M A. The path to 25% silicon solar cell efficiency: history of silicon cell evolution. Progress in Photovoltaics: Research and Applications, 2009, 17 (3): 183-189.

[2] Yoshikawa K, Kawasaki H, Yoshida W, et al. Silicon heterojunction solar cell with interdigitated back contacts for a photoconversion efficiency over 26%. Nature Energy, 2017, 2 (5): 17032.

[3] Green M A, Ho-Baillie A, Snaith H J. The emergence of perovskite solar cells. Nature Photonics, 2014, 8 (7): 134.

[4] Kosten E D, Atwater J H, Parsons J, et al. Highly efficient GaAs solar cells by limiting light emission angle. Light: Science & Applications, 2013, 2 (1): 45.

[5] Wu X. High-efficiency polycrystalline CdTe thin-film solar cells. Solar energy, 2004, 77 (6): 803-814.

[6] Romeo A, Terheggen M, Abou-Ras D, et al. Development of thin-film Cu (In, Ga) Se_2 and CdTe solar cells. Progress in Photovoltaics: Research and Applications, 2004, 12 (2-3): 93-111.

[7] Shockley W, Queisser H J. Detail balance limit of efficiency of p-n junction solar cells. J Appl Phys, 1961, 32: 510.

[8] Swanson R M. Approaching the 29% limit efficiency of silicon solar cells. Photovoltaic Specialists Conference. Conference Record of the Thirty-first IEEE. IEEE, 2005: 889-894.

[9] NREL chart, http: //www.nrel.gov/ncpv/images/efficiency_chart.jpg.

[10] Albrecht S, Saliba M, Correa B, et al. Monolithic perovskite/silicon -heterojunction tandem solar cells processed at low temperature. Energy Environ Sci, 2015, 9 (1): 81-88.

[11] Blakers A W, Wang A, Milne A M, et al. 22.8% efficient silicon solar cell. Applied

Physics Letters, 1989, 55 (13): 1363-1365.

[12] Bryant D, Greenwood P, Troughton J, et al. A transparent conductive adhesive laminate electrode for high-efficiency organic-inorganic lead halide perovskite solar cells. Advanced Materials, 2014, 26 (44): 7499-7504.

[13] Bush K A, Bailie C D, Chen Y, et al. Thermal and environmental stability of semi-transparent perovskite solar cells for tandems enabled by a solution-processed nanoparticle buffer layer and sputtered ITO electrode. Advanced Materials, 2016, 28 (20): 3937-3943.

[14] Chen B, Bai Y, Yu Z, et al. Efficient semitransparent perovskite solar cells for 23.0%-efficiency perovskite/silicon four-terminal tandem cells. Advanced Energy Materials, 2016, 6 (19): 1601128.

[15] Duong T, Wu Y L, Shen H, et al. Rubidium multication perovskite with optimized bandgap for perovskite-silicon tandem with over 26% efficiency. Advanced Energy Materials, 2017, 7 (14): 1700228.

[16] Duong T, Wu Y L, Shen H, et al. Rubidium multication perovskite with optimized bandgap for perovskite-silicon tandem with over 26% efficiency. Advanced Energy Materials, 2017, 7 (14): 1700228.

[17] Green M A, Emery K, Hishikawa Y, et al. Solar cell efficiency tables (version45). Prog Photovol-Res Appl, 2015, 23: 1-9.

[18] Forgács D, Gil-Escrig L, Pérez-Del-Rey D, et al. Efficient monolithic perovskite/perovskite tandem solar cells. Advanced Energy Materials, 2017, 7 (8): 1602121.

[19] Almansouri I, Ho-Baillie A, Green M A. Ultimate efficiency limit of single-junction perovskite and dual-junction perovskite/silicon two-terminal devices. Japanese Journal of Applied Physics, 2015, 54 (8S1): 08KD04.

[20] Jiang Y, Almansouri I, Huang S, et al. Optical analysis of perovskite/silicon tandem solar cells. Journal of Materials Chemistry C, 2016, 4 (24): 5679-5689.

[21] Yu Z, Leilaeioun M, Holman Z. Selecting tandem partners for silicon solar cells. Nat Energy, 2016, 1 (9): 16137.

[22] Bailie C D, Christoforo M G, Mailoa J P, et al. Semi-transparent perovskite solar cells for tandems with silicon and CIGS. Energy & Environmental Science, 2015, 8 (3): 956-963.

[23] Werner J, Moon S J, Löper P, et al. Towards Ultra-high efficient photovoltaics with perovskite/crystalline siclicon tandem devices. 31st European PV Solar Conference and Exhibition. Hamburg, Germany, 2015.

[24] Yang Y, Chen Q, Hsieh Y T, et al. Multilayer transparent top electrode for solution processed perovskite/Cu (In, Ga) $(Se, S)_2$ four terminal tandem solar cells. ACS nano, 2015, 9 (7): 7714-7721.

[25] Werner J, Barraud L, Walter A, et al. Efficient near-infrared-transparent perovskite solar cells enabling direct comparison of 4-terminal and monolithic perovskite/silicon tandem cells. ACS Energy Letters, 2016, 1 (2): 474-480.

[26] Bush K A, Palmstrom A F, Zhengshan J Y, et al. 23.6%-efficient monolithic perovskite/

silicon tandem solar cells with improved stability. Nature Energy, 2017, 2 (4) : 17009.

[27] Chen B, Zheng X, Bai Y, et al. Progress in tandem solar cells based on hybrid organic-inorganic perovskites. Advanced Energy Materials, 2017, 7 (14) : 1602400.

[28] Barnett A, Kirkpatrick D, Honsberg C, et al. Very high efficiency solar cell modules. Progress in Photovoltaics: Research and Applications, 2009, 17 (1) : 75-83.

[29] Uzu H, Ichikawa M, Hino M, et al. High efficiency solar cells combining a perovskite and a silicon heterojunction solar cells via an optical splitting system. Applied Physics Letters, 2015, 106 (1) : 013506.

[30] Sheng R, Ho-Baillie A W Y, Huang S, et al. Four-terminal tandem solar cells using $CH_3NH_3PbBr_3$ by spectrum splitting. The journal of physical chemistry letters, 2015, 6 (19) : 3931-3934.

[31] Li Y, Hu H W, Chen B B, et al. Reflective perovskite solar cells for efficient tandem applications. Journal of Materials Chemistry C, 2017, 5 (1) : 134-139.

[32] Li Y, Hu H, Chen B, et al. Solution-processed perovskite-kesterite reflective tandem solar cells. Solar Energy, 2017, 155.

[33] Todorov T, Gershon T, Gunawan O, et al. Perovskite-kesterite monolithic tandem solar cells with high open-circuit voltage. Applied Physics Letters, 2014, 105 (17) : 173902.

[34] Todorov T, Gershon T, Gunawan O, et al. Monolithic perovskite-CIGS tandem solar cells via in situ band gap engineering. Advanced Energy Materials, 2015, 5 (23) : 1500799.

[35] Mailoa J P, Bailie C D, Johlin E C, et al. A 2-terminal perovskite/silicon multijunction solar cell enabled by a silicon tunnel junction. Applied Physics Letters, 2015, 106 (12) : 121105.

[36] Werner J, Weng C H, Walter A, et al. Efficient monolithic perovskite/silicon tandem solar cell with cell area> 1 cm^2. The journal of physical chemistry letters, 2015, 7 (1) : 161-166.

[37] Bush K A, Palmstrom A F, Zhengshan J Y, et al. 23.6%-efficient monolithic perovskite/silicon tandem solar cells with improved stability. Nature Energy, 2017, 2 (4) : 17009.

[38] Jiang F, Liu T, Luo B, et al. A two-terminal perovskite/perovskite tandem solar cell. Journal of Materials Chemistry A, 2016, 4 (4) : 1208-1213.

[39] Heo J H, Im S H. $CH_3NH_3PbBr_3$-$CH_3NH_3PbI_3$ perovskite-perovskite tandem solar cells with exceeding 2.2 V open circuit voltage. Advanced Materials, 2016, 28 (25) : 5121-5125.

[40] Hao F, Stoumpos C C, Chang R P H, et al. Anomalous band gap behavior in mixed Sn and Pb perovskites enables broadening of absorption spectrum in solar cells. Journal of the American Chemical Society, 2014, 136 (22) : 8094-8099.

[41] Eperon G E, Leijtens T, Bush K A, et al. Perovskite-perovskite tandem photovoltaics with optimized band gaps. Science, 2016, 354 (6314) : 861-865.

[42] Yang Z, Rajagopal A, Chueh C C, et al. Stable low-bandgap Pb-Sn binary perovskites for tandem solar cells. Advanced Materials, 2016, 28 (40) : 8990-8997.

[43] Liao W, Zhao D, Yu Y, et al. Fabrication of efficient low-bandgap perovskite solar cells

by combining formamidinium tin iodide with methylammonium lead iodide. Journal of the American Chemical Society, 2016, 138 (38) : 12360-12363.

[44] Forgács D, Gil-Escrig L, Pérez-Del-Rey D, et al. Efficient monolithic perovskite/perovskite tandem solar cells. Advanced Energy Materials, 2017, 7 (8) : 1602121.

[45] Lal N N, Dkhissi Y, Li W, et al. Perovskite tandem solar cells. Advanced Energy Materials, 2017, 7 (18) : 1602761.

[46] McMeekin D P, Sadoughi G, Rehman W, et al. A mixed-cation lead mixed-halide perovskite absorber for tandem solar cells. Science, 2016, 351 (6269) : 151-155.

[47] Lal N, Grant D, Jacobs D, et al. Semitransparent perovskite solar cell with sputtered front and rear electrodes for a four-terminal tandem. IEEE Journal of Photovoltaics, 2016, 6 (3) : 679-687.

[48] Löper P, Moon S J, De Nicolas S M, et al. Organic-inorganic halide perovskite/crystalline silicon four-terminal tandem solar cells. Physical Chemistry Chemical Physics, 2015, 17 (3) : 1619-1629.

[49] Fu F, Feurer T, Jäger T, et al. Low-temperature-processed efficient semi-transparent planar perovskite solar cells for bifacial and tandem applications. Nature communications, 2015, 6: 8932.

[50] Nakamura E, Sato K. Managing the scarcity of chemical elements. Nature materials, 2011, 10 (3) : 158.

[51] Werner J, Dubuis G, Walter A, et al. Sputtered rear electrode with broadband transparency for perovskite solar cells. Solar Energy Materials and Solar Cells, 2015, 141: 407-413.

[52] Margulis G Y, Christoforo M G, Lam D, et al. Spray deposition of silver nanowire electrodes for semitransparent solid-state dye-sensitized solar cells. Advanced Energy Materials, 2013, 3 (12) : 1657-1663.

[53] Shin D, Kim T, Ahn B T, et al. Solution-processed Ag nanowires+ PEDOT: PSS hybrid electrode for Cu (In, Ga) Se_2 thin-film solar cells. ACS applied materials & interfaces, 2015, 7 (24) : 13557-13563.

[54] Angmo D, Andersen T R, Bentzen J J, et al. Roll-to-roll printed silver nanowire semitransparent electrodes for fully ambient solution-processed tandem polymer solar cells. Advanced Functional Materials, 2015, 25 (28) : 4539-4547.

[55] Guo F, Azimi H, Hou Y, et al. High-performance semitransparent perovskite solar cells with solution-processed silver nanowires as top electrodes. Nanoscale, 2015, 7 (5) : 1642-1649.

[56] Chang C Y, Lee K T, Huang W K, et al. High-performance, air-stable, low-temperature processed semitransparent perovskite solar cells enabled by atomic layer deposition. Chemistry of Materials, 2015, 27 (14) : 5122-5130.

[57] Chen B, Bai Y, Yu Z, et al. Efficient semitransparent perovskite solar cells for 23.0%-efficiency perovskite/silicon four-terminal tandem cells. Advanced Energy

Materials，2016，6（19）：1601128.

[58] Della Gaspera E，Peng Y，Hou Q，et al. Ultra-thin high efficiency semitransparent perovskite solar cells. Nano Energy，2015，13：249-257.

[59] Lang F，Gluba M A，Albrecht S，et al. Perovskite solar cells with large-area CVD-graphene for tandem solar cells. The journal of physical chemistry letters，2015，6（14）：2745-2750.

[60] Li W，Cheng G，Liang Y，et al. Broadband optical properties of graphene by spectroscopic ellipsometry. Carbon，2016，99：348-353.

[61] You P，Liu Z，Tai Q，et al. Efficient semitransparent perovskite solar cells with graphene electrodes. Advanced Materials，2015，27（24）：3632-3638.

[62] Li Z，Kulkarni S A，Boix P P，et al. Laminated carbon nanotube networks for metal electrode-free efficient perovskite solar cells. ACS nano，2014，8（7）：6797-6804.

[63] Albrecht S，Saliba M，Correa-Baena J P，et al. Towards optical optimization of planar monolithic perovskite/silicon-heterojunction tandem solar cells. Journal of Optics，2016，18（6）：064012.

[64] Schneider B W，Lal N N，Baker-Finch S，et al. Pyramidal surface textures for light trapping and antireflection in perovskite-on-silicon tandem solar cells. Optics express，2014，22（106）：A1422-A1430.

[65] Shi D，Zeng Y，Shen W. Perovskite/c-Si tandem solar cell with inverted nanopyramids: realizing high efficiency by controllable light trapping. Scientific reports，2015，5：16504.

[66] Sun S，Salim T，Mathews N，et al. The origin of high efficiency in low-temperature solution-processable bilayer organometal halide hybrid solar cells. Energy & Environmental Science，2014，7（1）：399-407.

[67] Green M A. Self-consistent optical parameters of intrinsic silicon at 300 K including temperature coefficients. Solar Energy Materials and Solar Cells，2008，92（11）：1305-1310.

[68] Futscher M H，Ehrler B. Efficiency limit of perovskite/Si tandem solar cells. ACS Energy Letters，2016，1（4）：863-868.

[69] Futscher M H，Ehrler B. Modeling the performance limitations and prospects of perovskite/Si tandem solar cells under realistic operating conditions. Acs Energy Letters，2017，2（9）：2089.

第2篇

新型半导体化合物薄膜太阳能电池

第7章 铜锌锡硫（CZTS）薄膜太阳能电池

铜铟镓硒（CIGS）四元化合物薄膜太阳能电池的研究最初起源于三元黄铜矿结构化合物$CuInSe_2$太阳能电池，$CuInSe_2$是以Cu、In、Se三种元素形成的化合物，属于Ⅰ-Ⅲ-Ⅵ族。当在其中掺杂Ga元素后即形成CIGS薄膜。CIGS是直接带隙材料，具有宽带隙和高光吸收系数的特点。通过改变Ga的含量，可调控禁带宽度，获得适于制备太阳能电池的最佳能带结构。CIGS光吸收系数高达$6\times10^5cm^{-1}$[1]，是到目前报道光伏材料吸收系数的最高值。1～2 μm厚的CIGS吸收层即可吸收大部分的太阳光。理论计算最佳带隙1.3 eV的CIGS太阳能电池光电转换效率可达33%[1]。

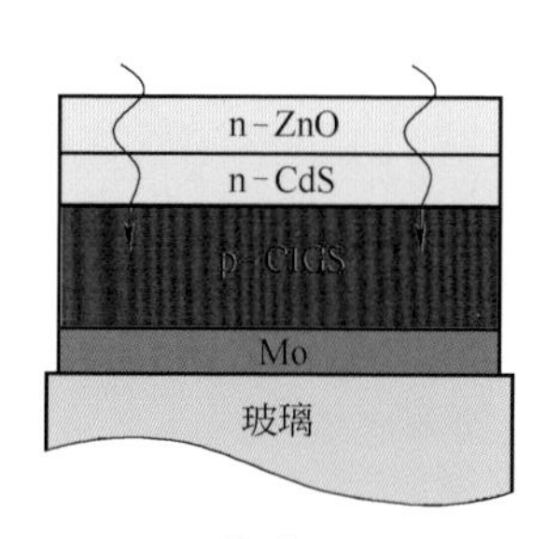

图7-1 CIGS薄膜太阳能电池结构

CIGS薄膜太阳能电池结构如图7-1所示，主要由钠钙玻璃衬底、钼（Mo）金属电极、p型CIGS膜、n型薄CdS或ZnS膜、本征ZnO和n型掺Al的低阻ZnO透明导电膜窗口层组成，在窗口层顶部制备金属栅线（如Ag或者Ni/Al电极）用于收集电流，减反射膜（如MgF_2）。

1994年，美国国家可再生能源实验室（NREL）采用“三步共蒸发工艺”制备的小面积CIGS电池，其效率达到15.9%。2008年NREL将其转换效率提高到19.9%[3]，是当时世界上转换效率最高的单结薄膜太阳能电池。2010年8月德国登符腾堡太阳能和氢能研究中心（ZSW）制备的面积为$0.5cm^2$的CIGS薄膜太阳能电池转换效率创造了新的世界纪录20.4%[4]，并得到了德国弗劳恩霍夫太阳能系统研究所（Fraunhofer，ISE）的认证。2014年9月，ZSW将转换效率提高到21.7%[5]。2014年3月美国CIGS薄膜开发商Stion宣称，制备出效率为23.2%的聚光型CIGS电池（20cm×20cm）[6]。2017年，汉能控股集团有限公司旗下的德国公司Solibro Hi-Tech GmbH研发的尺寸为1190cm×790cm的玻璃基CIGS薄膜电池，光电转换效率达16.97%，刷新大面积电池效率的世界纪录。该转换效率得到了德国科隆TÜV Rheinland测试机构验证。CIGS薄膜太阳能电池已有商业化生产，但还有一些关键技术需要解决，如高性能的薄膜材料制备工艺复杂；缓冲层CdS潜在毒害，需要开发新材料和新工艺；光伏组件的良品率。更重要的是，CIGS太阳能电池中In、Ga等稀有金属的利用将限制CIGS太阳能电池的大规模生产，因此可开发其他Ⅰ-Ⅲ-Ⅵ族化合物，以廉价且资源丰富的材料（例如Zn、Sn、S）替代稀有金属元素（In、Ga），开展铜锌锡硫Cu_2ZnSnS_4（CZTS）薄膜太阳能电池的研究。

CZTS或者硒化的CZTS（CZTSSe）是直接带隙p型半导体材料，吸收系数大于10^4cm^{-1}。理论计算光电转换效率高达33%[1]。其中比较有代表性的是IBM开发CZTSS电池，光电转换效率超过12.1%。

7.1 CZTS的晶体结构及缺陷分析

CZTS虽然是由CIGS演变而来，但它的晶体结构与CIGS并不相同，CIGS的晶体结构是黄铜矿结构，而CZTS却有两种晶体结构，一种是锡黄锌矿结构（由单个闪锌矿晶胞转换得到的），另一种是六方结构。计算和实验表明锡黄锌矿结构是CZTS材料的最稳定的结构，其结构如图7-2所示，CZTS的晶格常数a=0.54nm，c=1.09nm；计算得到的CZTS的密度约为$4.6g/cm^3$[7]。

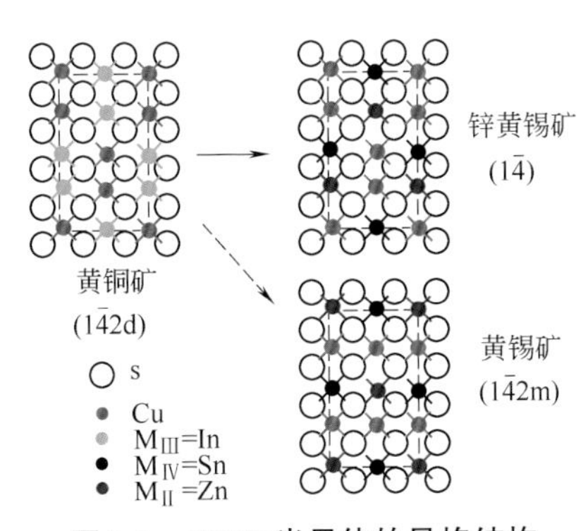

图7-2　CZTS半导体的晶格结构

Hui Du等[11]通过研究三元硫化物Cu_2S-SnS_2-ZnS体系的相平衡关系，发现CZTS纯相的稳定区域非常狭窄，如图7-3（a）所示。陈时友等[9,10]引入化学势对四种元素及其相对应的硫化物进行了热力学的理论计算，建立了CZTS相图，发现CZTS只在化学势空间中非常小的区域范围内才能稳定，如图7-3（b）和（c）所示。若化学势稍微偏离这个区域就容易生成二次相，如CuS、Cu_2S、ZnS、SnS_2或者Cu_2SnS_3等。因此，在薄膜制备过程中需严格控制元素的比例，以便制备出纯相的CZTS薄膜。

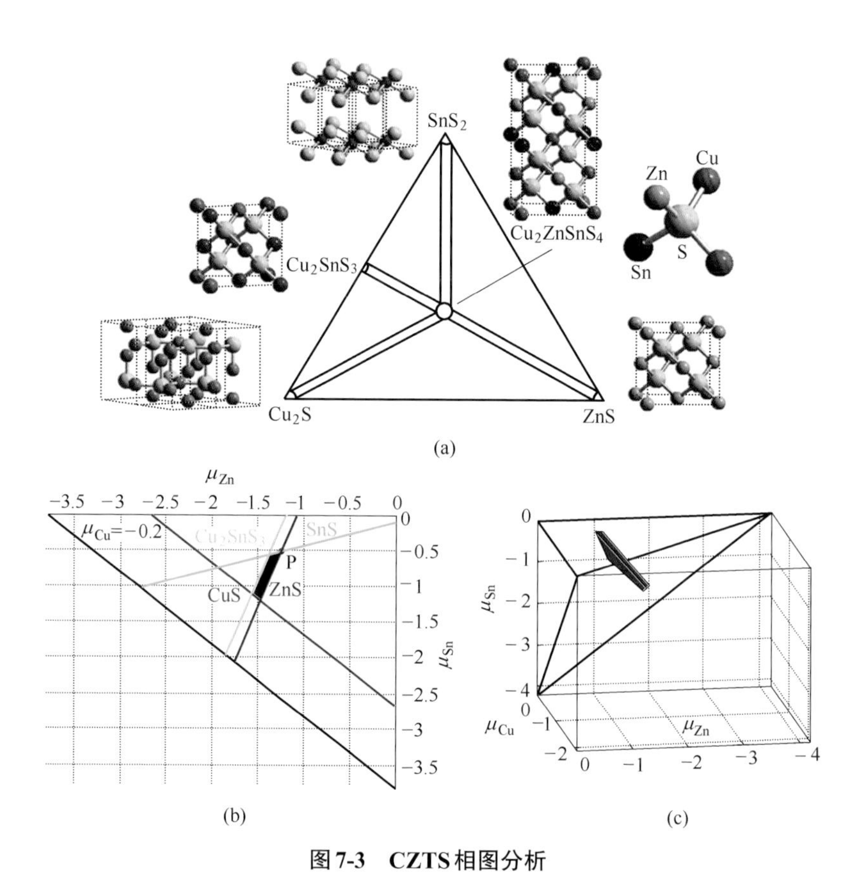

图7-3 CZTS相图分析

(a）三元硫化物Cu_2S-SnS_2-ZnS相图[11]，计算的CZTS在化学势空间的稳定相图[8,9]；μ_{Cu}=−0.2eV时的（b）平面图和（c）三维图

华东师范大学陈时友等[10]利用第一性原理计算（图7-4）也发现CZTS和CZTSSe单一相仅仅在很小的一个化学势范围内存在，偏离这个区域就会形成其他的二次相。单一相的形成对Zn含量的要求十分苛刻。当Zn的含量过高或者过低时，就会相应地产生ZnS或者Cu_2SnS_3杂相。这两种二次相都不利于电池效率的提高，而且这两种二次相和CZTS具有相似的X射线衍射峰，在实验中很难用X射线衍射结果来区分，这给制备高质量的薄膜带来了很大的挑战。

另外，制备高质量的薄膜都需要进行高温热处理，在该过程中，很容易造成Zn、Sn、S等易挥发元素的损失[12,13]，使其元素比例偏离稳定的化学势区域。而且CZTS薄膜会在高温下发生分解反应或与背电极Mo发生界面反应，产生杂相[14,15]。这些因素都增大了制备单一相CZTS薄膜的难度。在制备过程中不仅要精确计算原料的比例，还要选择合适的热处理方式，最终得到合理的元素配比，从而制备出单一相的吸收层薄膜。

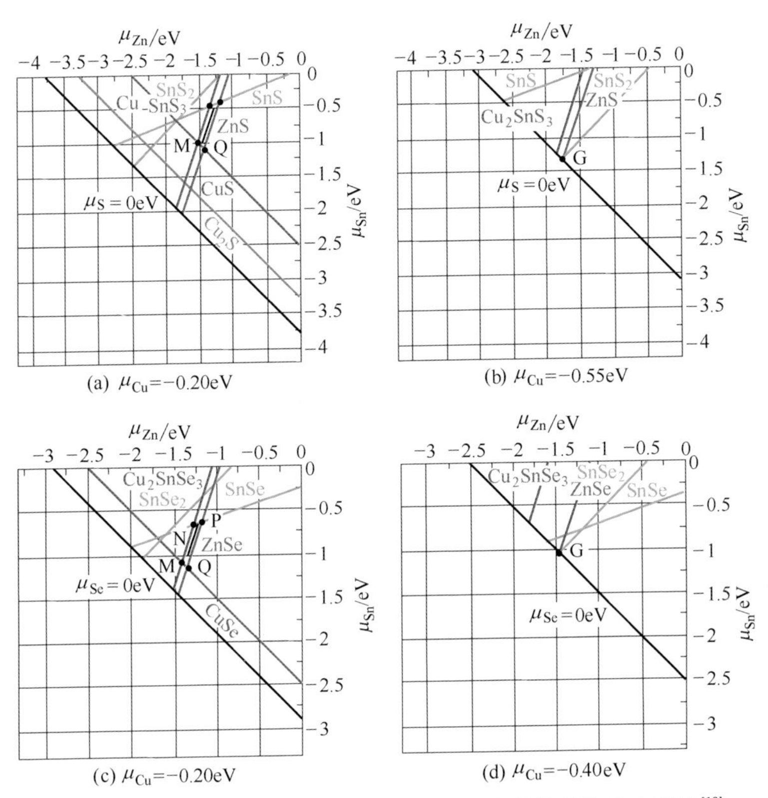

图7-4　计算得到CZTS和CZTSe单一相存在的化学势稳定区域[10]

与二元以及三元化合物相比，在CZTS（Se）薄膜材料中会存在更多的本征缺陷。例如空位缺陷（vacancies）、替位缺陷（antisites）、间隙缺陷（interstitials）等。这些缺陷可以分为施主缺陷和受主缺陷。图7-5给出了CZTS材料中不同缺陷的形成能，可以看出替位缺陷Cu_{Zn}的形成能最低，而在黄锡矿结构的CIGS中，形成能最低的是铜空位缺陷（V_{Cu}）。这可能是由于Cu和Zn的原子半径很接近，很容易发生互相替代。而施主缺陷的形成能都很高，这说明受主缺陷在CZTS基材料中能自发形成。

不同缺陷的离化能是不同的，形成能最低的受主缺陷Cu_{Zn}的离化能大，这对于提高CZTS电池效率是不利的。减少Cu元素的含量，有利于V_{Cu}的产生而抑制Cu_{Zn}缺陷。但是如果Cu含量过多会引起浅施主缺陷Zn_{Cu}的形成，影响载流子的输运，而且还有可能产生ZnS二次相。另一方面，在Sn含量过多或者过少时，会引起较多的Zn_{Sn}、Cu_{Sn}或Sn_{Zn}、Sn_{Cu}缺陷，这些深能级缺陷会作为复合中心造成载流子的复合，对电池造成不良影响。所以人们在实验中发现基于贫Cu富Zn组分的CZTS基太阳能电池往往会得到较高的转换效率。

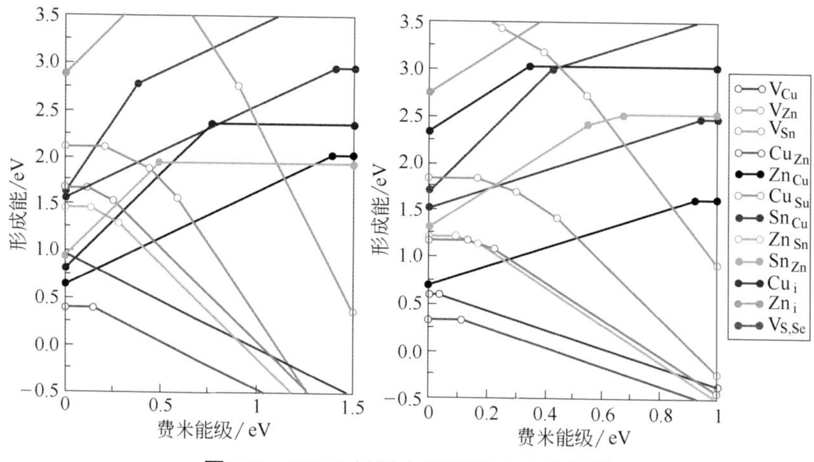

图7-5 CZTS材料中不同缺陷形成能[10]

而且在这种组分下，容易形成V_{Cu}+Zn_{Cu}缺陷对，使带隙界面发生弯曲，有助于光生电子-空穴对的分离。Katagiri等[15]系统研究了金属元素含量比例对电池效率的影响，结果表明对于高效率电池，Cu/(Zn+Sn)和Zn/Sn的比例分别应该为0.8和1.2。

对于CZTS材料，薄膜的导电类型及其电学性质、光学性质与材料中的二次相和缺陷直接相关。纯相的CZTS材料是直接带隙半导体，带隙为1.5 eV，吸收系数可以高达10^4cm^{-1}。当CZTS里元素比例发生偏移时，CZTS薄膜的带隙会发生变化，吸收系数也会发生变化。当材料中S含量较小时，材料缺S而形成V_S，锌黄锡矿结构中Cu原子与Zn原子外层电子失去共价电子，此时S空位相当于施主杂质，为导带提供电子。此外导电类型还与Cu/(Zn+Sn）含量有关，当Cu的含量较高的时候，容易出现Cu_{Zn}与Cu_{Sn}位的缺陷，从而出现p型导电性，当Cu的含量逐渐降低时，则材料会逐渐出现n型导电性。用于器件的薄膜常为在富S气氛下的p型材料，载流子浓度为10^{16}～10^{17}/cm^3[16]。CZTS材料的迁移率有较大的取值范围，对p型多晶材料进行霍尔测量，迁移率可达到0.5～1000cm^2/(V·s)[16]。材料体内存在大量的深能级缺陷会严重影响光生载流子的分离和输运。

7.2 CZTS电池结构

CZTS电池的结构如图7-6所示，从下到上分别为背电极、吸收层、缓冲层、窗口层与顶电极。CZTS制备过程中需要经过高温硫化，所以背电极的选择尤为特殊，既要满足与吸收层之间的晶格匹配又要满足在高温硫化过程中不易被硫化和腐蚀，在现有的体系中一般以能够满足上述条件的金属Mo作为背电极，在金属Mo层上面就是吸收层，然后是缓冲层。目前使用最广泛的缓冲层为CdS。窗口层包括两层即本征氧化锌（i-ZnO）与透明导电层（TCO）。

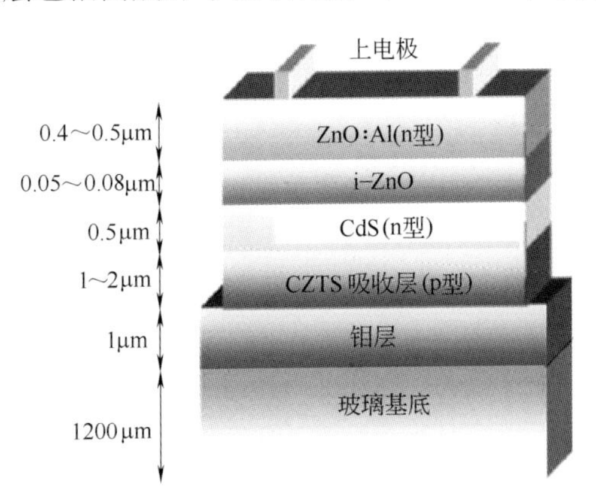

图7-6　CZTS半导体薄膜电池的结构

考虑到CZTS、CdS和ZnO的光学带隙分别是1.5 eV、2.43 eV和3.29eV，这些数值与文献中的大小一致。由此得到的CdS/CZTS异质结的导带偏移量是（0.13±0.1）eV，并且得到CdS/ZnO异质结的导带偏移量是(1.00±0.1)eV。CZTS/CdS/ZnO的界面处能带如图7-7所示，可以明显看出CZTS的导带底高于CdS的导带底，且CdS的导带底高于ZnO导带底。CdS/CZTS异质结和CdS/ZnO异质结界面处的能带排列是Ⅱ型对齐结构。这种对齐方式可以减少电子在界面处传输的障碍。在CZTS/CdS异质结界面处的电子空穴对很容易分开，而且电子很容易通过CZTS/CdS和CdS/ZnO异质结，很窄的CdS导带底到CZTS价

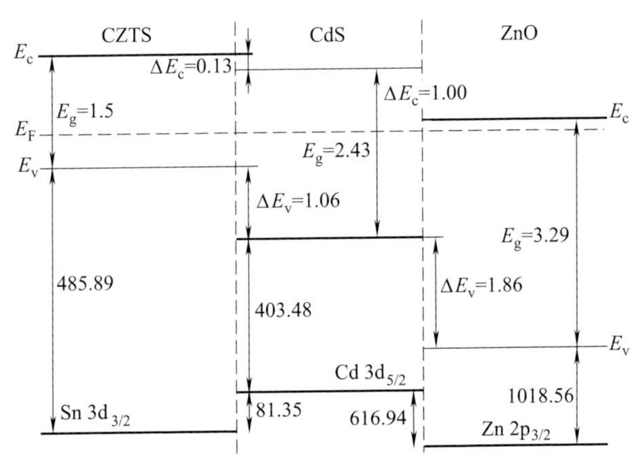

图7-7　CZTS薄膜电池的能带图

带顶的距离增加了界面复合，因为Ⅱ型能带对齐结构会导致很低的开路电压和很小的填充因子。所以CZTS/CdS异质结Ⅱ型对齐是不利于太阳能电池提高效率的。

7.3 CZTS吸收层的制备方法

7.3.1 磁控溅射法

1988年，Ito和Nakazawa等[17]首次用原子束溅射CZTS化合物靶得到光学带隙为1.45eV的CZTS薄膜，此后溅射法被广泛应用于CZTS薄膜的制备。目前研究最为广泛的是采用依次溅射单质金属靶的方法得到多层金属前驱体薄膜，然后进行硫化或者硒化处理，形成CZTS（Se）薄膜；通过优化元素比例并结合10%KCN溶液刻蚀杂相，CZTS电池转换效率达8.1%。G.Brammertz等[18]依次溅射Cu、Zn单质靶以及$Cu_{10}Sn_{90}$合金靶，并采用H_2Se退火，利用相同的刻蚀技术，制备出光电转换效率为9.7%的CZTSSe。瑞典乌普萨拉大学J.J.Scragg课题组[19, 20]使用Cu/Sn（65∶30）合金靶和Zn靶，直接在H_2S气氛下进行反应共溅射制备CZTS薄膜，随后氩气保护下快速热处理提高了薄膜的结晶质量，电池效率达到4.6%。他们发现热处理过程中Mo和CZTS会发生反应。因此在2013年，他们在沉积CZTS薄膜之前先在Mo上沉积一层TiN，减少了MoS_2的生成，最终得到了7.9%的转换效率。Katagiri课题组[21, 22]对硫化物靶材的顺序溅射和共溅射做了一系列的研究，提出了CZTS薄膜贫铜富锌的最优元素比例，在2007年就得了5.74%的效率，然后又通过去离子水的择优刻蚀，进一步将电池转换效率提升到6.77%。最近，南开大学孙云课题组[23]利用ZnS化合物靶材以及Cu、Sn金属靶材，通过循环沉积Mo/Sn/Cu/ZnS/Sn/ZnS/Cu并精准调控Zn的含量，制备的CZTSSe电池转换效率达10.2%，其*J-V*特性曲线如图7-8所示。

7.3.2 蒸发法

蒸发法制备是在真空环境下将原材料加热，蒸发出来的原子或者分子沉积到衬底表面。这种方法在CIGS电池制备上取到了很好的效果。而且，最早的CZTS电池也是用这种方法制备的。1996年，日本科学家H. Katagiri[24]运用电子束蒸发形成Cu/Sn/Zn前驱体薄膜，然后在N_2和H_2S气氛下硫化处理，制备的电池效率为0.66%（V_{oc}=400mV，J_{sc}=6mA/cm^2，FF=27.7%）。这是世界上

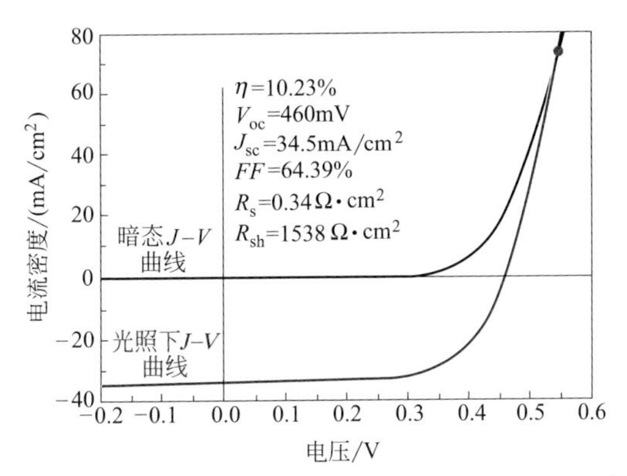

图7-8　循环沉积法制备得到的CZTS电池J-V图谱[23]

第一个CZTS基太阳能电池。随后经过近十年时间的探索，他们通过优化蒸发源，改变沉积顺序和元素配比，最终得到了5.45%的效率[25]。除了这种顺序沉积前驱体后硫化的方法，共蒸发工艺法也是常用的方法。2011年，Shin等[26]把共蒸发后的前驱体薄膜在570 ℃下进行短暂硫化处理（5min），得到了效率为8.4%的薄膜太阳能电池。2015年，IBM公司Lee等[27]先在Mo的表面沉积30nm的NaF，然后再蒸发CZTSSe薄膜，并在590℃的热台上进行硒化，制备的CZTSSe电池效率为11.6%，这是目前CZTSSe电池的最高转换效率。结果分析表明光生载流子的扩散长度可以达到 2.1μm，这大大提高了光生载流子的收集效率，进而使电池的短路电流密度能达到40.6mA/cm^2。但是纯硒化处理的CZTSSe吸收层带隙较低，导致电池的开路电压并不高。最近，Kim等[28]在蒸发和退火的过程中都引入Ge元素来调节吸收层的带隙，得到了非常平整致密的$Cu_2Zn(Sn_{1-x}Ge_x)Se_4$（CZTGSe）吸收层薄膜，通过精确调节Ge和Sn元素的比例，最终得到了效率为12.3%的 CZTGSe 电池。该效率已经十分接近 CZTSSe电池的最高效率12.6%。蒸发法在制备CZTS基电池方面很有发展前景，但是由于蒸发速率控制精度要求高，大规模生产过程中工艺的控制和重复性将遇到较大的挑战。

7.3.3　溶液法

溶液法制备不需真空环境，制备所需要的仪器简单易操作。薄膜中金属元素的比例容易调节。这种方法近来也受到极大的关注。溶液法制备 CZTS基电池最有代表性的工作就是IBM公司 David B. Mitzi 研究团队的工作，该课题组一直保持着 CZTS 基太阳能电池转换效率的世界纪录。早在2010年，他们就将Cu_2S和SnS溶于肼溶液中，但是由于Zn的化合物很难溶于肼溶液，为此他们利用Zn单质反应生成ZnSe(N_2H_4)粒子。将这些粒子分散在溶液中形成杂化墨水，随后利用涂覆的方法制备成薄膜。基于此方法制备的电池，其效率为9.66%[29]。2012年，美国加州大学洛杉矶分校Yang课题组[30]成功地将Zn单质溶于肼基甲酸（$H_2NHNCOOH$）中，利用Zn的金属有机化合物作为前驱体制备了纯的肼基溶液，得到CZTS薄膜（图7-9）。紧接着，Mitzi课题组[31]借鉴这种方法配制了纯的肼溶液，经过优化电池结构，在2014年获得了12.6%的光电转换效率（图7-10）。这是目前CZTS基太阳能电池效率的最高纪录。从图7-9可以看出，肼基溶液法制备的薄膜表面非常平整致密，薄膜由纵向贯穿的大晶粒组成。但是肼存在很大的安全问题，剧毒，易爆炸。为此更需寻找一种更安全的溶液法来制备CZTS电池。

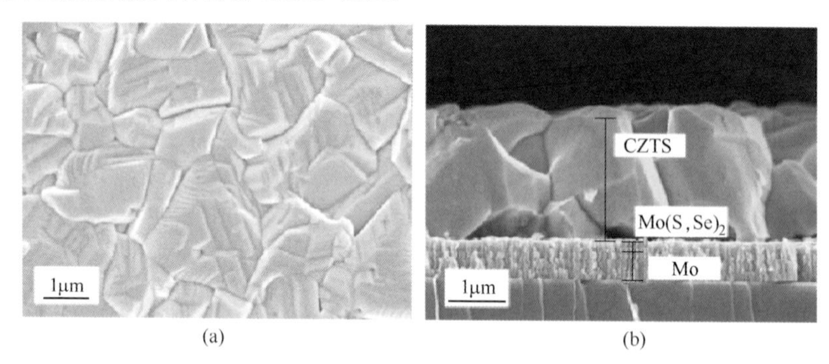

图7-9　溶液法制备得到的CZTS薄膜[30]

（a）表面SEM图；（b）截面SEM图

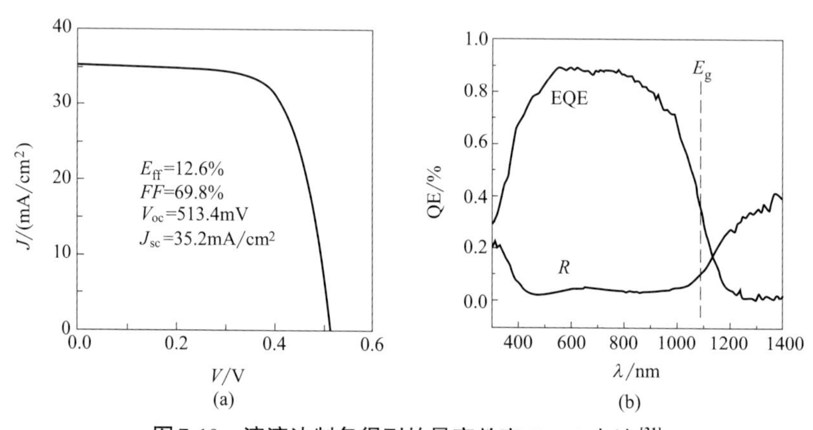

图7-10　溶液法制备得到的最高效率CZTS电池[31]

（a）J-V曲线；（b）QE图

在众多非肼基溶液法中，最主要的是分子前驱体溶液法。其中，研究最多的基于金属盐硫脲法自2011年开始得到快速发展。Hillhouse团队[32]利用氯化物金属盐作为金属源，二甲基亚砜（DMSO）为溶剂，制备了转换效率为4.1%的CZTSSe电池。2014年，他们在前期工作的基础上，通过优化预制膜的制备和硒化条件，将该体系电池的效率提高到了8.3%[33]。2015年，又通过在金属前驱体溶液中掺杂Li，提高了CZTSSe吸收层的晶体质量，将CZTSSe太阳能电池的转换效率进一步提高到11.8%[34]，很多课题组都基于此溶液体系制备了高效率的薄膜电池[35]。中南大学研究团队[36]研究了乙二醇甲醚和金属硫脲络合物的反应过程，提出了溶胶-凝胶中金属-硫脲-氧络合物的分子模型及其分解机理。通过优化制备条件，他们得到了转换效率为6.25%的CZTS电池。2015年，他们用Cd离子部分替代Zn离子，改善了吸收层形貌并调节了带隙，制备的电池效率突破了9%。

7.3.4　纳米晶法

2009年，美国的Korgel课题组[37]和Agrawal课题组[38]首次对CZTS纳米晶的合成及CZTS纳米晶在太阳能电池中的应用进行了研究，分别获得了0.23%和0.74%的光电转换效率。利用CZTS纳米晶制备的太阳能电池和真空法制备的CZTSSe太阳能电池相比，转换效率低。但CZTS纳米晶电池制备没有经过高温硒化处理，是低温工艺，且通过组分调控、工艺优化，CZTS纳米晶电池转换效率还有很大的提升空间。大量关于CZTSSe化合物纳米晶的合成、相态控制和CZTSSe纳米晶太阳能电池的研究工作相继发表出来。2010年，Guo等[39]报道了使用CZTS纳米晶制备的光电转换效率为7.2%的CZTSSe太阳能电池，如图7-11所示。首先使用热注入方法制备CZTS纳米晶，将制备的CZTS纳米晶涂覆到镀钼的钠钙玻璃上，得到致密、均一性良好的CZTS薄

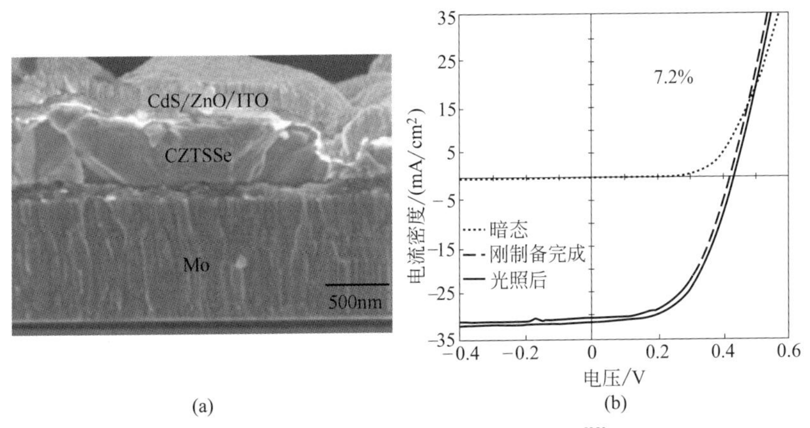

图7-11　纳米溶液法制备得到的电池[39]

（a）截面图；（b）J-V曲线

膜，其厚度约1μm，再在硒气氛下500℃保持20min，得到由大晶粒致密堆叠的CZTSSe薄膜，其化学组成是Cu/(Zn+Sn)=0.8，Zn/Sn=1.11。最后将得到的CZTSSe薄膜制成电池，电池的转换效率为7.2%。研究表明CZTS纳米粒子生长过程包括3个步骤（图7-12）：①$Cu_{2-x}S$纳米粒子内核形成；②Sn^{4+}扩散入$Cu_{2-x}S$纳米粒子形成CTS相和③Zn^{2+}扩散进入CTS相形成CZTS纳米粒子[40]。

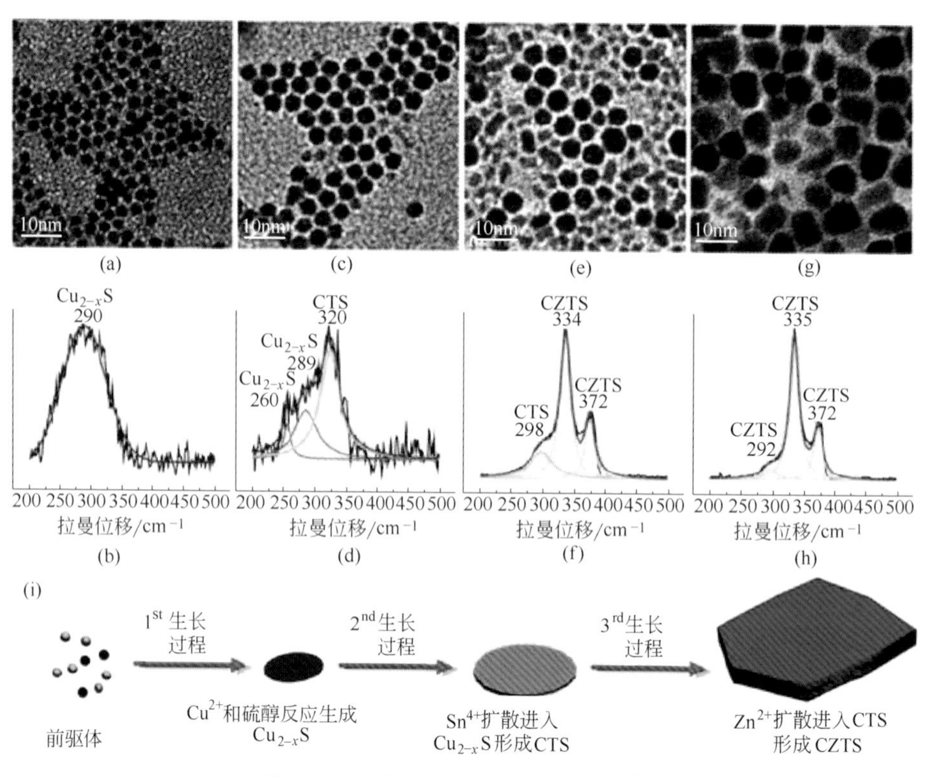

图7-12　纳米溶液法制备CZTS示意[40]

7.4 CZTS改性及其电池应用

CZTS薄膜电池已经取得了接近12%的转换效率，但是距离理论效率35%[45]以及CIGS目前最高的22.8%[46]都有不小的差距。限制CZTS效率的最大的问题是电池的开路电压。而限制开路电压的问题有三个：第一是下界面处的MoS_2；第二是吸收层本身的问题，比如缺陷以及能级等等；第三是CZTS与CdS之间的界面问题。众所周知CZTS薄膜是一种多组分薄膜，薄膜中各组分的比例尤为重要，组分略有变化就会产生一些杂相，对CZTS薄膜的电学与光学性能产生较大影响，所以CZTS的吸收层首先要符合贫铜富锌的元素比例以大幅度减小二次相的产生尤其是Cu基的二次相。其次CZTS的晶粒必须足够大，以降低晶界密度提高传输效果。再次必须降低吸收层的表面粗糙度，提高p-n结的质量。目前大量的研究主要集中在元素的替代方面，比如使用Ag与Li元素替代Cu，使用Ba、Mn、Fe、Cd等元素代替Zn，用Ti、Si、Ge等替代Sn，目的是在保证组件最大输出的同时，在不降低FF与电流密度的前提下尽量提高器件的开路电压。下面将介绍几种主要的新型四元半导体薄膜材料。

7.4.1　Ag基新型四元半导体电池

在CZTS电池体系中，Cu_{Zn}是主要缺陷，因为CZTS吸收层本身空穴浓度较高，尤其是在CZTS吸收层的表面。根据能带计算的结果发现在CZTS与CdS的界面处很难发生p-n结的反转，这是导致CZTS电池开路电压低的原因[47]。在不生成其他缺陷的同时有效降低Cu_{Zn}的浓度是CZTS电池领域研究的热点。研究[48]发现当用Ag去代替部分Cu时可以降低Cu_{Zn}的浓度；同时由于Ag_{Zn}的形成能低于Zn_{Cu}、Sn_{Cu}等缺陷的形成能，所以在降低Cu_{Zn}浓度的时候只会生成Ag_{Zn}，而不会生成其他缺陷。另外Ag的替位掺杂还可降低吸收层在硫化过程中产生的孔洞密度。Ag在CZTS电池里面主要有两个作用，首先Ag共混CZTS，形成$(Ag_xCu_{1-x})_2ZnSnS_4$半导体薄膜，还有就是形成单一的AZTS半导体薄膜，作为太阳能电池的吸收层或者缓冲层，如图7-13所示。但是这种方法也有一定的弊端，首先这种方法并不能改善CAZTS与CdS界面处形成费米钉扎从而提高电池性能，其次较低的载流子浓度以及电导率不会对器件的性能起到较大的促进作用[49]。

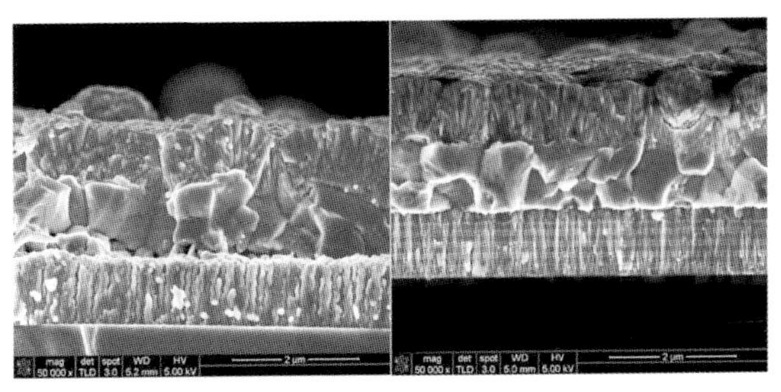

图7-13　Ag掺杂后的CZTS薄膜电池截面图对比[48]

2017年吴世新等[50]采用双面Ag的表面替位掺杂来抑制Cu_{Zn}反位缺陷的

形成。在CZTSSe层前后表面均形成具有较高Ag含量的V形Ag组分梯度（图7-14），以克服上述瓶颈。这种Ag梯度结构的优点可归结为三个方面：①Ag含量越高，对Mo背接触的影响越大，可以有效地抑制复合过程，提高长波入射光的利用率；②吸收层中间部分Ag含量相对较低有利于保持最佳的光吸收带隙和电导率；③在CZTSSe/CdS界面附近，较高的Ag含量造成弱n型施主缺陷，延缓费米能级钉扎。光电转换效率提高到11.2%。

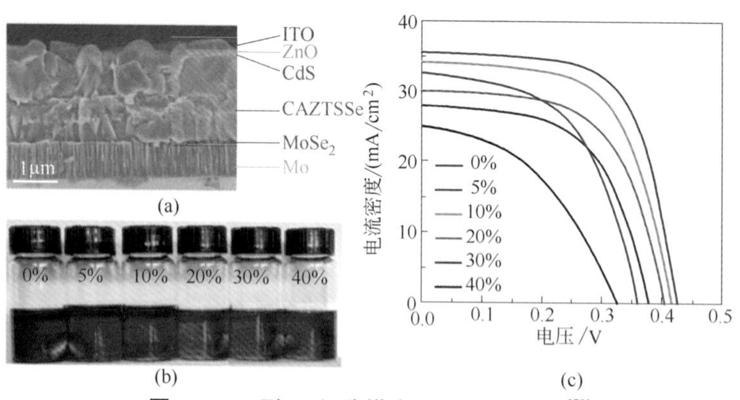

图7-14　V形Ag组分梯度CAZTSSe器件[50]

（a）截面图；（b）溶液示意；（c）*I-V*图谱

计算[51]发现Ag代替Cu可形成Ag_2ZnSnS_4（AZTS），AZTS是带隙为2.04 eV的n型半导体。但是丁建宁课题组[52]研究发现通过调整元素比例可使AZTS薄膜从n型转换成p型。贫Zn富S的AZTS薄膜是p型材料，并且载流子迁移率可高达112cm²/（V·s）。之后通过相互扩散法制备出的AZTS同质结电池，转换效率为0.8%。

7.4.2　CZTiS新型四元半导体电池

Cu_2ZnTiS_4（CZTiS）是一种直接带隙半导体材料，带隙的值为1.5 eV，适合作为吸收层材料。理论计算表明[53]CZTiS/CdS的异质结电池的开路电压高，效率可以超过CZTS/CdS电池的效率。但是关于CZTiS这种材料的制备以及电池的报道很少。2017年丁建宁课题组[53]利用VASP计算（图7-15）发现CZTiS单一相是可以形成的，但是形成化学势范围较小，偏离这个区域就会形成其他的二次相。单一相的形成对Ti含量的要求十分精确。当Ti的含量过高或者过低时，就会很难形成单一相的CZTiS。这两种二次相都不利于电池效率的提高，这给制备高质量的薄膜带来了很大的挑战。但是通过不断的实验探索，最后通过共溅射的方法成功制备了CZTiS薄膜，并基于CZTiS吸收层制备出转换效率为0.83%的太阳能电池。

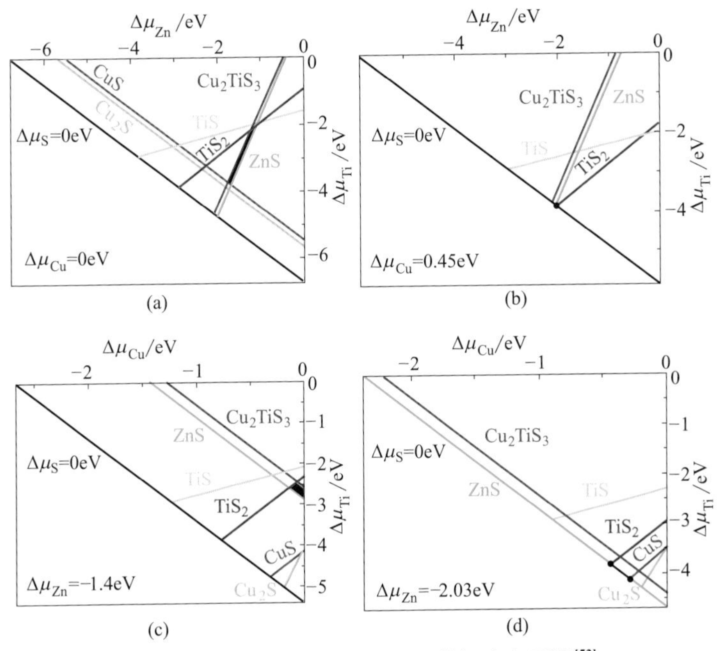

图7-15　CZTiS单一存在的化学相稳定区域[53]

除此之外，如图7-16所示，2017年丁建宁课题组[37]发现当在Mo与CZTS之间加一层较薄的金属Ti层之后可明显提高CZTS薄膜的电池效率，研究发现金属Ti层在硫化过程中不仅降低了MoS_2层的厚度，还提高了CZTS薄膜的结晶性以及表面均匀性，提高了CZTS太阳能电池的开路电压。

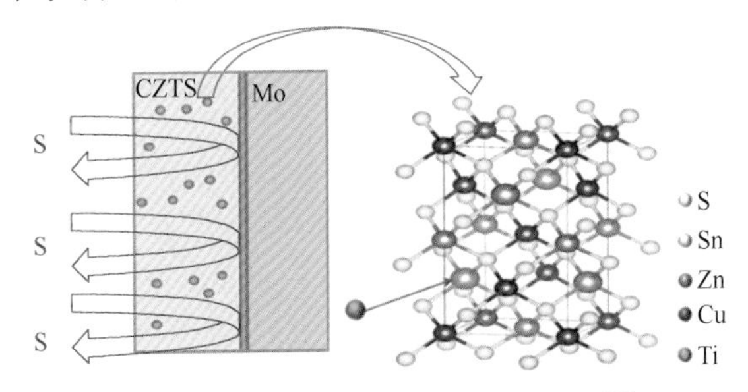

图7-16　Ti掺杂CZTS薄膜效果示意[37]

7.4.3　CCTS新型四元半导体电池

理论计算[54]显示使用Cd元素代替CZTS中的Zn元素可形成Cu_2CdSnS_4（CCTS）化合物半导体材料，CCTS是一种空穴浓度较高的p型材料，带隙约1.3eV。因为Cd^{2+}半径比Cu^{2+}和Zn^{2+}大很多，这样可有效抑制由于Cu/Zn替位所造成的一系列问题。与CZTS类似，CCTS半导体薄膜的光学带隙为1.4eV，而$Cu_2Zn_{1-x}Cd_xSnS_4$（CZCTS）合金薄膜的光学带隙由于Cd含量的不同在1.1 ～ 1.5eV变化。两种薄膜的吸收系数都大于10^4cm^{-1}，是理想的吸收层材料。目前，CCTS和CZCTS太阳能电池的转换效率分别达到了3.1%和9.24%。较低的CCTS电池效率可能与吸收层和CdS缓冲层之间的结构不匹配有关，这是因为CCTS为Stannite黄锡矿结构，不同于CZTS（Kesterite锌黄锡矿）。所以，寻找光学带隙较大且能与CCTS吸收层匹配的缓冲层是该类太阳能电池发展的关键问题之一。此外，目前对CCTS的报道主要集中在制备方法的改进方面，而对其内部的本征缺陷以及与之相关的物理性质及机理方面的研究则相对较少。另外，CZCTS合金太阳能电池通过调控Cd/Zn比例可以由Stannite结构转变为Kesterite结构。这样就有效地避免了如CCTS中出现的电池结构不匹配的问题，可以很好地与CdS缓冲层形成p-n结。且相对于CZTS，CZCTS与CdS之间的晶格失配度随Cd含量的不同能够进行有效调控，有利于减少CZCTS/CdS界面处的缺陷。相比于CZTS，CCTS与CdS之间的晶格匹配更好，从而可降低界面处的复合，提高效率。此外UPS表征发现CCTS薄膜的价带底的位置明显高于CZTS薄膜，更加有利于电池效率的进一步提升[55]。

目前CCTS/CdS电池的最高效率3.8%是由溶胶凝胶法制备的。2017年Su等人[56]通过溶液法对CZTS进行Cd掺杂，制备不同Zn/Cd比例的CZCTS薄膜，研究发现当Zn/Cd=1.5时，可将CZTS电池的效率从5.2%提高到9.2%（图7-17）。2017年Hao等[57]又通过溅射法调节Zn与Cd的比例最终将$Cu_2Zn_{1-x}Cd_xSnS_4$（CZCTS）的电池效率提高到了11.2%。

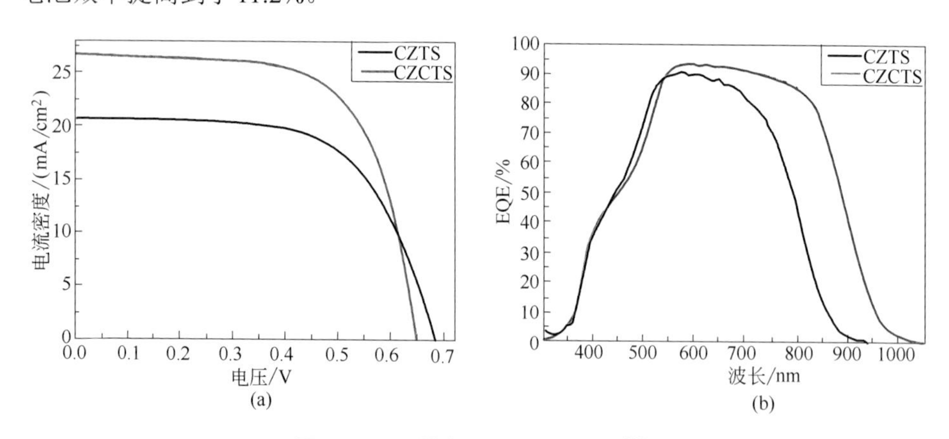

图7-17　Cd掺杂的CZTS的电池[56]

（a）*J-V*曲线；（b）QE曲线

7.5 CdS缓冲层的制备方法

在CZTS薄膜太阳能电池中，需要与p型CZTS组成p-n结的n型半导体缓冲层。缓冲层的选取需要考虑以下因素。首先，缓冲层材料应该是高阻n型。其次，与CZTS之间需要有良好的晶格匹配，以减少界面缺陷，降低界面复合。再次需要较高的带隙，降低缓冲层的光吸收。最后，对于大规模生产来讲，缓冲层与吸收层之间的工艺匹配也是非常重要的。目前高效CZTS电池体系中都采用CdS作为缓冲层，其厚度仅为50nm。制备CdS薄膜最常见的方法为化学水浴沉积（chemical bath deposition，CBD）法。CBD的溶液是以Cd盐和硫脲作为溶质，以氨水作为溶剂。将沉积了吸收层的衬底浸泡在冷的溶液中，再加热到60～80℃。硫脲水解后，S离子与Cd离子形成需要的CdS，薄膜直接沉积在生长的衬底上。根据沉积条件和溶液环境，薄膜中可能含有大量的O和H。研究发现[41,42]，水浴法制备CdS薄膜时对吸收层还可以产生一些优点：①CZTS完全浸泡在溶剂里，溶剂可以将CZTS表面的一些杂质去除掉；②对CZTS表面杂相有刻蚀作用；③CBD方法制备CdS薄膜，不会对CZTS表面造成破坏。但是水浴法制备CdS也存在一些问题，比如需要配制大量的Cd溶液，Cd回收较为困难，会对人体以及环境造成很大的危害。

除CBD方法之外，磁控溅射法是目前使用最广泛的。磁控溅射法是采用CdS靶材，以Ar气作为工作气体制备CdS薄膜。磁控溅射法制备的CdS薄膜致密，表面平整。但溅射粒子能量较高，会对CZTS表面产生破坏；更为严重的是会导致Cd元素大量扩散进入CZTS表面，降低电池器件性能。为了减小溅射CdS对CZTS表面的破坏，目前一般采用低功率溅射CdS。陶加华等[43]在电沉积制备的CZTS薄膜上，溅射CdS薄膜制备出的电池，转换效率是7.1%，美国杜克大学葛洁[44]利用Ar/O_2混合工作气体，通过调整氧气的含量来对调节CdS薄膜的光电性能。当O_2/Ar为3%时，CdS薄膜的结晶性明显提高，CdS的导带底提高了，从而可以形成类似CIGS与CdS的能带结构，进而提高电池效率。

7.6 缓冲层改进

CdS作为CZTS的缓冲层，两者之间的能带结构与CIGS有所差异，这也是造成CZTS电池效率难以提高的原因之一。通过对CdS进行掺杂改性从而提高电池效率也是目前研究的一个方向。

7.6.1 $Zn_{1-x}Cd_xS$缓冲层

Sun等[58]利用连续离子层吸附与反应（SILAR）法在CdS薄膜中掺杂Zn来调整CdS导带与价带的位置（图7-18），以实现p型CZTS的导带底与价带顶被CdS包裹进去。连续离子层吸附法沉积是利用特定溶液中的前驱体离子（离子团）在活性基体材料表面的化学吸附以及吸附层的离子间化学反应，反应产物沉积于基材表面形成表面改性层的沉积工艺。它通过离子在基体上的吸附形成吸附离子层，吸附的离子与配位离子间发生反应生成沉淀，或者吸附离子自身进行水解反应生成沉淀，吸附离子层转化为固态膜层，薄膜实现了纳米尺度的生长，通过控制前驱体溶液中阴、阳离子的浓度和重复上述过程中循环次数就可以控制薄膜的厚度。利用连续离子层吸附法制备$Zn_{1-x}Cd_xS$薄膜时，主要采用$ZnSO_4$（0.05mol/L）和$CdSO_4$（0.01mol/L）混合溶液为阳离子

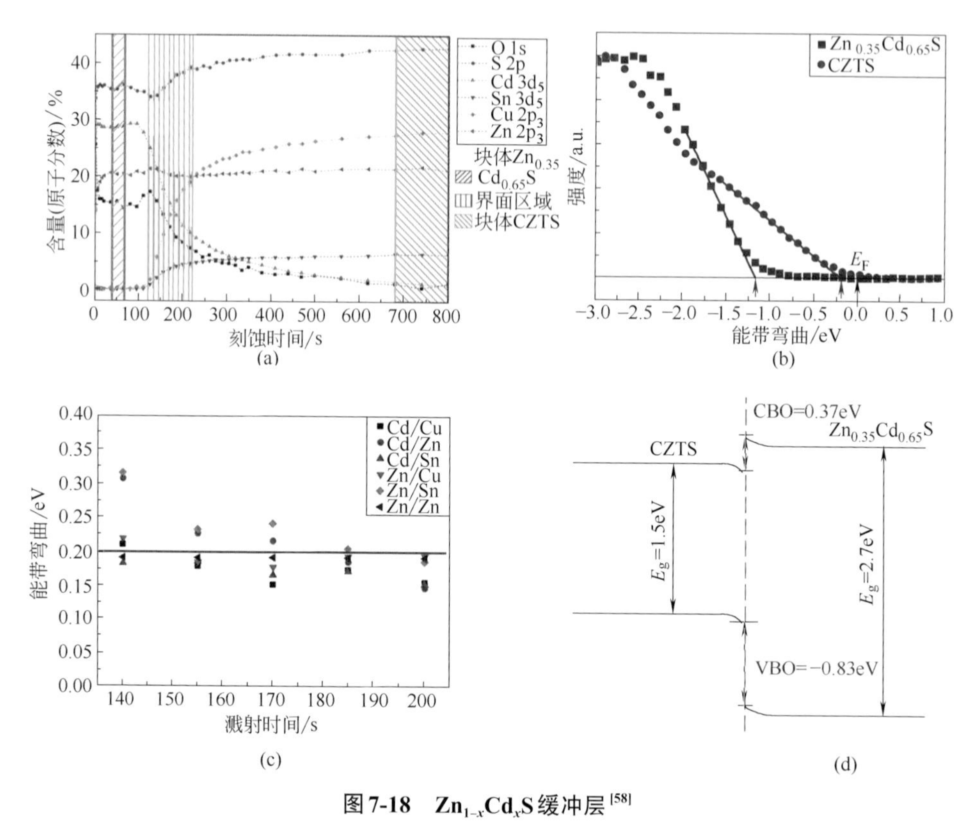

图7-18 $Zn_{1-x}Cd_xS$缓冲层[58]

（a）元素分布；（b）ups能带；（c）溅射时间与Zn和Cd的比例关系；（d）与CZTS之间的能带

前体溶液，Na_2S(0.1mol/L)为阴离子前体溶液。通过重复SILAR循环30次，可以制备得到厚度为65nm的$Zn_{1-x}Cd_xS$的薄膜。当Zn的掺杂量为35%的时候，CZTS与$Zn_{1-x}Cd_xS$导带底的差为0.37eV，非常接近于最佳的0.4eV，计算发现掺杂Zn量为35%的时候，$Zn_{1-x}Cd_xS$的带隙为2.7eV，也非常接近于CdS的2.4eV，并且CZTS与$Zn_{1-x}Cd_xS$的能带关系非常接近于CIGS与CdS之间的能带关系。使用$Zn_{0.35}Cd_{0.65}S$作为缓冲层，电池的开路电压明显高于基于CdS缓冲层的电池，电池效率从7.8%提高到9.2%[58]。

7.6.2　ZnS缓冲层

ZnS是一种带隙为3.8eV的n型半导体材料，适合作缓冲层材料。化学水浴法制备的ZnS成分比较复杂。薄膜性能取决于沉积参数，如pH值、温度、络合剂、沉积时间、反应浓度、超声波应用和溶液搅拌等。Ju等[59]采用化学水浴法制备了ZnS薄膜作为CZTS电池的缓冲层，研究了时间等对电池性能的影响。测试结果显示，当ZnS反应时间为40min时，CZTS/ZnS的电池效率为3.84%，最接近CZTS/CdS（5.25%）。ZnS作为缓冲层对CZTS电池短路电流的提高明显（图7-19）。但是由于ZnS带隙较大，导致开路电压较低[59]。

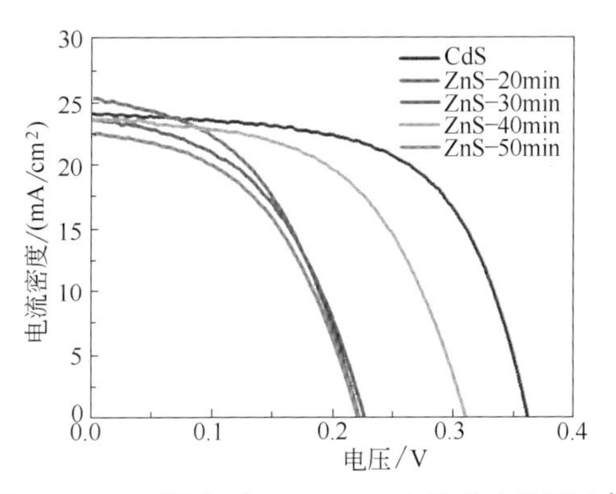

图7-19　ZnS厚度对CZTS/ZnS电池效率的影响[59]

7.6.3　$Mg_{1-x}Zn_xO$缓冲层

$Mg_{1-x}Zn_xO$也是一种合适的缓冲层材料，通过调节薄膜中Mg的含量，可以使得薄膜的带隙在3.3～3.7eV变化[60]。通过直流磁控溅射与原子层化学气相沉积（ALCVD）等工艺可制备出$Mg_{1-x}Zn_xO$。目前在CIGS电池中这两种方法制备的$Mg_{1-x}Zn_xO$都有应用，电池效率分别为11.3%[61]和16%[62]，研究认为效率的差异主要是由溅射工艺损伤表面导致的。此外，Li等[63]研究了3.54～4.4eV的$Mg_{1-x}Zn_xO$对电池性能的影响，当溅射的$Mg_{1-x}Zn_xO$带隙为3.76eV时得到的效率最高，但仍远低于CdS作为缓冲层时的电池效率。这可能是由于能带的匹配以及溅射的损伤造成的。Hironiwa D等[64]先在CZTS上用水浴法制备厚度大约为10nm的CdS层，再溅射$Mg_{1-x}Zn_xO$，从而有效地降低溅射对CZTS薄膜造成的伤害，将电池效率从2.76%提高到7.09%，非常接近CdS作为缓冲层电池的效率7.22%。

7.6.4 ZTO缓冲层

$Zn_{1-x}Sn_xO$（ZTO）也是一种合适的缓冲层材料，通过调节薄膜中Sn/（Sn+Zn）的比例来调节带隙。利用原子层沉积（ALD）方法制备ZTO薄膜[65]，当Sn/Zn+Sn的比例为0.28时，带隙为3.5 eV，CZTS/ ZTO电池效率达9%，电池的开路电压与电流明显高于CdS作为缓冲层的电池。ALD法制备ZTO减少了对吸收层表面的损伤，提高了开路电压。

7.6.5 CeO_2缓冲层

众所周知，在半导体薄膜电池中，p型层与n型层之间的晶格匹配是非常重要的，晶格匹配度直接决定了在p-n结界面处复合缺陷的浓度，当晶格匹配度较高时，缺陷浓度较低，复合降低，电池效率会相对提高。然而目前所报道的缓冲层与吸收层之间的晶格匹配度较低。CeO_2是一种二元氧化物，n型半导体材料，有传递电子和氧的作用[66, 67]。其价带顶、导带底、禁带宽度分别是2.35eV、0.23eV、2.58eV，与CZTS之间的晶格失配度只有0.4%，远小于CZTS与CdS之间的晶格失配度。2016年郝晓静等[68]发现采用低温水浴法可以成功制备出CeO_2材料，并将其应用于CZTS电池中，电池结构如图7-20所示。单层CeO_2作为缓冲层时，电池效率基本为0，但是如果将CeO_2作为CdS与CZTS之间的过渡层使用，则可以明显提高CZTS电池的效率，尤其是开路电压

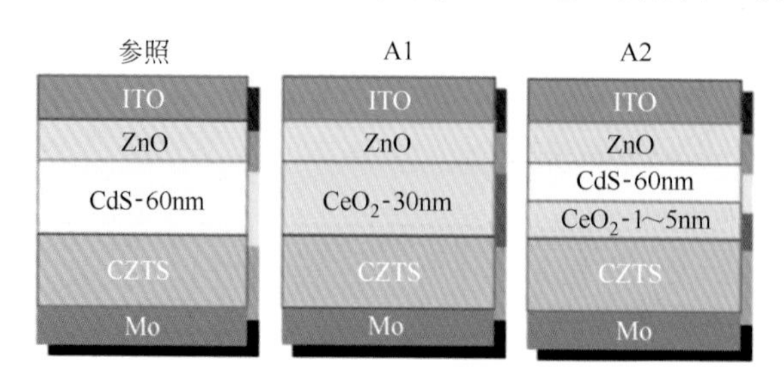

图7-20　不同结构的$CZTS-CeO_2$电池结构[70]

提升明显。

7.6.6　AZTS缓冲层

利用Ag完全替代Cu元素后形成AZTS，其是一种新的辉银锌锡矿结构半导体。这种新型半导体组成元素无毒无害，地壳含量丰富。AZTS的本征缺陷形成能高，导致AZTS薄膜表现出n型导电特性[69]。研究表明CZTS与AZTS之间的晶格失配度远小于与CdS之间的晶格失配度，这有可能能降低CZTS与AZTS之间的复合。图7-21所示为CZTS/AZTS电池的能带结构[70]。

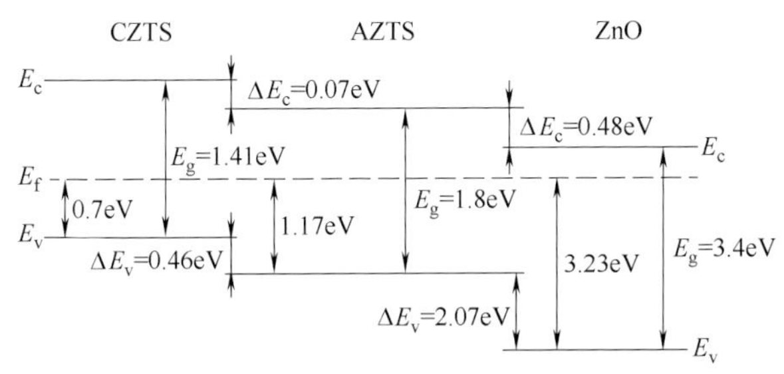

图7-21　CZTS/AZTS薄膜电池的能带结构[70]

2018年丁建宁课题组[71]采用溅射法获得了CZTS/AZTS异质结薄膜电池。他们发现将溅射制备的CZTS与AZTS前驱体一起进行高温硫化退火处理时，退火处理过程中会导致Ag扩散进入CZTS，在CZTS与AZTS异质结薄膜之间形成了CZTS/CAZTS/AZTS结构，影响电池效率。为了降低Ag的扩散以及AZTS薄膜的厚度，他们采用了两步法，先硫化CZTS，后在CZTS薄膜表面溅射沉积一层较薄的AZTS薄膜，使其在H_2S气氛中充分硫化。由图7-22所示的EDS截面图可以明显发现CZTS与AZTS之间分层明显，没有出现大量的Ag扩散，制备出了较好的CZTS/AZTS异质结电池，最终得到了接近5%的光电转换效率。这充分说明AZTS是一种可以代替CdS的四元高匹配的缓冲层。

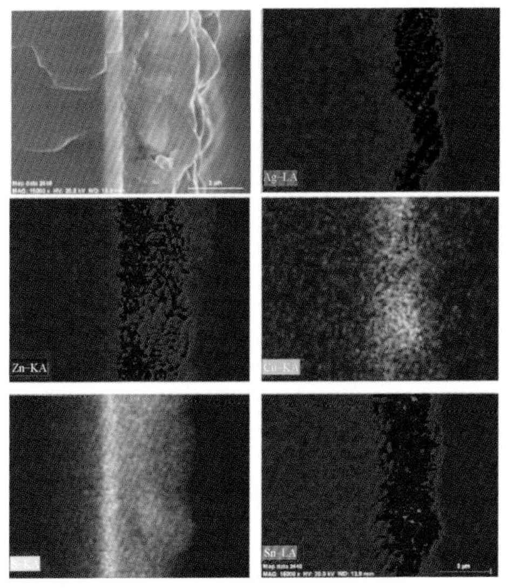

图7-22　CZTS/AZTS的EDS截面图谱[71]

参考文献

[1] Shin D, Saparov B, Mitzi D B. Photovoltaic materials: defect engineering in multinary earth abundant chalcogenide photovoltaic materials. Advanced Energy Materials, 2017, 7（11）: 1602366.

[2] Zhen-Kun Yuan, Shiyou Chen, Yun Xie, Ji-Sang Park, Hongjun Xiang, Xin-Gao Gong, Su-Huai Wei.Na-diffusion enhanced p-type conductivity in Cu（In, Ga）Se_2: a new mechanism for effcient doping in semiconductors.Adv Energy Mater, 2016, 6: 1601191.

[3] Ingrid R, Miguel C, Manuel R, et al. Characterization of 19.9%-effcient CIGS absorbers. IEEE, 2008.

[4] Duchatelet, et al. A new deposition process for Cu（In, Ga）（S, Se）$_2$ solar cells by one-step electrodeposition of mixed oxide precursor films and thermochemical reduction.J Renewable Sustainable Energy, 2013, 5: 011203.

[5] Jackson P, Hariskos D, Wuerz R, et al. Properties of Cu（In, Ga）Se_2 solar cells with new record efficiencies up to 21.7%. Physica status solidi （RRL） - Rapid Research Letters, 2015, 9（1）: 28-31.

[6] Van Delft J A, Garciaalonso D, Kessels W M M. Atomic layer deposition for photovoltaics: applications and prospects for solar cell manufacturing. Semiconductor Science & Technology, 2012, 27 （7）: 074002.

[7] Cui H, Lee C Y, Li W, et al. Improving efficiency of evaporated Cu_2ZnSnS_4 thin film solar cells by a thin Ag intermediate layer between absorber and back contact. International Journal of Photoenergy, 2015: 170507.

[8] Chen S, Yang J-H, Gong X-G, et al. Intrinsic point defects and complexes in the quaternary kesterite semiconductor Cu_2ZnSnS_4. Physical Review B, 2010, 81 （24）: 245204.

[9] Chen S, Gong X G, Walsh A, et al. Defect physics of the kesterite thin-film solar cell absorber Cu_2ZnSnS_4. Applied Physics Letters, 2010, 96 （2）: 021902-021902-3.

[10] Chen S, Yang J H, Gong X G, et al. Intrinsic point defects and complexes in the quaternary kesterite semiconductor Cu_2ZnSnS_4. Physrevb, 2010, 81 （24）: 1842-1851.

[11] Du H, Yan F, Young M, et al. Investigation of combinatorial coevaporated thin film Cu_2ZnSnS_4. I. Temperature effect, crystalline phases, morphology, and photoluminescence. Journal of Applied Physics, 2014, 115 （17）: 235-239.

[12] Salomé P M P, Malaquias J, Fernandes P A, et al. The influence of hydrogen in the incorporation of Zn during the growth of Cu_2ZnSnS_4 thin films. Solar Energy Materials & Solar Cells, 2011, 95（12）: 3482-3489.

[13] Weber A, Mainz R, Schock H W. On the Sn loss from thin films of the material system Cu-Zn-Sn-S in high vacuum. Journal of Applied Physics, 2010, 107 （1）: 013516-013516-6.

[14] Scragg J J, Ericson T, Kubart T, et al. Chemical insights into the instability of Cu_2ZnSnS_4

films during annealing. Chemistry of Materials，2011，23（20）：4625-4633.

[15] Scragg J J，Wätjen J T，Edoff M，et al. A detrimental reaction at the molybdenum back contact in $Cu_2ZnSn(S, Se)_4$ thin-film solar cells. Journal of the American Chemical Society，2012，134（47）：19330.

[16] Kumar M，Dubey A，Adhikari N，et al. Strategic review of secondary phases，defects and defect-complexes in kesterite CZTS-Se solar cells. Energy & Environmental Science，2015，8（11）：3134-3159.

[17] Ito K，Nakazawa T. Electrical and optical properties of stannite-type quaternary semiconductor thin films. Japanese Journal of Applied Physics，1988，27 （11）：2094-2097.

[18] Brammertz G，Buffie`re M，Oueslati S，et al. Characterization of defects in 9.7% efficient $Cu_2ZnSnSe_4$-CdS-ZnO solar cells. Applied Physics Letters，2013，103（16）：512.

[19] Scragg J J，Ericson T，Fontané X，et al. Rapid annealing of reactively sputtered precursors for Cu_2ZnSnS_4 solar cells. Progress in Photovoltaics Research & Applications，2014，22（1）：10-17.

[20] Scragg J J，Kubart T，Wätjen J T，et al. Effects of back contact instability on Cu_2ZnSnS_4 devices and processes. Chemistry of Materials，2013，25（15）：3162-3171.

[21] Jimbo K，Kimura R，Kamimura T，et al. Cu_2ZnSnS_4-type thin film solar cells using abundant materials. Thin Solid Films，2007，515（15）：5997-5999.

[22] Katagiri H，Jimbo K，Yamada S，et al. Enhanced conversion efficiencies of Cu_2ZnSnS_4-based thin film solar cells by using preferential etching technique. Applied Physics Express，2008，1（4）：041201-041201-2.

[23] Li J，Wang H，Luo M，et al. 10% Efficiency $Cu_2ZnSn(S, Se)_4$ thin film solar cells fabricated by magnetron sputtering with enlarged depletion region width. Solar Energy Materials & Solar Cells，2016，149：242-249.

[24] Katagiri H，Sasaguchi N，Hando S，et al. Preparation and evaluation of Cu_2ZnSnS_4 thin films by sulfurization of E B evaporated precursors. Solar Energy Materials & Solar Cells，1997，49（1）：407-414.

[25] Katagiri H，Jimbo K，Moriya K，et al. Solar cell without environmental pollution by using CZTS thin film. Photovoltaic Energy Conversion，2003. Proceedings of World Conference on，2003，3：2874-2879.

[26] Shin B，Gunawan O，Zhu Y，et al. Thin film solar cell with 8.4% power conversion efficiency using an earth-abundant Cu_2ZnSnS_4 absorber. Progress in Photovoltaics Research & Applications，2013，21（1）：72-76.

[27] Yun S L，Gershon T，Gunawan O，et al. $Cu_2ZnSnSe_4$ Thin-film solar cells by thermal Co-evaporation with 11.6% efficiency and improved minority carrier diffusion length. Advanced Energy Materials，2015，5（7）：1402178.

[28] Kim S，Kang M K，Tampo H，et al. Improvement of voltage deficit of Geincorporated kesterite solar cell with 12.3% conversion efficiency. Applied Physics Express，2016，9

（10）: 102301.

[29] Scragg J J, Dale P J, Peter L M, et al. New routes to sustainable photovoltaics: evaluation of Cu_2ZnSnS_4 as an alternative absorber material. Physica Status Solidi, 2008, 245（9）: 1772-1778.

[30] Yang W, Duan H S, Bob B, et al. Novel solution processing of high-efficiency earth-abundant Cu_2ZnSn（S, Se）$_4$ solar cells. Advanced Materials, 2012, 24（47）: 6323.

[31] Wang W, Winkler M T, Gunawan O, et al. Device characteristics of CZTSSe thin-film solar cells with 12.6% efficiency. Advanced Energy Materials, 2014, 4（7）: 1301465（1-5）.

[32] Ki W, Hillhouse H W. Earth-abundant element photovoltaics directly from soluble precursors with high yield using a non-toxic solvent. Advanced Energy Materials, 2011, 1（5）: 732-735.

[33] Xin H, Katahara J K, Braly I L, et al. 8% Efficient Cu_2ZnSn（S, Se）$_4$ solar cells from redox equilibrated simple precursors in DMSO. Advanced Energy Materials, 2014, 4（11）: 1220-1225.

[34] H X, Sm V, Ad C, et al. Lithium-doping inverts the nanoscale electric field at the grain boundaries in $Cu_2ZnSn(S, Se)_4$ and increases photovoltaic efficiency. Physical Chemistry Chemical Physics Pccp, 2015, 17（37）: 23859.

[35] Haass S G, Diethelm M, Werner M, et al. 11.2% Efficient solution processed kesterite solar cell with a low voltage deficit. Advanced Energy Materials, 2015, 5（18）: 1500712.

[36] 苏正华. 溶胶-凝胶法制备铜锌锡硫（Cu_2ZnSnS_4）薄膜太阳能电池[D]. 长沙：中南大学，2013.

[37] Steinhagen C, Panthani M G, Akhavan V, et al. Synthesis of Cu_2ZnSnS_4 nanocrystals for use in low-cost photovoltaics. Journal of the American Chemical Society, 2009, 131（35）: 12554-12555.

[38] Guo Q, Hillhouse H W, Agrawal R. Synthesis of Cu_2ZnSnS_4 nanocrystal ink and its use for solar cells. Journal of the American Chemical Society, 2009, 131（33）: 11672.

[39] Guo Q, Ford G M, Yang W C, et al. Fabrication of 7.2% efficient CZTSSe solar cells using CZTS nanocrystals. Journal of the American Chemical Society, 2010, 132（49）: 17384.

[40] Jm T, Yh L, S P, et al. Understanding the synthetic pathway of a single-phase quarternary semiconductor using surface-enhanced Raman scattering: a case of wurtzite Cu_2ZnSnS_4 nanoparticles. J Am Chem Soc, 2014, 136（18）: 6684-6692.

[41] Li W, Xun C, Chen Q, et al. Influence of growth process on the structural, optical and electrical properties of CBD-CdS films. Materials Letters, 2005, 59（1）: 1-5.

[42] MartíNez M A, Guillén C, Herrero J. Morphological and structural studies of CBD-CdS thin films by microscopy and diffraction techniques. Applied Surface Science, 1998, 136（1-2）: 8-16.

[43] Tao J, Zhang K, Zhang C, et al. A sputtered CdS buffer layer for coelectrodeposited Cu_2ZnSnS_4 solar cells with 6.6% efficiency. Chemical Communications, 2015, 51（51）:

10337.

[44] Ge J, Koirala P, Grice C R, et al. Oxygenated CdS buffer layers enabling high open-circuit voltages in earth-abundant Cu_2BaSnS_4 thin-film solar cells. Advanced Energy Materials, 2017, 7: 1601803.

[45] Kim S Y, Rana T R, Kim J H, et al. Limiting effects of conduction band offset and defect states on high efficiency CZTSSe solar cell. Nano Energy, 2018, 45: 75-83.

[46] Ramanujam J, Singh U P. Copper indium gallium selenide based solar cells-a review. Energy & Environmental Science, 2017, 10: 1306-1319.

[47] Stéphane Bourdais, Christophe Choné, Bruno Delatouche, Alain Jacob, Gerardo Larramona , Camille Moisan, Alain Lafond, Fabrice Donatini, Germain Rey, Susanne Siebentritt, Aron Walsh, Gilles Dennler. Is the Cu/Zn disorder the main culprit for the voltage deficit in kesterite solar cells? Adv Energy Mater, 2016, 6: 1502276.

[48] Hironori Katagiri, Kazuo Jimbo, Win Shwe Maw, Koichiro Oishi, Makoto Yamazaki, Hideaki Araki, Akiko Takeuchi.Development of CZTS-based thin film solar cells.Thin Solid Films, 2009, 517: 2455-2460.

[49] Gershon T, Lee Y S, Antunez P, et al. Photovoltaic materials and devices based on the alloyed kesterite absorber $(Ag_xCu_{1-x})_2ZnSnSe_4$. Advanced Energy Materials, 2016, 6（10）: 201502468.

[50] Qi Y F, Kou D X, Zhou W H, et al. Engineering of interface band bending and defects elimination via Ag-graded active layer for efficient $(Cu, Ag)_2ZnSn(S, Se)_4$ solar cells. Energy & Environmental Science, 2017, 10: 2401-2410.

[51] Changhao Ma, Huafei Guo, Kezhi Zhang, Ningyi, Yuan, Jianning Ding. Fabrication of p-type kesterite Ag_2ZnSnS_4 thin films with a high hole mobility. Materials Letters, 2017, 186: 390-393.

[52] Ma C, Guo H, Zhang K, et al. The preparation of Ag_2ZnSnS_4 homojunction solar cells. Materials Letters, 2017: 207, 209-212.

[53] Huafei Guo, Changhao Ma, Kezhi Zhang, Xuguang Jia, Xiuqing Wang, Ningyi Yuan, Jianning Ding. Dual function of ultrathin Ti intermediate layers in CZTS solar cells: sulfur blocking and charge enhancement.Solar Energy Materials and Solar Cells, 2018, 175: 20-28.

[54] Meng L, Li Y, Yao B, et al. Mechanism of effect of intrinsic defects on electrical and optical properties of Cu_2CdSnS_4: an experimental and first-principles study. Journal of Physics D-Applied Physics, 2015, 48（44）: 445105.

[55] Timmo K, Kauk-Kuusik M, Altosaar M, et al. Novel Cu_2CdSnS_4 and $Cu_2ZnGeSe_4$ absorber materials for monograin layer solar cell application. 28th European Photovoltaic Solar Energy Conference and Exhibition, 2013: 2385-2388.

[56] Su Z, Tan J M R, Li X, et al. Cation substitution of solution-processed Cu_2ZnSnS_4 thin film solar cell with over 9% efficiency. Advanced Energy Materials, 2015, 5（19）: 1500682.

[57] Yan C, Sun K, Huang J, et al. Beyond 11% efficient sulfide kesterite $Cu_2Zn_xCd_{1-x}SnS_4$ solar cell: effects of cadmium alloying. Acs Energy Letters, 2017, 2: 930-936.

[58] Sun K, Yan C, Liu F, et al. Over 9% efficient kesterite Cu_2ZnSnS_4 solar cell fabricated by using $Zn_{1-x}Cd_xS$ buffer layer. Advanced Energy Materials, 2016, 6（12）: 1600046（1-6）.

[59] Ju Y P, Chalapathy R B V, Lokhande A C, et al. Fabrication of earth abundant $Cu_2ZnSnSSe_4$（CZTSSe） thin film solar cells with cadmium free zinc sulfide（ZnS） buffer layers. Journal of Alloys & Compounds, 2017, 695: 2652-2660.

[60] Fritsch D, Schmidt H, Grundmann M. Pseudopotential band structures of rocksalt MgO, ZnO, and $Mg_{1-x}Zn_xO$. Applied Physics Letters, 2006, 88（13）: 278.

[61] Jung E Y, Lee S G, Sohn S H, et al. Electrical properties of plasma display panel with Mg_{1-x} Zn_xO, protecting thin films deposited by a radio frequency magnetron sputtering method. Applied Physics Letters, 2005, 86（15）: 993.

[62] Li Q, Tu Y, Tolner H, et al. Plasma discharge efficiency increase by using a small bandgap protective layer material- first-principles study for $Mg_{1-x}Zn_xO$. Journal of Applied Physics, 2011, 109（9）: 6525.

[63] Li Q, Tu Y, Tolner H, et al. Plasma discharge efficiency increase by using a small bandgap protective layer material- first-principles study for $Mg_{1-x}Zn_xO$. Journal of Applied Physics, 2011, 109（9）: 6525.

[64] Hironiwa D, Matsuo N, Sakai N, et al. Sputtered（Zn, Mg）O buffer layer for band offset control in Cu. Japanese Journal of Applied Physics, 2014, 53（10）: 106502.

[65] Platzerbjörkman C, Frisk C, Larsen J K, et al. Reduced interface recombination in Cu_2ZnSnS_4 solar cells with atomic layer deposition $Zn_{1-x}Sn_xO_y$ buffer layers. Applied Physics Letters, 2015, 107（24）: 2094-2097.

[66] Semikina T V. Optical properties of dielectric layers with CeO_2. Semiconductor Physics, Quantum Electronics & Optoelectronics, 2004, 7（3）: 291-296.

[67] Barreca D, Bruno G, Gasparottoc A, Losurdo M, Tondello E.Nanostructure and optical properties of CeO_2 thin films obtained by plasma-enhanced chemical vapor deposition. Materials Science and Engineering C , 2003, 23: 1013-1016.

[68] Crovetto A, Yan C, Iandolo B, et al. Lattice-matched Cu_2ZnSnS_4/CeO_2 solar cell with open circuit voltage boost. Applied Physics Letters, 2016, 109（23）: 233904.

[69] Changhao Ma, Huafei Guo, Kezhi Zhang, Yan Li, Ningyi Yuan, Jianning Ding.The preparation of Ag_2ZnSnS_4 homojunction solar cells.Materials Letters, 2017, 209-212.

[70] Huafei Guo, Changhao Ma, Kezhi Zhang, Xuguang Jia, Yan Li, Ningyi Yuana, Jianning Ding.The fabrication of Cd-free Cu_2ZnSnS_4-Ag_2ZnSnS_4 heterojunction photovoltaic devices. Solar Energy Materials and Solar Cells, 2018, 178: 146-153.

[71] Gershon T, Sardashti K, Gunawan O, et al. Photovoltaic device with over 5% efficiency based on an n-type $Ag_2ZnSnSe_4$ absorber. Advanced Energy Materials, 2016, 6（22）: 1601182.

第8章　铜铟硒（CIS）薄膜太阳能电池

1974年美国贝尔实验室的S. Wagner等报道了效率达12%的三元半导体铜铟硒（$CuInSe_2$，CIS）单晶太阳能电池[1]，CIS引起了人们的广泛关注。但是由于单晶CIS制备工艺复杂、成本高等原因，这种电池很难实现工业化生产。1976年，美国的L.L.Kazmerski[2]制备出第一块效率为6.6%的CIS/CdS薄膜太阳能电池。1981年，Boeing公司[3]取得了巨大的突破，报道了采用两步蒸发沉积的方法制备多晶CIS薄膜电池，效率可以达到9.5%。1982年Boeing公司[4]利用$Zn_xCd_{1-x}S$代替CdS作为缓冲层，将电池效率提高至10%。1988年，K. Mitchell等[5]提出一种H_2Se气氛中硒化金属层的新方法，将CIS电池的效率进一步提高到14.1%。2015年位于东京的日本铜铟硒（CIS）薄膜光伏（PV）太阳能模块最大制造商Solar Frontier公司宣布，与日本新能源产业技术综合开发机构合作研究，开发出0.5cm²的标准尺寸薄膜太阳能电池，该电池转换效率创造了22.3%的新纪录，并得到欧洲最大的应用研究机构——德国弗劳恩霍夫研究所验证。这比德国斯图加特ZSW团队2014年9月使用铜铟镓硒（CIGS）0.5cm²电池创造的21.7%纪录提高了0.6%。

8.1 CIS晶体结构及物理性能

室温下，铜铟硒（CIS）的晶体结构是黄铜矿结构ABC_2，是一种Ⅰ族以及Ⅲ族元素替代Ⅱ族元素的有序结构。黄铜矿结构是一种体心四面体结构。在黄铜矿结构中，每个原胞内4个原子协调分布，每个A或者B原子的最近邻是4个C原子，C原子周围则被2个A原子和2个B原子有序环绕着。A、B原子是阳离子，C原子是阴离子。由于A—C键和B—C键的长度以及离子性质有差异，这样由C原子为中心组成的四面体结构是不完全对称的，如图8-1所示。由于A原子中d电子的存在对成键的贡献，C原子和最近邻的A原子之间键能比较大。由于不同原子间的成键差异，黄铜矿结构的晶格常数比c/a近似等于2[6, 92]。CIS

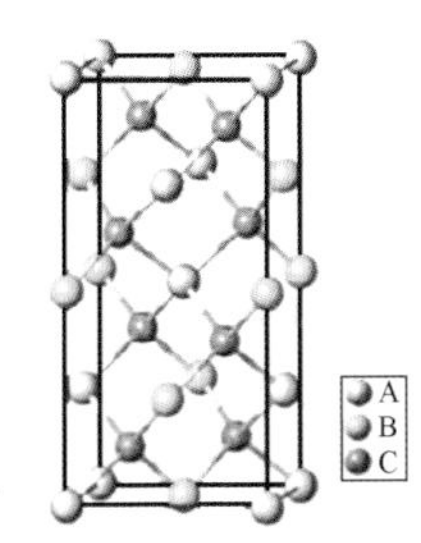

图8-1　ABC_2黄铜矿结构

晶胞由4个分子构成，即包含4个Cu、4个In和8个Se原子，相当于2个金刚石单元。室温下，CIS晶格常数a=0.5789nm，c=1.1612nm，c/a的比值为2.006。在CIS晶体中每个阳离子（Cu、In）有4个最近邻的阴离子（Se）。以阳离子为中心，阴离子位于体心立方的4个不相邻的角上。同样，每个阴离子（Se）的最近邻有2种阳离子，以阴离子为中心，2个Cu离子和2个In离子位于4个角上。由于Cu和In原子的化学性质完全不同，导致Cu—Se键和In—Se键的长度和离子性质不同。以Se原子为中心构成的四面体也不是完全对称的[93]。

热力学分析表明[7,93]，CIS固态相变温度分别为665℃和810℃，熔点为987℃。低于665℃时，CIS以黄铜矿结构晶体存在。当温度高于810℃时，呈现闪锌矿结构。闪锌矿结构和黄铜矿结构较为类似，都属于立方晶系；闪锌矿晶格常数略小于黄铜矿结构。温度为665～810℃时，CIS为过渡结构。

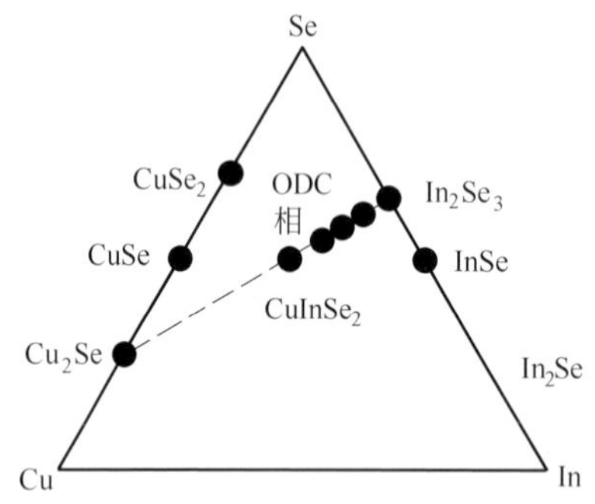

图8-2　Cu-In-Se体系的相图[8]

CIS物理和化学性质与其结晶状态和组分密切相关。相图正是这些多元体系的状态随温度、压力及其组分的改变而变化的直观描述。CIS体系的相图如图8-2所示。

对于CIS薄膜材料而言，一般情况下Se元素是过量的。Se过量的Cu-In-Se体系组分接近于Cu_2Se和In_2Se_3之间的直接连线（图8-2虚线部分）。位于这条线上的黄铜矿结构的CIS以及其余众多的相也被称为有序缺陷化合物（ordered defect compounds，ODC），这是因为它们的黄铜矿晶体结构中存在着规则排列的本征缺陷[8]。

CIS材料的半导体类型可通过改变薄膜中Cu、In的比例来改变[9]。当Cu过量时CIS为p型，而富In的CIS可以是p型或者n型。当CIS中缺Cu时，晶体内形成Cu空位V_{Cu}，或者In原子替代Cu原子的位置，形成替位缺陷In_{Cu}。Cu空位有两种状态，一种是Cu原子离开晶格点，形成中性空位，即V_{Cu}；另一种是Cu^+离开晶格点，将电子留在空位上，形成−1价的空位V_{Cu}^-。此外，替位缺陷In_{Cu}也有多种价态。金属原子比偏差以及化合物中化合价的偏差不同时，CIS中点缺陷的种类和数量有所不同，各种点缺陷见表8-1。表中还列出了各种点缺陷的生成能、能级在禁带中的位置和生成能。研究认为[10]，CIS中施主缺陷能级有五种，分别用D1～D5表示；受主缺陷能级有六种，分别用A1～A6表示，它们都处于CIS的禁带中。这些缺陷能级均对应于某种晶格点的缺陷，如图8-3所示。

表 8-1　CIS 中点缺陷的种类以及形成能级 [9]

点缺陷类型	生成能/eV	在禁带中的位置/eV	类型
V_{Cu^0}	0.6		
V_{Cu^-}	0.63	E_v+0.03	受主
V_{In^0}	3.04		
V_{In^-}	3.21	E_v+0.17	受主
$V_{In^{2-}}$	3.62	E_v+0.41	受主
$V_{In^{3-}}$	4.29	E_v+0.67	受主
Cu_{In^0}	1.54		
Cu_{In^-}	1.83	E_v+0.29	受主
$Cu_{In^{2-}}$	2.41	E_v+0.58	受主
$In_{Cu^{2+}}$	1.85		
In_{Cu^+}	2.55	E_c−0.34	施主
In_{Cu^0}	3.34	E_c−0.25	施主
Cu_{i^+}	2.04		
Cu_{i^0}	2.88	E_c−0.2	施主
V_{Se}	2.4	E_c−0.08	施主

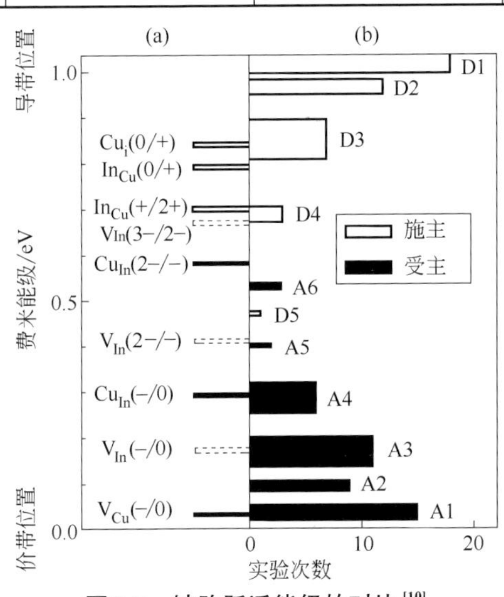

图 8-3　缺陷跃迁能级的对比 [10]

（a）计算值；（b）实际测试值

从表8-1和图8-3可以看出，Cu空位的形成能很低。Cu空位的缺陷能级在CIS价带顶上部30meV的位置，是浅受主能级。此能级在室温下即可激活，从而导致CIS材料呈现p型导电。V_{In}和Cu_{In}也是受主型点缺陷，而In_{Cu}和Cu_i是施主型点缺陷。在一定条件下，能起作用的受主型点缺陷的总和若大于同一条件下能起作用的施主型点缺陷的总和，则CIS材料为p型，否则为n型[9,10]。

点缺陷V_{Cu}和In_{Cu}可以组合成复合缺陷对（$2V_{Cu}^{-}+In_{Cu}^{2+}$），这是一种中性缺陷，这种缺陷的形成能低，可以稳定存在[11]。复合缺陷对（$2V_{Cu}^{-}+In_{Cu}^{2+}$）在Cu-In-Se化合物中规则排列，每n个晶胞中有m个（$2V_{Cu}^{-}+In_{Cu}^{2+}$）缺陷对，可用$Cu_{(n-3m)}In_{(n+m)}Se_{2n}$表示，其中$m$=1，2，3，…；$n$=3，4，5，…。Cu-In-Se化合物满足这个关系式，则可以稳定存在。如$CuIn_5Se_8$（n=4，m=1）、$CuIn_3Se_5$（n=5，m=1）和$Cu_2In_4Se_7$（n=7，m=1）等，它们是贫Cu的CIS化合物。人们把这类化合物称为有序缺陷化合物[93]。

吸收系数是表征半导体材料光学性能的重要参数之一。光吸收的过程就是电子吸收光子能量跃迁的过程。图8-4是不同材料吸收系数和光子能量的对应关系图。吸收系数α是光子能量$h\nu$和光学带隙E_g的函数，即：

$$\alpha=\frac{A(E-E_g)^2}{E} \tag{8-1}$$

式中，A为常数，与光吸收的能态密度有关。表征太阳能电池光学性质的主要参数有透过率、折射率、吸收系数等。一般折射率n满足如下公式：

$$n^2=1+(n_\infty{}^2-1)\lambda^2/(\lambda^2-\lambda_0{}^2) \tag{8-2}$$

式中，n_∞表示在无限波长区的折射率。CIS是直接带隙半导体，禁带宽度为1.01～1.04eV，光吸收系数非常大（α约为10^5cm^{-1}）。厚约为2μm的薄膜能充分吸收太阳光。CIS中Cu/In比例对光学带隙、折射率等影响很大。当Cu/In接近于1时，晶格常数最大，n_∞趋于最小，禁带宽度最小，透过率达到最大，吸收系数趋于最小。当Cu/In远离1时，由于薄膜中存在缺陷从而有利于吸收，吸收系数随禁带宽度的增加而增大[12]。

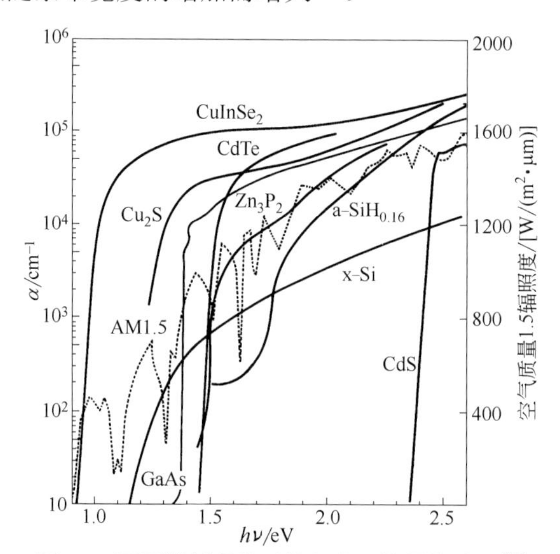

图8-4　不同材料吸收系数与光子能量的关系[13]

CIS材料的电学性能主要取决于元素比例以及由于偏离化学计量比引起的缺陷，其次非本征掺杂和晶界也对其电学性能有较大的影响。对于富Cu（＞25%）的CIS薄膜，其导电类型为p型，而对于贫Cu的CIS薄膜，其导电类型可以是p型也可以是n型[14]。Li Zhang等[15]使用三步法在不同温度下沉积制备p型CIS薄膜。他们发现由于二次相$Cu_{2-x}Se$的存在，随着基底温度从380℃升高到450℃，载流子浓度显著增大，电阻率逐渐下降。除了二次相对薄膜电学性能的影响，薄膜载流子浓度受到掺杂的Na^+浓度的影响，由于Na的掺入，薄膜的载流子浓度从10^{14} ～ $10^{15}/cm^3$增长到10^{16} ～ $10^{17}/cm^3$，电阻率减小了2个数量级。薄膜的结晶性以及缺陷对其电学性能有影响。Y. Akaki等[16]研究发现多晶CIS薄膜的晶粒大小随着退火温度的升高而增大，薄膜的载流子浓度也上升。Qin等[17]发现，CIS具有类金属的导电特性，在整个温度范围内载流子浓度的变化是稳定的。导致这一现象的原因可能是高浓度的本征点缺陷。产生空穴的Cu空位具有较低的形成能，从而提供了一个稳定的高载流子浓度。Jiang等[18]研究了晶界对薄膜电学性能的影响，减少晶界，导致导电路径缩短，从而增大了电阻率。

8.2 CIS电池结构

CIS电池从底层到顶层分别是衬底、背接触层、吸收层、缓冲层、窗口层和电极，其经典结构如图8-5所示。常规的制备过程是先在玻璃衬底上沉积一层Mo作为背电极，接着沉积p型CIS吸收层和CdS缓冲层，然后沉积高阻本征ZnO和n型重掺杂ZnO来作为窗口层，最后沉积Ni-Al顶电极。为了减少太阳光的反射损失，可在窗口层上沉积一层抗反射膜MgF_2。

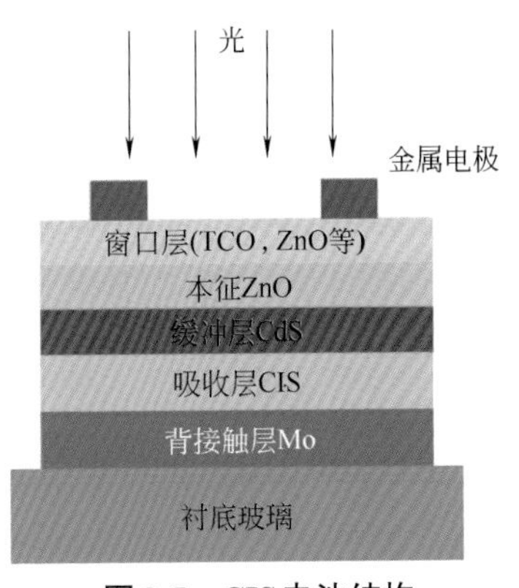

图8-5　CIS电池结构

在选择衬底时，必须考虑衬底的热膨胀系数与CIS薄膜是否匹配，避免薄膜内产生过大的应力。衬底一般采用碱性钠钙玻璃，主要是由于这种玻璃含有金属钠离子。Na通过扩散可以进入电池的吸收层，有助于薄膜晶粒的生长[19,20]。近年来，地面光伏建筑物的曲面造型和移动式的光伏电站等要求太阳能电池具有柔性、可折叠性和不怕摔碰等特性，催生了柔性衬底的产生。采用金属衬底如不锈钢、铝、铜等金属箔材料和聚合物衬底如聚酰亚胺等可制造柔性电池，但目前此类柔性电池的光电转换效率还有待提高[94]。由于各类柔性衬底如聚酰亚胺和不锈钢都不能像钠钙玻璃那样向吸收层提供钠，因此为提高柔性衬底CIS薄膜太阳能电池的性能，可在薄膜生长时将Na与其他元素一起蒸发[21]，或者在沉积CIS薄膜之前，在Mo背接触层上预先沉积含钠的预制层，如NaF[22]、Na_2S[23]和Na_2Se[24]等化合物。

作为CIS电池的背电极应该具有低的接触电阻，良好的附着性能，后续工序的良好稳定性，良好的热传导性能，低的杂质含量以及与CIS相匹配的热膨胀系数。背电极材料一般采用金属Mo，这是因为Mo可以与吸收层CIS薄膜之间形成良好的欧姆接触。Mo作为电池的底电极要求具有比较好的结晶度和低的表面电阻，制备过程中要考虑的另一个主要问题是电池的层间附着力，一般要求Mo层具有鱼鳞状结构，以增加上、下层之间的接触面积。此外，Mo反射率高，能够将太阳光反射回吸收层，从而使得太阳光可有多次机会被吸收层吸收。

目前，对于CIS/CdS异质结电池能带结构的理论研究还不多。图8-6给出了CIS/CdS异质结能带结构，CIS的禁带宽度为1.04eV，CdS的禁带宽度为2.42eV。CIS的电子亲和势χ_1=4.35eV，CdS的电子亲和势χ_2=4～4.79eV[25]。CIS和CdS的激活能分别为E_{a1}=0.486eV，E_{a2}=0.044eV。n型CdS的功函数等于电子亲和势与激活能之和，即$\varphi_2=\chi_2+E_{a2}$（取χ_2=4eV）。p型CIS的功函数势禁带宽度与电子亲和势之和减去激活能，即φ_1=（$E_g+\chi_1$）$-E_{a1}$。CIS和CdS的功函数分别为φ_1=4.904eV和φ_2=4.044eV。

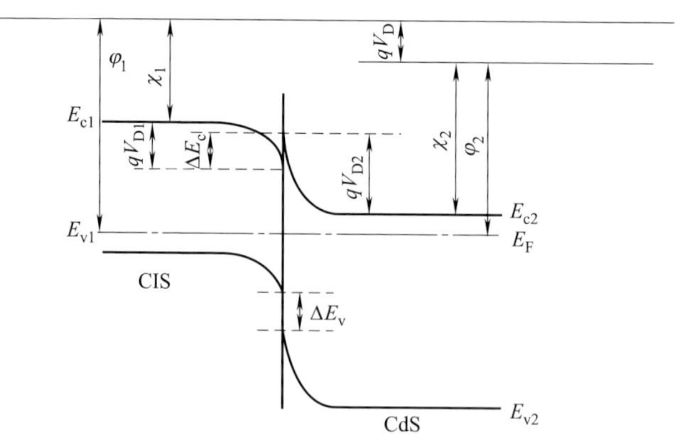

图8-6　CIS/CdS异质结能带结构

根据以上数据可以算出：

$$V_D=\varphi_1-\varphi_2=0.86\text{eV}$$
$$\Delta E_c=\chi_1-\chi_2=0.35\text{eV}$$
$$\Delta E_v=(E_{g2}-E_{g1})-\Delta E_c=1.03\text{eV}$$

8.3 CIS电池的制备

8.3.1 CIS吸收层的制备

8.3.1.1 真空蒸镀法

目前国内外用得最多的真空蒸镀CIS薄膜的方法是电子束蒸发法。它具有能量密度大、热效率高、热传导和热辐射损失少等特点，可减少腔室材料与薄膜之间的反应，提高CIS薄膜的纯度[95]。L. Zhang等[26]采用此方法在Mo衬底上制备了CIS薄膜，研究发现电子束蒸镀与短时间快速真空退火工艺相结合，可以加速晶粒的扩散从而减少了Cu缺陷，从CIS的XRD图谱（图8-7）可以看出退火后薄膜的结晶性得到了明显改善。C.J. Huang等[27]利用电子束蒸镀方法在涂覆Au的塑料衬底上制备了CIS薄膜，添加一定配比的络合剂三乙醇胺（TEA），并在N_2中退火，SEM图（图8-8）显示添加TEA的浓度对薄膜形貌有很大的影响，当TEA浓度为1mol/L时薄膜的结晶性最好。

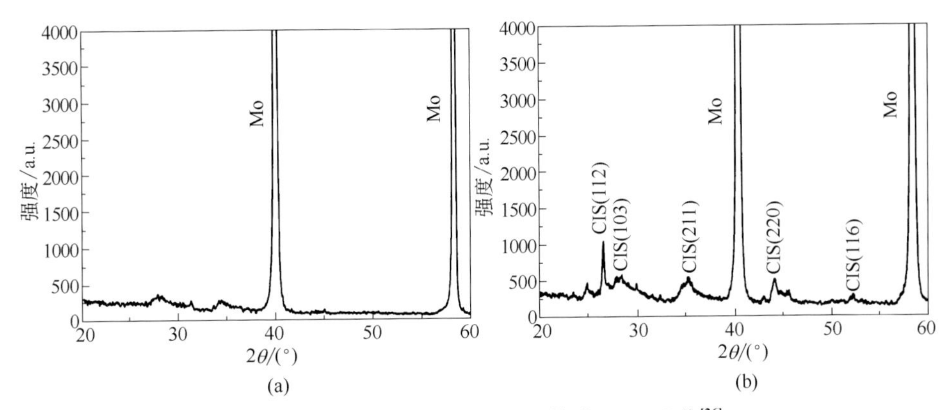

图8-7 相同条件下制备的CIS薄膜XRD图谱[26]

（a）没有退火；（b）450℃退火20min

图8-8 添加不同浓度TEA后CIS薄膜SEM图[27]

（a）0.5mol/L；（b）1mol/L；（c）1.5mol/L；（d）2mol/L

8.3.1.2 磁控溅射法

磁控溅射法工作原理是在高真空的状态下，充入适量的氩气，在阴极（柱状靶或平面靶）和阳极（镀膜室壁）之间施加直流电压，在镀膜室内产生辉光放电使氩气发生电离。氩离子被电磁场加速获得一定的动能，然后轰击阴极靶；在能量合适的情况下，入射的氩离子在与靶面原子碰撞过程中将后者溅射出来，这些被溅射出的原子带有一定的动能，沿着一定方向飞向基底，从而实现了薄膜的沉积。通过更换不同材质的靶材和控制不同的溅射时间，便可以获得不同材质和不同厚度的薄膜。不同材料的溅射对真空度要求也有所不同，一般在0.01 ～ 10Pa。溅射法制备CIS薄膜可以分为金属预制层硒化和共溅射。溅射后硒化法制备$CuInSe_2$薄膜一般分为两步[96]：第一步是通过共溅射Cu靶和In靶或者溅射Cu-In合金靶在衬底上制备Cu-In

预制层；第二步是Cu-In预制层在Se或H_2Se气氛下，在550℃退火制备出$CuInSe_2$薄膜。溅射后硒化法在硒化的过程中需要中断真空过程，为大规模生产带来不便，也有可能混入空气中的各种杂质，降低产品的纯度，而且作为Se源的H_2Se为有毒气体[97]。为了克服以上弊端，Li等[28]采用Cu-In靶和Se靶直接共溅射的方法成功制得具有单一黄铜矿结构的CIS薄膜，研究了衬底温度和退火温度对薄膜晶体结构的影响。图8-9（a）显示随着衬底温度的上升，为薄膜表面原子或分子迁移提供了能量，原子获得足够的扩散激活能，具有较低表面能的晶粒由于温度升高而长大，薄膜结晶质量得到改善。图8-9（b）可以看出随着退火温度的升高，薄膜发生重结晶，结晶性逐渐变好，在衍射峰上表现为（112）晶面择优取向性随退火温度升高而加强，半高宽变窄。而Jeong等[29]在不同气压下溅射不同顺序前驱体制备了CIS吸收层薄膜，如图8-9（c）、（d）所示，他们发现前驱体结构为In_2Se_3/Cu_2Se时制备的CIS薄膜结晶性较好，随后他们制备了Mo/CIS/CdS/i-ZnO/Al-doped ZnO/Al结构的CIS太阳能电池，并且得到了6.82%的光电转换效率，如图8-10所示。

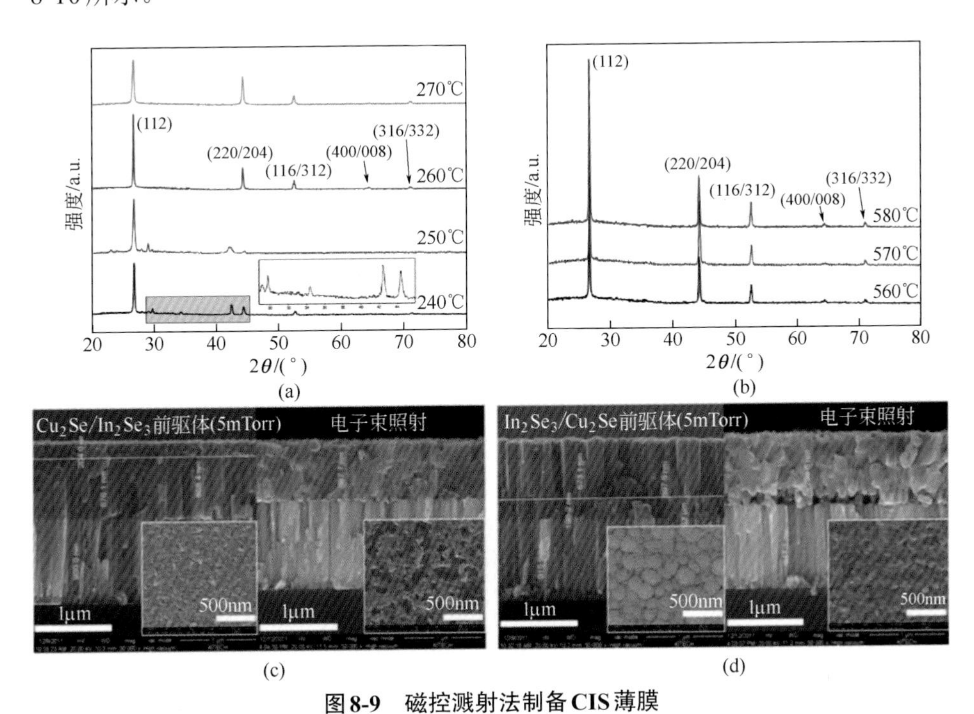

图8-9 磁控溅射法制备CIS薄膜

（a）不同衬底和（b）不同退火温度下制备CIS薄膜的XRD图[28]；（c）前驱体结构为Cu_2Se/In_2Se_3及（d）前驱体结构In_2Se_3/Cu_2Se时制备CIS薄膜的SEM图[29]（1Torr=133.322Pa）

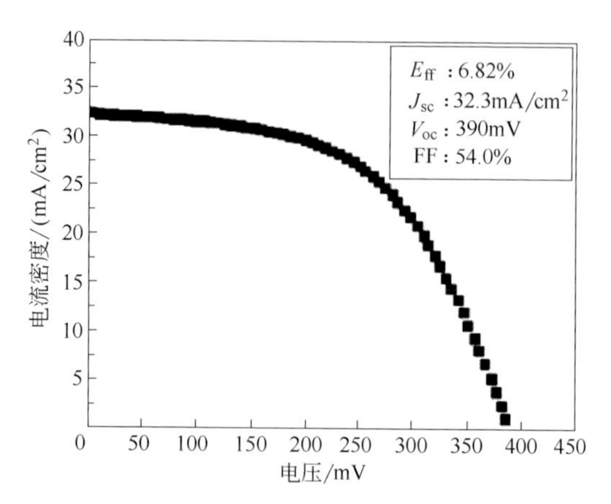

图8-10　CIS太阳能电池*J-V*曲线[29]

8.3.1.3　分子束外延法

分子束外延本质上是一种真空蒸发技术[98]，用分子束外延法沉积的CIS薄膜往往会出现表面Cu元素不足的现象，沉积的速率比较慢[30,31]。White等[32]用该方法制备了CIS薄膜，源温分别是：Cu为1293～1323K，In为1123K，Se为488～503K；制备的薄膜为p型，其空穴浓度为10^{21}/cm^3。Grindle等[33]在衬底温度T_{sub}=573K时制备了CIS薄膜，CIS/CdS薄膜太阳能电池的转换效率为5%，俄歇电子能谱仪（AES）测试表明效率最高对应的CIS薄膜，其组分略偏离化学计量比，所有薄膜的表面都出现Cu不足。Niki等[34]用分子束外延法在GaAs上制备了CIS薄膜，研究了退火温度对薄膜性能的影响。图8-11是不同退火温度下制备的CIS薄膜光致发光谱，在退火温度为350℃时，出现了红移主峰变宽的现象，退火之前主峰的位置在0.97eV。图8-12是不同Cu/In比例薄膜在不同退火条件下的XRD图谱，在干燥的空气中400℃退火薄膜主峰出现在2θ=35.59°，其他的峰可以认为与氧无关，因为在氩气中退火的薄膜依然可以看到这些峰。主峰出现在2θ=35.59°可能与氧化物有关，比如说In_2O_3、CuO_2等。

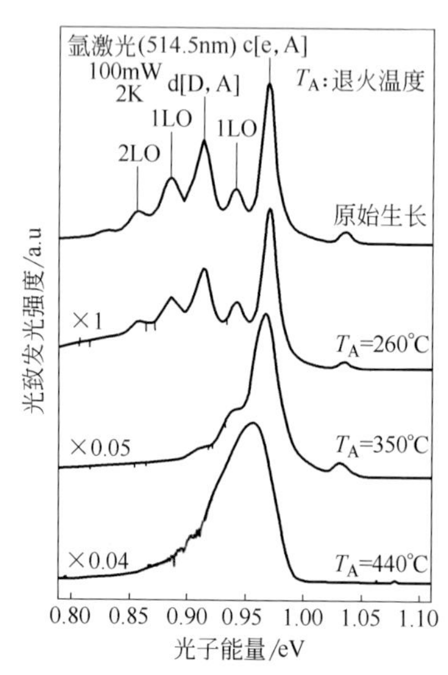

图8-11　在不同退火温度下制备的CIS薄膜光致发光谱[34]

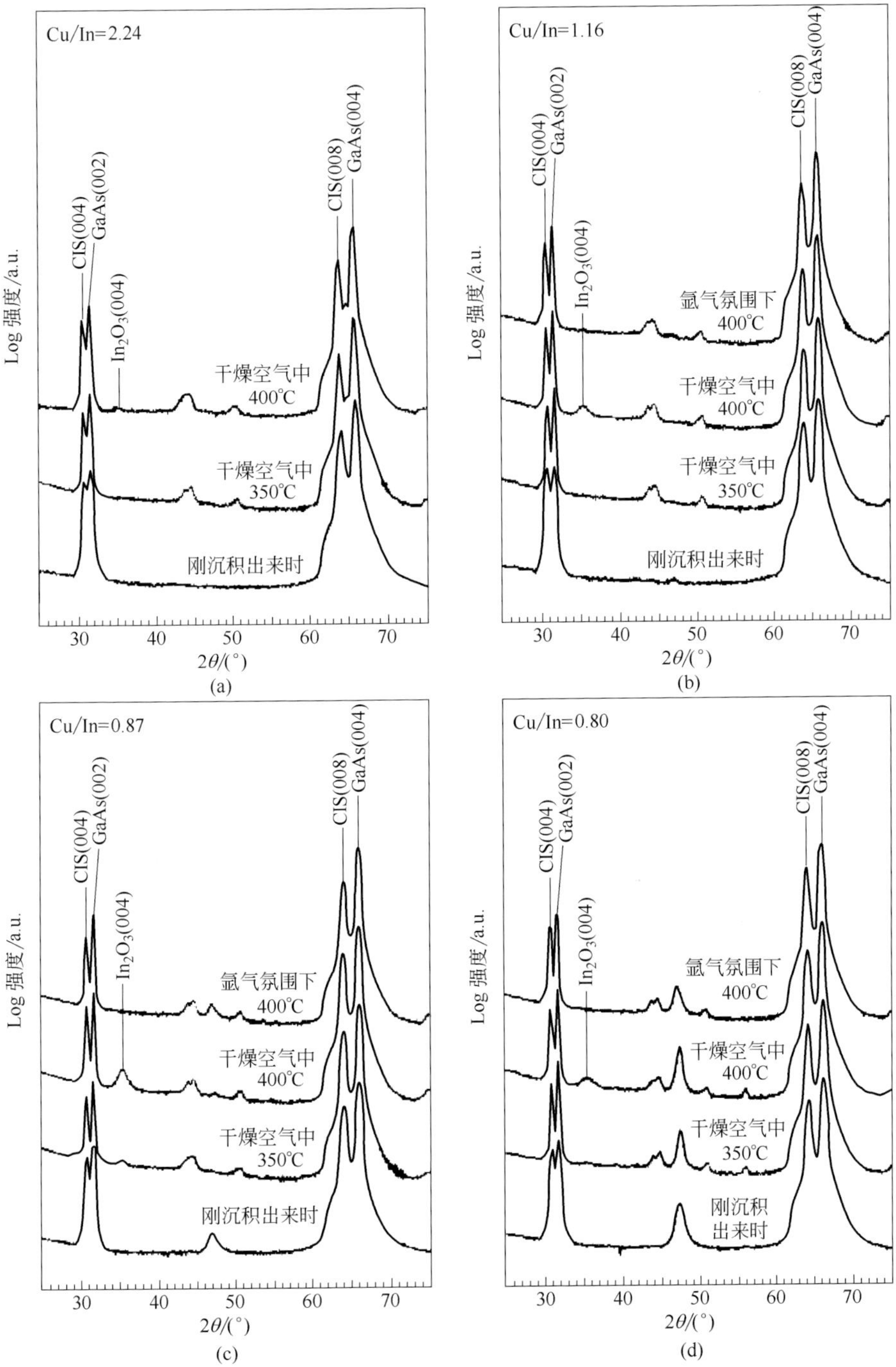

图8-12　不同**Cu/In**比例薄膜在不同退火条件下的**XRD**图谱[34]

8.3.1.4 电沉积法

电沉积法制备CIS薄膜一般需要通过调节溶液pH值、电镀液中各元素的浓度使CIS三种元素的电极电位尽可能相近，保证三元素以接近CIS分子式的化学计量比析出，然后在一定的气氛中退火，生成p型CIS薄膜[99]。这种方法制备的薄膜界面结合力强、沉积速度快、沉积温度低，适用于大规模工业化生产。但是电沉积法制备也有很大的缺点，比如成分容易偏离理想的化学组分，而且薄膜的质量较差[35]。2004年法国的CISEL（Copper Indium Selenide by Electrodeposition）工程中心[36]采用电沉积方法制备了面积为0.1cm^{2}的CIS太阳能电池，最高转换效率达11.3%（图8-13），开路电压为770mV，短路电流23.2mA/cm^2，填充因子为63.4%。为了改善电沉积的薄膜结晶度不高、薄膜表面粗糙[37]等问题，脉冲电位沉积、退火处理等工艺成为当前电沉积合成CIS薄膜的热点[97]。Tzvetkova等[38]以CuCl、$InCl_3$和SeO_2为源物质，恒电位制备了CIS薄膜，并探究了氩气和硒气氛处理过程，如图8-14所示，（a）、

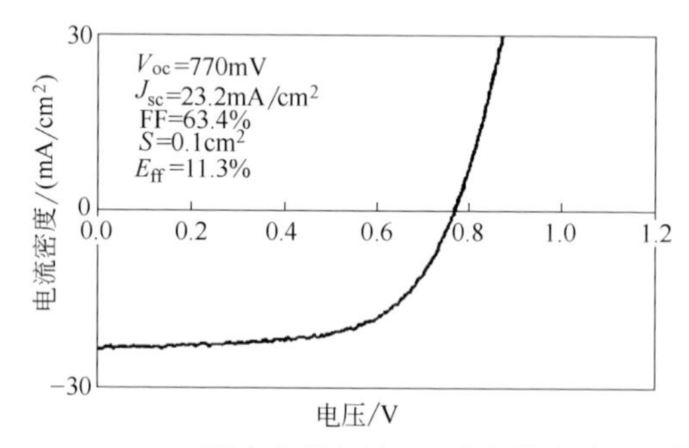

图8-13 CISEL工程中心制备的CIS太阳能电池*J-V*曲线[36]

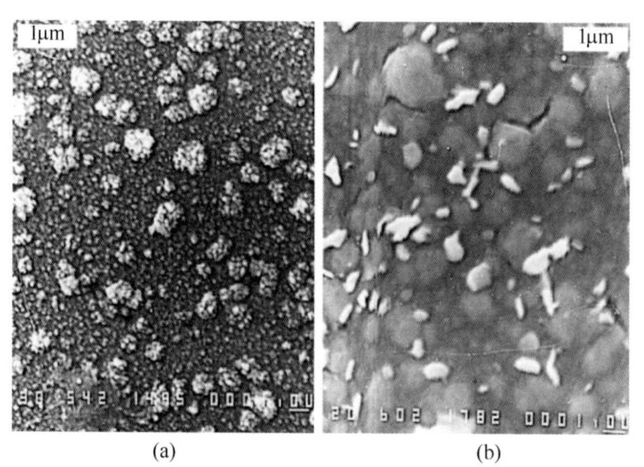

图8-14 恒电位电沉积CIS薄膜的表面形貌[38]

（a）在氩气氛下退火；（b）在硒气氛下退火

（b）分别为氩气和硒气氛下退火后CIS薄膜SEM图，他们发现在硒气氛中处理后薄膜的结晶以及表面形貌都有明显的改善。Nakamura等[39]使用不同比例的$CuCl_2$、$InCl_3$以及SeO_2溶液，研究了不同化学配比薄膜的沉积，并且制备出了接近化学计量比的CIS薄膜。他们发现薄膜的成分是影响材料光电性能的关键因素。图8-15是不同In/Cu比例的CIS薄膜XRD图谱，当薄膜In含量较多时，XRD衍射峰显示了In的杂峰，然而当薄膜Cu含量较多时，并没有明显的二次相。这些CIS特征峰显示CIS薄膜的结晶性较差，为了改善结晶性，薄膜需要退火，但是这一过程可能会改变薄膜元素比例。

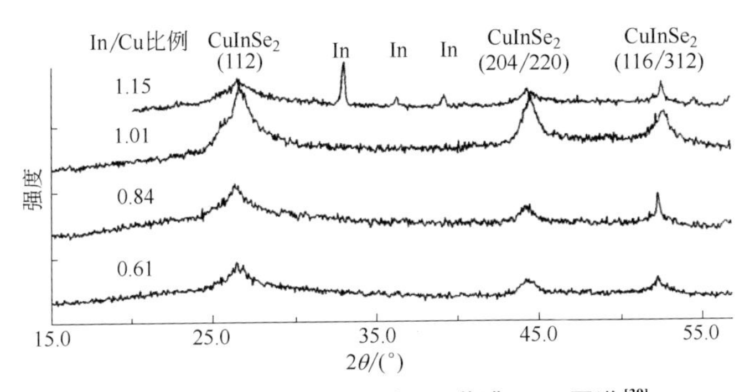

图8-15　不同In/Cu比例的CIS薄膜XRD图谱[39]

8.3.1.5　喷涂热解法

喷涂热解法生产设备简单，易于操作，且不需要昂贵的真空设备和气体保护设备[100]。Sahal等[40]采用硫酸铜、氯化铟、硫脲的水溶液，分别在375℃、400℃衬底温度下喷涂沉积CIS薄膜，其为沿（112）晶面生长的单相多晶薄膜，同时他们探讨了溶液配比和衬底温度对薄膜光学性能的影响（图8-16），在基底温度为375℃时CIS薄膜在750～850nm吸收峰只有一个斜坡（1.55eV），但是在基底温度为400℃时薄膜在500～850nm出现了两个斜坡（1.61eV和2.16eV），这说明在

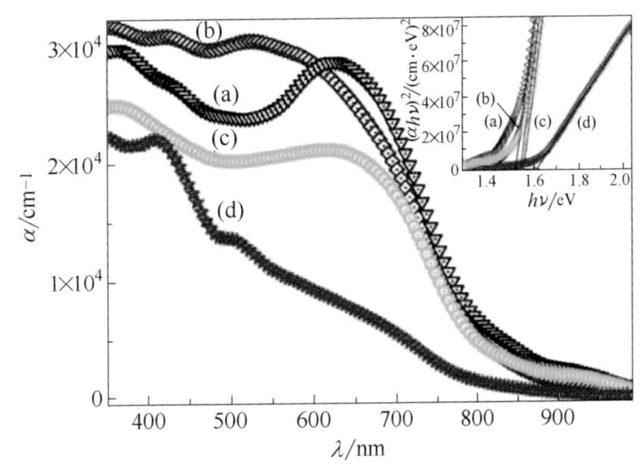

图8-16　Cu/In比例以及基底温度对薄膜光学性能的影响[40]

（a）0.9，375℃；（b）0.9，400℃；（c）1.1，375℃；（d）1.1，400℃

400℃时制备的薄膜并不是纯相。Reddy等[41]也采用喷涂热解法，在325℃的玻璃衬底上制备了一层CIS薄膜，并研究了不同Ga/In比例的薄膜性能，图8-17为制备$CuGa_xIn_{1-x}Se_2$薄膜的XRD图谱，所制备的CIS薄膜为沿（112）晶面生长的单相多晶薄膜。Terasako等[42]用喷涂热解法在玻璃衬底上合成了富铟的CIS多晶薄膜，此薄膜的晶格常数a和c随着In/（Cu+In）比例的增大而减小，如图8-18所示。

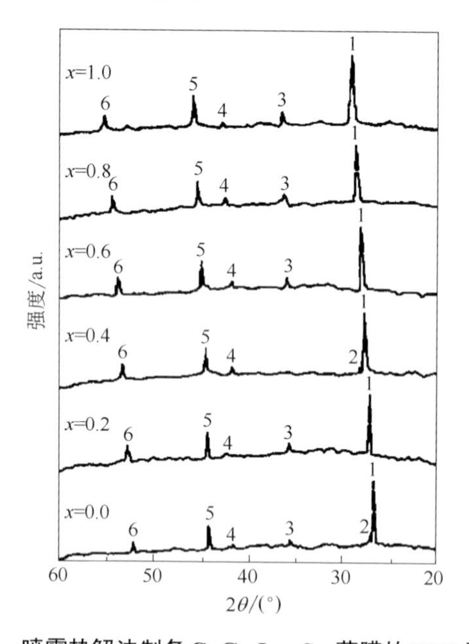

图8-17　喷雾热解法制备$CuGa_xIn_{1-x}Se_2$薄膜的XRD图谱[41]

1—（112）；2—（103）；3—（211）；4—（105）；5—（220）/（204）；6—（116）/（312）

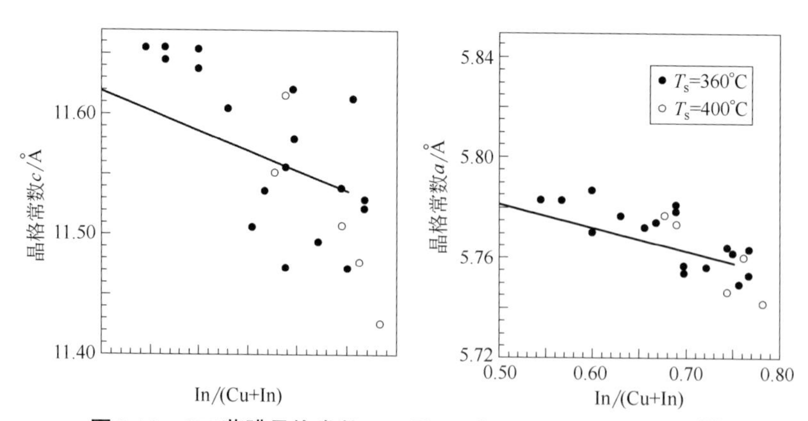

图8-18　CIS薄膜晶格常数a、c随In/（Cu+In）比例的变化[42]

8.3.2 CdS缓冲层

CdS是一种重要的Ⅱ-Ⅵ族半导体材料，广泛应用于光电子学领域。CdS是一种直接带隙半导体材料，室温下的禁带宽度为2.42eV，电子亲和势为4.5eV，具有立方晶系的闪锌矿结构和六角晶系的纤锌矿结构。CdS多晶薄膜在异质结太阳能电池中是一种很重要的n型窗口层材料，具有高的光透过率，可以保证有尽量多的光子透过并被吸收层吸收。同时，CdS的光电导率比较大，所以不会对电子的传输产生很大的影响。

在高效CIS薄膜太阳能电池中，最常用的缓冲层材料为n-CdS，它的主要作用是与p-CIS薄膜形成p-n结。CdS另外还有两个作用：一是在射频溅射ZnO时给CIS吸收层提供保护，防止对CIS薄膜的损害；二是扩散进CIS吸收层中的S元素可以钝化CIS薄膜表面缺陷，Cd元素可以使CIS薄膜表面反型。

CdS的制备方法很多，如化学水浴沉积（CBD）法、近空间升华法[43]、电化学沉积法[44]、物理气相沉积[45]以及溅射法[46]等。但目前生长CdS薄膜通常采用的是CBD法，即将沉积有CIS薄膜的样品浸入温度为60～80℃的含有镉盐［如$CdCl_2$、$CdSO_4$、CdI_2、$Cd(CH_3COO)_2$等］、氨水及$SC(NH_2)_2$的水溶液中数分钟，即可得到CdS薄膜[47]，其化学反应式可表示为：

$$Cd(NH_3)_4^{2+}+SC(NH_2)_2+2OH^- \longrightarrow CdS+CH_2N_2+4NH_3+2H_2O$$

CBD法有如下一些优点[48,49]：①CBD法可以沉积薄、致密、无针孔的CdS薄膜，薄的CdS层可以降低电池的串联电阻，致密无针孔的CdS层可以更好地覆盖粗糙的CIS薄膜表面，使之免受溅射ZnO时的轰击损伤，制备时衬底选择较灵活，并且可以多次成膜；②CBD法沉积CdS的过程中，氨水可溶解CIS表面的氧化物，起到清洁表面的作用；③Cd离子可与CIS薄膜表面发生反应生成CdSe并向贫Cu的表面层扩散，形成Cd_{Cu}施主，促使CdS/CIS表面反型，使CIS表面缺陷得到部分修复。CBD法的缺点是其不能与真空沉积工艺融合，不能形成连续制备工艺[49]。另外，CdS缓冲层中的Cd具有毒性，对环境会造成污染，因此应逐步寻求不含Cd的缓冲层材料来替代CdS，比如Zn(O,S)[50]、(Zn,Mg)O[51]和(Zn,Sn)O_y[52]等。

8.3.3 窗口层

在CIS薄膜太阳能电池中，通常采用透明导电层作为窗口层。一般用作透明导电层的材料主要有三种：SnO_2、ITO和ZnO。其中SnO_2通常在较高的温度下沉积制备，这限制了其在CIS薄膜太阳能电池上的应用，因为已覆盖了CdS的CIS薄膜无法承受250℃以上的高温。而ITO和ZnO都可以应用到CIS薄膜太阳能电池上，其中ZnO被广泛采用，这是因为其生产成本较低。另外，往ZnO

中掺入适量Al形成的ZnO∶Al(AZO)薄膜，具有很高的电导率及透光率，也是一种常见的透明导电氧化层材料[53]。一般采用磁控溅射的方法沉积。目前AZO窗口层的研究集中在调整薄膜厚度、提高电导率透过率、降低沉积温度等方面。

8.4 其他三元半导体化合物电池

8.4.1 Cu_2SnS_3

作为新一代薄膜太阳能电池及光电器件的候选材料，三元Ⅰ-Ⅳ-Ⅵ族化合物半导体铜锡硫Cu_2SnS_3（CTS）具有较高的吸收系数（$>10^4cm^{-1}$）和可调节的禁带宽度0.93～1.35eV，其研究备受关注[54]。Cu-Sn-S系化合物有Cu_2SnS_3(CTS)、Cu_3SnS_4、Cu_4SnS_4、$Cu_2Sn_3S_7$和$Cu_5Sn_2S_7$等，其中，Cu_2SnS_3被认为是最合适的太阳能电池候选材料[54,55]。CTS常见的晶型有立方相、单斜相和四方相，三种结构由金属原子的排布所决定，如图8-19所示。CTS在高温（>750℃）下可形成立方晶系ZnS结构，在低温（<750℃）下能够形成四方晶系、单斜晶系黄锡矿$Cu_2(Fe,Zn)SnS_4$结构，其中四方晶系的禁带宽度范围为1.1～1.35eV，单斜晶系的禁带宽度为0.90～1.02eV，立方晶系的禁带宽度范围为0. 93～1.7eV[56]。CTS化学稳定性高、成本低、无毒、组成元素储量丰富，在光伏器件、光电二极管、非线性光学材料、光催化、锂离子电极材料等方面具有较大的潜在应用价值[101]。

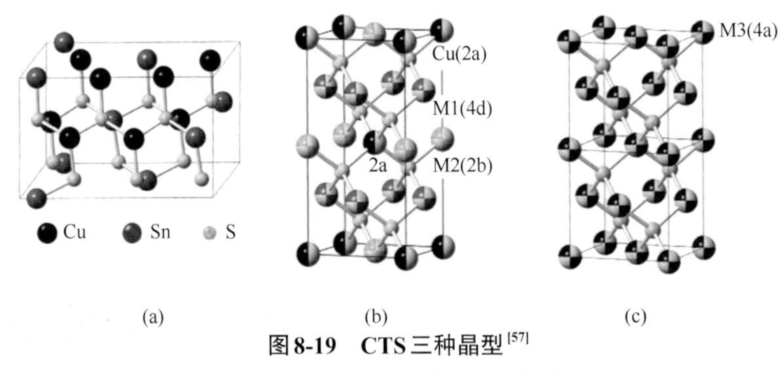

图8-19　CTS三种晶型[57]

（a）单斜相；（b）四方相；（c）立方相

CTS薄膜太阳能电池理论效率可达30%，但目前CTS薄膜太阳能电池转换效率仍较低[101]。制备CTS薄膜的方法主要有磁控溅射法、热蒸发法、浸泡法、脉冲激光沉积法（PLD）、电沉积法、喷雾热解法、溶胶-凝胶法等，下面介绍主要的几种制备方法[102]。

（1）磁控溅射法

2014年，Xiang等[58]采用直流溅射Cu和Sn靶制备出了高质量的CTS薄膜。2015年，Sugiyamaeta等[59]通过磁控溅射Cu-Sn合金靶材并进行硫化退火的方法制得CTS薄膜，并研究了CTS的能带结构和制备n型材料的工艺条件，他比较了CTS与不同n型材料的能带匹配，发现CdS薄膜并不适用于CTS薄膜电池。

（2）热蒸发法

2011年，Katagiri等[60]以Cu/Sn为前驱体，采用电子束蒸镀法制备出CTS薄膜，最终制得的CTS太阳能电池获得了2.54%的转换效率。

（3）浸泡法

2013年Tiwari[61]等将清洗后的Mo玻璃衬底浸泡入由$CuCl_2$、$SnCl_2$和硫脲组成的甲醇溶液中，在烘箱中干燥后，进行退火得到CTS薄膜，随后制备的器件效率为2.1%，电池的开路电压达到了816mV，是CTS太阳能电池报道的最高开路电压。

（4）喷雾热解法

2008年M.Amlouk等[62]通过依次喷射包含$SnCl_4$和硫脲、$CuCl_2$和硫脲的水和甲醇混合溶液到衬底上来沉积SnS_2和Cu_xS前驱体薄膜，退火得到CTS薄膜。

（5）旋涂法

2015年李建民等[63]将配制好的$Cu(NO_3)_2$、$SnCl_2$、乙二醇甲醚混合溶液旋涂成膜，退火后制得CTS薄膜，如图8-20所示。并系统研究了退火过程对薄膜及电池性能的影响，最终制得了转换效率为0.86%的CTS电池。

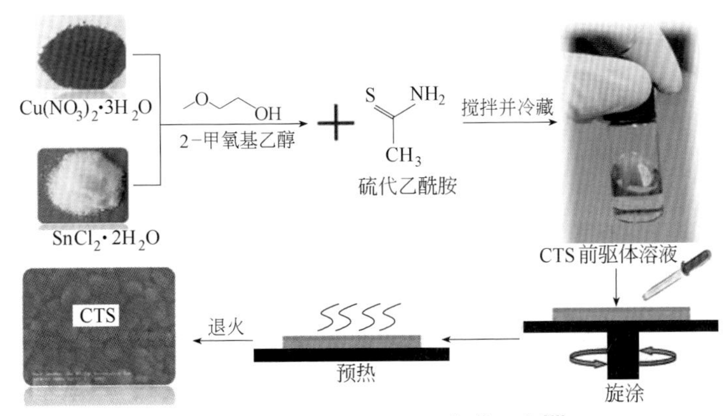

图8-20　旋涂法制备CZT薄膜示意[63]

第一块CTS太阳能电池由Kuku和Fakolujo[72]于1987年利用蒸发法制备得到，其光电转换效率为0.11%。直到Koike等[64]于2012年采用电沉积方法制备出转换效率为2.84%的CTS太阳能电池，CTS又重新进入研究者视野，并成为新的研究方向。Nakashima等[65]于2015年依次蒸镀Cu源、Sn源和NaF制备出转换效率4.63%的CTS太阳能电池，这是目前已知的纯CTS电池的最高转换效率[65]。2013年，Umehara等[66]将Ge掺杂进CTS中对其带隙进行调控，成功制得转换效率为6%的太阳能电池，是CTS基太阳能电池的最高转换效率纪录。研究发现Ge掺杂对CTS薄膜形貌和性能均有明显改善。从图8-21所示CTS薄膜截面SEM图可以看出，掺杂Ge后，CTS的晶粒明显变大，薄膜结晶性变好。图8-22（a）

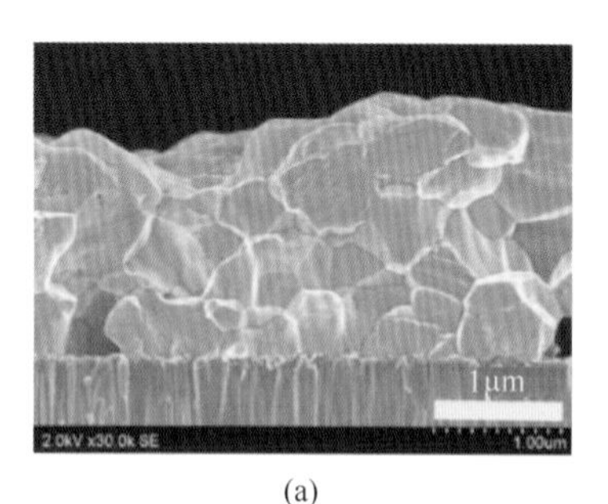

(a)

(b)

图8-21　CTS薄膜截面SEM图[66]

（a）纯CTS薄膜；（b）Ge掺杂CTS薄膜

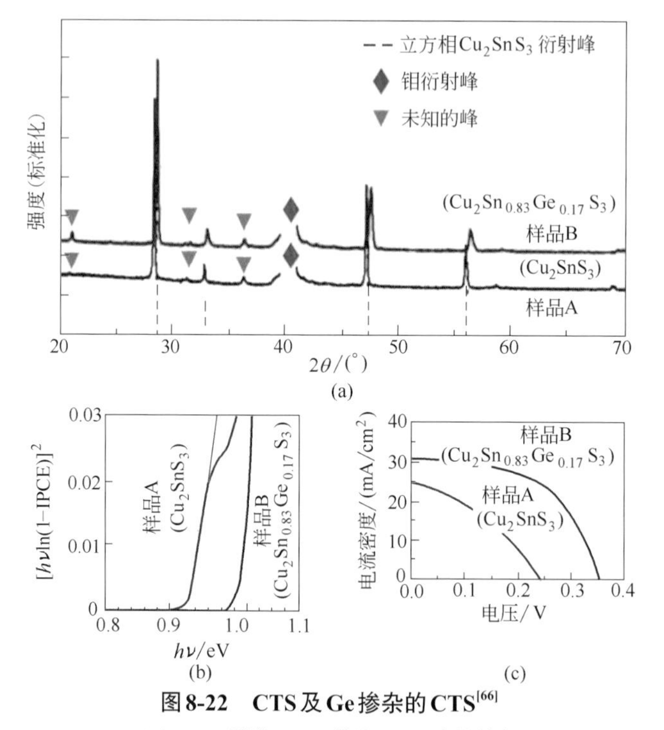

图8-22　CTS及Ge掺杂的CTS[66]

（a）XRD图谱；（b）带隙；（c）电池效率

是CTS以及Ge掺杂后CTS的XRD图谱，两种样品的衍射峰基本相同，但是Ge掺杂后的峰位置有略微偏移，说明比Sn原子小的Ge原子成功地掺杂进了CTS。他们还发现通过Ge掺杂，CTS的带隙从0.93eV提升到1.02eV，如图8-22（b）所示。相比于纯CTS电池，Ge掺杂后电池的开路电压（V_{oc}）、短路电流（J_{sc}）以及填充因子（FF）都明显增大，因此光电转换效率得到大幅提高。

8.4.2 $CuSbX_2$

$CuSbX_2$（X=Se、S）属于Ⅰ-Ⅴ-Ⅵ族三元硫属化合物，但它们具有与Ⅰ-Ⅲ-Ⅵ族三元化合物（$CuInSe_2$、$CuInS_2$）同样的晶体结构——黄铜矿结构[67-69]，其晶体结构如图8-23所示[79]，可以认为是由Sb原子替代晶格中In原子而得到（Sb与In的离子半径接近）。$CuSbSe_2$和$CuSbS_2$均是具有直接带隙的p型半导体材料，光吸收系数均达到10^4cm^{-1}以上[70,71]，带隙分别为1.1eV[78]和1.5eV[73]，都接近单结太阳能电池的最佳理论带隙1.4eV[74]。不同研究小组对$CuSbSe_2$和$CuSbS_2$薄膜的电学性质（载流子浓度、载流子迁移率、电阻率）进行了研究[73,75-77]。D. Colombara[78]和C. Garza[77]分别对$CuSbS_2$和$CuSbSe_2$薄膜进行了光电化学测试，两种材料均表现出优异的光电转化活性，且具有较大的光电流值。这些结果表明$CuSbS_2$和$CuSbSe_2$材料具有良好的光伏应用前景[103]。

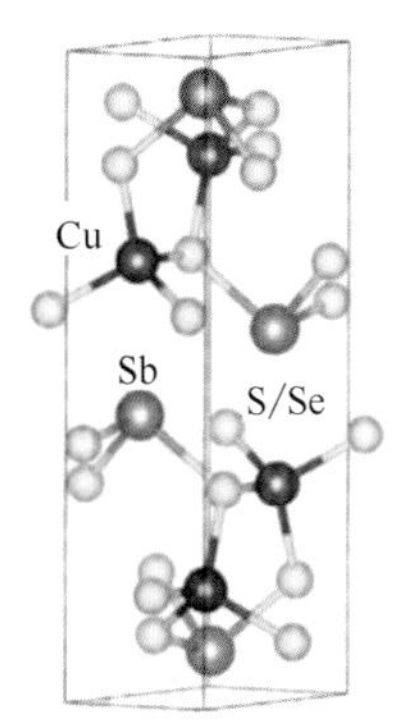

图8-23　$CuSbX_2$（X=Se、S）物相晶体结构[79]

$CuSbX_2$薄膜制备方法多种多样，尤其是$CuSbS_2$薄膜。Rabhi等[80]用Cu、Sb、S三种单质混合后在密封石英管中烧结成$CuSbS_2$粉末，之后将粉末直接热蒸发成膜。Rodríguez-Lazcano Y等[81]用化学水浴法分别沉积Sb_2S_3和CuS后在400℃温度退火反应形成$CuSbS_2$薄膜。Garza等[82]在化学水浴法沉积的Sb_2S_3上热蒸发Cu后并退火，通过扩散形成$CuSbS_2$薄膜。Manolache等[68]以氯化铜、硫脲、乙酸锑为原料用喷雾热解法直接制备成$CuSbS_2$薄膜，并尝试在介孔TiO_2上构建三维结构太阳能电池，但光响应比较差。Ding等[83]以$CuCl_2$、三水合酒石酸锑钾（$K_2[Sb_2(C_4H_2O_6)_2]\cdot 3H_2O$）、亚硒酸（$H_2SeO_3$）作为原料，采用一步法电沉积并在300℃温度下退火制备了$CuSbSe_2$薄膜。下面将介绍目前制备$CuSbX_2$薄膜的三种主要方法[104]。

（1）金属预制层后硫（硒）化

金属预制层的制备有蒸镀法、磁控溅射法、电化学沉积法等多种途径。该方法的关键在于最后的硫（硒）化步骤，常用的原料有硫/硒的单质粉末和H_2S/H_2Se气体，其中单质粉末安全无毒，但反应时的蒸气压和浓度等参数影响极大且不易控制，而氢化物气体虽然活性好、浓度容易控制、反应均匀，但毒性大、易燃易爆且价格昂贵。Colombara等[84]为了研究Cu、Sb金属预制膜硫化形成$CuSbS_2$的过程，分别使用热蒸发的方法制备单独的Cu膜、Sb膜以及Sb/Cu叠层膜，还以硫酸铜和三氯化锑混合溶液为电解质溶液，用电沉积的方法制备均质的Cu-Sb混合膜。之后在200～400℃不同温度下对四种薄膜用硫粉进行硫化处理，结果表明，Cu极易被硫化，在200℃就可完全转变为CuS，而Sb转变为Sb_2S_3则需要更高温度。$CuSbS_2$薄膜是由Cu、Sb单质先分别形成二元硫化物，再在高温下互相扩散反应而成，三元相的最低形成温度是350℃。由于Sb_2S_3的蒸气压较大，实验制备的$CuSbS_2$薄膜表面富铜，Cu/Sb比例高达2.6，但未检测出Cu_3SbS_3相。用KCN溶液浸泡处理后，Cu/Sb比可以降至0.96，且光响应有明显提高。Septina等[85]在采用电沉积Cu、Sb金属叠层预制膜后硫化的方法制备$CuSbS_2$薄膜过程中，发现金属预制膜界面存在Cu_2Sb合金；进一步设计实验，将金属预制膜在510℃退火形成Cu_2Sb合金后，再在H_2S气氛中450℃硫化，成功获得了比直接硫化更高质量的$CuSbS_2$薄膜。

（2）肼溶液法

肼（N_2H_4）又被称为联氨，是一种强极性化合物、无色油状液体，具有强还原性，是溶液法制备硫族化合物薄膜中常用的溶剂。肼溶液法工艺简单、操作方便，不容易引入C、O、N等杂质，是制备高效CIGS和CZTSSe太阳能电池的重要方法。Yang等[86]从理论和实验两方面对$CuSbS_2$薄膜进行了系统的分析研究，如图8-24所示。首先基于第一性原理利用密度泛函理论（DFT）计算表明，$CuSbS_2$的稳定区间与CZTS相似，尤其在Cu方向上比较窄，因此在合成薄膜时需要对组分尤其是Cu的含量进行严格控制，才能避免杂相的出现。之后用超原胞模型对缺陷性质进行了细致的计算模拟，存在的本征缺陷包括受主缺陷V_{Cu}、Cu_{Sb}以及施主缺陷V_S、Cu_i、Sb_{Cu}，其中V_{Cu}形成能最低且缺陷能级浅，是主要的p型掺杂来源。在贫硫条件下V_S形成能可以与V_{Cu}比拟，但其为深缺陷难以产生自由载流子，因此无论在富硫或是贫硫条件下，薄膜都呈p型，掺杂浓度在$10^{18}/cm^3$左右。理论计算表明，所有的低形成能缺陷的能级位置都远离禁带中央，不容易形成复合中心，从这个角度考虑，$CuSbS_2$是比CIGS和CZTS更有潜力的太阳能电池吸光层材料。

在肼溶液法制备Sb_2Se_3[87]和Cu_2SnS_3[88]薄膜的工作基础上，Yang等[86]开展了肼溶液法$CuSbS_2$薄膜制备和器件探索。薄膜制备过程是先将Cu、Sb、S的单质粉末按一定比例溶于肼中，分别形成Cu-S溶液和Sb-S溶液，再将两种浆料混合形成Cu-Sb-S前驱体溶液，采用旋涂法并在350℃最终烧结成$CuSbS_2$

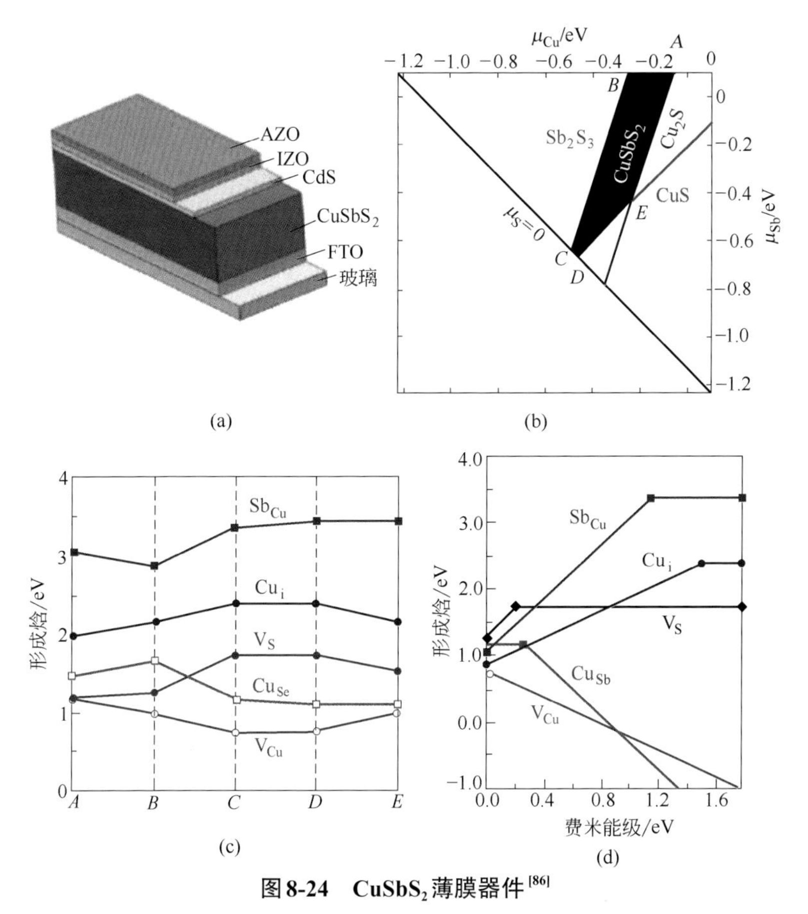

图 8-24　$CuSbS_2$ 薄膜器件[86]

(a) 肼溶液法 $CuSbS_2$ 器件结构（其中AZO为铝掺杂氧化锌，IZO为本征氧化锌，FTO为氟掺杂氧化锡）；(b) $CuSbS_2$ 稳定区间；(c) $CuSbS_2$ 中缺陷形成能在 (b) 中不同化学势点的情况；(d) 在化学势 C 点 $CuSbS_2$ 中缺陷形成能随费米能级的变化

薄膜，且使用TGA-DSC对肼溶液法制备薄膜的过程进行了细致的研究。薄膜的化学、光学、电学性质分析结果表明：Cu为+1价，Sb为+3价，S为−2价，其紫外可见光吸收谱显示禁带宽度为1.4eV，结合UPS测试得出其价带位置−5.25eV、导带位置−3.85eV、费米能级在−4.86eV处。考虑到 $CuSbS_2$ 薄膜可以与CdS形成type-Ⅱ型能带结构，初步尝试构建了玻璃/FTO/$CuSbS_2$/CdS/ZnO/ZnO：Al/Au结构的太阳能电池，取得了0.5%的光电转换效率（V_{oc}=0.44V，J_{sc}=3.65mA/cm^2，FF=31%，面积=0.45cm^2）。采用类似的研究方法对 $CuSbSe_2$ 进行了系统的分析，理论计算结果表明 $CuSbSe_2$ 不仅没有容易形成复合中心的深能级缺陷，而且其空穴浓度可以在很大的范围调整甚至转变为n型，有可能是比 $CuSbS_2$ 更适于作为太阳能电池吸光层的材料。与

$CuSbS_2$类似，在受主缺陷V_{Cu}、Cu_{Sb}以及施主缺陷V_{Se}、Cu_i、Sb_{Cu}中，V_{Cu}也是形成能最低的晶格缺陷，是p型掺杂的来源，但在缺硒（富铜富锑）的情况下Cu_i具有与V_{Cu}几乎相同的形成能，且是浅缺陷容易离化，可以形成有效的补偿作用降低掺杂浓度。肼溶液法制备的$CuSbSe_2$薄膜的光电性质显示，禁带宽度为1.04eV，价带位置−4.88eV，导带位置−3.84eV，费米能级在−4.63eV处；构建的光伏器件的转换效率为1.32%（V_{oc}=0.274V，J_{sc}=11.84mA/cm^2，FF=40.51%，面积=0.19cm^2），电池结构为玻璃/FTO/$CuSbSe_2$/CdS/ZnO/ITO/Al[86]。

（3）磁控溅射法

$CuSbS_2$薄膜在制备过程中存在的杂相是影响薄膜性能的重要因素，为了深入研究$CuSbS_2$薄膜制备过程中的相转变问题，美国国家可再生能源实验室（NREL）的Welch等[89]通过在磁控溅射Cu_2S和Sb_2S_3时控制衬底的角度使两种组分在衬底上成梯度分布，并用特制的具有温度梯度的热台对衬底进行加热，制备出如图8-25（a）所示的薄膜。这种高通量的办法可以在一次实验中进行大量对照组实验，快速验证实验规律，尝试出最佳的实验参数。对不同区域的物相分析表明，随着温度的降低以及Sb/Cu比例的增大，薄膜的组分呈现$Cu_{1.8}S$-$Cu_{12}Sb_4S_{13}$-$CuSbS_2$的转变。随后的研究绘制了Cu-Sb-S系统的三元相图［图8-25（b）］，从理论上解释了薄膜物相转变路线。在此基础上，开发了

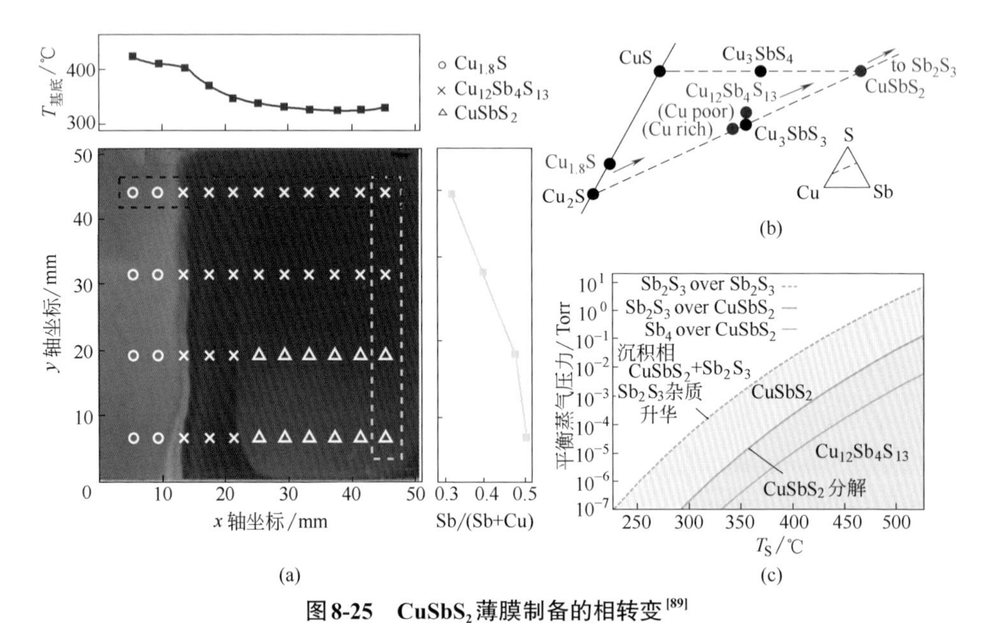

图8-25 $CuSbS_2$薄膜制备的相转变[89]

（a）拥有44个样品点的高通量法制备的Cu-Sb-S薄膜；（b）300℃时部分Cu-Sb-S三元相图；（c）沉积纯相$CuSbS_2$工艺温度区间

一种在富Sb_2S_3氛围下进行$CuSbS_2$自控生长的方法，并且计算了在不同平衡蒸气压下$CuSbS_2$单一相能存在的温度区间［图8-25（c）］。这种方法的关键在于控制反应温度在Sb_2S_3升华温度之上、$CuSbS_2$分解温度之下。对薄膜的光电性质测试结果还表明该方法可以通过控制Sb_2S_3的量和衬底温度来调节薄膜的载流子浓度。

Willian等[90]研究发现，若将制备好的$CuSbS_2$薄膜置于Sb_2S_3氛围中480℃退火5h以上，薄膜的质量可以得到明显提高，晶粒尺寸变大，薄膜的表面纹理以及取向改变，晶格之间应力减小，带边附近的荧光强度增强，光电导也增加。为了消除退火后表面残留Sb_2S_3对薄膜及后续器件的影响，可以使用氢氧化钾溶液对薄膜进行选择性刻蚀。在此基础上，Welch等[91]使用2个Sb_2S_3靶和1个Cu_2S靶进一步开发了如图8-26所示的三段式自控生长法，阶段1在富Sb条件下形成$CuSbS_2$种子层避免生成$Cu_{12}Sb_4S_{13}$；阶段2维持富Sb_2S_3氛围在较高温度下生长$CuSbS_2$；阶段3先关闭Cu_2S源保持Sb_2S_3氛围直到衬底冷却到Sb_2S_3升华温度附近，以避免$CuSbS_2$分解。利用该方法制备的薄膜构建了玻璃/Mo/$CuSbS_2$/CdS/ZnO/ZnO ∶ Al/Al结构太阳能电池，测试了325～400℃不同温度下制备的薄膜对应的器件性能参数。如图8-27和表8-2所示，随着温度的升高，电池的短路电流和填充因子增大，而开路电压下降，器件转换效率则由0.2%逐渐增大到0.6%，在400℃时，其EQE有比较明显的提升。考虑到器件的串联电阻和并联电阻都明显降低，推断可能的原因是先前提及的随着温度从350℃升高到425℃，载流子浓度也从$10^{15}/cm^3$提高到$10^{18}/cm^3$。之后，采用与先前类似的高通量方法，在器件上形成Cu_2S与Sb_2S_3的梯度分布，使薄膜的不同区域具有组分和厚度的梯度，以此快速研究最终物相与Cu/Sb比的关系、薄膜形貌和取向与温度的关系、薄膜厚度对器件性能的影响等。随着Sb_2S_3含量增加，薄膜物相从$Cu_{12}Sb_4S_{13}$向$CuSbS_2$转变，且器件的开路电压和短路电流都随之增大。在薄膜的取向由随机取向向（001）面渐变过程中，薄膜形貌由粗糙逐渐变光滑，器件的短路电流增大而开路电压下降。对各个晶面的理论计算表明，（001）面的晶面能最低，所以薄膜最终趋于（001）取向，而且（001）面与CdS层对应的导带失配最严重，可能是开路电压下降的原因。综合薄膜厚度对器件性能的影响，虽然随着膜厚的增加开路电压一直呈现上升趋势，但短路电流在膜厚0.8μm时达到最大值随后逐渐下降，因此效率最佳的膜厚在1.0～1.4μm。V_{oc}的增大被认为是由于吸收层的针孔减少所致，考虑到$CuSbS_2$较大的载流子有效质量，在保证薄膜无针孔的前提下，膜厚可以进一步减小。为了优化电池结构，尝试了多种背面接触，除了在Mo和Pt上薄膜附着力较强且电阻合适，W、Ni、Pd、Au、FTO等效果均不理想，而且Pt只能耐受350℃以下的工艺温度。他们还发现用双氧水处理Mo玻璃可以有效提高电池短路电流，使其器件效率提高到1%左右，原因可能是MoO_x较深的功函数（6.6eV）在吸收层形成上升式能带弯曲，使得空穴收集效率提高，也可能是MoO_x作为绝缘层抑制了短路现象，且更容易硫化形成有利的MoS_2层[91]。

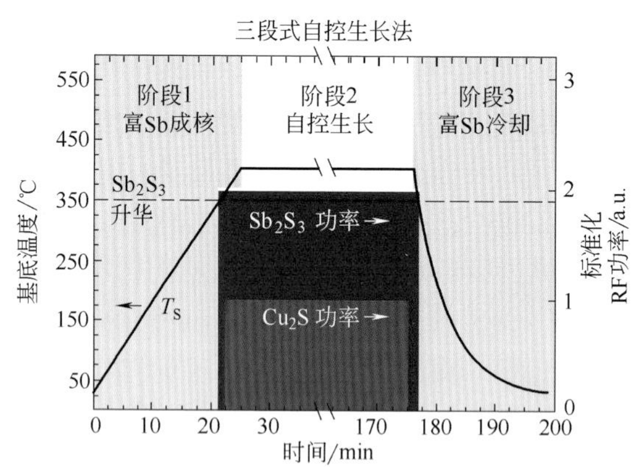

图8-26 自控生长法制备$CuSbS_2$薄膜工艺[91]

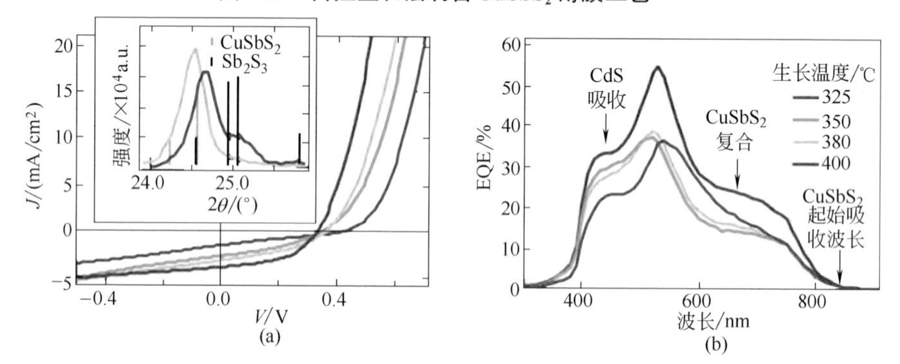

图8-27 不同温度下制备的薄膜器件效率以及量子效率[91]

表8-2 不同温度下制备的薄膜器件性能参数[91]

$T_{基底}$/℃	J_{sc}/（mA/cm²）	V_{oc}/mV	FF/%	η/%	R_s/（Ω·cm²）	R_{sh}/（Ω·cm²）
325	2.14±0.36	390±36	25.9±1.3	0.21±0.04	263±50	417±90.5
350	2.76±0.18	284±52	31.2±2.4	0.25±0.07	154±14	381±97.8
380	3.28±0.64	295±41	34.4±4.8	0.33±0.09	103±23	312±108
400	3.87±0.64	303±39	50.2±2.3	0.58±0.06	40±7.4	336±217

铜锑硫族材料体系具有价格低廉、原材料储量丰富、安全无毒、禁带宽度合适等多种优势，是非常有潜力的薄膜太阳能电池吸光层材料。其中，$CuSbS_2$和$CuSbSe_2$两种材料禁带宽度分别在1.5eV和1.1eV左右，吸收系数大

（$10^5 cm^{-1}$），单结太阳能电池的理论转换效率都在30%以上，并且长晶温度低（300～400℃），目前都已经制备出光电转换效率达3%以上的光伏器件，进展迅速，有望制备具有应用前景的高效、无毒、稳定、低价的新型太阳能电池。电池的能量损耗分析揭示了该材料本身的载流子有效质量对迁移率的影响是主要因素，同时在薄膜生长过程中对缺陷的控制至关重要，这对载流子的寿命和扩散长度有直接影响。对器件的EQE和*C-V*测试证实了上述结论，器件耗尽区仅有140nm，长波区域EQE下降严重。而对体系的理论计算更表明CdS不是最佳缓冲层，且吸收层与Mo的背接触同样存在问题。因此，后续工作可以围绕薄膜制备工艺以及器件结构进行系统性的优化，包括对背电极优化、缓冲层材料优化、吸收层厚度优化等，甚至尝试顶衬结构[104]。当以上问题逐一解决之后，$CuSX_2$的器件效率有望进一步提升。

参考文献

[1] Wagner S，Shay J L，Migliorato P，et al. $CuInSe_2$/CdS heterojunction photovoltaic detector. Applied Physics Letters，1974，25（8）：434-435.

[2] Kazmerski L L，White F R，Morgan G K. Thin-film $CuInSe_2$/CdS heterojunction solar cells. Applied Physics Letters，1976，29（4）：268-270.

[3] Mickelsen R A，Chen W S. High photocurrent polycrystalline thin-film CdS/$CuInSe_2$ solar cella. Applied Physics Letters，1980，36（5）：371-373.

[4] Mickelsen R A，Chen W S. Polycrystalline Thin-Film $CuInSe_2$ Solar Cells. San Diego：IEEE Photovoltaics Specidlists Conference，1982：781-785.

[5] Mitchell K，Eberspacher C，Ermer J，et al. Single and tandem junction $CuInSe_2$ cell and module technology. Photovoltaic Specialists Conference，1988：1384-1389.

[6] Luque A，Hegedus S. Handbook of photovoltaic science and engineering. Wiley com，2011.

[7] Nakada T. Invited Paper：CIGS-based thin film solar cells and modules：Unique material properties. Electronic Materials Letters，2012，8（2）：179-185.

[8] 鍾文陽. 表面硫化銅銦鎵二硒薄膜應用於太陽能電池之研究. 台湾：成功大學微電子工程研究所，2012：1-78.

[9] Massé G. Concerning lattice defects and defect levels in $CuInSe_2$ and the Ⅰ-Ⅲ-$Ⅵ_2$ compounds. Journal of Applied Physics，1990，68（5）：2206-2210.

[10] Rincón C，Márquez R. Defect physics of the $CuInSe_2$ chalcopyrite semiconductor. Journal of Physics & Chemistry of Solids，1999，60（11）：1865-1873.

[11] Donnelly S E，Hinks J A，Edmondson P D，et al. In situ transmission electron microscopy studies of radiation damage in copper indium diselenide. Nuclear Instruments & Methods in Physics Research，2006，242（1-2）：686-689.

[12] Varela M，Bertran E，Manchon M，et al. Optical properties of co-evaporated $CuInSe_2$ thin films. Thin Solid Films，1985，130（1）：155-164.

[13] Jaffe J E, Zunger A. Theory of the band-gap anomaly in ABC_2 chalcopyrite semiconductors. Physical Review B, 1984, 29 (4) : 1882.

[14] 雷永泉. 能源材料. 天津: 天津大学出版社, 2002: 307.

[15] Zhang L, He Q, Jiang W L, et al. Effects of substrate temperature on the structural and electrical properties of Cu (In, Ga) Se_2 thin films. Solar Energy Materials & Solar Cells, 2009, 93 (1) : 114-118.

[16] Akaki Y, Komaki H, Yokoyama H, et al. Structural and optical characterization of Sb-doped $CuInS_2$ thin films grown by vacuum evaporation method. Journal of Physics and Chemistry of Solids, 2003, 64 (9-10) : 1863-1867.

[17] Qin M S, Yang C Y, Wang Y M, et al. Temperature dependence of microstructure and physical properties of $CuInSe_2$ prepared by rapid synthesis reaction. Materials Research Bulletin, 2012, 47 (11) : 3908-3911.

[18] Jiang C S, Noufi R, Abushama J A, et al. Local built-in potential on grain boundary of Cu (In, Ga) Se_2 thin films. Applied Physics Letters, 2004, 84 (18) : 3477-3479.

[19] Sakurai K, Yamada A, Fons P, et al. Adjusting the sodium diffusion into $CuInGaSe_2$ absorbers by preheating of Mo/SLG substrates. Journal of Physics & Chemistry of Solids, 2003, 64 (9-10) : 1877-1880.

[20] Rockett A. The effect of Na in polycrystalline and epitaxial single-crystal $CuIn_{1-x} Ga_xSe_2$. Thin Solid Films, 2005 (3) : 2-7.

[21] Nakada T, Ohbo H, Fukuda M, et al. Improved compositional flexibility of Cu (In, Ga) Se_2-based thin film solar cells by sodium control technique. Solar Energy Materials & Solar Cells, 1997, 49 (1) : 261-267.

[22] Rudmann D, Bilger G, Kaelin M, et al. Effects of NaF coevaporation on structural properties of Cu (In, Ga) Se_2 thin films. Thin Solid Films, 2003, 431-432 (3) : 37-40.

[23] Rau U, Schmitt M, Hilburger D, et al. Influence of Na and S incorporation on the electronic transport properties of Cu (In, Ga) Se_2 solar cells. Photovoltaic Specialists Conference, Conference Record of the Twenty Fifth IEEE, 1996: 1005-1008.

[24] Nakada T, Iga D, Ohbo H, et al. Effects of sodium on Cu (In, Ga) Se_2-based thin films and solar cells. Japanese Journal of Applied Physics, 1997, 36 (36) : 732-737.

[25] 邹心遥. CIS太阳能电池中CIS材料的制备与性能研究. 广州: 华南理工大学, 2004.

[26] Zhang L, Jiang F D, Feng J Y. Formation of $CuInSe_2$ and Cu (In, Ga) Se_2 films by electrodeposition and vacuum annealing treatment. Solar energy materials and solar cells, 2003, 80 (4) : 483-490.

[27] Huang C J, Meen T H, Lai M Y, et al. Formation of $CuInSe_2$ thin films on flexible substrates by electrodeposition (ED) technique. Solar Energy Materials and Solar Cells, 2004, 82 (4) : 553-565.

[28] Li M, Chang F, Li C, et al. CIS and CIGS thin films prepared by magnetron sputtering. Procedia Engineering, 2012, 27: 12-19.

[29] Jeong C, Kim C W. Electron beam irradiation of sputtered Cu-In-Se precursors with

double layered structure. Materials Letters，2013，92：216-219.

[30] 林严雄，陈洪国. 分子束外延. 发光学报，1974（6）：57-61.

[31] Paul E Luscher，吴明嘉. 用分子束外延法生长晶. 发光学报，1978（3）：91-102.

[32] White F R，Clak A H，Gxaf M C. Molecular beam epitaxy techniques for preparing $CuInSe_2$ thin films. Appl Phys，1979，50：544-554.

[33] Grindle S P，Smith C W，Mittleman S D. Preparation and properties of $CuInS_2$ thin films produced by exposing sputtered Cu-In films to an H_2S atmosphere. Applied Physics Letters，1979，35（1）：24-26.

[34] Kim I，Niki S，Fons P J，et al. The effects of air annealing on $CuInSe_2$ thin films grown by molecular beam fpitaxy. Mrs Proceedings，1996：426.

[35] 陶华超，杜晶晶，龙飞，等. 电沉积$CuInSe_2$（CIS）薄膜材料的组成与形貌. 电源技术，2009，33（3）：165-168.

[36] Lincot D，Guillemoles J F，Taunier S，et al. Chalcopyrite thin film solar cells by electrodeposition. Solar Energy，2004，77（6）：725-737.

[37] Su Y H，Chang T W，Lee W H，et al. Characterization of $CuInSe_2$ thin films grown by photo-assisted electrodeposition. Thin Solid Films，2013，535：343-347.

[38] Tzvetkova E，Stratieva N，Ganchev M，et al. Preparation and structure of annealed $CuInSe_2$，electrodeposited films. Thin Solid Films，1997，311（1-2）：101-106.

[39] Nakamura S，Sugawara S，Hashimoto A，et al. Composition control of electrodeposited Cu In Se layers for thin film $CuInSe_2$ preparation. Solar Energy Materials & Solar Cells，1998，50（1-4）：25-30.

[40] Sahal M，Marí B，Mollar M. $CuInS_2$，thin films obtained by spray pyrolysis for photovoltaic applications. Thin Solid Films，2009，517（7）：2202-2204.

[41] Ramakrishna Reddy K T，Chalapathy R B V. Structural properties of $CuGaxIn_{1-x}Se_2$ thin films deposited by spray pyrolysis. Crystal Research & Technology，2015，34（1）：127-132.

[42] Terasako T，Uno Y，Kariya T，et al. Structural and optical properties of In-rich Cu-In-Se polycrystalline thin films prepared by chemical spray pyrolysis. Solar energy materials and solar cells，2006，90（3）：262-275.

[43] 杨定宇，郑家贵，朱兴华，等. CdS多晶薄膜的制备及性质研究. 功能材料，2009，40（9）：1499-1501.

[44] Gal D，Hodes G，Hariskos D，et al. Size-quantized CdS films in thin film $CuInS_2$ solar cells. Applied physics letters，1998，73（21）：3135-3137.

[45] Lane D W，Rogers K D，Painter J D，et al. Structural dynamics in CdS-CdTe thin films. Thin Solid Films，2000，361：1-8.

[46] Tomita Y，Kawai T，Hatanaka Y. Properties of sputter-deposited CdS/CdTe heterojunction photodiode. Japanese journal of applied physics，1994，33（6）：3383.

[47] Shafarman W N，Siebentritt S，Stolt L. Cu（InGa）Se_2 solar cells. Handbook of photovoltaic science and engineering.John Wiley & Sons，Ltd，2011：546-599.

[48] 杨德仁. 太阳能电池材料. 北京：化学工业出版社，2006.

[49] Witte W，Spiering S，Hariskos D. Substitution of the CdS buffer layer in CIGS thin-film solar cells. Vakuum in Forschung Und Praxis，2014，26（1）：23-27.

[50] Contreras M A，Nakada T，Hongo M，et al. ZnO/ZnS（O，OH）/Cu（In，Ga）Se_2/Mo solar cell with 18.6% efficiency. Photovoltaic Energy Conversion，2003. Proceedings of 3rd World Conference on. IEEE，2003，1: 570-573.

[51] Hariskos D，Menner R，Jackson P，et al. New reaction kinetics for a high-rate chemical bath deposition of the Zn（S，O） buffer layer for Cu（In，Ga）Se_2-based solar cells. Progress in Photovoltaics: Research and Applications，2012，20（5）：534-542.

[52] Lindahl J，Wätjen J T，Hultqvist A，et al. The effect of $Zn_{1-x}Sn_xO_y$ buffer layer thickness in 18.0% efficient Cd-free Cu（In，Ga）Se_2 solar cells. Progress in Photovoltaics: Research and Applications，2013，21（8）：1588-1597.

[53] 黄惠良. 太阳能电池：制备・开发・应用. 北京：科学出版社，2012.

[54] Suryawanshi M P，Ghorpade U V，Shin S W，et al. A simple aqueous precursor solution processing of earth-abundant Cu_2SnS_3 absorbers for thin-film solar cells. Acs Applied Materials & Interfaces，2016，8（18）：11603.

[55] Baranowski L L，Zawadzki P，Christensen S，et al. Control of doping in Cu_2SnS_3 through defects and alloying. Chemistry of Materials，2014，26（17）：4951-4959.

[56] Kanai A，Toyonaga K，Chino K，et al. Fabrication of Cu_2SnS_3 thin-film solar cells with power conversion efficiency of over 4%. Japanese Journal of Applied Physics，2015，54（8S1）：08KC06.

[57] Shen Y，Li C，Huang R，et al. Eco-friendly p-type Cu_2SnS_3 thermoelectric material: crystal structure and transport properties. Scientific reports，2016，6: 32501.

[58] Zhang H，Xie M，Zhang S，et al. Fabrication of highly crystallized Cu_2SnS_3 thin films through sulfurization of Sn-rich metallic precursors. Journal of Alloys and Compounds，2014，602: 199-203.

[59] Sato S，Sumi H，Shi G，et al. Investigation of the sulfurization process of Cu_2SnS_3 thin films and estimation of band offsets of Cu_2SnS_3-related solar cell structure. Physica status solidi（c），2015，12（6）：757-760.

[60] Koike J，Chino K，Aihara N，et al. Cu_2SnS_3 thin-film solar cells from electroplated precursors. Japanese Journal of Applied Physics，2012，51（10S）：10NC34.

[61] Tiwari D，Chaudhuri T K，Shripathi T，et al. Synthesis of earth-abundant Cu_2SnS_3 powder using solid state reaction. Journal of Physics and Chemistry of Solids，2014，75（3）：410-415.

[62] Bouaziz M，Amlouk M，Belgacem S. Structural and optical properties of Cu_2 SnS_3 sprayed thin films. Thin Solid Films，2009，517（7）：2527-2530.

[63] Li J，Huang J，Zhang Y，et al. Solution-processed Cu_2SnS_3 thin film solar cell. RSC Advances，2016，6（63）：58786-58795.

[64] Koike J，Chino K，Aihara N，et al. Cu_2SnS_3 thin-film solar cells from electroplated precursors. Japanese Journal of Applied Physics，2012，51（10S）：10NC34.

[65] Nakashima M，Fujimoto J，Yamaguchi T，et al. Cu_2SnS_3 thin-film solar cells fabricated by

sulfurization from NaF/Cu/Sn stacked precursor. Applied Physics Express，2015，8（4）：042303.

[66] Umehara M，Takeda Y，Motohiro T，et al. $Cu_2Sn_{1-x}Ge_xS_3$（x= 0.17） thin-film solar cells with high conversion efficiency of 6.0%. Applied Physics Express，2013，6（4）：045501.

[67] Sharaf K，Abdelmohsen N，Naser S，et al. Thermal conductivity of CuSbTe and $CuBiTe_2$ semiconductors in solid and liquid states. Acta Physica Hungarica，1991，70（1-2）：51-56.

[68] Manolache S，Duta A，Isac L，et al. The influence of the precursor concentration on $CuSbS_2$ thin films deposited from aqueous solutions. Thin Solid Films，2007，515（15）：5957-5960.

[69] Zhou J，Bian G-Q，Zhu Q-Y，et al. Solvothermal crystal growth of $CuSbQ_2$（Q= S，Se） and the correlation between macroscopic morphology and microscopic structure. Journal of Solid State Chemistry，2009，182（2）：259-264.

[70] Rabhi A，Kanzari M，Rezig B. Optical and structural properties of $CuSbS_2$ thin films grown by thermal evaporation method. Thin Solid Films，2009，517（7）：2477-2480.

[71] Tang D，Yang J，Liu F，et al. One-step electrodeposition and annealing of $CuSbSe_2$ thin films. Electrochemical and Solid-State Letters，2011，15（2）：D11-D13.

[72] Kuku T A，Fakolujo O A. Photovoltaic characteristics of thin films of Cu_2SnS_3. Solar Energy Materials，1987，16（1）：199-204.

[73] Green M A. Solar cells: operating principles technology and system applications. Englewood Cliffs，NJ，Prentice-Hall Inc，1982: 288.

[74] 孙云，李长健. CIGS 薄膜太阳能电池在中国的研究进展. 第八届全国光伏会议暨中日光伏论坛论文集，2004.

[75] Garza C，Shaji S，Arato A，et al. p-Type $CuSbS_2$ thin films by thermal diffusion of copper into Sb_2S_3. Solar Energy Materials and Solar Cells，2011，95（8）：2001-2005.

[76] Rodriguez-Lazcano Y，Nair M，Nair P. Photovoltaic pin structure of Sb_2S_3 and $CuSbS_2$ absorber films obtained via chemical bath deposition. Journal of The Electrochemical Society，2005，152（8）：G635-G638.

[77] Garza C，Shaji S，Arato A，et al. p-Type $CuSbS_2$ thin films by thermal diffusion of copper into Sb_2S_3. Solar Energy Materials & Solar Cells，2011，95（8）：2001-2005.

[78] Colombara D，Peter L M，Rogers K D，et al. Formation of $CuSbS_2$ and $CuSbSe_2$ thin films via chalcogenisation of Sb-Cu metal precursors. Thin Solid Films，2011，519（21）：7438-7443.

[79] Maeda T，Wada T. First-principles study of electronic structure of $CuSbS_2$ and $CuSbSe_2$ photovoltaic semiconductors. Thin Solid Films，2015，582: 401-407.

[80] Rabhi A，Kanzari M，Rezig B. Growth and vacuum post-annealing effect on the properties of the new absorber $CuSbS_2$ thin films. Materials Letters，2008，62（20）：3576-3578.

[81] Rodríguez-Lazcano Y，Nair M T S，Nair P K. $CuSbS_2$ thin film formed through annealing chemically deposited Sb_2S_3-CuS thin films. Journal of Crystal Growth，2001，223（3）：399-406.

[82] Garza C，Shaji S，Arato A，et al. p-Type $CuSbS_2$ thin films by thermal diffusion of copper into Sb_2S_3. Solar Energy Materials and Solar Cells，2011，95（8）：2001-2005.

[83] Tang D, Yang J, Liu F, et al. One-step electrodeposition and annealing of $CuSbSe_2$ thin films. Electrochemical and Solid-State Letters, 2011, 15（2）: D11-D13.
[84] Colombara D, Peter L M, Rogers K D, et al. Formation of $CuSbS_2$ and $CuSbSe_2$ thin films via chalcogenisation of Sb-Cu metal precursors. Thin Solid Films, 2011, 519（21）: 7438-7443.
[85] Septina W, Ikeda S, Iga Y, et al. Thin film solar cell based on $CuSbS_2$ absorber fabricated from an electrochemically deposited metal stack. Thin Solid Films, 2014, 550: 700-704.
[86] Yang B, Wang L, Han J, et al. $CuSbS_2$ as a promising earth-abundant photovoltaic absorber material: a combined theoretical and experimental study. Chemistry of Materials, 2014, 26（10）: 3135-3143.
[87] Zhou Y, Leng M Y, Xia Z, et al. Solution-processed antimony selenide heterojunction solar cells. Adv Energy Mater, 2014, 4: 1301846.
[88] Han J, Zhou Y, Tian Y, et al. Hydrazine processed Cu_2SnS_3 thin film and their application for photovoltaic devices. Front Optoelectron, 2014, 7: 37-45.
[89] Welch A W, Zawadzki P P, Lany S, et al. Self-regulated growth and tunable properties of $CuSbS_2$ solar absorbers. Solar Energy Materials and Solar Cells, 2015, 132: 499-506.
[90] Lucas F W D S, Welch A W, Baranowski L L, et al. Thermal treatment improvement of $CuSbS_2$ absorbers. Photovoltaic Specialist Conference（PVSC）, 2015 IEEE 42nd. IEEE, 2015: 1-5.
[91] Welch A W, Baranowski L L, Zawadzki P, et al. Accelerated development of $CuSbS_2$ thin film photovoltaic device prototypes. Progress in Photovoltaics: Research and Applications, 2016, 24（7）: 929-939.
[92] 张春福. 半导体光伏器件. 西安：西安电子科技大学出版社，2015.
[93] 朱美芳，熊绍珍. 太阳电池基础与应用. 北京：科学出版社，2014.
[94] 肖友鹏，熊志华，周明斌. CIGS薄膜太阳能电池结构分析. 电子元件与材料，2014（11）: 18-23.
[95] 季鑫. 全溅射法$CuInSe_2$太阳能电池的制备、硒化机制和光电机理研究[D]. 上海：上海大学，2016.
[96] Liu Q . $CuInSe_2$和CuIn（S,Se）$_2$薄膜的制备及性能研究[D]. 上海：上海师范大学，2012.
[97] 张力. $CuInSe_2$及Cu-Se光电材料的制备及性能研究[D]. 济南：山东建筑大学，2015.
[98] 孙小玲，马鸿文. $CuInSe_2$太阳电池薄膜的制备技术及研究进展. 地质科技情报，1996（3）: 99-104.
[99] 李文漪，蔡珣，陈秋龙. CIS光伏材料的发展. 机械工程材料，2003, 27（6）: 1-3.
[100] 唐明华. 铜铟硫（$CuInS_2$）薄膜太阳能电池的制备与光电性能研究[D]. 上海：东华大学，2012.
[101] 李学留，刘丹丹，史成武，等. 射频磁控溅射法制备Cu_2SnS_3薄膜结构和光学特性的研究. 真空科学与技术学报，2017, 37（4）: 400-408.
[102] 王亚光. Cu_2SnS_3薄膜太阳能电池的制备与性能研究[D]. 合肥：中国科学技术大学，2017.
[103] 陈志伟. 电沉积制备$CuSbSe_2$薄膜及其太阳电池器件研究[D]. 长沙：中南大学，2014.
[104] 王冲，杨波，唐江. 铜锑硫族薄膜材料及其光伏器件研究进展. 科学通报，2017（14）: 1447-1456.

第9章　新型二元半导体化合物薄膜太阳能电池

相对于三元材料、四元材料而言，二元材料具有组分单一、杂质较少且薄膜质量易于控制等优点。发展最为成熟的为碲化镉（CdTe）薄膜太阳能电池。CdTe是Ⅱ-Ⅵ族直接带隙化合物半导体材料，光学禁带宽度约为1.45eV，光学吸收系数高，在可见光范围内，吸收系数高达10^5cm^{-1}。典型的CdTe薄膜太阳能电池是以p型CdTe和n型CdS的异质结（heterojunction）为基础，基于Shockley-Queisser理论计算，CdTe电池器件理论效率为32%，目前实验室效率已达到22.1%[2]。CdTe电池的快速发展始于1993年美国南佛罗里达大学[1]采用升华法制备的面积为$1cm^2$的电池，转换效率达到15.8%，这是CdTe电池历史性的突破，之后近空间升华法成为CdTe薄膜太阳能电池领域的主流方法。2015年11月First Solar公司创造了生产线组装18.6%的最高认证效率[2]。

9.1 Sb_2Se_3薄膜太阳能电池

二元材料存在的诸多优点使得人们加大了对它的研究，但是由于CdTe存在高毒性这个无法回避的缺点，而且Te元素的丰度较低且价格较高。人们开始寻找与CdTe有相似性质的无毒材料。相对于CdTe，硒化锑（Sb_2Se_3）的原材料具有低毒、储量丰富和价格低廉等优点。Sb为有色金属，毒性非常小。Sb_2Se_3在中国、美国和欧盟都未被列为剧毒或者致癌物质。Sb和Se在地壳中的元素丰度分别为0.2mg/kg和0.05mg/kg，都高于In（0.049mg/kg）和Te（0.005mg/kg）的元素丰度。Sb_2Se_3的熔点在882～890K，远低于CdTe的1366K，所以更加适合采用近空间升华法来制备Sb_2Se_3薄膜太阳能电池，也可用于制备柔性太阳能电池。

9.1.1 Sb_2Se_3晶体结构与物理光电性能

Sb_2Se_3属于Ⅴ-Ⅵ族化合物材料，自然界中大多数以硫化物矿石硒锑矿的形式存在，晶体结构属于正交晶系，空间群为P-nma62，晶格常数分别为a=11.6330Å、b=11.7800Å和c=3.9850Å，原胞体积为0.524nm^3。Sb_2Se_3是一种带状材料，由许多一维的（Sb_4Se_6）$_n$纳米带沿x和y方向通过范德华力堆积而成，纳米带内为强的共价键[3]（图9-1）。

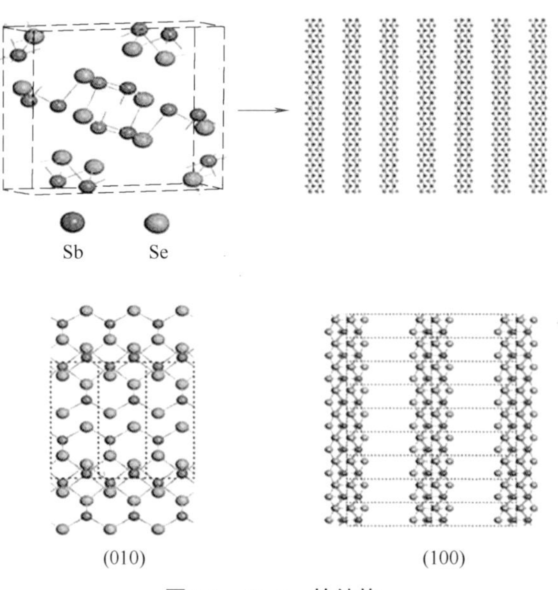

图9-1　Sb_2Se_3的结构

这种带状结构对于载流子的传输是非常有利的，如图9-1所示Sb_2Se_3（正交晶系）由沿［001］方向平行堆叠的（Sb_4Se_6）$_n$带组成。在这些带的边缘处的所有原子都是饱和的，并且一旦它们垂直定向到基底上，就不会在晶界处引入复合损失。为了更加清楚地展示其结构，图像中省略了存在于该层下方的（Sb_4Se_6）$_n$带[4]。所以，几乎不需要考虑晶界处的载流子复合问题，只需要重点探究界面处的复合即可，为以后的研究提供了指导性的意见。

图9-2为Sb和Se在常压下的二元相图，从图中可知在常温常压下Sb_2Se_3只有一种相[5]，因此在Sb_2Se_3制备和生产中几乎不存在杂相控制的难题，这也体现出二元材料独特的优势，只要控制好原材料的纯度，就基本可以确定薄膜的纯度。

Sb_2Se_3为间接半导体材料，室温下直接禁带宽度和间接禁带宽度分别为1.17eV和1.03eV[6]，也有人认为由于其直接与间接带隙值比较接近，所以Sb_2Se_3表现出直接带隙半导体的特性。Ghosh等[7]研究发现随着温度的变化，Sb_2Se_3带隙值会存在略微的改变，如图9-3所示。但是该研究者在探究温度对带隙的影响时所采用的Sb_2Se_3薄膜的结晶性较差，所以不能排除带隙的变化是由于结晶性的改善而发生了改变，需要进一步的探索。Sb_2Se_3可以成为合适的吸收层材料不仅是由于其具有合适的带隙而且Sb_2Se_3的光吸收系数很高（紫外和可见光区域的光吸收系数＞10^5cm^{-1}[8]），因此只需要极薄的吸收层就可以对入射太阳光进行充分的吸收，从而可以缩短载流子迁移/扩散的距离，降低复合概率，提高载流子的收集效率，进而提高电池的效率。

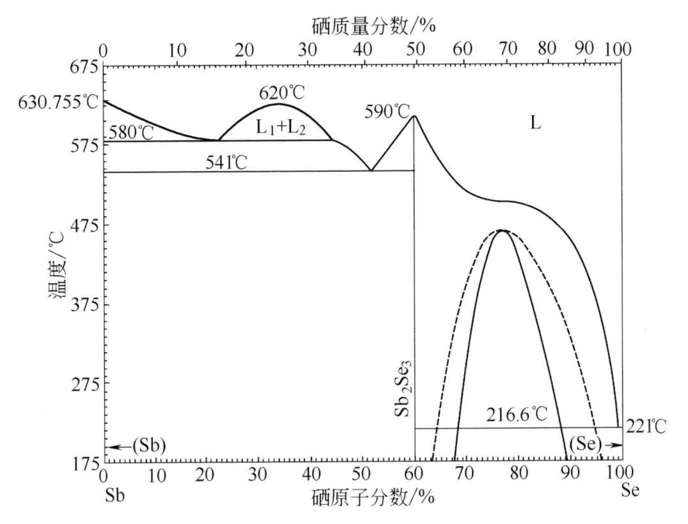

图9-2 在常压下Sb和Se的二元平衡相图[5]

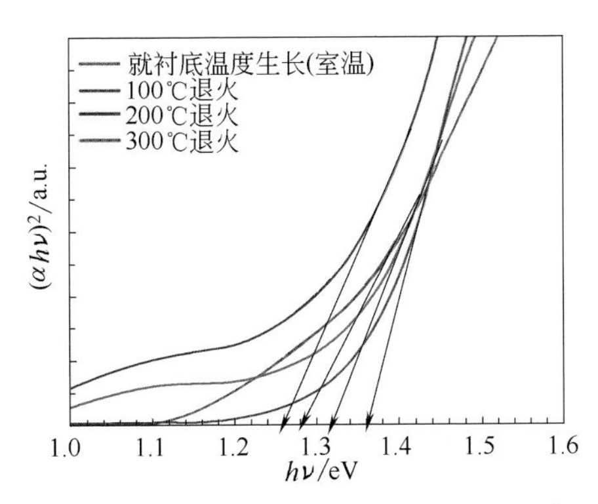

图9-3 Sb_2Se_3薄膜禁带宽度变化曲线[7]

但是目前所制备的Sb_2Se_3薄膜经测试表征为弱p型半导体材料，电子和空穴的迁移率较低，分别为$10cm^2/(V \cdot s)$和$42cm^2/(V \cdot s)$，比CdTe[$\mu_p=60cm^2/(V \cdot s)$]略低，但载流子寿命较长（基于瞬态吸收光谱为

60ns）[9]，较小的载流子迁移率对电池器件性能的提高起到了阻碍作用。所以设法提高薄膜质量来减少载流子的复合，是高效率电池器件发展的基础。

前文提到过，CdTe之所以能得到迅猛的快速发展，其中的一个主要原因是1993年采用了近空间升华法来制备CdTe薄膜，不但获得了高质量的薄膜及极高的电池器件效率而且为人们后续的研究提供了一种简单高速的制备方法，该方法之所以能够被采用，其中最主要的一个原因是CdTe材料在较低的压力条件下，能够在一定的温度条件下快速蒸发到基底表面以形成均匀而致密的薄膜材料。所以与CdTe具有相似物理特性的Sb_2Se_3材料能够采用相同的制备方法来制备致密的薄膜，而且与CdTe相比Sb_2Se_3在相同的温度条件下具有更高的蒸气压（550℃约1200Pa）[10]，这就意味着不需要提供较高的真空度条件便可以达到蒸发所需要的压力条件，从而大大降低了制备所需要的成本，为以后的工业化大规模生产提供了可能性。

9.1.2 Sb_2Se_3电池结构及性能分析

为了探究Sb_2Se_3在太阳能电池器件中的应用效果，研究人员进行了不同的探索研究，到目前为止，基于Sb_2Se_3材料的太阳能电池最典型的两种结构分别为Au/Sb_2Se_3/CdS/FTO和Ag/ITO/ZnO/CdS/Sb_2Se_3/Mo/玻璃，如图9-4所示。第二种结构采用的是比较经典的薄膜电池结构，类似于CZTS电池的结构配置。第一种电池结构简单，界面较少，可以大大降低载流子复合概率，为高效率电池器件的发展提供了可能性。目前报道的采用快速热蒸发（RTE）方法制备的Sb_2Se_3电池最高效率为6.5%[11]，蒸气传输沉积（VTD）法的是7.6%[12]。

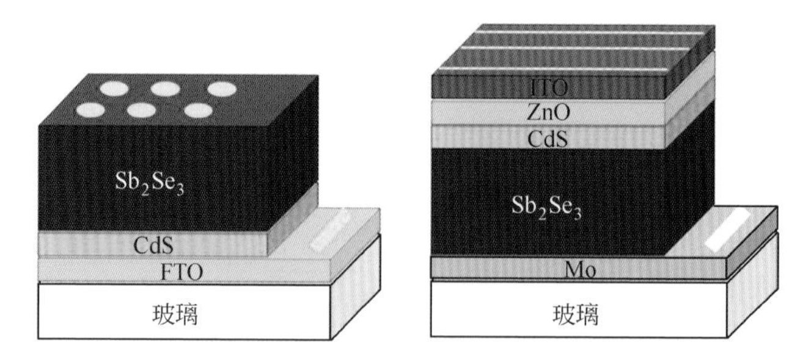

图9-4 两种电池结构的结构示意

紫外光电子能谱（ultraviolet photoelectron spectrometer，UPS）测试结果显示：Sb_2Se_3价带顶位置（E_{vp}）=–5.35eV，导带底位置（E_{cp}）=–4.2eV，

费米能级位置（E_f）=–4.81eV，可以与大多数n型材料［CdS、TiO_2、ZnO、Zn(OS)、In_2S_3等］组成能带匹配的p-n结[9]，由于CdS具有许多优异的特性，所以是大多数薄膜太阳能电池所采用的n型缓冲层材料，同样也是Sb_2Se_3太阳能电池最为合适的n型层材料，其能带结构如图9-5所示。与此同时，为了解决CdS的毒性问题，也有科研人员在不断地探索无毒的n型层材料来替代剧毒的CdS，并且已经取得了较为可观的研究成果，具体内容在后续部分呈现。同时根据Sb_2Se_3的价带顶位置，需选择一种功函数较低的金属材料才能与Sb_2Se_3形成好的欧姆接触，目前普遍采用Au（功函数为5.1eV）作为背电极。

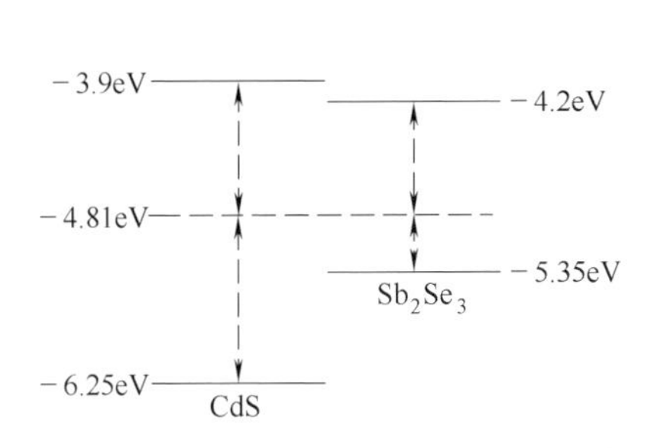

图9-5 Sb_2Se_3与CdS能带结构示意[9]

9.1.3 Sb_2Se_3薄膜的制备方法

Sb_2Se_3薄膜的制备方法到目前为止报道过很多种，其中包括化学水浴沉积法（CBD）、电化学沉积法、喷雾热解法、旋涂法、溅射法、快速热蒸发法、蒸发法和蒸气传输沉积法等方法，但是相比较而言，操作比较简单而且目前应用最为广泛的方法为快速热蒸发法，同时也是最有望在将来应用于工业化生产的方法。

化学水浴法常用于制备硫族金属（MX，X=O、OH、S、Se和Te）化合物薄膜，一般要满足：所制备的化合物在溶液中相对不溶或难溶，反应所需要的离子至少有一种要缓慢释放以保证能够稳定地在基底上成膜。Messina等[13]用该方法在FTO玻璃基底上沉积硒化锑薄膜，该实验所采用的原材料是：酒石酸锑钾溶液、氨水和硒酸钠，反应在30℃的条件下发生。所制备的Sb_2Se_3薄膜是无定形态而且存在Sb_2O_3杂质，所以通过在N_2条件下300℃退火以形成结晶性比较好的薄膜材料。通过吸收光谱测试结果可以看出合成工艺对Sb_2Se_3薄膜的物理性质有很大的影响，如图9-6所示。

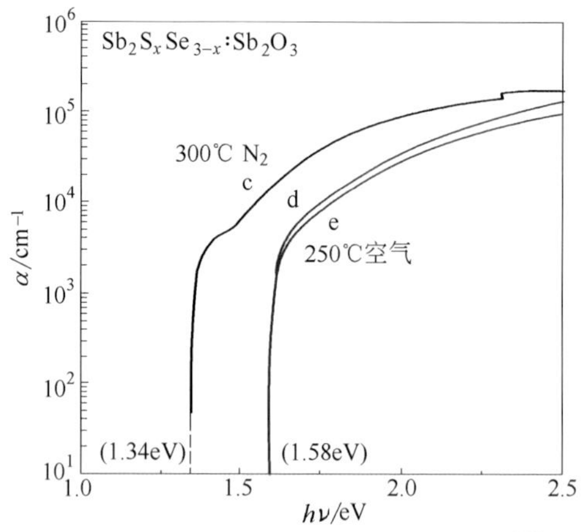

图9-6　不同的退火环境对带隙的影响[13]

电沉积工艺具有设备简单，成本低，沉积速率高，适合于大面积、连续化、多组元和低温沉积的优势。根据电极在电沉积中所起的作用，电沉积可以分为阴极还原电沉积和阳极氧化电沉积，而金属硒化物半导体薄膜常采用阴极共沉积方式制备。近十几年，人们采用水溶液和非水溶液法制备出非晶的Sb_2Se_3薄膜，然后在氮气保护氛围下退火得到结晶的薄膜，紫外可见吸收光谱测试表明其光学带隙宽度为1.19eV[14]。近些年，纯相的Sb_2Se_3薄膜逐渐开始被用于电池器件之中，并构建了结构为玻璃/FTO/TiO_2/ Sb_2Se_3/CuSCN/Au的敏化太阳能电池[15]。但是由于电沉积法存在废液污染环境、规模生产时工艺重复性差、容易在制备中产生其他杂质相及废液回收处置等问题，以至于该方法在电池器件制备方面的进一步发展受到了很大的限制，所以研究很少。

喷雾热分解法是先以水、乙醇或其他溶剂将反应原料按一定的摩尔比例配成溶液，然后通过喷雾装置将溶液雾化并喷向加热的衬底，随着溶剂的挥发，溶质在衬底上发生热分解反应从而形成薄膜。初期制备Sb_2Se_3薄膜的方法是将$SbCl_3$和SeO_2溶入乙酸和甲醛的混合溶液中[16,17]，按Sb与Se的原子比例为2 ∶ 3配料，基底温度控制在100 ～ 250℃，制备出薄膜的电阻率在10^6 ～ 10^7Ω · cm量级，利用变温电导测出其活化能为0.52eV，表明薄膜中存在的缺陷能级为深缺陷能级。现在较为成熟的制备方法是直接将Sb_2Se_3溶在硫胺水溶液中，形成金属硫族配位化合物（MCC）浆料，然后喷涂成膜，但是最终生成的薄膜为锑硫硒合金薄膜[18]。

上述制备方法由于存在较多的问题，无法制备出结晶度比较高的薄膜样品，所以在Sb_2Se_3薄膜的制备中应用范围十分小，故不加以详细介绍。下面对使用相对比较广泛的方法进行详细的介绍。

9.1.3.1　旋涂法

旋涂法最为简单的配方是肼基溶液配方[19]，直接将单质Se和Sb按一定比例（摩尔比为3.5∶1左右）溶入适量肼溶液中，不断搅拌得到均一澄清的血红色溶液。旋涂成膜后，先通过低温（350℃）加热去除溶剂，然后在450℃下退火结晶，制备出硒化锑薄膜。图9-7显示的是所制备的薄膜的成分表征，从测试结果可以看出所制备的薄膜成分单一无杂质且结晶性较好。

图9-8中SEM图显示所制备的薄膜结晶性很好，晶粒尺寸较大，但是薄膜存在较多的孔洞，对电池器件的性能产生了较大的影响，其器件参数如下：η=2.26%，J_{sc}=10.3mA/cm^2，FF=42.3%，V_{oc}=0.52V。

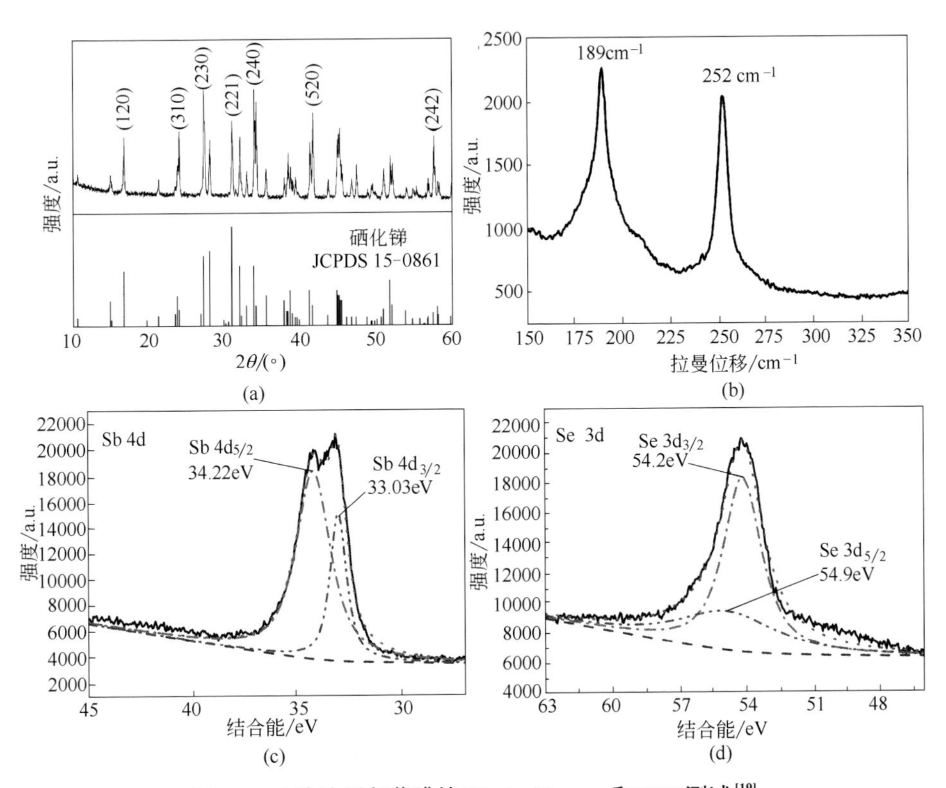

图9-7　旋涂法制备薄膜的XRD、Raman和XPS测试[19]

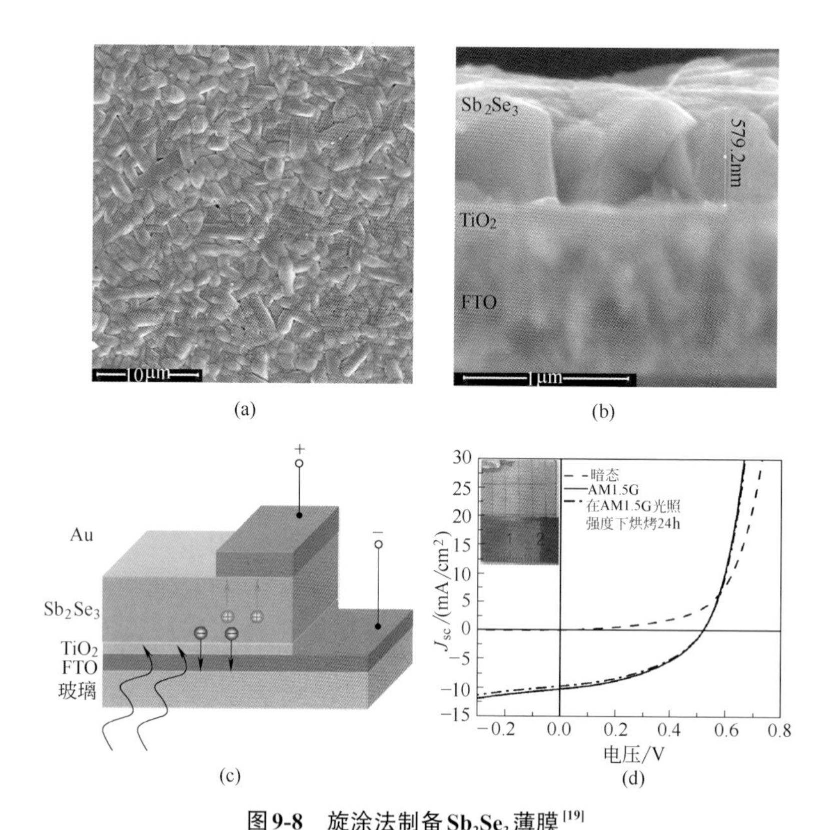

图9-8 旋涂法制备Sb_2Se_3薄膜[19]

（a）Sb_2Se_3薄膜的表面SEM图；（b）Sb_2Se_3薄膜的界面SEM图；（c）电池结构；（d）*J-V*曲线

该方法存在一个致命的缺点，便是采用肼溶液作为溶剂，该溶剂易燃易爆而且具有较高的毒性，不利于可持续发展，更不可能大面积使用。

9.1.3.2 溅射法

目前关于溅射法制备硒化锑薄膜的研究报道并不多[16,20]。2018年，深圳大学提出了采用溅射法制备Sb_2Se_3薄膜和纳米棒的新方法[20]，研究了Sb_2Se_3薄膜的显微结构、形貌、成分、光学和电学性质与衬底温度的关系，提出了纳米棒的生长机理。当衬底温度为325℃时，利用磁控溅射法制备的Sb_2Se_3薄膜作为太阳能电池中的吸收层，太阳能电池的转换效率（PCE）达到3.35%。当衬底温度为375℃时，Sb_2Se_3薄膜表面具有均匀分散的Sb_2Se_3纳米棒，该结果可以通过SEM清晰地观察出来，利用该薄膜作为太阳能电池的吸收层，获得了良好的光响应及2.11%的转换效率，如图9-9所示。

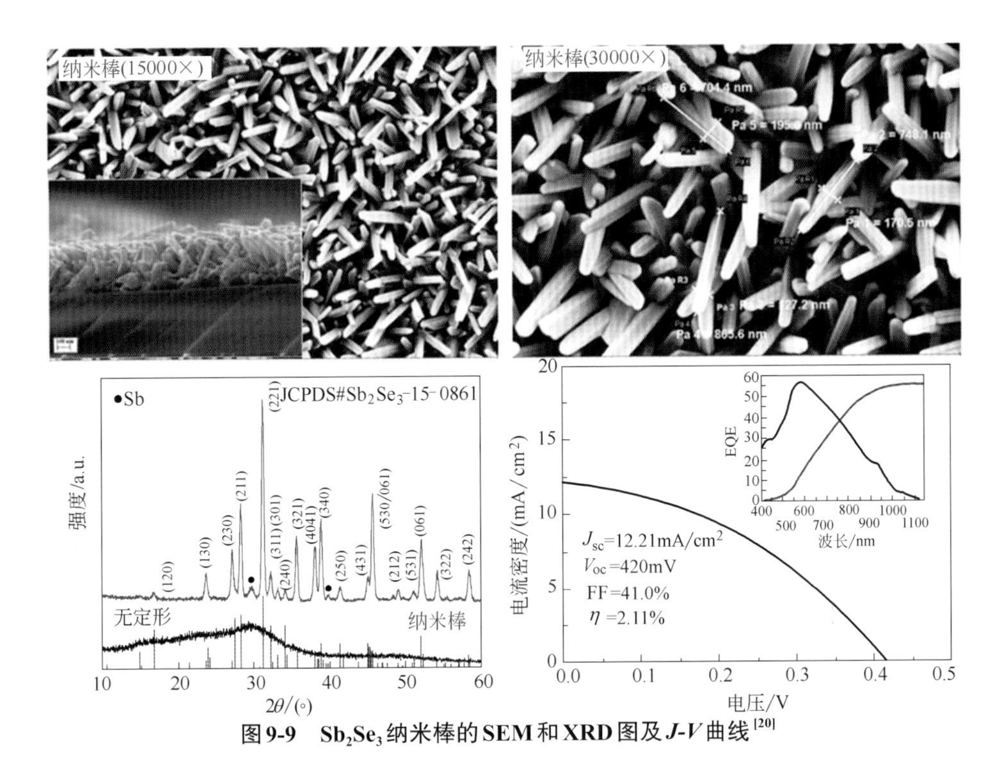

图 9-9　Sb_2Se_3 纳米棒的SEM和XRD图及 *J-V* 曲线[20]

9.1.3.3　快速热蒸发法

由于Sb_2Se_3熔点低（618℃），易升华，饱和蒸气压较大，非常适合用热蒸发法成膜。该方法制备的结构为FTO/Sb_2Se_3/CdS/ZnO/ZnO ∶ Al/Au 的太阳能电池[21]，在AM1.5G的光照条件下，转换效率为2.1%（V_{oc}=354mV，J_{sc}=17.84mA/cm^2，FF=33.5%）。但是该方法对设备的要求比较高，需要提供一个高真空环境，同时蒸发源与基底之间的距离比较远，以保证源温度与基底温度有一个较大的差距来形成薄膜，这样会增加材料成本。

目前，应用更多的是快速热蒸发法（RTE）。只需要机械泵来提供较低的真空度即可，源的加热温度较低，是制备薄膜最简单快捷的方法之一。该方法所采用的设备如图9-10所示[22]。采用一个快速退火炉作为沉积的空间，样品与

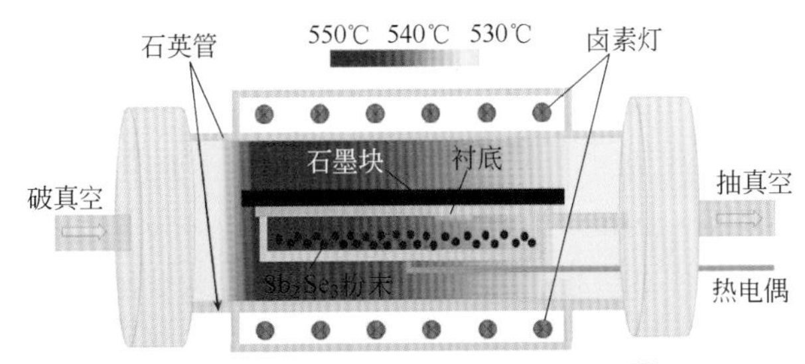

图 9-10　快速热蒸发法设备简图[22]

FTO基底之间的距离维持在0.8cm左右，整个沉积的空间维持在一个底面直径为8cm、高度为0.8cm的圆柱形空间之内，以达到近空间沉积的目的，这样不仅仅可以极大地提高材料的利用率，同时由于处在一个相对较小的封闭的空间之内，被加热的原材料能够很快地在有温度梯度的FTO基底上沉积下来，可以减少Sb_2Se_3的分解，基本消除杂质成分的存在，为高质量薄膜的制备提供了可能性。沉积薄膜的工艺条件是：300℃保温15min，然后570℃保温40s。通过该方法制备的Sb_2Se_3太阳能电池目前得到的最高效率为6.5%[11]。制备的电池结构如图9-11所示。图9-11（a）为最为常用的电池结构，（b）为所得最高效率采用的电池结构。图9-11（b）所示电池结构中增加了一层空穴传输层（HTL）。这是由于Sb_2Se_3的载流子浓度（$10^{13}/cm^3$）较低，在上界面处载流子复合严重，会影响电池效率的提高。通过引入一层PbS量子点薄膜作为空穴传输层，不仅可以减少载流子的复合（其作用机理如图9-12所示，图见下页），而且可以提高载流子的收集效率，从而提高了电池的转换效率。

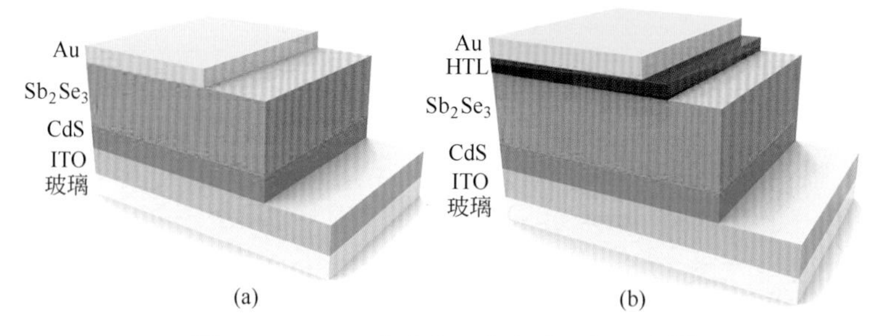

图9-11　Sb_2Se_3薄膜太阳能电池结构示意[11]

基于该方法而进行的研究中还包括采用不同的n型层材料来替代有毒的CdS的研究，并且均取得了较为可观的成果，该部分内容将在9.1.5节中作详细阐述。

9.1.3.4　蒸气传输沉积法

近日，有研究人员首次采用了一种新型的制备方法来沉积Sb_2Se_3薄膜，蒸气传输沉积法（VTD），并获得了目前最高的电池认证效率7.6%[12]。所采用的设备和电池结构如图9-13所示。

采用VTD法制备薄膜时，源材料被置于加热装置的中心位置，以保证对源的温度控制，而玻璃基底被放置于边界处以形成温度差。可以通过改变基底与源之间的距离来调节基底温度。此外，VTD技术具有成本低、周期短等优势，也是商业化CdTe太阳能电池的主流制备方法之一[23]，可以提高Sb_2Se_3

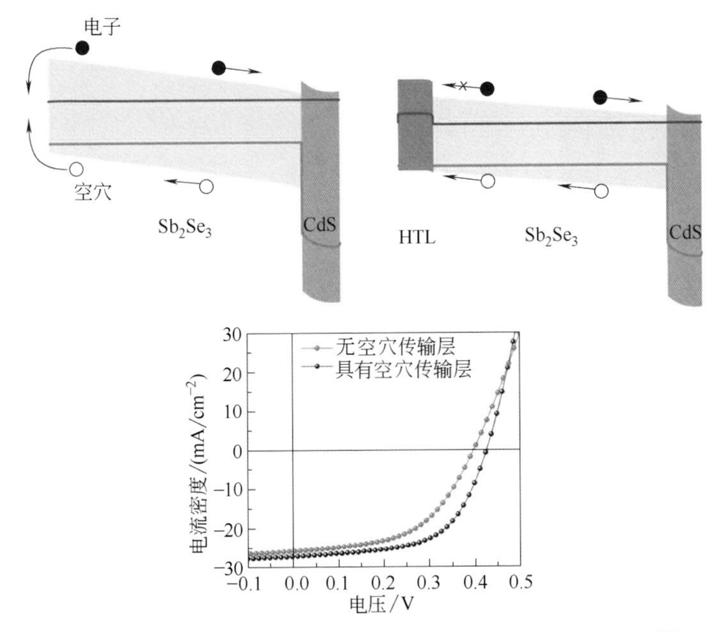

图9-12　增加HTL的作用机理和对应的电池效率曲线对比 [11]

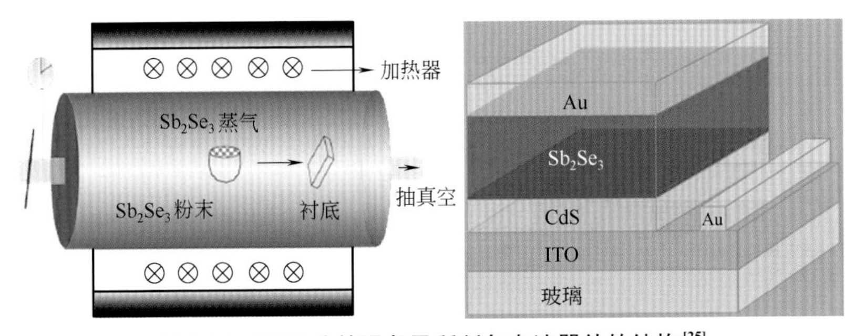

图9-13　VTD法的设备及所制备电池器件的结构 [25]

太阳能电池的商业竞争力。

Wen等[12]通过优化VTD方法的温度、压力、距离等工艺参数，成功制备了高质量Sb_2Se_3薄膜，并与RTE法进行了详细的对比，从XRD和SEM测试图（图9-14）可以看出，VTD法制备的薄膜晶粒尺寸更大、结晶度更高、取向性更好。此外，他们通过瞬态吸收（TA）光谱和深能级瞬态光谱（DLTS）比较分析发现VTD法可以降低Sb_2Se_3薄膜体内和界面缺陷密度，减少光生载流子复合概率，延长载流子的寿命，从而提高电池的转换效率。

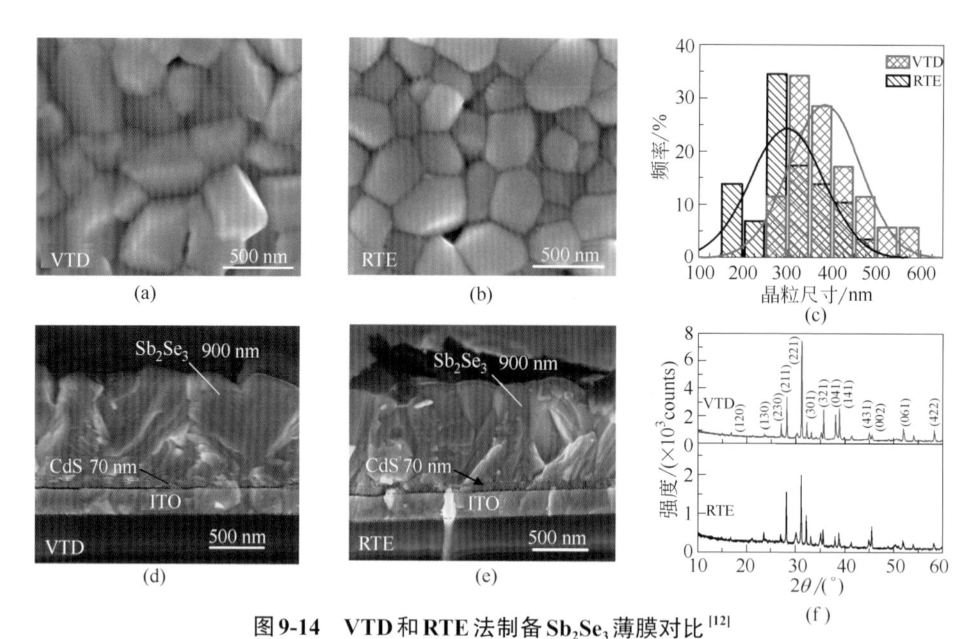

图9-14 VTD和RTE法制备Sb_2Se_3薄膜对比[12]

(a),(d)VTD法制备,(b),(e)RTE法制备;(c)晶粒尺寸分布图;
(f)两种方法制备薄膜对应的XRD图

9.1.4 Sb_2Se_3吸收层的优化及现状

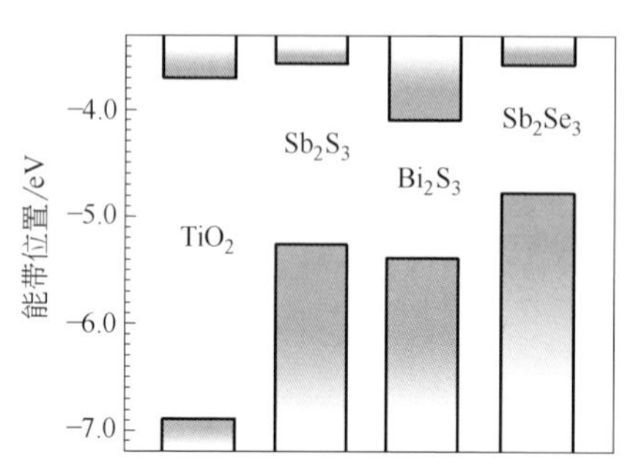

图9-15 理论计算得出的TiO_2和Ⅴ-Ⅵ族材料的能带图[24]

人们通过第一性原理计算得到Ⅴ-Ⅵ族材料的能带结构(图9-15),Sb_2S_3和Sb_2Se_3与TiO_2均可以形成Ⅱ型的能带结构,通过异质结内置电场可以对光生载流子进行有效的分离。同时,该工作还预测了Sb_2Se_3电池将会有更高的光电转换效率[24]。2013年,Giustino课题组[17]利用第一性原理计算出Sb_2Se_3为直接带隙半导体,基于敏化结构的Sb_2Se_3太阳能电池理论光电转换效率接近25%。

溶液法中选取肼溶液旋涂法是因其工艺简单,不会引入C、O、N等污染,易于对薄膜进行掺杂或者S、Se组分调节,而且肼溶液涂膜法已经成功制备出光电转换效率达15.2%的CIGS太阳能电池[51]和11.5%的CZTSSe太阳能电池[52]。通过肼溶液旋涂烧结制备的纯相、大晶粒、致密的Sb_2Se_3薄膜,其紫外可见透过光谱测试表明Sb_2Se_3薄膜为直接带隙材料,禁带宽度为1.06eV。循环伏安法测试表明Sb_2Se_3的价带顶和导带底位置分别为−4.92eV和−3.90eV，能带结构能与TiO_2能带结构匹配，于是以此构建了顶衬结构的Sb_2Se_3/TiO_2异质结薄膜太阳能电池，并取得了2.26%的光电转换效率[25]，如图9-16所示。

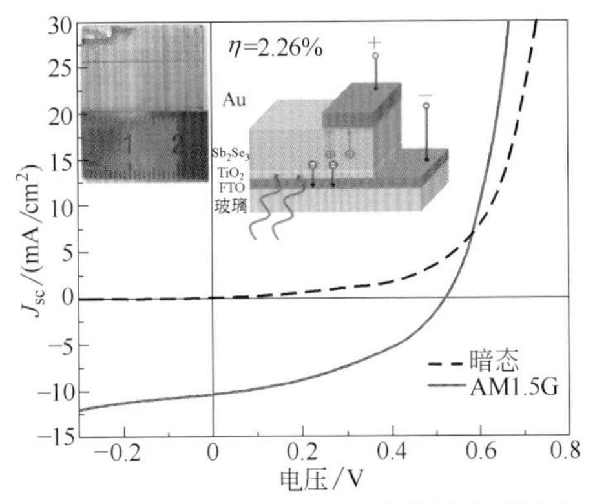

图9-16　Sb_2Se_3/TiO_2异质结薄膜太阳能电池示意及*J-V*测试曲线[25]

在采用热蒸发法制备薄膜的过程中，存在的Sb_2Se_3分解，容易造成Se的缺失。V_{Se}为n型深缺陷，充当复合中心，降低了载流子浓度（自补偿），从而降低了器件性能，因此，热蒸发工艺的优化是器件性能得以提升的关键。针对热蒸发过程中易引起的Se空位深缺陷的问题，人们通过对热蒸发的Sb_2Se_3薄膜进行后Se化退火热处理，降低了薄膜中的Se空位深缺陷浓度，从而将顶衬结构的CdS/Sb_2Se_3太阳能电池效率提高到3.7%（V_{oc}=0.3V，J_{sc}=24.4mA/cm^2，FF=46.8%）[53]。

尽管单结Sb_2Se_3太阳能电池的最高理论转换效率可达30%以上，但是报道的效率却很低。制约Sb_2Se_3太阳能电池效率提升的主要问题在于器件中存在的各种深缺陷，例如Sb_2Se_3中的本征缺陷（Se空位）以及Sb_2Se_3与n型缓冲层之间的界面缺陷。同时，载流子浓度过低等因素都会降低器件的开路电压和填充因子。因此，为了进一步提高Sb_2Se_3薄膜太阳能电池的转换效率，需要深入地探索上述问题的有效解决办法。

研究表明，在CdTe薄膜沉积过程中适当地加入氧气，基于以下两点有利于改善电池的性能：纯化体缺陷和减少界面缺陷复合，从而提高少数载流子寿命；增加p型掺杂浓度，提高接触电势差，减小器件串联电阻。Sb_2Se_3和CdTe都是二元金属硫族化物，因此，在Sb_2Se_3薄膜沉积过程中，人们通过采取类似于CdTe沉积过程中添加氧的工艺来改善器件的性能。采用热蒸发法，通过可控的分段通氧，在不同的氧分压下制备的Sb_2Se_3薄膜，用于顶衬结构的CdS/Sb_2Se_3太阳能电池中，电池的开路电压、短路电流密度以及填充因子都相对于无氧添加的CdS/Sb_2Se_3电池得到了极大的提升，转换效率由3.0%提高至4.8%[54]。

9.1.5 无Cd缓冲层的研究

目前，Sb_2Se_3太阳能电池主要采用CdS作为缓冲层材料，电池的最高效率是7.6%[12]。但是CdS存在毒性高和带隙窄的缺点，其不符合绿色环保的要求，并且缓冲层会吸收一部分光，减少了吸收层对光的吸收，从而影响了太阳能电池的器件效率。而在电池稳定性方面，CdS存在Cd^{2+}的扩散问题，Cd^{2+}的扩散导致器件性能在较短的时间内便有大幅度的下降。综合以上问题，寻求一种合适的、无毒的材料作为Sb_2Se_3太阳能电池的缓冲层材料已迫在眉睫。

p型半导体材料作为太阳能电池的光吸收层时，缓冲层材料的选择原则是[26]：

① 具有较大的禁带宽度，以使更多的光能够透过缓冲层被吸收层吸收，贡献更大的光电流；

② 导带位置要与吸收层匹配，不会产生大的导带边失配（或称导带带阶）；

③ 导电特性必须是低阻n型以保证足够大的接触电势差和耗尽区宽度，以便更好地实现电荷分离和收集；

④ 具有与吸收层材料晶格匹配或有同源的阴离子，p-n结界面缺陷少，进而界面复合中心少。

缓冲层的禁带宽度接近于窗口层的透明导电层（TCO）最为合适，借鉴CIGS和CdTe薄膜太阳能电池的经验和成果，可选择的无Cd缓冲层的材料有硫化铟（In_2S_3）[27]、氧化锌（ZnO）、硫化锌（ZnS）、硒化锌（ZnSe）及其氧掺杂的化合物（ZnSO、ZnSeO）和锌镁氧合金化合物（Zn，Mg)O[28]。因为In为稀有贵金属，从低成本角度出发，Zn基缓冲层最具研究应用价值。另外，TiO_2已被成功地用作量子点和钙钛矿太阳能电池的n型材料，所以也具有较高的研究价值。

由于构成异质结的薄膜太阳能电池的p区和n区两种材料的价带顶和导带底位置不同，接触后能带在界面处不连续，构成价带带阶（VBO）和导带带阶（CBO），其大小分别用ΔE_v和ΔE_c表示。同时由于薄膜电池的吸收层多为p型材料，由p区向n区扩散的光生载流子是电子，所以对电池性能起主要影响的是导带底失调值ΔE_c。因此我们主要讨论ΔE_c对电池性能的影响。ΔE_c有正负值之分，一般定义：当载流子从小禁带半导体向宽禁带半导体传输需要克服一定的势垒时，ΔE_c为正值（尖峰，spike），否则为负值（悬崖，cliff）。正的ΔE_c，会产生少子（电子）收集势垒，降低电池的短路电流，但能够减少界面处的复合，提高电池的填充因子（FF）和开路电压（V_{oc}）。负的ΔE_c有利于少子的传输，但会增加载流子在p-n界面处的复合，降低V_{oc}。ΔE_c的大小会影响器件的性能，影响程度取决于p-n结处的载流子复合速率，比如对于具有高质量的p-n结的CdTe/CdS太阳能电池，载流子在p-n结处的复合速率小，负值ΔE_c也不影响其器件性能。研究表明，对于用来代替CIGS电池中CdS的n型材料，一般要求ΔE_c的值在−0.14 ～ 0.35eV为适宜，如果该值太高则导致产生的光生载流子的传输严重受限，反而会降低V_{oc}。因此，在替代CdS作为缓冲层时非常有必要考虑其导带底失配值大小。表9-1中列出了除In基外的常用缓冲层材料的禁带宽度和电子亲和势。

表9-1　除In基外的常用缓冲材料的禁带宽度和电子亲和势

项目	CdS	ZnO	ZnS	ZnSe	TiO_2	Sb_2Se_3
E_g/eV	2.4	3.0	3.4	2.7	3.2	1.2
电子亲和势/eV	4.20	4.00	3.40	3.60	4.00	4.15
ΔE_c/eV	−0.05	0.15	0.75	0.55	0.15	0

到目前为止，在Sb_2Se_3太阳能电池器件上采用的无镉缓冲层材料有ZnO、TiO_2和SnO_2，其中ZnO/Sb_2Se_3薄膜太阳能电池稳定性好，电池的转换效率高达6%[29]。利用喷雾热解$Zn(NO_3)_2$水溶液来制备ZnO薄膜，随机取向的ZnO以择优的［221］取向诱导Sb_2Se_3的生长，使界面缺陷减少，器件性能更好。

从图9-17的XRD测试结果中可以看出，由于ZnO取向的不同而导致了Sb_2Se_3的择优取向不同，当Sb_2Se_3薄膜的择优取向为［221］时，器件的性能更好。图9-18展示的是两种择优取向的薄膜载流子的传输机理，从图中可以

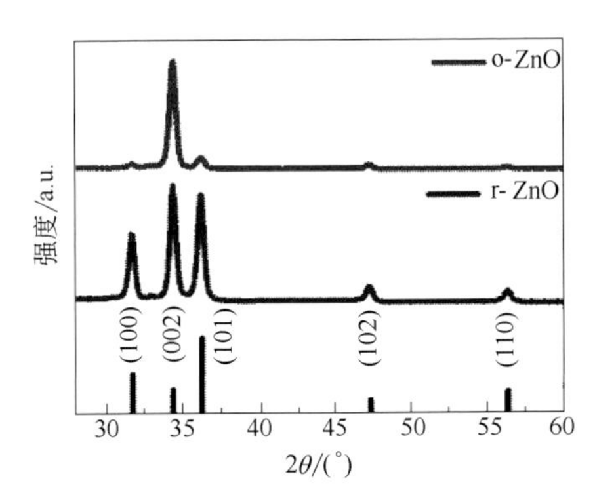

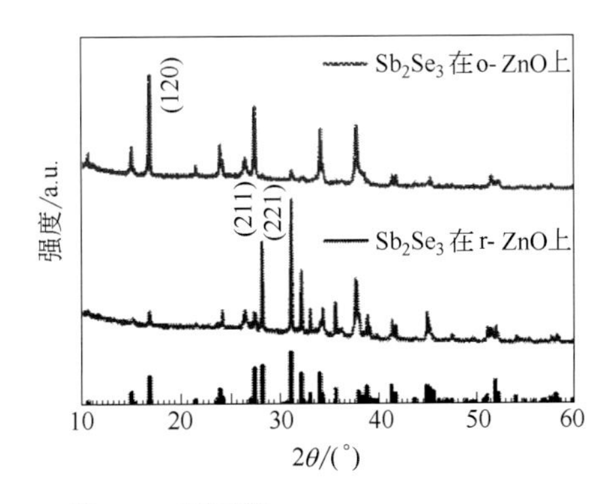

图9-17　ZnO及Sb_2Se_3的XRD谱图[29]

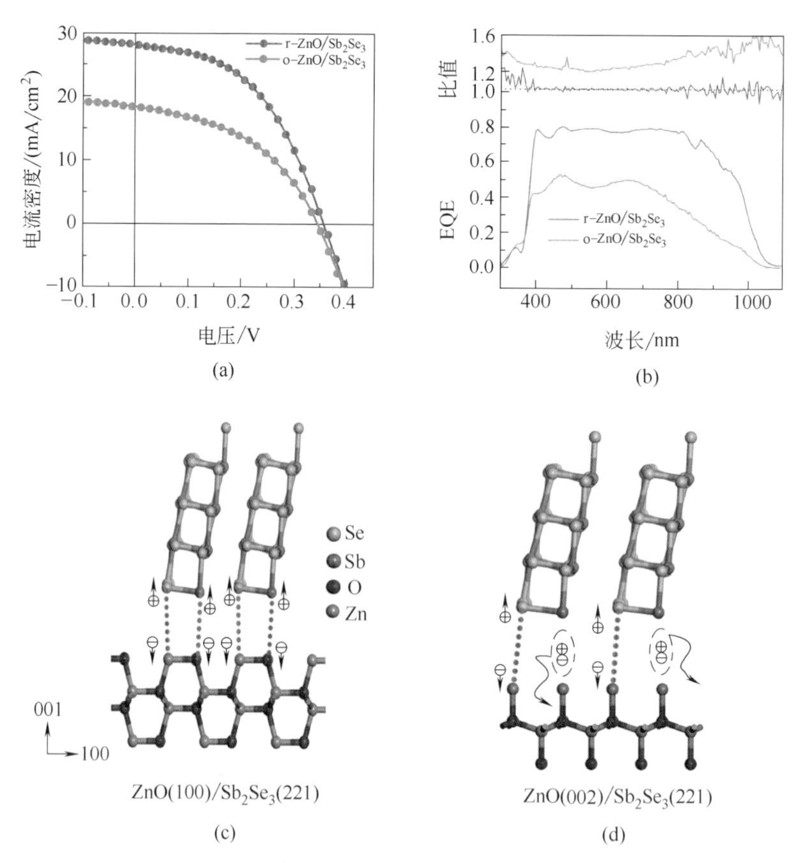

图9-18　不同择优取向的薄膜载流子传输的机理[29]

看出o-ZnO与Sb_2Se_3薄膜之间会存在陷阱区，导致部分载流子在此处复合，阻碍载流子的有效传输，进而影响器件效率。

华中科技大学唐江课题组[30]制备的TiO_2/Sb_2Se_3电池最高效率达5.6%。相比于TiO_2，SnO_2薄膜带隙更宽，传输电子能力更强，同时，SnO_2结构稳定，不存在离子扩散进入吸收层的情况，因此对器件的稳定性不会产生影响。为此人们加大了对SnO_2材料的研究力度。到目前为止，SnO_2作为Sb_2Se_3太阳能电池的缓冲层的太阳能电池器件的最高效率达到3.05%。跟其他缓冲层材料的太阳能电池效率相比，该电池的效率虽然不高，但是随着不断的深入研究，人们对SnO_2缓冲层的制备工艺不断改善，将有助于提高电池的器件效率。丁建宁课题组[31]采用了一种全新的低温制备SnO_2薄膜的方法，所制备的薄膜具有较好的结晶度（图9-19），而且100℃的低温制备条件有益于以后柔性器件的发展。

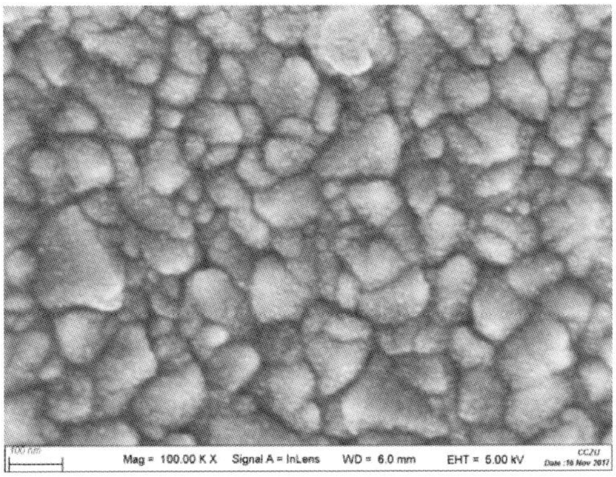

图9-19　低温制备的SnO_2薄膜的SEM图[31]

9.2 Sb_2S_3薄膜太阳能电池

9.2.1 Sb_2S_3的结构及物理性质

硫化锑（Sb_2S_3）是Ⅴ-Ⅵ族硫化物中一种重要的直接带隙半导体材料，地壳中含量丰富、安全无毒。Sb_2S_3材料的带隙宽度适中（1.5～2.2eV）、易于调控，在室温下的带隙为1.78eV[32]，具有高吸收系数（在450nm处的吸收系数为$1.8\times10^5cm^{-1}$[33]），对波长小于900nm的光有比较强的吸收作用[34]，覆盖了大部分可见光光谱。Sb_2S_3具有良好的光导、光敏及热电性能[35]，其在光电子器件、微波器件和热电冷却设备方面具有广泛的应用[36]，被视为最有希望得到应用的太阳能电池材料之一。

Sb_2S_3属正交晶系，空间群为Pbnm62，具有高度各向异性，是一种以$(Sb_4S_6)_n$八面体连接在一起的具有层状结构二元系化合物半导体材料，其晶体结构如图9-20所示。在晶胞中，包含两种形式存在的Sb和三种形式存在的S。在三种形式的S原子中，两种是三价的，一种是二价的。在单链内，一种三价的S原子和二价的S原子通过牢固的强共价键与Sb原子相连，这种较强的共价键使得纳米Sb_2S_3晶体有沿着一维方向生长的趋势，也就是说容易沿着c轴方

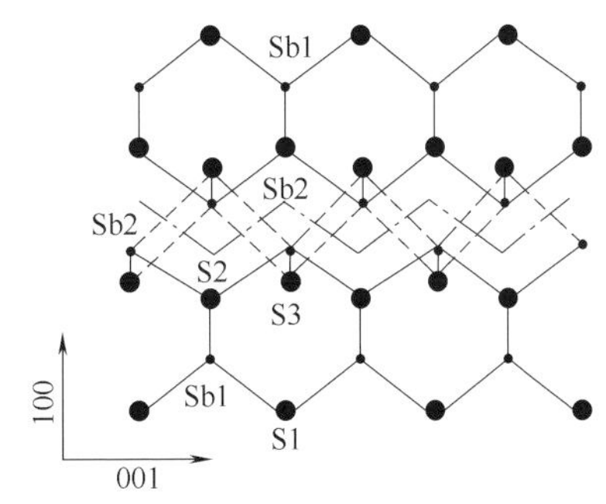

图9-20　Sb_2S_3晶体结构示意

向生长。而在链间，另外一种三价的S原子则通过较弱的作用力（范德华力）与其平行链上的Sb原子结合，这种较弱的范德华力容易被破坏，因而晶体在链间容易沿着链的方向裂开，也就是在（010）面沿着*c*轴方向裂开。所以，Sb_2S_3晶体是一种具有高度各向异性的层状结构半导体材料，容易沿着*c*轴方向生长或破裂，形成纳米棒、纳米线、纳米管等一维纳米结构。

9.2.2 Sb_2S_3的制备方法

9.2.2.1 真空热蒸发

起初，Aousgi F M等采用单源真空热蒸发方法[37]来制备不同结晶状态的Sb_2S_3薄膜，通过调节玻璃基板的温度范围来控制薄膜的结晶形态，研究表明，Sb_2S_3薄膜的禁带宽度会随着基底温度的改变而发生变化。在可见光和红外光谱范围内，Sb_2S_3薄膜具有较高的吸收系数，这提高了Sb_2S_3薄膜在工程上的应用性。随后，通过对热蒸发工艺不断的改进及完善，电池器件的性能得到不断的提升[38]。

9.2.2.2 化学浴沉积法

Ubale A U等[39]采用化学浴沉积技术，在室温环境下合成了Sb_2S_3薄膜，然后在不同的温度条件下对沉积的薄膜进行煅烧处理。通过对薄膜的微观结构表征以及电性能测试，发现该方法制备的薄膜为晶态与非晶态的混合物。当沉积温度和煅烧温度分别为55℃和400℃时，所制备的薄膜样品为结晶状态且颗粒尺寸较大，这为以后的研究提供了一个很好的经验。后来，人们采用该方法研究了不同的反应温度和沉积时间对所制备的薄膜的光学性质和光学带隙的影响[40]，研究结果表明：随着反应温度的升高，反应速率不断加快，而所制备的薄膜的带隙逐渐减小；随着沉积时间的延长薄膜的光学带隙逐渐减小，当带隙能量低于1.90eV时，便可以作为太阳能电池的吸收层材料[41]。

9.2.2.3 喷雾热解法

目前，采用喷雾热解法制备Sb_2S_3薄膜的原料是$Na_2S_2O_3$[或$CS(NH_2)_2$]和$SbCl_3$，先将这两种原料按照一定的比例溶入某种溶剂之中，再喷涂到基底表面，加热分解后形成薄膜。其中采用最多的溶剂为乙酸[42]和无水介质[43]。

采用喷雾热解法制备Sb_2S_3薄膜的生长机理如下[44]：前驱液中的两种原料$SbCl_3$和$Na_2S_2O_3$将会发生配合反应从而生成$Sb_2(S_2O_3)_3$，接着$Sb_2(S_2O_3)_3$

在水解作用下分解形成Sb_2S_3，同时$Sb_2(S_2O_3)_3$会进一步分解为Sb^{3+}和$S_2O_3^{2-}$，$S_2O_3^{2-}$会发生再进一步的分解反应生成S^{2-}，最终前驱液为包含Sb_2S_3微晶、Sb^{3+}和S^{2-}的饱和溶液。随后经过活化的玻璃基板表面则会不断吸附Sb_2S_3微晶而成核，从而导致溶液中的Sb^{3+}和S^{2-}不断被析出吸附到表面，进而颗粒不断长大，最终在基板表面形成Sb_2S_3薄膜。

$$2SbCl_3+3Na_2S_2O_3 = Sb_2(S_2O_3)_3+6NaCl$$

$$Sb_2(S_2O_3)_3+3H_2O = Sb_2S_3+3HSO_4^-+3H^+$$

$$Sb_2(S_2O_3)_3 = 2Sb^{3+}+3S_2O_3^{2-}$$

$$S_2O_3^{2-}+H_2O = SO_4^{2-}+S^{2-}+2H^+$$

9.2.3 Sb_2S_3薄膜太阳能电池性能

在太阳能电池中，Sb_2S_3薄膜主要被用作光吸收层材料，其具有吸光范围大、吸收系数高等特点。表9-2列出了近几年Sb_2S_3太阳能电池的研究进展[45]。

表9-2 Sb_2S_3太阳能电池的研究进展

器件结构	η/%	V_{oc}/V	J_{sc}/（mA/cm^2）	FF/%
FTO/$In_x(OH)_yS_z$/TiO_2/Sb_2S_3/CuSCN/Au	3.37	0.49	14.1	48.8
TCO/TiO_2/Sb_2S_3/（LiSCN）CuSCN	3.7	0.56	11.6	58
FTO/TiO_2/Sb_2S_3/P3HT/Au	5.13	0.645	13.02	61
FTO/$In_x(OH)_yS_z$/TiO_2/Sb_2S_3/Spiro-MeOTAD/Au	5.2	0.545	15.1	64
FTO/TiO_2/Sb_2S_3/PCPDTBT/Au	6.18	0.616	15.3	65.7
FTO/TiO_2/Sb_2S_3/ P3HT/PDOT：PSS/Au	3.9	0.51	14.2	54
FTO/TiO_2/Sb_2S_3/PAn/Pt	3.78	1.098	6.92	49.7
FTO/TiO_2/Sb_2S_3（Ti）/CuSCN/Au	5.66	0.607	16.5	57.2
FTO/TiO_2/Sb_2S_3/PCPDTBT/Au	7.5	0.711	16.1	65

以上介绍的Sb_2S_3太阳能电池大多使用有机物作为空穴传输材料，采用水浴法在TiO_2层上水浴沉积Sb_2S_3作为表面电子阻挡层或者光吸收层。

随着对硫化锑材料的研究不断推进，人们发现Bi、Zn和Ti金属离子掺杂会在一定程度上影响Sb_2S_3吸收层的光吸收系数，其中Ti离子掺杂的效果最佳，FTO/TiO_2/Sb_2S_3（Ti）/CuSCN/Au结构的电池效率接近5.7%[46]。2014年报道的Sb_2S_3有机杂化太阳能电池效率再创新高，达到7.5%，这也是迄今为止Sb_2S_3太阳能电池达到的最高效率[47]。此研究中，采用硫代乙酰胺（TA）对薄膜进行硫化处理，使得Sb_2S_3中的缺陷减少，因此电池效率得到显著提高。同年Ito等[48]又将Sb_2S_3引入到当前备受关注的钙钛矿太阳能电池的研究中，采用Sb_2S_3作为表面电子阻挡层，使此类电池效率稳定性得到了极大改善：持续曝光12h，钙钛矿电池的$CH_3NH_3PBI_3$晶体结构没有发生改变，电池的光响应范围不变，IPCE维持稳定，最高效率已经达到5.24%。随后，研究人员将通过水热法合成的Sb_2S_3粉体涂覆于TiO_2表面，制备了染料敏化太阳能电池[49]。Sb_2S_3微粒的光散射作用提高了电池的光捕获能力，使效率达到5.1%。值得一提的是，在室温条件下制备Sb_2S_3薄膜，相比于较为常用的低温化学浴沉积方法，避免了冷却溶液过程中温度不易控制的缺点。

Sb_2S_3带隙的可调控性很好，通过掺杂可以使Sb_2S_3的带隙达到最佳值。人们通过不断的探索发现了许多可以掺杂的元素，其中比较典型的是Cu和Se的掺杂。通过掺杂生成的半导体材料$CuSbS_2$的带隙为1.5eV，表明Sb_2S_3具有用作光伏吸收层材料的潜在前景。然而，制造$CuSbS_2$薄膜的工艺方法，尤其是使用溶液加工的方法尚未完全开发。经过不断的探索研究，人们提出了化学浴沉积（CBD）和胶体纳米板沉积两种溶液的方法来沉积$CuSbS_2$薄膜，然而没有发现直接沉积三元$CuSbS_2$薄膜工艺。研究发现，对CBD法生长的CuS和Sb_2S_3双层膜进行后退火处理可以制备$CuSbS_2$薄膜，然而相纯度的控制和薄膜形态的控制是难以实现的。为了解决这个问题，人们合成了纯相的硫氧羰基$CuSbS_2$胶体纳米片，当胶体凝聚成薄膜时，这些合成配体是绝缘的并且抑制了所必需的晶体间电荷的转移，最终成功制备出$CuSbS_2$薄膜。

图9-21　Se气氛下处理前后Sb_2S_3薄膜的SEM对比图[50]

通过蒸发方法制备的Sb_2S_3平面太阳能电池具有空位缺陷和高的背接触势垒，为了减少缺陷的存在，人们开发了表面硒化处理Sb_2S_3薄膜的方法，以提高器件性能。研究表明，处理后的薄膜保持了Sb_2S_3的典型特征。其表面形貌对比如图9-21所示，图（a）为没有Se化处理的薄膜，图（b）为经过Se化处理的薄膜。经处理的Sb_2S_3薄膜只有表面相邻的部分被硒化，形成$Sb_2(S_xSe_{1-x})_3$合金。

此外，XPS结果进一步表明：在Sb_2S_3薄膜中存在微量的硒掺杂。Se化处理过的Sb_2S_3基太阳能电池获得了4.17%的较高效率，V_{oc}获得最高值为0.714V[50]。未封装的器件具有高稳定性，在空气中储存100天后，该器件仍具有90%的效率。合金化可以抑制背接触屏障，以提高填充因子和载流子抽取能力。大量硒掺杂有助于钝化Sb_2S_3界面缺陷和体缺陷，提高CdS/Sb_2S_3异质结质量，提高长波光量子产率。

参考文献

[1] Britt J, Ferekides C. Thin-film CdS/CdTe solar cell with 15.8% efficiency. Applied Physics Letters, 1993, 62 (22): 2851-2852.

[2] NREL effciency chart, www.nrel.gov/pv/assets/images/efficiency-chart.png.

[3] Vadapoo R, Krishnan S, Yilmaz H, Marin C. Self-standing nanoribbons of antimony selenide and antimony sulfide with well-defined size and band gap. Nanotechnology. 2011, 22 (17): 175705.

[4] Zhou Y, Wang L, Chen S, et al. Thin-film Sb_2Se_3 photovoltaics with oriented one-dimensional ribbons and benign grain boundaries. Nature Photonics, 2015, 9 (6): 409.

[5] Ghosh G. The sb-se (antimony-selenium) system. Journal of Phase Equilibria. 1993, 14 (6): 753-763.

[6] Chen C, Li W, Zhou Y, Chen C, Luo M, Liu X, et al. Optical properties of amorphous and polycrystalline Sb_2Se_3 thin films prepared by thermal evaporation. Applied Physics Letters. 2015, 107 (4): 1301846.

[7] Haque F, Elumalai NK, Wright M, Mahmud MA, Wang D, Upama MB, et al. Annealing induced microstructure engineering of antimony tri-selenide thin films. Materials Research Bulletin, 2018, 99: 232-238.

[8] Patrick C E, Giustino F. Structural and electronic properties of semiconductor-sensitized solar-cell interfaces. Adv Funct Mater, 2011, 21: 4663-4667.

[9] Chen C, Bobela D C, Yang Y, Lu S, Zeng K, Ge C, et al. Characterization of basic physical properties of Sb_2Se_3 and its relevance for photovoltaics. Frontiers of Optoelectronics, 2017, 10 (1): 18-30.

[10] Liu X, Chen J, Luo M, Leng M, Xia Z, Zhou Y, et al. Thermal evaporation and characterization of Sb_2Se_3 thin film for substrate Sb_2Se_3/CdS solar cells. ACS applied materials & interfaces, 2014, 6 (13): 10687-10695.

[11] Chen C, Wang L, Gao L, Nam D, Li D, Li K, et al. 6.5% Certified Efficiency Sb_2Se_3 Solar Cells Using PbS Colloidal Quantum Dot Film as Hole-Transporting Layer. ACS Energy Letters, 2017, 2 (9): 2125-2132.

[12] Wen X, Chen C, Lu S, Li K, Kondrotas R, Zhao Y, et al. Vapor transport deposition of antimony selenide thin film solar cells with 7.6% efficiency. Nature communications,

2018，9（1）：2179.

[13] Messina S，Nair M T S，Nair P K. Antimony selenide absorber thin films in all-chemically deposited solar cells. Journal of The Electrochemical Society，2009，156（5）：H327.

[14] Torane A P，Bhosale C H. Preparation and characterization of electrodeposited Sb_2Se_3 thin films from non-aqueous media. Journal of Physics and Chemistry of Solids，2002，63（10）：1849-1855.

[15] Ngo T T，Chavhan S，Kosta I，Miguel O，Grande H J，Tena-Zaera R. Electrodeposition of antimony selenide thin films and application in semiconductor sensitized solar cells. ACS applied materials & interfaces，2014，6（4）：2836-2841.

[16] Rajpure K Y，Lokhande C D，Bhosale C H. A comparative study of the properties of spray-deposited Sb_2Se_3 thin films prepared from aqueous and nonaqueous media. Materials Research Bulletin，1999，34（7）：1079-1087.

[17] Filip M R，Patrick C E，Giustino F. GW quasiparticle band structures of stibnite，antimonselite，bismuthinite，and guanajuatite. Phys Rev B，2013，87（20）：2450-2458.

[18] Choi Y C，Mandal T N，Yang W S，et al. Sb_2Se_3-sensitized inorganic-organic heterojunction solar cells fabricated using a single-source precursor. Angewandte Chemie International Edition，2014，53（5）：1329-1333.

[19] 薛明喆，傅正文. 脉冲激光沉积制备Sb_2Se_3薄膜电极及其电化学性质. 2006年中国固态离子学暨国际电动汽车动力技术研讨会，2007，65（23）：2715-2719.

[20] Liang G X，Zhang X H，Ma H L，Hu J G，Fan B，Luo Z K，et al. Facile preparation and enhanced photoelectrical performance of Sb_2Se_3 nano-rods by magnetron sputtering deposition. Solar Energy Materials and Solar Cells，2017，160：257-262.

[21] Itzhaik Y，Niitsoo O，Page M，et al. Sb_2Se_3-sensitized nanoporous TiO_2 solar cells. The Journal of Physical Chemistry C，2009，113（11）：4254-4256.

[22] Chen C，Zhao Y，Lu S，et al. Accelerated optimization of TiO_2/ Sb_2Se_3 thin film solar cells by high-throughput combinatorial approach. Advanced Energy Materials，2017，7（20）：1700866.

[23] Kestner J M，et al. An experimental and modeling analysis of vapor transport deposition of cadmium telluride. Sol Energy Mater Sol Cells，2004，83：55-65.

[24] Patrick C E，Giustino F. Structural and electronic properties of semiconductor - sensitized solar-cell interfaces. Advanced Functional Materials，2011，21（24）：4663-4667.

[25] Zhou Y，Leng M，Xia Z，et al. Solution-processed antimony selenide heterojunction solar cells. Advanced Energy Materials，2014，4（8）：1301846.

[26] Choi Y C，Lee Y H，Im S H，Noh J H，Mandal T N，Yang W S，et al. Efficient inorganic-organic heterojunction solar cells employing $Sb_2(S_x/Se_{1-x})_3$ graded-composition sensitizers. Advanced Energy Materials，2014，4（7）：1301680.

[27] Green M A，Ho-Baillie A，Snaith H J. The emergence of perovskite solar cells. Nature Photonics，2014，8（7）：134.

[28] Todorov T K, Gunawan O, Gokmen T, Mitzi D B. Solution-processed Cu(In, Ga)(S, Se)$_2$ absorber yielding a 15.2% efficient solar cell. Progress in Photovoltaics: Research and Applications, 2013, 21 (1) : 82-87.

[29] Wang L, Li D B, Li K, Chen C, Deng H X, Gao L, et al. Stable 6%-efficient Sb_2Se_3 solar cells with a ZnO buffer layer. Nature Energy, 2017, 2 (4) : 17046.

[30] Chen C, Zhao Y, Lu S, et al. Accelerated optimization of TiO_2/Sb_2Se_3 thin film solar cells by high-throughput combinatorial approach. Advanced Energy Materials, 2017, 7 (20) : 1700866.

[31] Guo X, Guo H, Ma Z, Ma C, Ding J, Yuan N. Low-temperature deposited SnO_2 used as the buffer layer of Sb_2Se_3 solar cell. Materials Letters, 2018, 222: 142-145.

[32] 钟家松，向卫东，刘丽君，等. 生物分子辅助溶剂热合成硫化锑纳米棒.高等学校化学学报，2010，31 (7) : 1303-1308.

[33] Matthieu Y Versavel, Joel A Haber, Structural and optical properties of amorphous and crystalline antimony sulfide thin-films. Thin Solid Films, 2007, 515 (18) : 7171-7176.

[34] Mane R S, Lokhande C D. Photoelectrochemical cells based on nanocrystalline Sb_2S_3 thin films. Materials Chemistry and Physics, 2002, 78 (2) : 385-392.

[35] 李雪梅，冯莹，胡正水. 水热法制备硫化锑. 青岛科技大学学报，2010，31 (2) : 124-128.

[36] Abd-El-Rahman K F, Darwish A A A. Fabrication and electrical characterization of p-Sb_2S_3/n-Si heterojunctions for solar cells application. Current Applied Physics, 2011, 11 (6) : 1265-1268.

[37] Aousgi F M, Kanzari. Study of the optical properties of the amorphous Sb_2S_3 thin films. Journal of Optoelectronics and Advanced Materials, 2010, 12 (2) : 227-232.

[38] Tigau N, Ciupina V, Prodan G, Rusu G, Gheorghies C, Vasile E. Influence of thermal annealing in air on the structural and optical properties of amorphous antimony trisulfide thin films. Journal of Optoelectronics and Advanced Materials, 2004, 6 (1) : 211-217.

[39] Ubale A U, Deshpande V P, Shinde Y P, et al. Electrical, optical and structural properties of nanostructured Sb_2S_3 thin films deposited by CBD technique. Chalcogenide Letters, 2010, 7 (1) : 101-109.

[40] Sarah M, Nair M T S, Nair P K. Antimony sulfidethinfilmsin chemically depositedthinfilm photovoltaie cells. Thin Solid Films, 2007, 515: 5777-5782.

[41] Asogwa P, Ezugwu U S S, Ezema F I, et al. Influnce of dip time on the optical and solid state properties of as-grown Sb_2S_3 thin films. Chalcogenide Letters, 2009, 6 (7) : 287-292.

[42] Rajpur K Y, Bhosale C H. (Photo) electrochemical investigations on spray deposited n-Sb_2S_3 thin film/polyiodide/C photoelectrochemical solar cells. Materials chemistry and physics, 2000, 63 (3) : 263-269.

[43] Rajpure K Y, Bhosale C H. Effect of composition on the structural, optical and electrical properties of sprayed Sb_2S_3 thin films prepared from non-aqueous medium. Journal of Physics and Chemistry of Solids, 2000, 61 (4) : 561-568.

[44] Messina S, Nair M T S, Nair P K. Antimony sulfide thin films in chemically deposited thin film photovoltaic cells. Thin Solid Films, 2007, 515 (15) : 5777-5782.

[45] Itzhaik Y, Niitsoo O, Page M, Hodes G. Sb_2S_3-sensitized nanoporous TiO_2 solar cells. The Journal of Physical Chemistry C, 2009, 113 (11) : 4254-4256.

[46] Ito S, Tsujimoto K, Nguyen D C, Manabe K, Nishino H. Doping effects in Sb_2S_3 absorber for full-inorganic printed solar cells with 5.7% conversion efficiency. International Journal of Hydrogen Energy, 2013, 38 (36) : 16749-16754.

[47] Yong C C, Dang U L, Noh J H, et al. Highly improved Sb_2S_3 sensitized-inorganic-organic heterojunction solar cells and quantification of traps by deep-level transient spectroscopy. Advanced Functional Materials, 2014, 24 (23) : 3587-3592.

[48] Ito S, Tanaka S, Manabe K, et al. Effects of surface blocking layer of Sb_2S_3 on nanocrystalline TiO_2 for $CH_3NH_3PbI_3$ perovskite solar ceils. J Phys Chem C, 2014, 118 (30) : 16995-17000.

[49] Senthil T S, Muthukumarasamy N, Misook K. Ball/dumbbell-like structured micrometer-sized Sb_2S_3 particles as a scattering layer in dye-sensitized solar cells. Optics Letters, 2014, 39 (7) : 1865-1868.

[50] Yuan S, Deng H, Yang X, et al. Postsurface selenization for high performance Sb_2S_3 planar thin film solar cells. ACS Photonics, 2017, 4 (11) : 2862-2870.

[51] Teodor K Todorov, Oki Gunawan, Tayfun Gokmen, David B Mitzi. Solution-processed Cu (In, Ga) $(S, Se)_2$ absorber yielding a 15.2% efficient solar cell. Prog Photovolt: Res Appl, 2013, 21: 82-87.

[52] Todorov T K, Tang J, Bag S, et al. Beyond 11% efficiency: characteristics of state-of-the-art $Cu_2ZnSn(S, Se)_4$ solar cells. Advanced Energy Materials, 2013, 3 (1) : 34-38.

[53] Leng M, Luo M, Chen C, et al. Selenization of Sb_2Se_3 absorber layer: an efficient step to improve device performance of CdS/Sb_2Se_3 solar cells. Applied Physics Letters, 2014, 105 (8) : 083905.

[54] Liu X, Chen C, Wang L, et al. Improving the performance of Sb_2Se_3 thin film solar cells over 4% by controlled addition of oxygen during film deposition. Applied Physics Letters, 2015, 10 (10) : 2892.

第3篇

有机薄膜太阳能电池

第10章　有机薄膜太阳能电池概论

有机太阳能电池具有成本低、重量轻、制作工艺简单、可制备成柔性器件等突出特点，尤其薄、轻、柔［图10-1（a）］，甚至可拉伸［图10-1（b）］的特点是有机太阳能电池不可替代的优点。另外，有机太阳能电池材料种类繁多、可设计性强，可通过结构和材料的改性来提高太阳能电池的性能。然而在能量转换效率及稳定性方面，这种电池尚无法与硅基太阳能电池相比较，主要是由于所使用材料的吸收光谱与太阳光谱不能完全匹配，材料载流子迁移率较低，电子给体和受体能级匹配性不好以及材料的不稳定性。因此，这类太阳能电池具有重要的研究意义和发展前景。

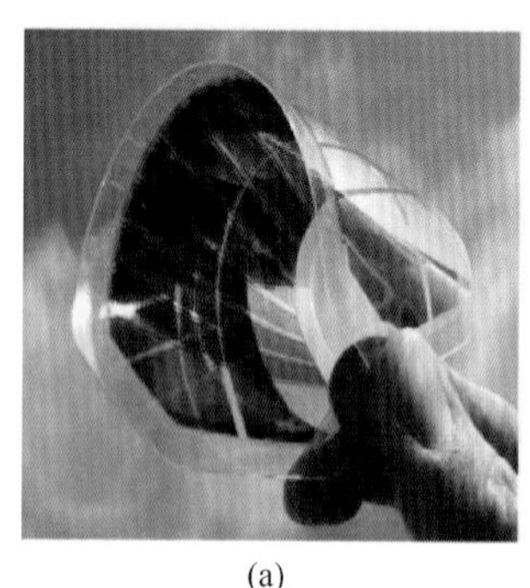
(a)

(b)

图10-1　有机太阳能电池

（a）薄、轻、柔的有机太阳能电池；（b）可拉伸的有机太阳能电池

10.1 有机太阳能电池结构及其工作原理

10.1.1　肖特基结构

这类器件的组成和结构［图10-2（a）］与聚合物发光二极管（PLED）相同，其活性层是单一的共轭聚合物半导体材料，但它的工作过程与PLED相反。由于这类器件的半导体/电极界面会形成肖特基势垒，因此称为“肖特基

型太阳能电池”。这类电池的工作原理可用图10-2（b）进行说明：①活性层半导体吸收光产生激子（未分离的电子-空穴对）；②激子在活性层内进行扩散，非常低的概率发生电荷分离；③激子扩散至半导体/电极界面，非常低的概率发生电荷分离；④发生电荷分离的电子和空穴分别被铝电极和ITO电极收集，形成光电压和光电流。这种电池的光电转换效率十分低下（一般低于0.1%），主要是由于激子难以发生电荷分离，而且其扩散距离很短（一般在10nm左右），在尚未扩散至半导体/电极界面时就发生复合。即使少数激子扩散至半导体/电极界面，电荷分离仍然难以发生。

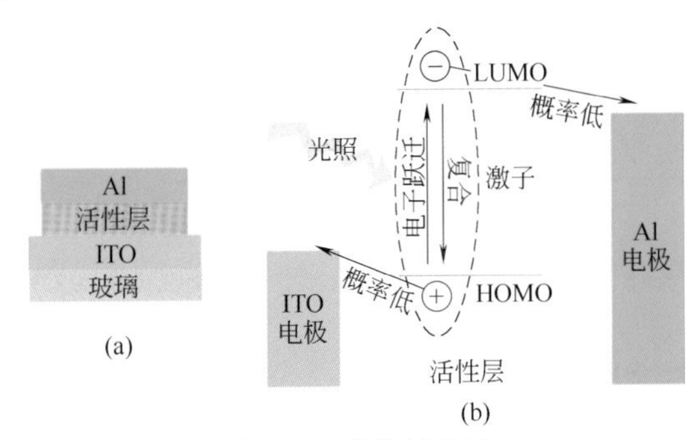

图10-2　肖特基电池

（a）肖特基电池的结构；（b）肖特基电池的工作原理

10.1.2　双层D/A异质结结构

1986年，Tang利用酞菁铜作为给体（D）、苝作为受体（A）制备了具有双层结构的有机光伏器件［图10-3（a）］，其能量转换效率接近1%[1]，开启了有机太阳能电池的新时代。这种电池与肖特基结构电池的主要区别为存在给、受体界面，这样可以大大提高激子的电荷分离效率。这种双层D/A异质结太阳能电池的工作原理可以用图10-3（b）来说明：①给体或受体吸收光子形成激子；②激子扩散至D/A界面；③激子发生电荷分离，电子转移给受体，空穴转移给给体；④电子和空穴分别受体和给体向负极和正极传递；⑤形成光电流和光电压。

对于这种双层结构的太阳能电池，D/A界面上的激子电荷分离效率与给体和受体的电子能级差密切相关。激子是具有束缚能的电子空穴对，需要给体、受体的最低未占用轨道（LUMO）能级之差大于激子束缚能才能实现给体激子中的电子向受体的有效转移，同样给体、受体的最高未占用轨道（HOMO）能级之差大于激子束缚能才能实现受体激子中的空穴向给体的有效转移。只要能满足电子能级上的这一要求，D/A界面上的激子电荷分离效率相当高，几乎可达100%。因此，这类电池的效率较肖特基结构电池有了显著提高，但仍然受到激子扩散、光生电荷的传输和电子在电极上的收集的限制。由于有机半导体较短的激子扩散距离（10nm左右）以及较低的载流子迁移率，这类电池的效率仍有待提高。

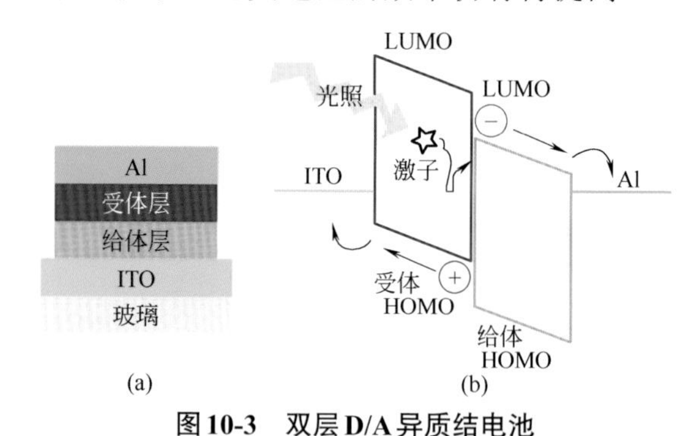

图 10-3　双层 D/A 异质结电池

（a）双层 D/A 异质结电池的结构；（b）电池工作原理

10.1.3　D/A本体异质结结构

尽管双层D/A异质结太阳能电池在给/受体界面上的电荷分离效率很高，但由于激子扩散距离的限制，只有靠近给/受体界面约10nm薄层内的激子才有可能得到有效的电荷分离，远离界面的激子会通过复合发光或能量弛豫而损失。

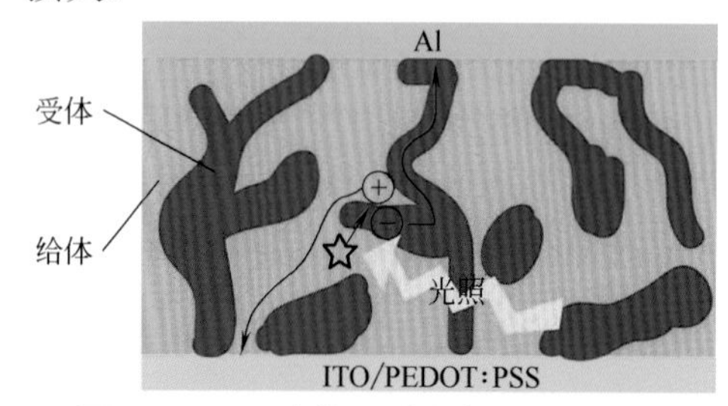

图 10-4　D/A 本体异质结电池结构示意

为克服双层D/A异质结器件激子扩散的问题，Yu等在1995年提出将给体和受体材料共混、制备具有给/受体互穿网络结构的本体异质结（bulk heterojunction）型太阳能电池（图10-4）[53]。这种太阳能电池的工作原理与双层D/A异质结电池基本相同，其优点是整个活性层中充满了D/A异质结界面，这使激子扩散和激子电荷分离的效率大大提高。但另外，电荷的传输会受到活性层D/A互穿网络结构的影响，造成电荷传输的问题。总体上，本体异质结电池的效率较双层异质结电池有了显著提高。

10.1.4　叠层结构

叠层太阳能电池是将两个或多个电池结构上下叠加组成，通过不同单个电池对可见-近红外区太阳光的互补吸收，扩大对太阳光的吸收范围，从而提高电池的光电转换效率。目前，叠层太阳能电池在无机半导体太阳能电池中已被成功应用，最高能量转换效率超过40%[2]。

叠层聚合物太阳能电池上下叠加的电池可以通过串联或并联相连接。串联电池的开路电压是各单电池的开路电压之和，因此通过串联式叠加能够实现电池的高开路电压，但短路电流会受各单电池中电流最低者所限制。并联式叠加电池的情况则相反：获得短路电流的叠加，开路电压由各单电池中电压最低者决定。

10.2 有机薄膜太阳能电池制备方法

10.2.1　真空沉积法

首个有机异质结电池就采用真空沉积法制备[1]。该方法主要针对小分子有机半导体，特别是那些难以被常规有机溶剂溶解的小分子有机半导体。通常情况下，该方法利用小于10^{-5}mbar（1bar=10^5Pa）的真空度来降低氧气和水对制备过程的影响，对某些特殊的情况，会采用小于10^{-9}mbar的超高真空度或惰性气体气氛来进一步降低上述影响。有机小分子半导体置于特殊的容器中，在真空中进行加热作为蒸镀源，而基底被放到距离蒸镀源一定距离的上方，使有机物的蒸气直接沉积到基底表面［图10-5（a）］。这种方法不需要各层之间的化学作用，对于沉积不同材料构成的多层薄膜十分便利。此外，通过引入多个蒸镀源，采用共沉积技术［图10-5（b）］还可以制备具有给/受体互穿网络结构的本体异质结结构[3]。

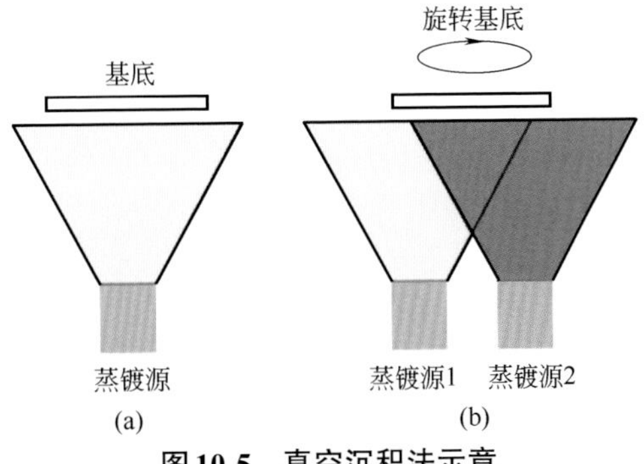

图10-5　真空沉积法示意

10.2.2　溶液法

由于聚合物在加热的条件下可能分解，而且分子量大造成不能利用蒸发方法制备薄膜，所以绝大多数聚合物太阳能电池通过溶液法在低温下进行制备。这些共轭半导体聚合物通过印刷或涂布技术制成太阳能电池。

给体-受体混合物可通过将它们溶解于有机溶剂制得，再利用上述方法在合适的基底上成膜。还可先使聚合物单体成膜，再进行聚合，得到目标聚合物给体或受体。这种方法特别适用于难以被有机溶剂溶解的聚合物。旋涂法和刮刀涂膜法是实验室最常用的两种制备方法，但旋涂和刮刀涂膜不适合有机太阳能电池工业化大面积生产，特别是旋涂方法存在材料利用率低和难以大面积均匀成膜等问题。因此，为了实现从实验室规模的器件制备向有机太阳能电池工业化大规模生产应用的转变，出现了丝网印刷和喷墨印刷技术。

丝网印刷技术对于实现同一基底上多种不同有机单元电池的集成，以及在同一基底上将多个独立太阳能电池串、并联组成大面积的能量转化体系来说是十分重要和关键的技术。丝网印刷过程原理如图10-6所示。在印刷过程中，丝网印版与基底表面之间的距离只有数毫米。当把油墨（聚合物半导体溶液）转移到丝网表面后，丝网印版迅速在刮墨刀的作用下与基底接触，并迫使油墨透过丝网印版的开孔转移到基底上，同时刮除印版上的多余油墨。刮墨刀的移动速度一般为每秒数厘米左右，当它通过后，丝网印版就会与基底分离，而转移到基底上的油墨逐渐变干并形成连续的薄膜。

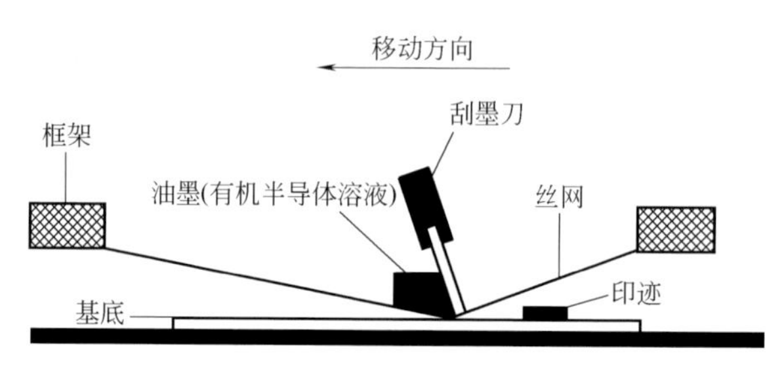

图10-6　丝网印刷制备聚合物薄膜示意

喷墨印刷技术是制备有机光电子器件中较早考虑使用的一种印刷技术。这种印刷方法可以将一定体积的墨水（聚合物溶液）准确地喷印在基底的指定位置上，当这些小液滴在基底上融合在一起后，就可以形成连续的薄膜（图10-7）。喷墨印刷技术不需要与基底表面接触，可以简单快速地完成大面积印刷。此外，用于喷印的聚合物溶液与多种基底材料之间有很好的浸润附着性，不需要额外的工序来增加活性层与基底之间的紧密接触，这简化了聚合物太阳能电池的印刷制膜工序。

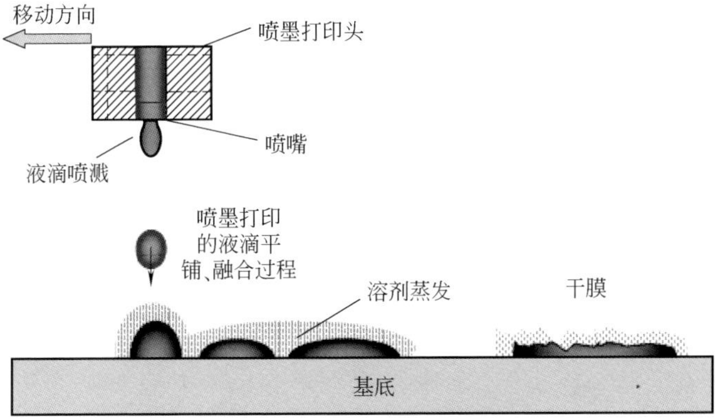

图 10-7 喷墨印刷制备聚合物太阳能电池示意

10.3 有机薄膜太阳能电池材料

有机薄膜太阳能电池中的光活性材料主要是一类可吸光的离域π电子系统，能产生光生载流子并对其输运的有机半导体材料[4]，可以通过溶液加工或真空沉积的方法来制备电池。根据它们在电池中扮演的角色，可大致分为电子给体（electron donor）材料和电子受体（electron acceptor）材料两类。以酞菁（phthalocyanine）和二萘嵌苯（perylene）这两种常见的有机太阳能电池材料为例，酞菁是一种电子给体材料，也是一种p型半导体和空穴传输材料；二萘嵌苯则是一种电子受体材料，也是一种n型半导体和电子传输材料。此外，根据分子量，又可大致分为有机小分子和聚合物两类。本章将按照后一种分类，对各种典型的电子给体和受体材料进行介绍。

10.3.1 有机小分子材料

相对于有机半导体聚合物，有机半导体小分子具有一些特殊的优势，例如分子结构明确、分子量精确和纯度高（无生产批次的差异）等，因此这种材料在有机太阳能电池中占有重要的地位[5]。基于小分子的有机太阳能电池早期主要通过真空沉积的方法制备，而近年来的研究表明这类材料也可以通过溶液加工的方法制备较高效率的有机太阳能电池[6,7]，从而使其规模化生产和应用的前景更为乐观。

10.3.1.1　染料类小分子给体

在各种有机小分子给体材料中，基于染料的小分子给体是基本和常用的材料。几类著名的染料分子被认为有希望成为未来有机太阳能电池的给体材料，例如，酞菁、亚酞菁（subphthalocyanine）、部花青（merocyanine）、方酸菁（squaraine）、吡咯并吡咯二酮（diketopyrrolopyrroles）、硼络合二吡咯甲川（borondipyrromethene）、异靛（isoindigo）和二萘嵌苯二酰亚胺（perylene diimides）等。

酞菁类染料包含4个由杂氮键连接的异吲哚单元，构成一个含18个π电子的平面大环（图10-8）。这类染料具有极好的热和化学稳定性，而且它们的光电性能、在有机溶剂中的溶解度都可通过分子结构的调整进行调控。例如，将分子中央空腔的两个氢核替换为不同的金属离子可影响材料的激子（exciton）扩散距离，或在分子环的外围引入功能机团（如脂肪族侧链）来增加溶解度。如果在合成的过程中采用氟化的异吲哚单元，所得的酞菁染料甚至会成为电子受体。

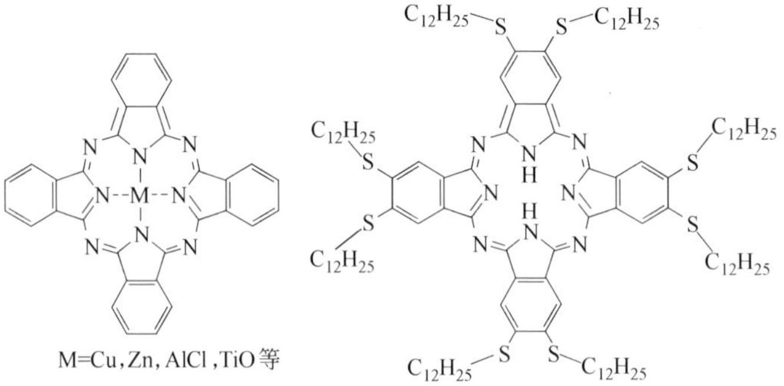

M=Cu, Zn, AlCl, TiO等

图10-8　酞菁染料分子结构

1986年，酞菁铜（copper phthalocyanine）首次在双层异质结结构的有机太阳能电池中作为电子给体材料，并使电池的效率由原来的0.1%左右提高到1%，第一次使有机太阳能电池进入人们的视野[8]。然而，由于酞菁分子的平面结构，这种材料的光吸收波段相对较窄，无法有效地吸收低能量光子。考虑到太阳光谱中有大约50%的光子能量在600 ～ 1000nm波长范围内，非平面的酞菁分子显得尤为重要。氯铝酞菁（aluminum phthalocyanine chloride）是一种常见的非平面酞菁分子：位于酞菁分子环平面之外的氯原子与分子环中心的铝原子相连，构成一种四角锥几何结构。这种分子形态对晶体中的分子排列产生巨大的影响，从而导致一种交错堆叠结构并使其光吸收波段发生明显的红移。与酞菁铜相比，最大吸收峰的位置由630nm附近红移至755nm附

近，从而提高了对近红外区光子吸收的比例。此外，氯铝酞菁的分子最高占据轨道（HOMO）能量比酞菁铜低了大约0.1eV[9]，有利于提高有机太阳能电池的开路电压。

基于酞菁染料的有机太阳能电池的开路电压较低（一般小于0.6V），限制了这些电池效率的提高。开路电压一般由电子受体的LUMO和电子给体HOMO的能级差决定，因此降低电子给体的HOMO能级是增大电池开路电压的一种方法。亚酞菁［图10-9（a）］具有比酞菁更低的HOMO能级，可使电池获得更大的开路电压。例如，Thompson等报道了一种亚酞菁/富勒烯C_{60}构成的双层异质结电池[10]，该电池的开路电压达到了0.97V，相比酞菁铜/C_{60}双层异质结电池（0.42V）有巨大的提高，同时电池的效率也由0.9%提高至2.1%。当亚酞菁分子的外围附加上苯环后［图10-9（b）］，可对这种染料的性能产生多方面的影响。首先，使亚酞菁具有更大的电子共轭体系，从而升高分子的HOMO能级，一定程度上降低电池的开路电压。其次，使这种染料具有良好的溶解性，提高它的成膜性能，使溶液法制备电池成为可能。最后，使吸收带红移，增强染料在可见光区域的光捕获能力。

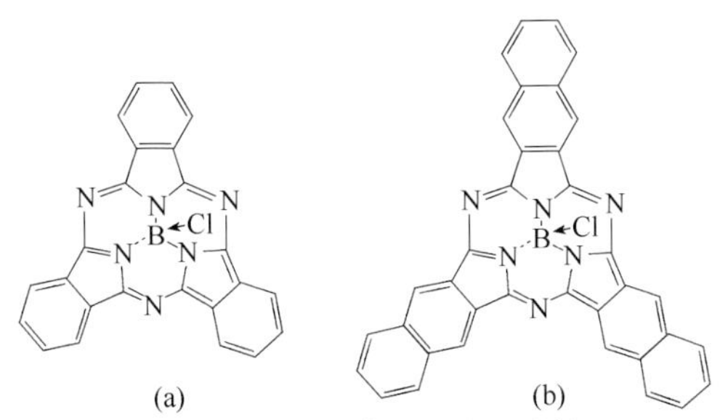

图10-9 亚酞菁染料分子结构

2008年，Würthner等首次在溶液法制备的电池中使用部花青染料［图10-10（a）］，电池的效率超过了1%[11]。这种染料具有高的吸光系数，而且它的HOMO和LUMO能级容易通过分子结构的改变来进行调控。例如，对上述染料柔韧的烷基链进行修改可降低分子排列的不确定性［图10-10（b）］，提高材料的空穴迁移率。基于改进的部花青染料的电池效率突破了2%[12]。此外，部花青染料分子还可以被设计成具有互补的可见光吸收带。当同时采用两种这样的部花青染料作为电子给体，并优化两者的比例后，可使电池的效率突破3%[13]。这一效率的提高主要是由于两种部花青染料的协同光吸收，使电池的光捕获效率提高。基于类似的原理，部花青染料在叠层电池的应用中展现出巨大的可能性：由4种染料构成的叠层电池效率可达4.8%，其开路电压达到了惊人的2.1V[14]。

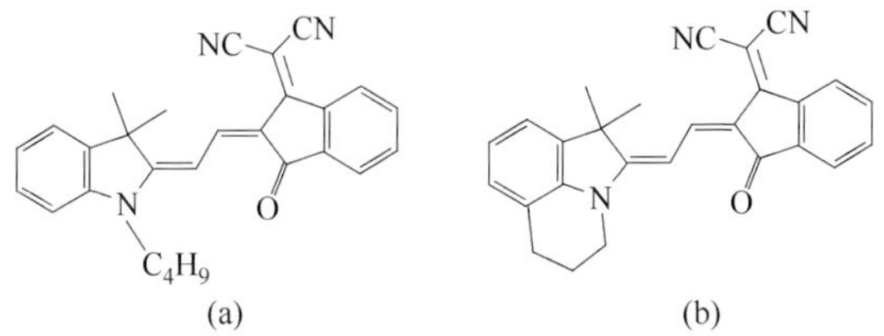

(a)　　(b)

图10-10　部花青染料分子结构

方酸菁染料［图10-11（a）］具有高的吸光系数、宽的可见光吸收带（500～900nm）以及良好的光化学和热稳定性，因此在小分子有机太阳能电池中有广泛的应用。2008年，Marks等报道了一系列基于不同方酸菁染料的电池，最高效率可达1.24%[15]。随后，通过对染料分子侧链的改进可使电池的效率进一步提高。Würthner等将染料分子中的酮基替换为二氰基乙烯［图10-11（b）］，增强了染料的结晶性并获得了相对较高的空穴迁移率[16]。除了分子结构的改进，通过构建本体异质结（bulk heterojunction）和退火处理等，利用方酸菁染料作为电子给体的有机太阳能电池效率已经突破5%[17]。

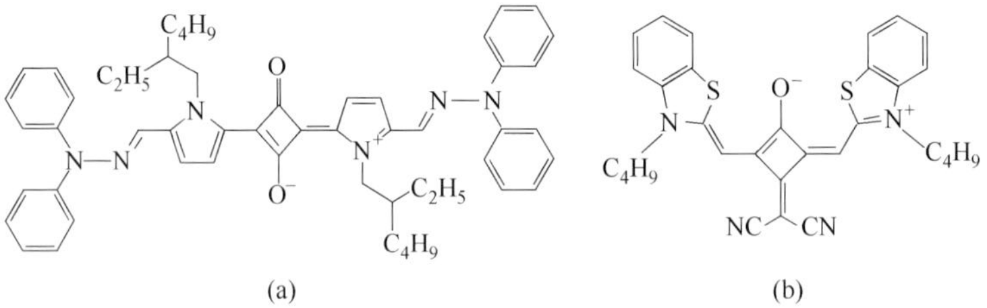

(a)　　(b)

图10-11　方酸菁染料分子结构

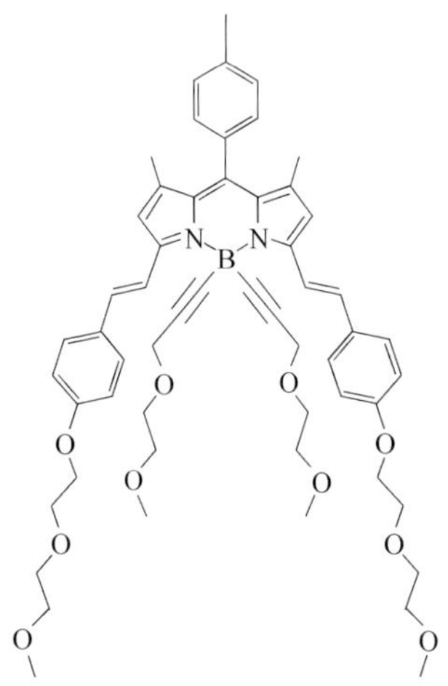

图10-12　硼络合二吡咯甲川染料分子结构

利用硼络合二吡咯甲川类染料作为电子给体的有机太阳能电池报道效率一般[18]，但该类染料具有许多独特的优势：①易于合成，可用来设计一系列不同的电子给体材料；②稳定性较好；③吸光系数高；④由于存在硼原子，染料分子呈现出四面体结构（图10-12），使这类染料有希望成为一种各向同性的电池材料。

吡咯并吡咯二酮类染料是另一类具有优良性能的光伏材料，如良好的光化学稳定性、较强的光吸收和易于合成。Nguyen等利用一系列吡咯并吡咯二酮类染料作为给体材料，利用溶液法制备了本体异质结电池。例如，含有三噻吩臂的吡咯并吡咯二酮染料［图10-13（a）］与富勒烯C_{60}的衍生物混合制得的电池效率达到了2.3%[19]。然而，这种染料的HOMO能级较高，电子和空穴迁移率失配严重，限制了电池效率的进一步提高。为解决这一问题，可进行一些分子结构的改进。例如，将前一个染料的取代基改为乙基己基［图10-13（b）］，可降低染料的HOMO能级，平衡载流子的迁移率，使得电池的效率达到3.0%[20]。此外，吡咯并吡咯二酮并不一定位于分子的中心，当它作为分子臂时［图10-13（c）］，这种染料可使电池的效率进一步提高，达到4.06%[21]。异靛［图10-13（d）］和二萘嵌苯二酰亚胺类染料［图10-13（e）］与吡咯并吡咯二酮类染料相似，均具有对称的内酰胺结构，而该结构具有强烈的电子吸引作用。这两类染料分子与富勒烯C_{60}的衍生物混合制备的电池具有一定的效率（1%～2%）[22,23]。

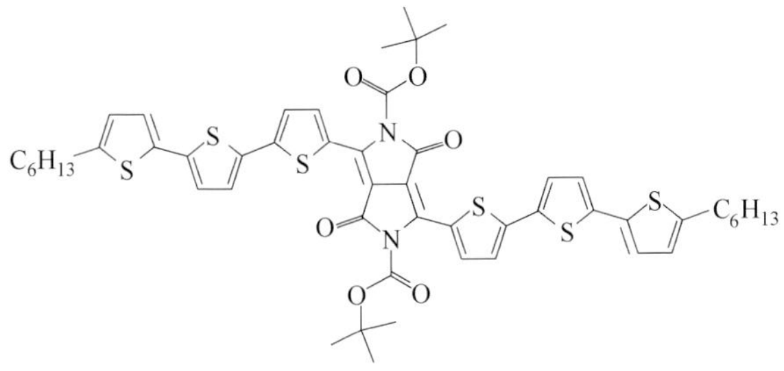

(a)

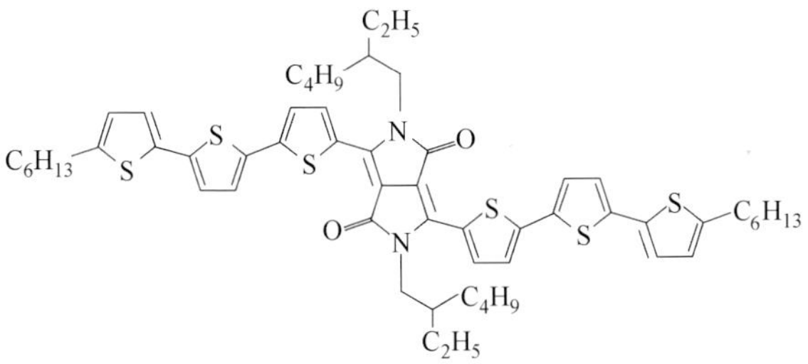

(b)

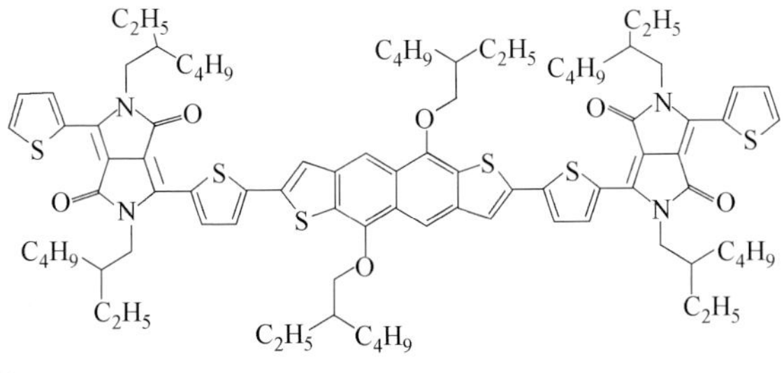

(c)

图10-13

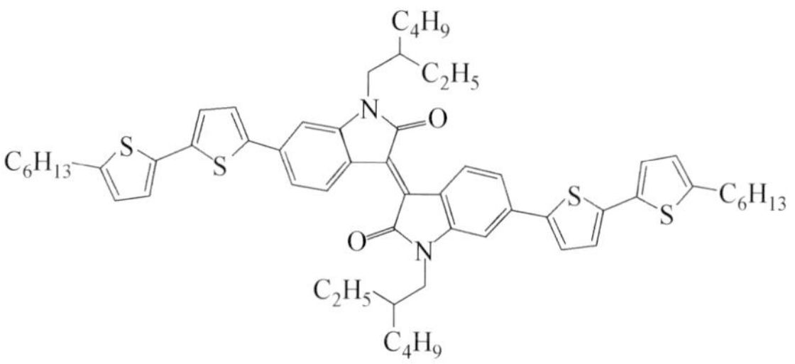

(d)

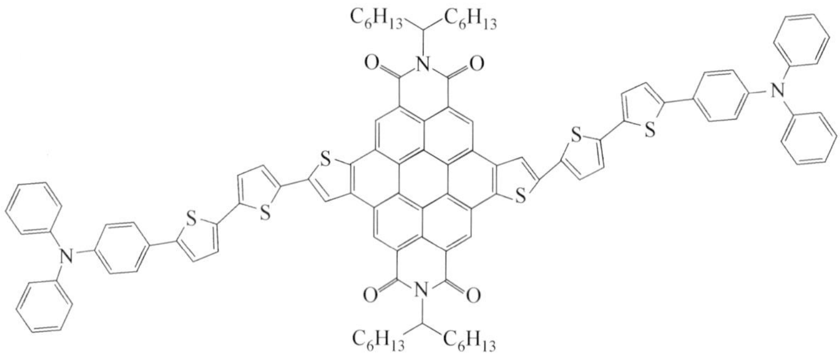

(e)

图10-13 吡咯并吡咯二酮、异靛和二萘嵌苯二酰亚胺染料分子结构

10.3.1.2 并苯类小分子给体

并苯，例如并五苯和并四苯，是有机场效应晶体管中非常重要的一种p型半导体。特别是并五苯，它表现出非常高的空穴迁移率［超过1cm^2/（V·s）］[24]。考虑到载流子迁移率是影响有机太阳能电池效率的重要因素，并苯类小分子给体材料在太阳能电池领域也有着广泛的应用：既可以通过真空沉积制备双层异质结结构，也可以利用溶液法制备体异质结结构。

2004年，Kippelen等首次利用并五苯［图10-14（a）］和C_{60}制备了双层异质结结构的太阳能电池，其效率达到了2.7%，但缺点是开路电压偏低（0.36V）[25]。2005年，Yang等利用并四苯［图10-14（b）］和C_{60}制备了类似结构的太阳能电池，其效率达到了2.3%[26]。

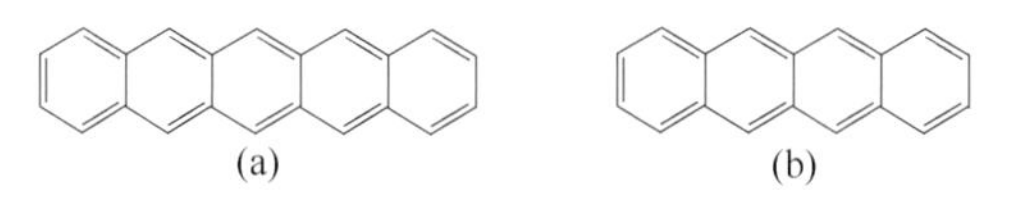

图10-14 （a）并五苯的分子结构；（b）并四苯的分子结构

利用溶液法制备含并苯给体的有机太阳能电池，需要在并苯分子中引入功能性的基团，增加材料的溶解度。例如，在并五苯分子中引入三异丙硅基

乙炔基［图10-15（a）］，不仅可以使新并苯的溶解度增大，还能改变晶体中分子排列的方式。不含三异丙硅基乙炔基的并五苯分子采用面边（face-to-edge）堆积，而含该功能基团的并苯分子采用面面（face-to-face）堆积。这一区别会导致对分子间π轨道重叠的调整，从而影响并苯材料的载流子迁移率。含三异丙硅基乙炔基的并五苯分子在薄膜中的结晶性好，而且光捕获能力也得到提升，理论上会使电池的效率更高。然而，在溶液中该并苯分子与富勒烯会发生Diels-Alder反应，生成加成产物并不能有效地传导光生载流子，因此不能利用溶液法制备体异质结结构。当这种并苯与C_{60}形成双层异质结结构（溶液旋涂和真空沉积分别制备并苯和C_{60}层）时，电池的效率仅为0.5%[27]。

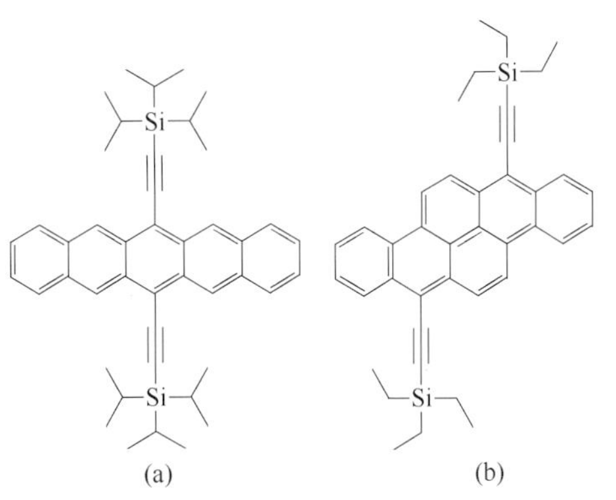

图10-15 含取代基的两种并苯分子结构

2009年，Watkins等报道了一类基于二苯并（*a*,H）芘的并苯类给体材料。与前面介绍的并五苯不同，这类并苯不会与富勒烯发生环加成反应，因此可用于制备基于体异质结结构的电池。例如，三乙硅基乙炔基取代的二苯并（*a*,H）芘［图10-15（b）］与C_{60}衍生物构成的体异质结可通过旋涂二者的氯仿溶液而制得。通过仔细控制旋涂成膜的过程，所得的电池的效率可达2.25%[28]。

绝大多数并苯类小分子给体材料具有很高的结晶性和相对较高的迁移率，因此采用真空沉积法制备的具有双层异质结结构的电池表现出中等的效率。如果采用溶液法制备具有体异质结结构的电池，并苯材料高的结晶性会导致与受体材料严重的相分离，从而削弱电池的性能。因此，引入恰当的功能基团调控并苯材料的结晶性对于提高电池的效率是十分关键的。

10.3.1.3 三苯胺类小分子给体

由于良好的空穴传输性能和贡献电子的能力，三苯胺是半导体材料中最早被引入也是非常有前景的一种结构单元。基于三苯胺的小分子材料既可能是以三苯胺作为分子的末端基团，也可能是以三苯胺作为分子的核心并构成星形结构。这些材料被广泛地应用于光伏器件，并表现出较高的性能。

2006年，Li等合成了一种线性D-A-D结构的分子［图10-16（a）］，其中以两端的三苯胺基团作为给体，中心的苯并噻二唑作为受体，并通过乙烯基噻吩进行连接。这种分子和富勒烯通过溶液法制备了体异质结太阳能电池，其效率为0.26%[29]。将图10-16（a）分子中的噻吩替换为4-己基噻吩［图10-16（b）］可提高电池的效率，这主要是由于引入烷基链，改善了溶液法成膜的性能[30]。Bo等报道了一种X形状的、以三苯胺作为给体、苯并噻二唑作为受体的分子［图10-16（c）］。这种分子与对应的线性分子相比，HOMO能级更深、禁带宽度更大，因此以它作为给体的电池效率并未显著提高[31]。除了将苯并噻二唑作为分子中的拉电子基团，含氰基的一些拉电子基团也可以用来与三苯胺组成推-拉（push-pull）分子结构，例如二氰基乙烯基、氰基乙酸等。

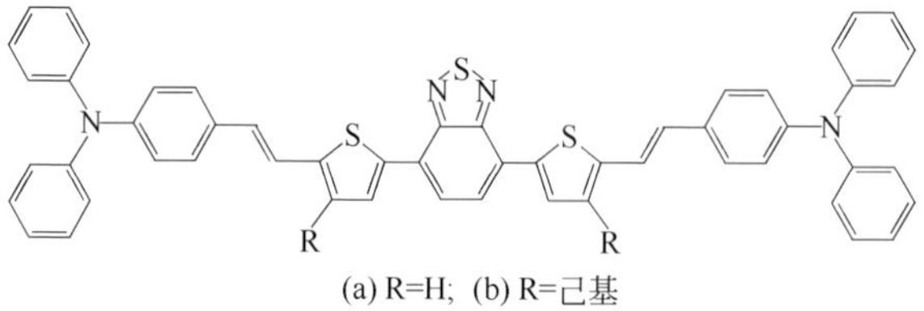

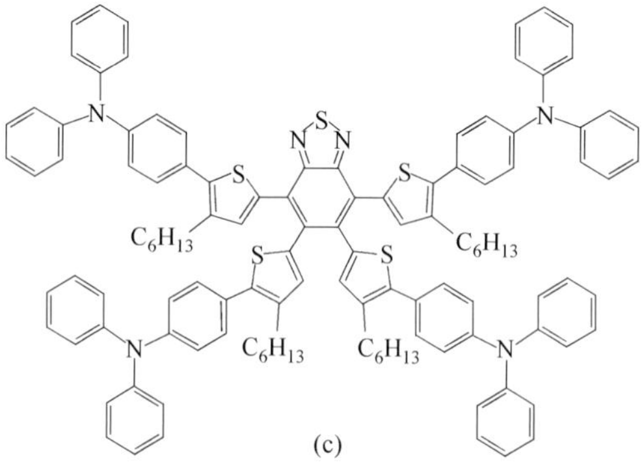

(a) R=H; (b) R=己基

(c)

图10-16　具有D-A-D结构的三苯胺类给体分子结构

上面介绍的一些基于三苯胺基团的分子基本呈现D-A-D结构。Lin等报道了一种基于类似三苯胺基团的D-A-A分子，该分子以二甲苯基噻吩基胺作为推电子基团（给体基团）、苯并噻二唑和二氰基乙烯基作为拉电子基团［图10-17（a）］。利用真空沉积的方法，该分子和富勒烯构成的太阳能电池效率达到了5.81%[32]，主要是由于该分子的太阳光谱响应延伸到了近红外区域。在此基础上，他们进一步将分子中的苯并噻二唑单元替换为嘧啶拉电子基团［图10-17（b）］，从而大幅提高了电池的开路电压，使效率达到了6.4%[33]。

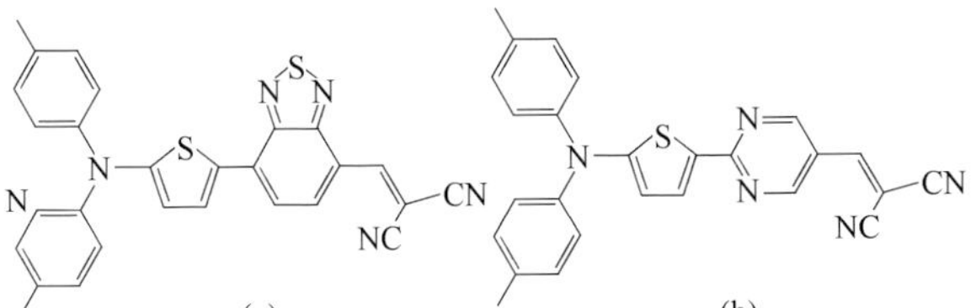

(a)　　(b)

图10-17　具有D-A-A结构的三苯胺类给体分子结构

为了得到各向同性的光学和载流子传输性能，以三苯胺结构单元为核心并配以线性π共轭分子臂的三维给体材料应运而生。例如，一种以三苯胺为核心、三联噻吩为分子臂的材料［图10-18（a）］。这种材料具有较高的迁移率，但光吸收性能较差（λ_{max} = 429nm），导致电池的效率低下（0.32%）[34]。将这种分子末端的二联噻吩替换为一个［图10-18（b）］或两个二氰基乙烯基［图10-18（c）］可增强光吸收性能，使电池的效率提高到2.02%[35]。此外，Zhan等合成了具有D-A-D结构的三维分子：以三苯胺为核心、苯并噻二唑为连接桥梁、三联噻吩为臂［图10-18（d）］。由于引入吸电子基团（苯并噻二唑），该分子可进行分子内的电荷转移，从而拓宽了材料的吸收光谱。当它与受体材料形成体异质结结构时，还能生成有利于电荷输运的纳米级相分离区域，从而使电池的效率达到了4.3%[36]。而针对连接到三苯胺的三个线性π共轭分子臂的设计一直没有停歇，有引入双键的设计［图10-18（e）］，有在吸电子基团上引入烷基链的设计［图10-18（f）］等，在提高电池效率方面也取得了一定的进步，可以由3%[37]提升到4.76%[38]。随着简单的含有噻吩环的线型分子材料的出现和效率的逐步提高，基于三苯胺的星形分子给体材料也逐渐退出了有机太阳能电池给体材料的主流研究方向。

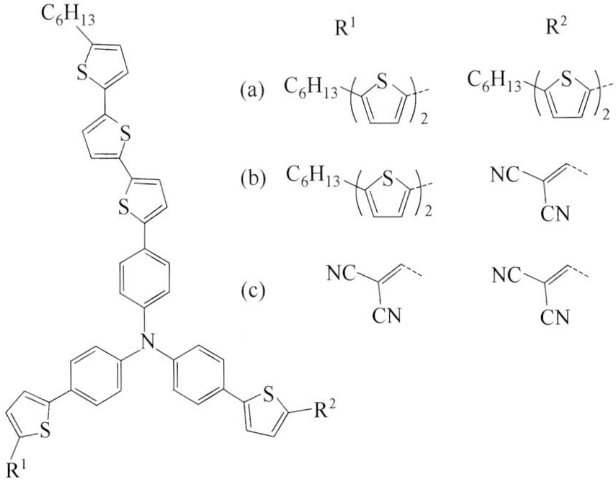

	R^1	R^2
(a)	C_6H_{13}-(噻吩)$_2$-	C_6H_{13}-(噻吩)$_2$-
(b)	C_6H_{13}-(噻吩)$_2$-	(NC)(CN)C=CH-
(c)	(NC)(CN)C=CH-	(NC)(CN)C=CH-

图10-18

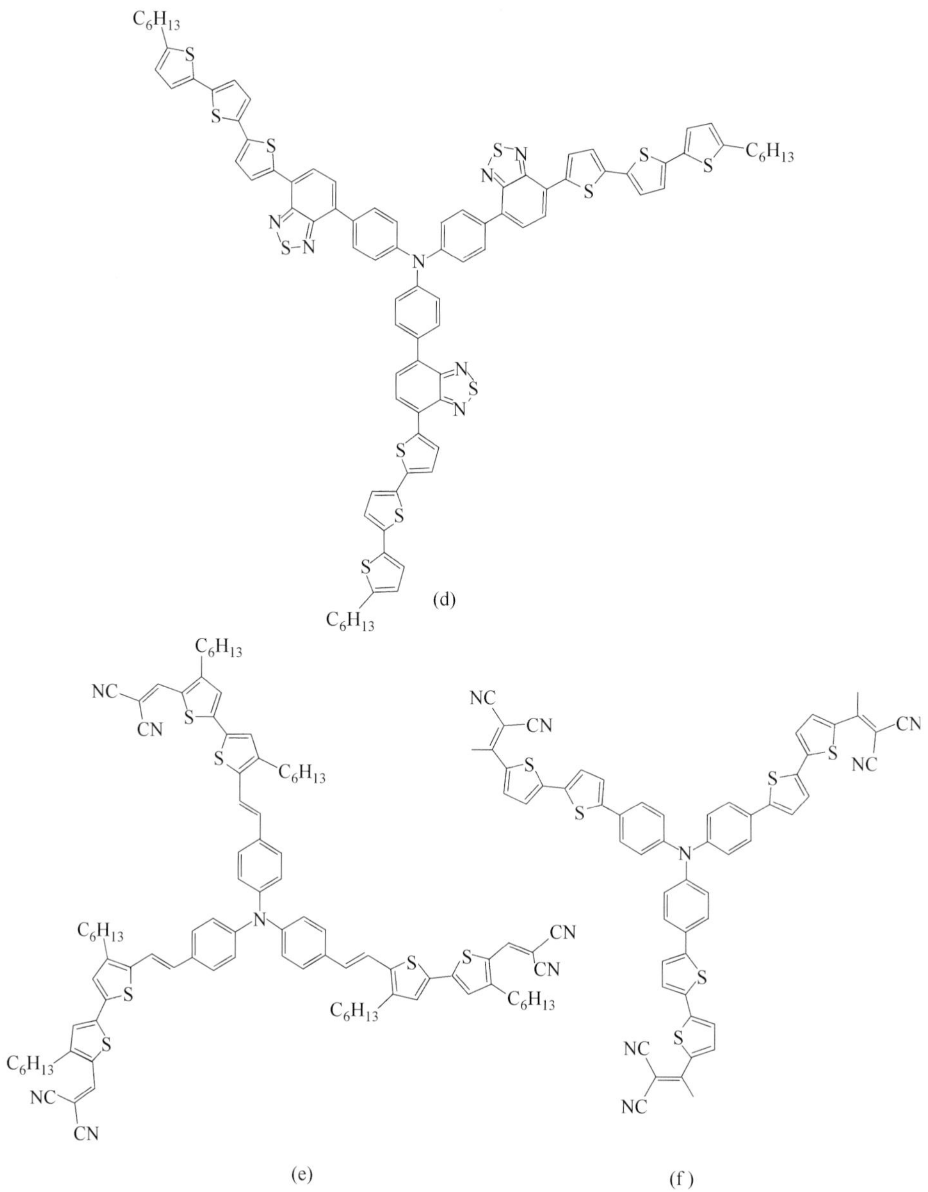

(d)

(e)　　　　(f)

图 10-18　三维结构的三苯胺类给体分子结构

10.3.1.4　低聚噻吩类小分子给体

低聚噻吩是有机半导体中最大的家族之一，其共轭体系可根据维度分为一维、二维和三维。这种材料由于具有较高的载流子迁移率，而且容易通过合成去调节能级位置，在有机太阳能电池中有着广泛的应用。

由六噻吩［图10-19（a）］和C_{70}构成的体异质结有机太阳能电池采用真空共沉积的方法制得[39]。由于六噻吩倾向于自结晶，为了获得有效的电荷分离，在沉积的过程中采用过量的C_{70}来使六噻吩形成无定形结构，再通过退火处理来进一步提高电池的效率。然而这种噻吩类给体的吸收带较窄，HOMO能级较高，分别成为提高电池短路电流和开路电压的瓶颈。解决这一问题的方法之一就是在低聚噻吩的共轭骨架上引入吸电子基团，形成高度可极化的π电子系统，从而通过分子内的电荷转移使噻吩给体的吸收带向长波长方向移动。

二氰基乙烯基是低聚噻吩给体中非常重要的一种吸电子基团。该基团取代的噻吩给体在真空沉积和溶液法制备的有机太阳能电池中均有应用。2006年，Bäuerle等利用二氰基乙烯基末端取代的噻吩给体［图10-19（b）］制备了具有双层异质结结构的有机太阳能电池。由于该给体的HOMO能级降低、吸收带红移，电池的效率提高到3.4%[40]。2010年，Chen等合成了含有6个增溶侧链和二氰基乙烯基末端取代的噻吩给体［图10-19（c）］，并将其应用于溶液法制备的体异质结太阳能电池中，效率达到了3.7%[41]。不仅如此，对侧链或末端取代基做一些细微的调整，不仅可进一步增加噻吩给体在有机溶剂中的溶解度，而且可以改进给体分子的堆叠结构，有利于与富勒烯受体的固态混合。例如，将末端的二氰基乙烯基改为氰乙酸酯［图10-19（d）］，电池的效率提高到5.08%[42]，主要是由于溶液法成膜的质量更高。又如，将3-乙基绕丹宁作为吸电子基团［图10-19（e）］，新的给体材料的光吸收性能更佳，使电池的效率进一步提高到6.10%[43]。

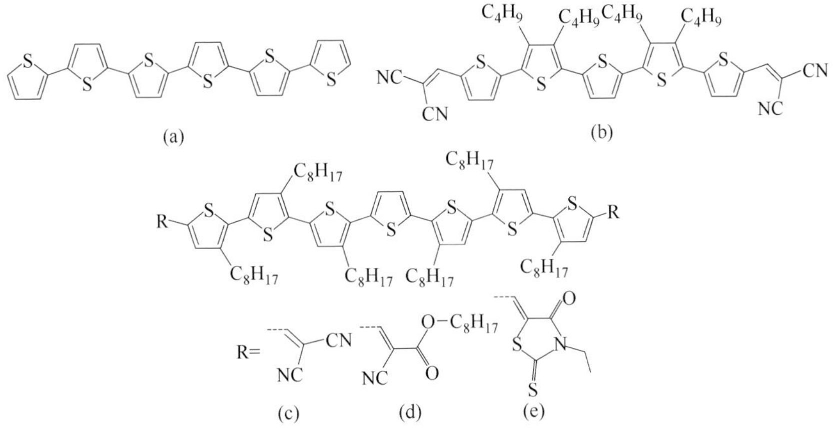

图10-19　一维低聚噻吩分子的结构

此类一维低聚噻吩分子材料出现后，因为简单的结构和相对较高的效率，开始引领新的有机太阳能电池给体材料的设计方向，很多课题组开始了对此类材料的开发设计。主旨的设计思路包括：变换分子材料的中心给体单元，采用聚合物经典的稠环给体单元苯并二噻吩（BDT）［图10-20（a）］[44]、连噻吩等；变换末端吸电子基团，简单的丙二腈基、茚酮和罗丹宁［图10-20（a）］等；变化中心单元和共轭单元取代基的种类和位置等，从而开发了一大批A-D-A结构的一维低聚噻吩分子给体材料。其中Chen课题组做出了突出贡献的工作，2015年他们报道了基于五个噻吩环的材料DRCN5T[45]，最高器件性能达到了10.08%，这是当时有机可溶性小分子太阳能电池的最高效率。而基于此类材料［图10-20（b）］的叠层器件的效率也可以达到12%以上[46]，叠层器件的结构如图10-20（c）所示。

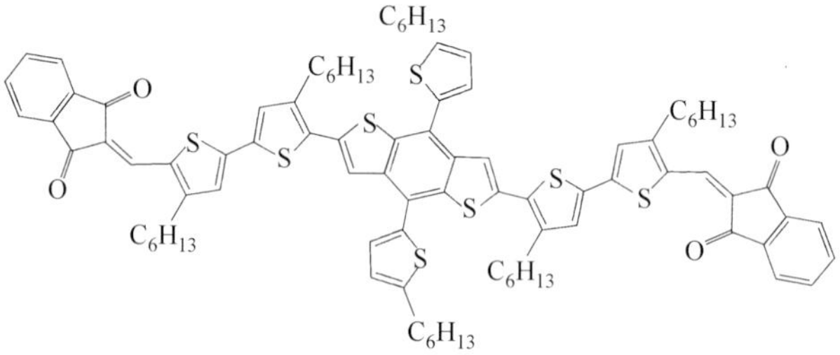

D2

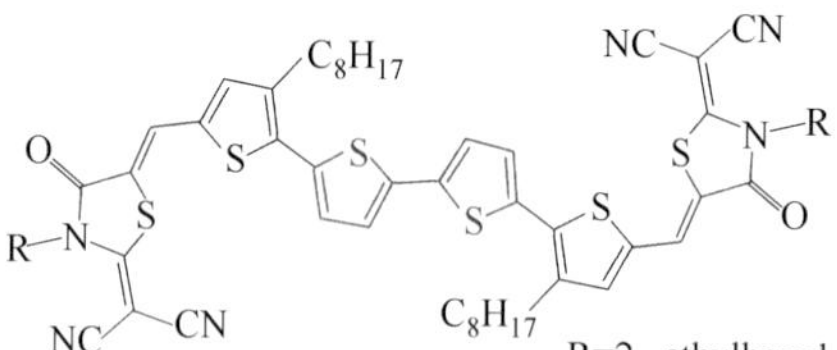

DRCN4T

R=2−ethylhexyl

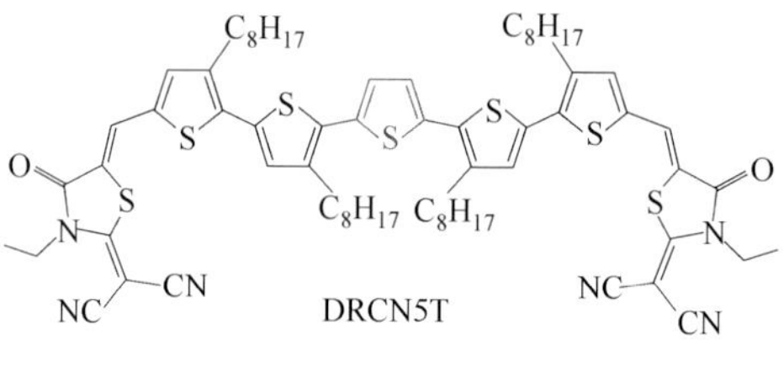

DRCN5T

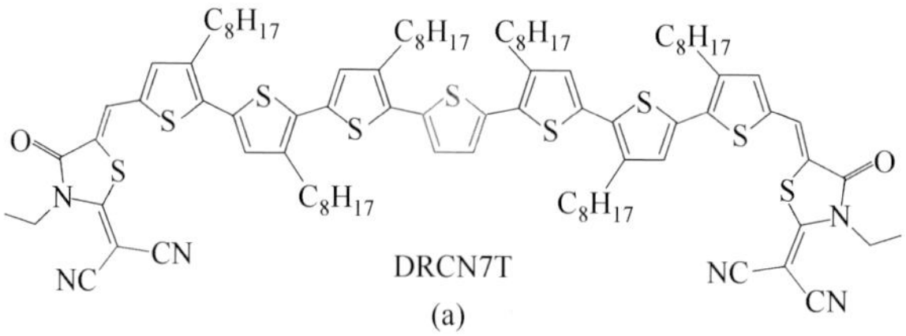

DRCN7T

(a)

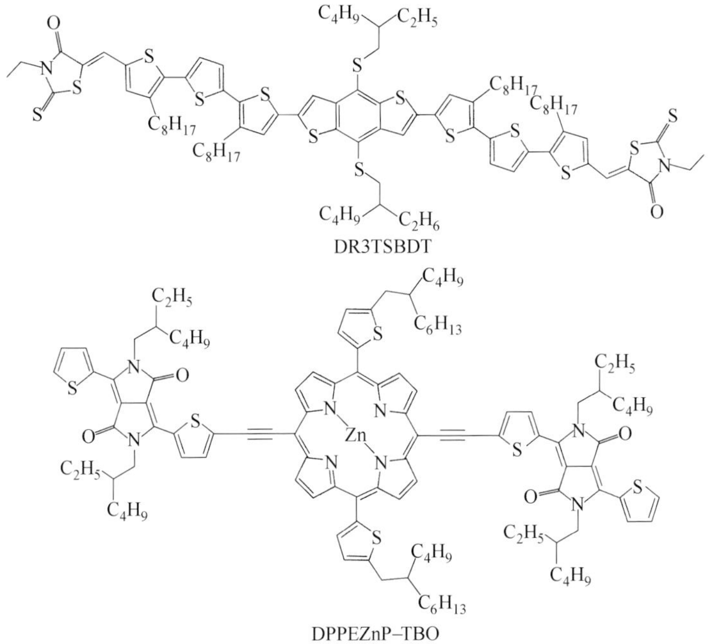
DR3TSBDT
DPPEZnP–TBO

(b)

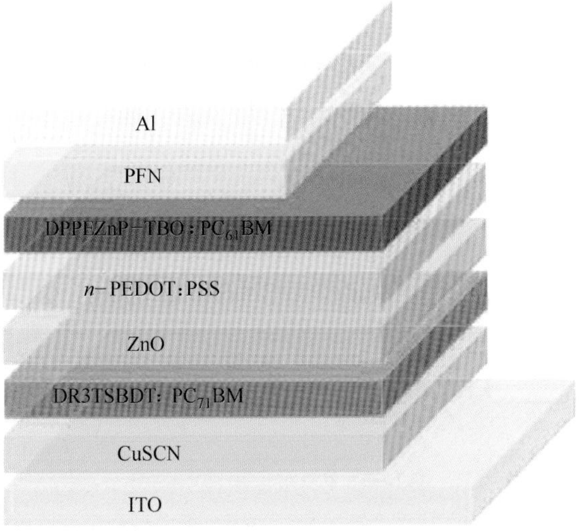
Al
PFN
DPPEZnP–TBO：PC61BM
n–PEDOT：PSS
ZnO
DR3TSBDT：PC71BM
CuSCN
ITO

(c)

图10-20　高效一维低聚噻吩分子的结构及其叠层器件结构示意

以上低聚噻吩分子呈一维线性结构，具有二维平面结构的低聚噻吩分子已有报道。例如，2006年，Liu等报道了一系列以单个噻吩为核心、含有4条线性低聚噻吩臂的二维低聚噻吩分子，该分子呈X形状［图10-21（a）］[47]。这种二维分子中的一维噻吩分子链的长度对给体材料的性能有着重要的影响：一维分子链越长，则给体材料的可见光吸收性能越好，所得的电池效率也更高。又如，Kopidakis等合成了一系列以苯为核心的树枝状噻吩低聚物［图10-21（b）］，他们的研究也证明更长的一维噻吩臂有利于电池效率的提高，而且噻吩臂数量的增加也可以提高给体分子的可见光吸收，较少的噻吩臂会导致较高的载流子迁移率[48]。除了增加一维噻吩臂的长度，通过与上面类似的方法（即引入吸电子基团），也可以提高二维噻吩低聚物的可见光吸收性能。Kopidakis等报道了以三氰基苯为核心的二维噻吩低聚物［图10-21（c）］，其中三氰基苯作为吸电子基团与三个一维噻吩臂构成推拉（push-pull）电子结构，从而降低给体分子的带隙，获得更好的可见光吸收。基于该给体分子的电池效率达1.12%[49]，远高于不含吸电子基团的给体分子。

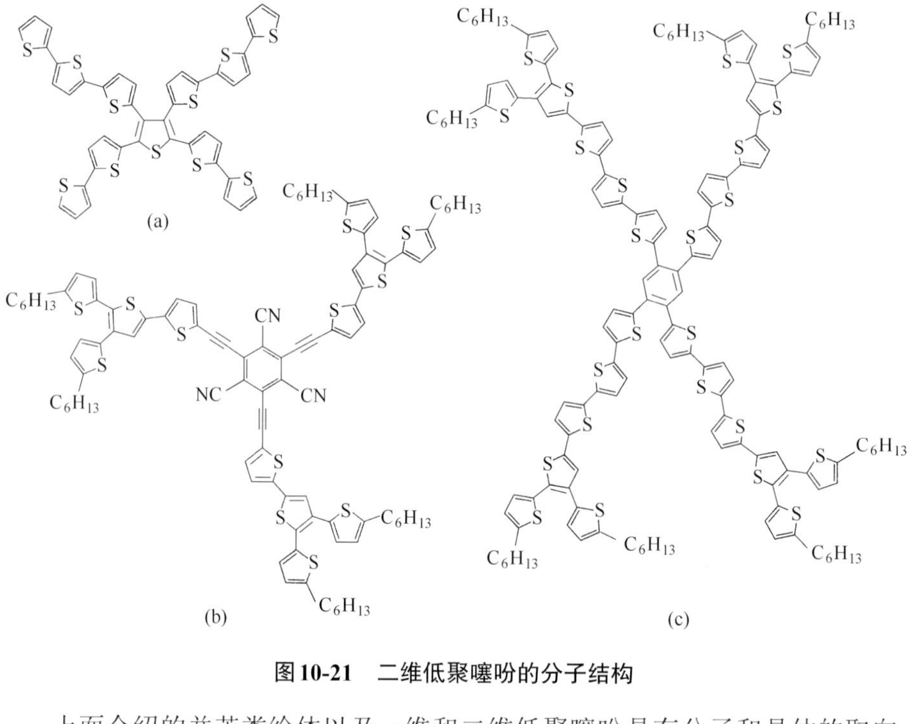

(a)

(b)

(c)

图10-21　二维低聚噻吩的分子结构

上面介绍的并苯类给体以及一维和二维低聚噻吩具有分子和晶体的取向，这意味着这些材料的光吸收和载流子输运是高度各向异性的，这一特点有时会对太阳能电池造成非常不利的影响。基于这些考虑，三维形态的低聚噻吩给体就应运而生了。2006年，Roncali等合成了以四面体硅原子为核心的三维低聚噻吩［图10-22（a）］[50]。该给体分子的溶液和薄膜吸收光谱完全相同，表明在固体状态下这些分子间没有π-π相互作用。当这种分子与受体形成体异质结后，它们倾向于形成无定形的空穴传输网络，可能对电池的效率产生不利影响。此外，这种分子的吸收带起始于440nm，造成电池的效率进一步偏低。Roncali等还合成了以二联噻吩为核心的三维低聚噻吩［图10-22（b）］，但这种分子的可见光响应性能仍然低下，所得的电池效率仅为0.2%[51]。针对三维低聚噻吩不良的可见光响应性能，引入吸电子基团可能是这种给体分子今后的研究方向之一。

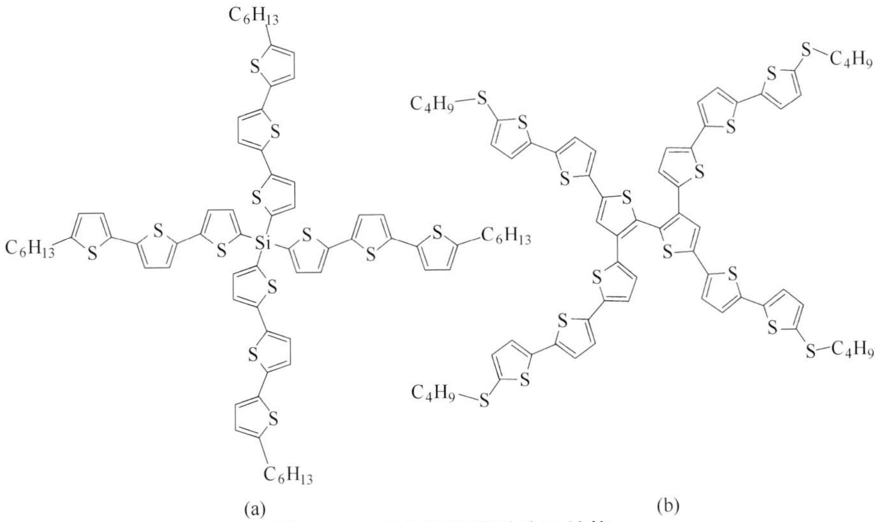

(a)　　　　　　(b)

图10-22　三维低聚噻吩分子结构

10.3.1.5　富勒烯类小分子受体

由于具有很强的从给体半导体材料接受电子的能力和较高的电子迁移率，富勒烯及其衍生物是有机太阳能电池中最重要的一类受体材料。一般情况下，C_{60}［图10-23（a）］和C_{70}［图10-23（b）］主要作为真空沉积制备的电池的受体材料；$PC_{61}BM$［图10-23（c）］和$PC_{71}BM$［图10-23（d）］则主要用于溶液法制备的电池。1985年，Kroto等发现了C_{60}。这种球形的受体材料可从任何方向接受电子并具备各向同性的电子输运性能，使其较平面分子结构的受体有更多的机会与给体分子的π电子系统形成合适的空间排列。Leo等发现C_{70}与酞菁给体构成的本体异质结结构优于C_{60}，可使电池的效率提升25%以上[52]。这主要是由于C_{70}的对称程度低于C_{60}，使C_{60}中某些被禁止的电子跃迁得以发生，从而提高了光吸收性能。$PC_{61}BM$由Hummelen等首次合成，它在有机溶剂中的溶解度优于C_{60}。1995年，Yu等利用$PC_{61}BM$和聚合物给体，通过溶液法制备了体异质结电池[53]。然而，与C_{60}类似，$PC_{61}BM$的可见光吸收仍然很弱。为了改进这一不足，Wienk等合成了C_{70}对应的类似衍生物（$PC_{71}BM$），增强了400～700nm范围内的光吸收[54]。至今，基于聚合物给体和$PC_{61}BM$或$PC_{71}BM$受体的电池效率已近突破7%[55]。

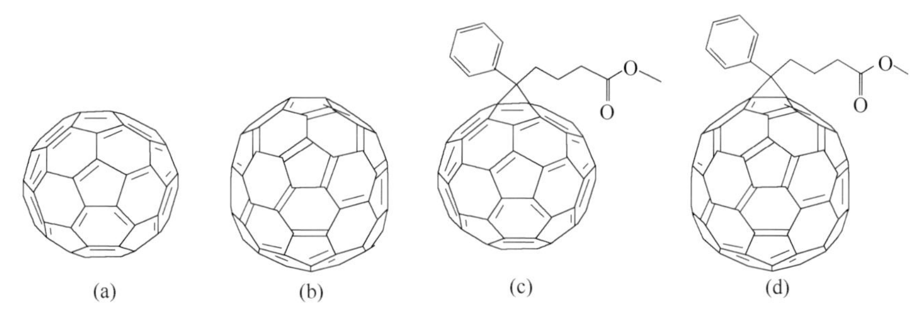

图10-23　C_{60}(a)、C_{70}(b)、$PC_{61}BM$(c)和$PC_{71}BM$(d)的分子结构

$PC_{61}BM$除了可见光吸收偏弱的不足，相对较深的LUMO能级还会导致电池的开路电压降低，从而限制了电池效率的进一步提高。2008年，Blom等合成了与$PC_{61}BM$类似的双加合物［图10-24（a）］。循环伏安测试表明新的富勒烯衍生物的LUMO能级比$PC_{61}BM$高了0.1V，因此对应的电池开路电压也由0.58V上升到0.73V，电池效率由3.8%提升至4.5%[56]。Li等合成了C_{60}-茚［图10-24（b）］和C_{70}-茚双加合物［图10-24（c）］[57,58]，它们的LUMO能级相对于$PC_{61}BM$和$PC_{71}BM$分别向上移动了0.17eV和0.19eV。此外，这两种新的衍生物更易合成，而且在普通有机溶剂中的溶解性更好。由于LUMO能级向上的移动，电池的开路电压提高了0.26V，最优化的电池效率甚至突破了6%。

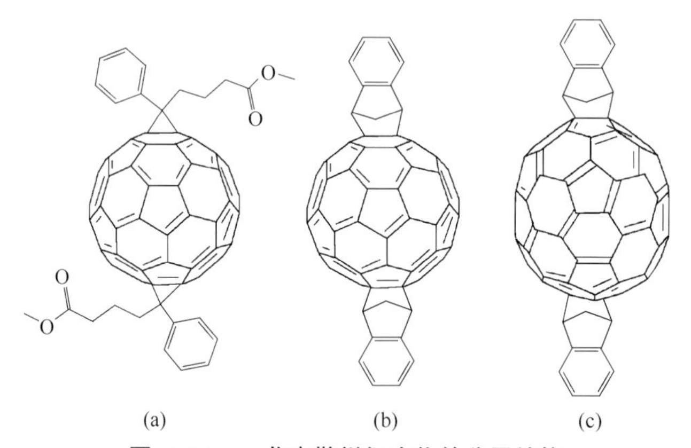

图10-24　一些富勒烯衍生物的分子结构

尽管富勒烯及其衍生物是迄今为止最为成功的有机太阳能电池受体材料，人们仍然有足够的动力去寻找其他非富勒烯类受体。这类受体材料应该保留富勒烯在接受电子和传输电子方面的优势，同时突破富勒烯在光吸收性能和调控禁带宽度方面的瓶颈。

10.3.1.6　非富勒烯小分子受体

因为富勒烯类受体材料在有机太阳能电池应用中的突出地位，其他结构的受体材料一般都被统称为非富勒烯受体材料。其中有机分子非富勒烯受体材料又是近年来发展最快的一类受体材料。

最初，有机受体材料的种类远不及对应的给体材料丰富，为了获得非富勒烯类的受体材料，可对某些给体分子的结构加以改变，增加它们的n型（受体）属性，从而获得新的受体材料。在芳香环的外围引入吸电子基团（如氟和氰基）是增加n型属性的一种方法。例如，十六氟酞菁铜［图10-25（a)］是一种受体材料，与亚酞菁形成的双层异质结电池效率为0.56%[1]。Torres等则合成了一系列氟化的亚酞菁，其中氟化硼亚酞菁［图10-25（b)］/亚酞菁双层异质结电池效率达到了0.96%[59]。然而这一效率明显低于亚酞菁/C_{60}异质结电池，这主要是由于氟化亚酞菁在电池中为无定形结构，导致电子迁移率偏低、电池的串联阻抗增大。Jones等用部分氯取代的亚酞菁［图10-25（c)］替代氟化亚酞菁，与亚酞菁构成异质结电池，效率提升到了2.68%，获得了很高的开路电压（1.31V）[60]。Verreet等则合成了氟化的亚酞菁二聚体［图10-25（d)］，该受体可与亚酞菁给体形成互补的光吸收，所形成的电池的优化效率达到了4%[61]。

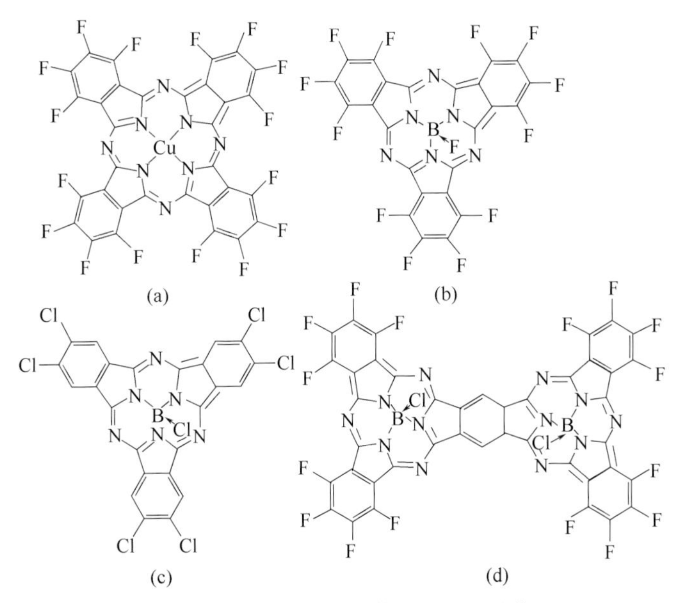

图10-25　酞菁和亚酞菁受体分子结构

尽管并苯类材料是一类重要的小分子给体，Anthony等通过引入氰基降低LUMO能级，成功地使它们成为了受体材料，氰基和三环戊烷基甲硅烷基取代的并五苯（图10-26）就是其中的代表。这两种分子的HOMO和LUMO能级与分子中氰基的数量有关，而三环戊烷基甲硅烷基用于控制晶体堆垛和制备的异质结薄膜的形态。当分子中含有两个氰基时，对应的电池效率仅为0.43%[62]；当仅含有一个氰基时，电池的效率提升至1.29%[63]。这主要是由电池开路电压的提高造成的，与氰基调控分子的HOMO和LUMO能级有关。

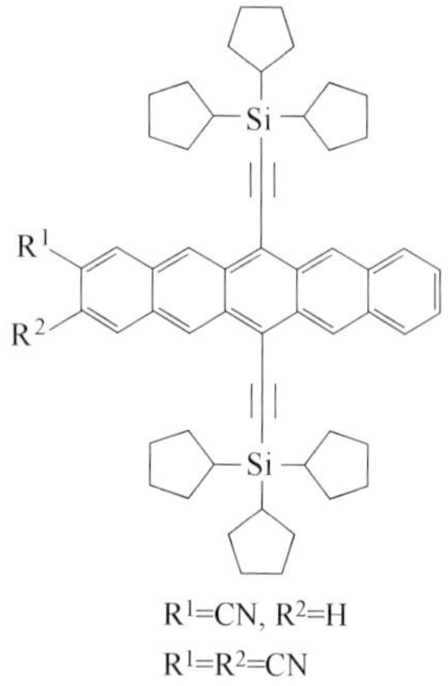

Si
R1
R2
Si
R1=CN, R2=H
R1=R2=CN

图10-26　并苯受体分子结构

与酞菁和并苯类似，寡聚噻吩分子可以转变为受体材料：将噻吩氧化形成磺酰基可显著地提高寡聚噻吩的电子亲合性。Barbarella等开发了一系列含有磺酰基的线性和枝状寡聚噻吩受体。当线性寡聚噻吩受体［图10-27（a)］与聚合物给体形成体异质结结构时，线性受体分子倾向于自结晶并形成团聚，减少了异质结中D/A界面的面积，造成电池效率的低下（0.06%）[64]。为了抑制受体的结晶，一种V形的寡聚噻吩受体［图10-27（b)］用于替代对应的线性受体。由于V形分子的对称性下降，这种受体自结晶的趋势降低，从而提高了电池的效率（0.4%）[65]。

S
O
O
H3C
C6H13
(a)
(b)

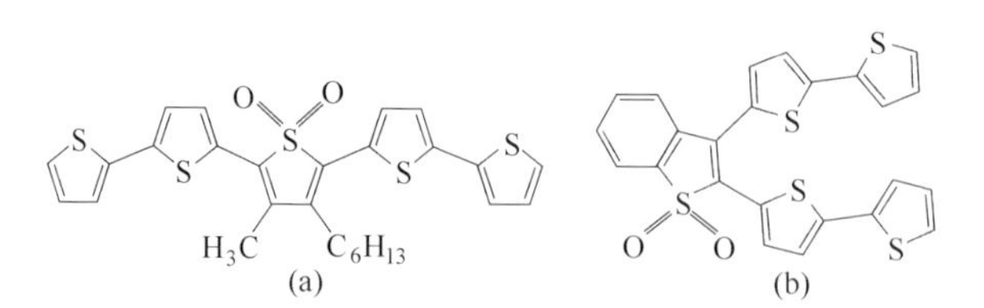

图10-27　寡聚噻吩受体分子结构

（1）萘嵌苯二酰亚胺类小分子受体

在应用于有机场效应管的高性能电子传输材料发展的基础上，人们开始寻找基于此类材料的非富勒烯类受体材料，并将其应用于有机太阳能电池。其中，萘嵌苯二酰亚胺（rylene diimides）家族由于具有优异的光稳定性、易于调控的HOMO和LUMO能级、高的吸光系数、高的电子迁移率以及与富勒烯类似的电子亲和力，成为了一种重要的非富勒烯受体。

苝二酰亚胺（perylene diimides）类材料是研究最早和最为普遍的一类应用于有机太阳能电池的受体。含这种受体材料的电池往往通过真空沉积的方法形成层状结构。例如，首个具有双层异质结结构的有机太阳能电池就采用了一种苝二酰亚胺受体［图10-28（a）］，并将酞菁铜作为给体[66]。随后，上述苝二酰亚胺受体的同分异构体［图10-28（b）］也被用于电池的受体材料，但电池的效率有些下降[67]。该电池性能的劣化主要是由于图10-28（b）分子的堆垛不如图10-28（a）有效，造成激子扩散距离下降。

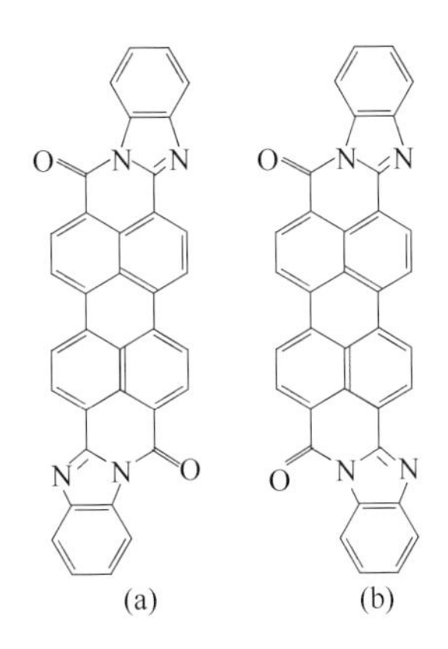

图10-28　用于真空沉积的苝二酰亚胺受体分子结构

将苝二酰亚胺类材料用于溶液法制备的体异质结电池引起了越来越多的关注。为此，需要在苝二酰亚胺上引入增溶基团，例如与酰亚胺中N原子相连的烷基链。戊烷取代的苝二酰亚胺［图10-29（a）］可与多种聚合物给体材料混合，通过溶液旋涂的方法制备有机太阳能电池，其优化后的效率为0.25%[68]。不尽如人意的电池效率主要是由于这种材料倾向于在聚合物中形成结晶区域，这些区域会扮演电子陷阱的角色，从而降低了电池的光电流。为了提高电池的效率，含有更长烷基链取代基的苝二酰亚胺［图10-29（b）］被尝试作为电池的受体，但得到的电池效率更低[69]。Laquai等提出苝二酰亚胺核心烷基化［图10-29（c）］将有助于电池效率的提高。这主要是由于位于核心的烷基链比与N原子连接的烷基链更能影响分子的堆垛，从而对给、受体混合物的相分离进行改进。采用核心烷基化的苝二酰亚胺的电池优化效率达到了0.5%[70]。基于苝二酰亚胺类小分子受体材料的电池效率一直未有重大突破，直到Sharma等开发了一系列叔丁基苯氧基取代的苝二酰亚胺类小分子受体［图10-29（d）］。当这些受体与特定的给体配合时，所得的电池效率最高可达3.88%[71]。

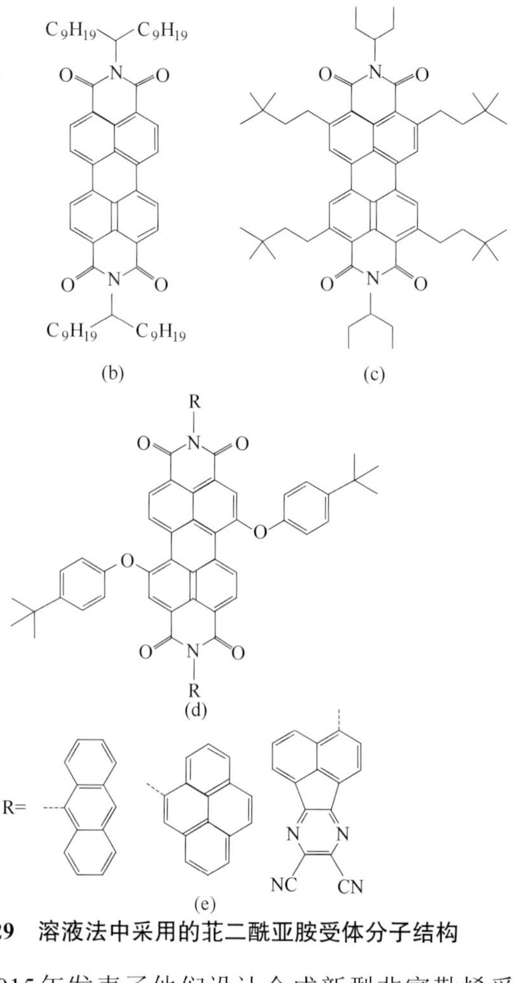

图10-29　溶液法中采用的苝二酰亚胺受体分子结构

Wang的课题组在2015年发表了他们设计合成新型非富勒烯受体材料方面的工作，将两个苝二酰亚胺分子在港湾位置（1位、6位、7位、12位）相连，得到材料SdiPBI［图10-30（a）］，又进一步在港湾位置引入噻吩环，得到材料SdiPBI-S［图10-30（b）］，将两个新的受体材料分别和聚合物给体材料［PDBT-T1，图10-30（c）］共混作为活性层制备有机太阳能电池，能量转换效率能够达到5.9%和7.16%[72]。

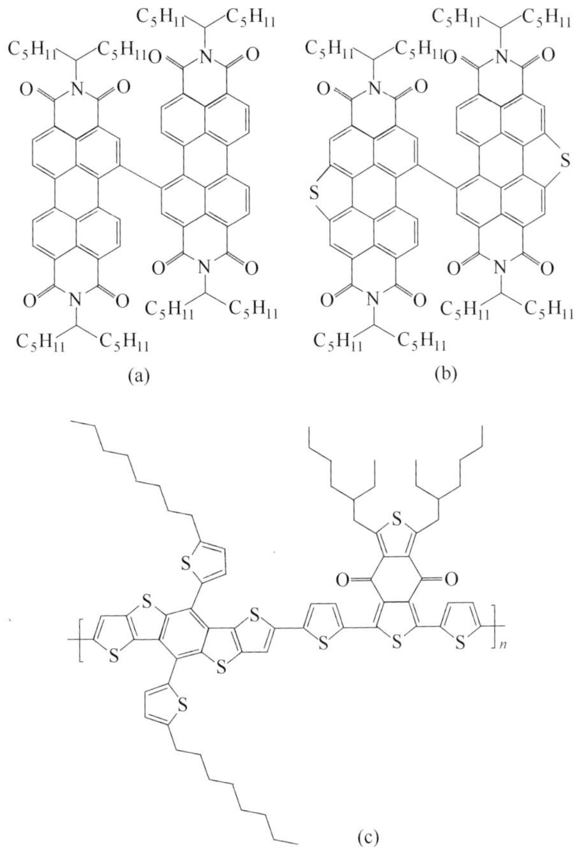

(a)　(b)

(c)

图10-30　SdiPBI(a)、SdiPBI-S(b)和PDBT-T1(c)的分子结构

（2）稠环噻吩类小分子受体

2015年可以看作一个分水岭，Zhan的课题组发表了基于稠环噻吩的新型A-D-A结构受体材料ITIC［图10-31（a）］后[73,74]，在ITIC材料的基础上，Zhan、Li和Hou等的课题组先后通过改变分子结构中的侧向取代基［图10-31（b）］、烷基取代基的位置［图10-31（c）］，分子末端吸电子基团［图10-31（d）、（e）］等手段，出现了一系列基于ITIC系列的小分子受体材料，有机太阳能电池的效率从6.8%[74]到9.6%[75]，直至11.7%[76]到12%[77]，再到13.1%[78]，节节攀升，很快就追赶上甚至超越了基于富勒烯的有机太阳能电池效率，成为研究的主流。非富勒烯受体材料得到了极大的丰富，从而也冲破了以往富勒烯为受体材料的能级限制，可以与聚合物或者小分子给体材料自由组合，甚至构建三元组分的活性层器件[79]，最大限度地增加器件的开路电压和短路电流，开启了有机太阳能电池研究的新纪元。

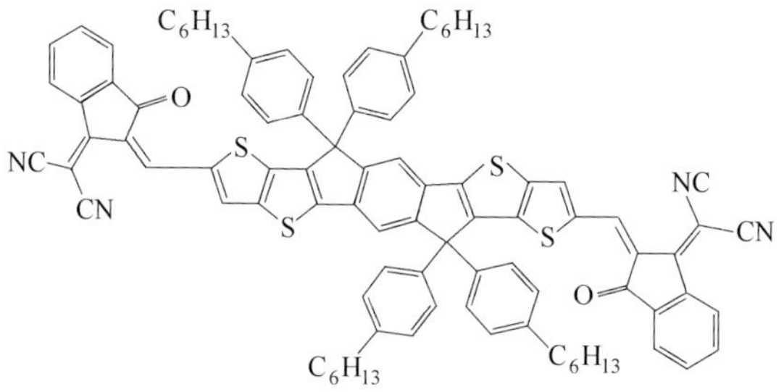

(a) ITIC

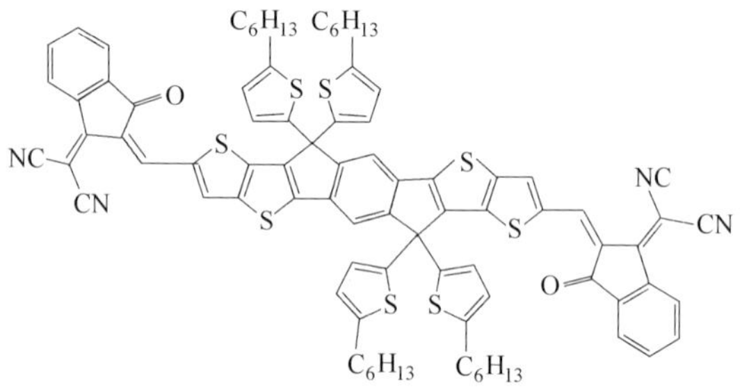

(b) ITIC-Th

$R_m = R_p = n-C_6H_{13}$

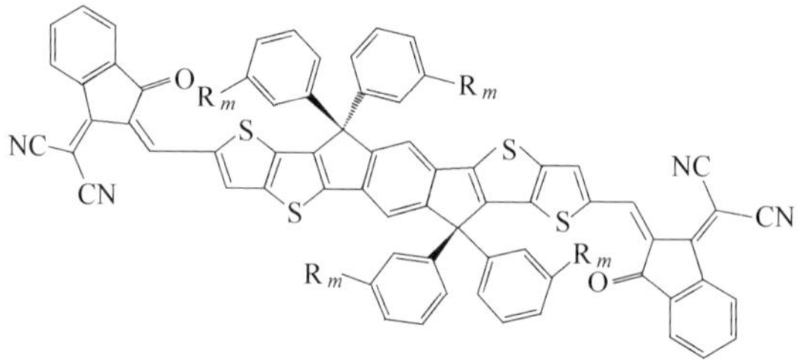

(c) *m*-ITIC

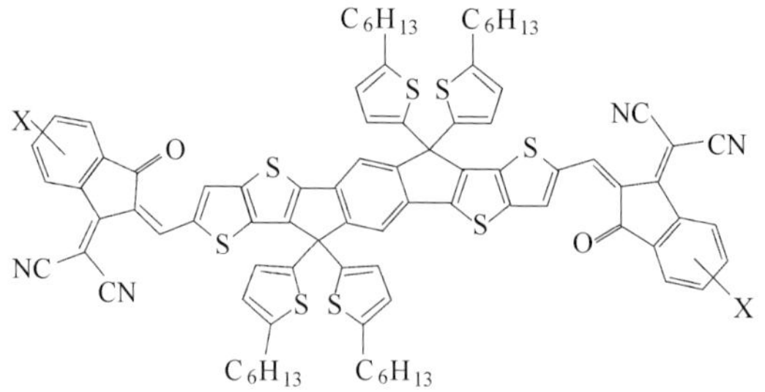

(d) ITIC-Th1

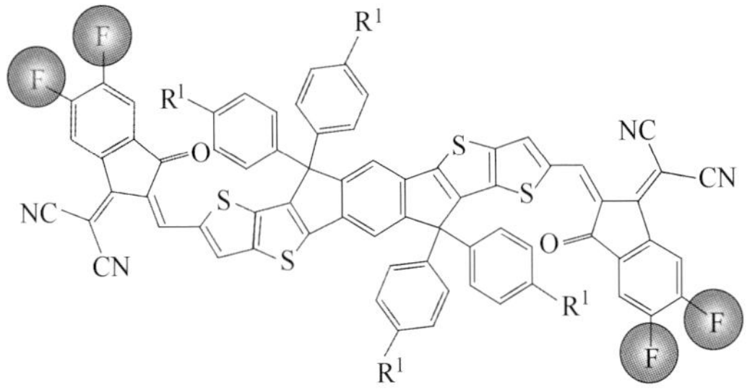

(e) IT-4F

图10-31　几种明星非富勒烯受体材料的分子结构

10.3.2　聚合物材料

聚合物太阳能电池最近几年呈加速发展之势。2009年，Yang等报道了几种苯并二噻吩和一种窄带隙并噻吩单元的共聚物［图10-32（a）］，这类共聚物具有D-A结构，相应地具有较宽的可见光吸收（500 ～ 770nm）和较低的HOMO和LUMO能级。这类聚合物作为给体与$PC_{70}BM$共混制备的聚合物太阳能电池的最高效率超过了7%[80]。2011年，又有几个效率超过7%的新型聚合物被报道，掀起了新一轮的聚合物光伏材料的研究热潮。到了2014年，随着材料的积累，基于D-A结构的含有苯并噻二唑及衍生物的聚合物给体材料［图10-32（b）］和富勒烯受体材料的聚合物太阳能电池的效率已经可以超过10%[81]。

10.3.2.1　聚噻吩类给体

无取代基的聚噻吩不溶不熔，烷基取代是改善其溶解性的有效途径。聚（3-烷基噻吩）（P3AT）是最常见的烷基取代聚噻吩。一般说来，烷基的碳链长度超过4个碳之后，P3AT就可以溶于常用的有机溶剂。P3AT中研究得比较多的包括聚（3-丁基噻吩）、聚（3-戊基噻吩）、聚(3-乙基噻吩)(P3HT)和聚（3-辛基噻吩），其中最具代表性和应用最为广泛的是P3HT。

噻吩的聚合反应一般发生在噻吩的2位或5位上（图10-33）。如将2位看作噻吩单元的“头”（简称H），将5位看作噻吩单元的“尾”（简称T），则P3AT存在四种不同的连接方式：HT-HT、HH-HT、TT-HT和TT-HH（图10-33）。其中，HT-HT排列方式的重复单元之间的空间位阻比较小，容易得到更好的平面性和更强的链间相互作用，因此将P3AT中HT-HT结构单元所占的比例称之为聚噻吩的区域规整度。区域规整度越高，则聚噻吩有效共轭长度越长、吸收带拓宽并且具有更高的迁移率。如规整度下降，则上述性能下降。此外，区域规整的聚噻吩具有自组装性能[82]。以区域规整的P3HT薄膜为例，会形成噻吩主链平面的堆积和平面内互相平行的噻吩链（图10-34）。

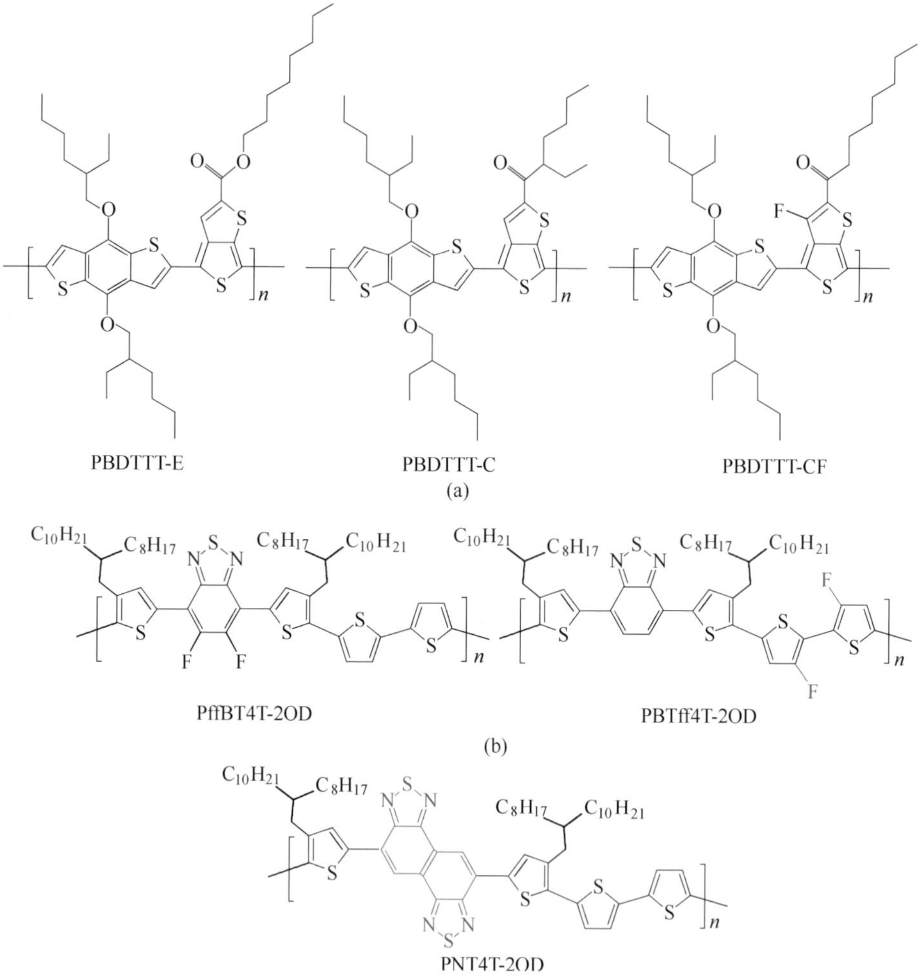

PBDTTT-E　　PBDTTT-C　　PBDTTT-CF

(a)

PffBT4T-2OD　　PBTff4T-2OD

(b)

PNT4T-2OD

图 10-32　高效聚合物结构式

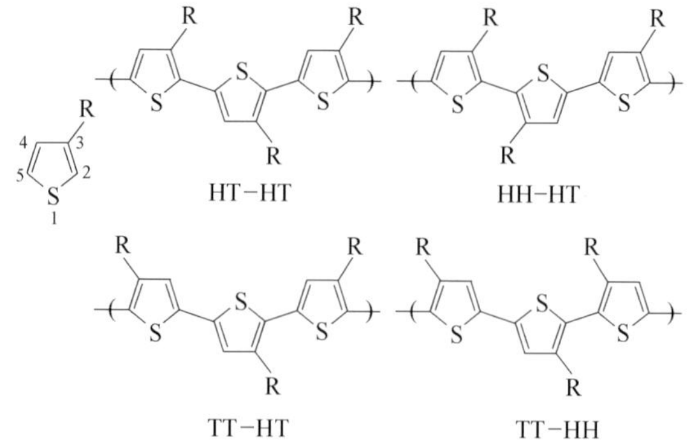

HT－HT　　HH－HT

TT－HT　　TT－HH

图 10-33　噻吩单体的位置序号和 P3AT 的交替结构

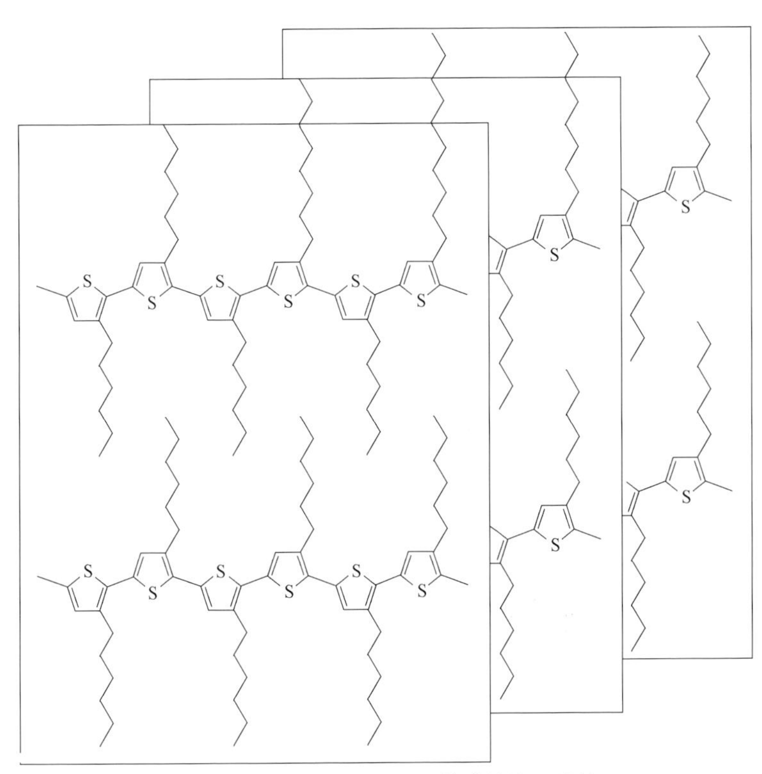

图10-34　区域规整P3HT薄膜的堆积结构

P3AT的光伏性能以P3HT为最佳，烷基链增长和减小都会使其光伏性能变差。2005年，Ibrahim等以P3HT、P3OT和聚（3-癸基噻吩）（P3DT）为给体，富勒烯为受体制备了光伏器件。实验结果表明电池的开路电压随烷基链的增长而稍有提高，但短路电流值随烷基链的增长而显著下降，导致效率随烷基链的增长而下降[83]。此外，P3AT分子量的大小对光伏性能也有影响：分子量越大，迁移率越高，光伏效率也越高。Jenekhe等合成了结构规整的聚（3-戊基噻吩）（P3PT），该材料的光伏性能也仅接近P3HT的水平[84]。这些P3AT的烷基取代链均为线性，Li等研究了支化烷基侧链对聚噻吩光伏性能的影响，合成了聚［3-（2-乙基）丁基噻吩］（P3EBT）和聚［3-（1-甲基）戊基噻吩］（P3MPT）（图10-35）。这两种聚噻吩的HOMO能级较P3HT有显著下移，使得电池的开路电压有所提高，但光吸收与P3HT相比发生了蓝移，使电池对太阳光的利用率下降[85]。

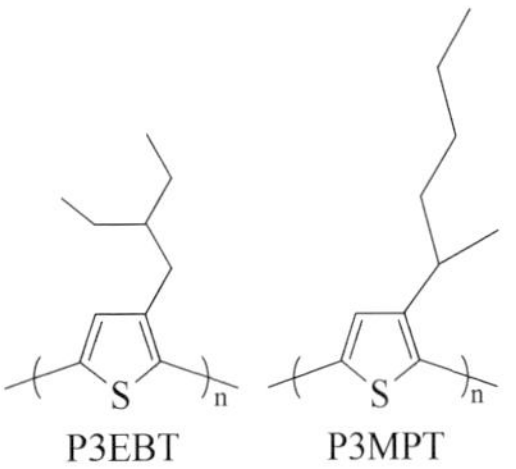

P3EBT　　P3MPT

图10-35　带有支化支链的P3AT分子结构

结构规整的P3HT薄膜的吸收峰只能覆盖大约500～650nm的波长范

围，这限制了其对太阳光的利用。为了增强聚噻吩的共轭程度，拓展聚噻吩的吸收光谱，可将共轭支链引入到聚噻吩结构中，形成二维共轭聚噻吩衍生物。例如，Hou等合成了二连（苯乙烯）作为共轭支链的聚噻吩衍生物，并控制共轭支链噻吩单元在主链上的比例，得到了光吸收覆盖300 ～ 680nm光谱范围的聚合物［图10-36（a）］[86]。如将二连（苯乙烯）支链换为二连（噻吩乙烯）支链，除了吸收光谱的拓宽，所得聚噻吩衍生物［图10-36（b）］的HOMO能级较P3HT也有所下移，使光伏电池的开路电压增大，能量转换效率达到了3.18%[87]。带有共轭支链的二维聚噻吩衍生物的不足是存在共轭支链和烷基支链之间的空间位阻，使这类聚合物薄膜呈无定形结构。

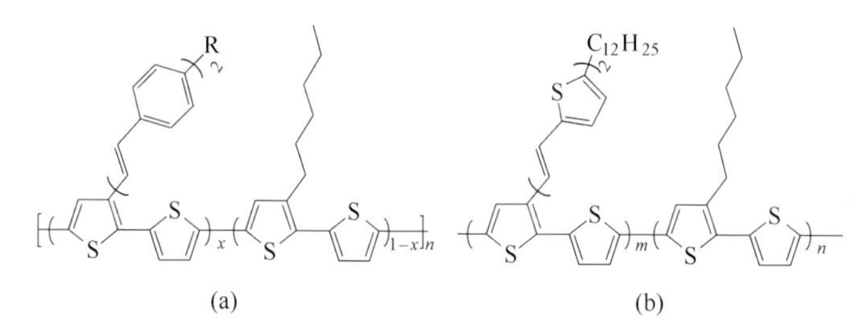

图10-36　带有二连（苯乙烯）（a）和二连（噻吩乙烯）支链（b）的聚噻吩衍生物

除了引入共轭支链，使用给电子的烷氧基或烷硫基取代的聚噻吩（图10-37）也可以使其吸收光谱红移。然而这些取代基会显著地使聚噻吩的HOMO能级上移，造成电池开路电压的急剧下降，从而影响电池的效率[88]。

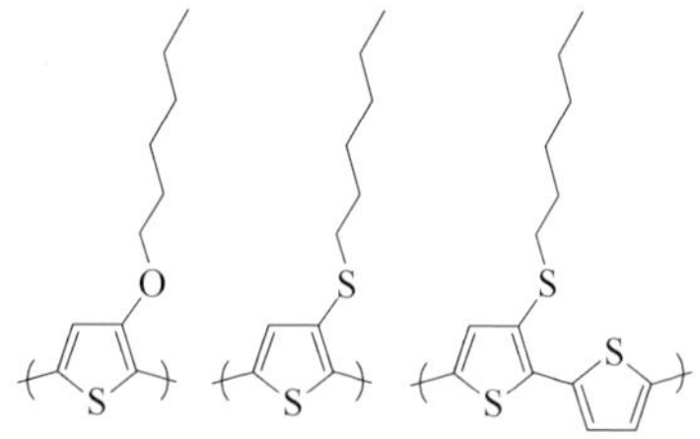

图10-37　烷氧基和烷硫基取代的聚噻吩衍生物

10.3.2.2　聚噻吩乙烯类给体

聚噻吩乙稀（PTV）具有比聚噻吩更宽的吸收，其禁带宽度在约1.6eV。同时，PTV还具有较高的载流子迁移率，其空穴迁移率可高达0.22cm^2/（V · s）。这两点使其成为潜在的高效聚合物光伏材料。然而，烷基取代的PTV的光伏性能远低于P3HT，这可能与烷基取代的PTV荧光效率低和较高的HOMO能级有关。

2006年，Nguen等研究了无取代基的PTV［图10-38（a）］的光伏性质：通过PTV的可溶性前驱体与富勒烯共混成膜，然后热处理生成PTV，所得电池的能量转换效率为0.6%[89]。Frisbie等合成了己基取代的PTV衍生物3P20［图10-38（a）］，所得光伏器件的效率最高达到了0.92%[90]。Hou等则合成了带共轭支链的二维共轭PTV衍生物［图10-38（b）］。这种二维共轭聚噻吩乙稀薄膜呈现覆盖350～740nm的全可见光区的宽吸收，可使光伏器件的能量转换效率达到0.32%[91]。

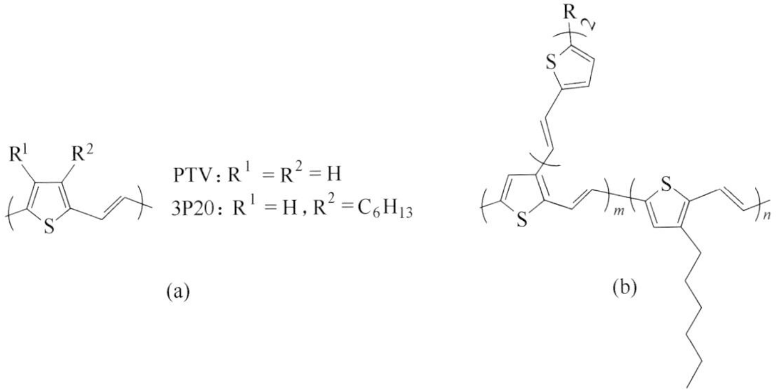

PTV：$R^1=R^2=H$
3P20：$R^1=H$，$R^2=C_6H_{13}$

(a)　　(b)

图10-38　三种物质的分子结构

（a）PTV和3P20的分子结构；（b）二维共轭聚噻吩乙稀的分子结构

由于通过吸电子基团取代可以降低共轭聚合物的HOMO能级，而PTV衍生物光伏性能差的一个原因就是HOMO能级太高导致开路电压低，Li等将吸电子基团酯基作为PTV的取代基（图10-39），使P3CTV的HOMO能级下降到了–5.26eV，而且吸收光谱也发生了红移和拓宽。此外，P3CTV具有荧光效应，而其对应的烷基取代聚噻吩乙烯P3HTV（图10-39）则完全没有荧光。基于P3CTV的光伏器件的最高效率达到了2.01%，比P3HTV提高了一个数量级[92]。

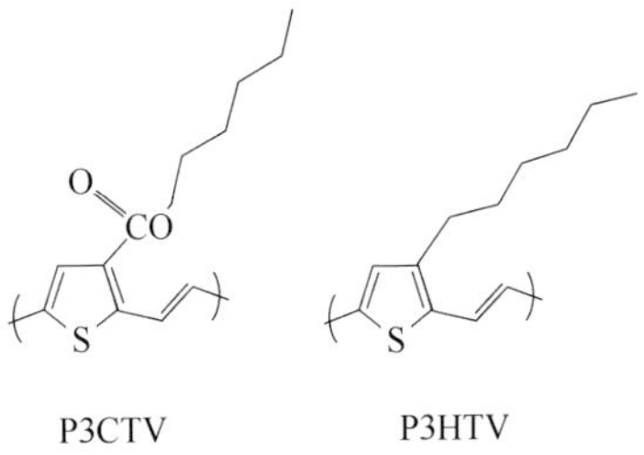

P3CTV　　P3HTV

图10-39　酯基和烷基取代的聚噻吩乙烯分子结构

10.3.2.3　聚对亚苯基乙烯（PPV）类给体

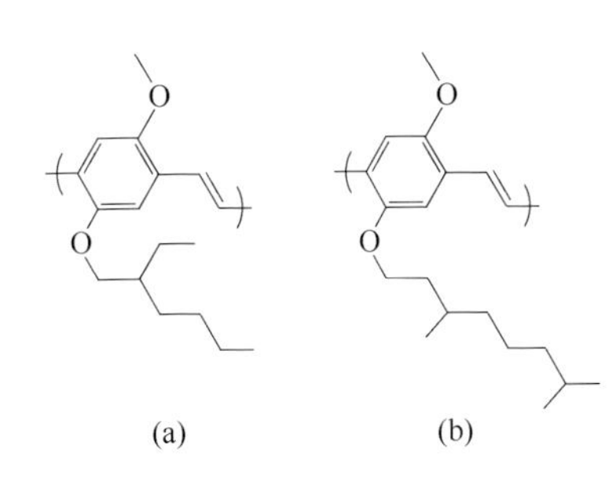

图10-40　（a）MEH-PPV的分子结构；（b）MDMO-PPV的分子结构

第一个本体异质结聚合物太阳能电池使用的聚合物给体材料就是可溶性PPV衍生物MEH-PPV［图10-40（a）］，另一种主要使用的PPV衍生物为MDMO-PPV［图10-40（b）］。这两种PPV衍生物的结构和性质都十分相似，其薄膜的吸收峰大致位于400～560nm，带隙约2.2eV。MEH-PPV的LUMO和HOMO能级分别为–2.90eV和–5.07eV，其中HOMO能级比P3HT下移约0.2eV，有利于获得更大的光伏器件开路电压。然而，这两种PPV衍生物的带隙都较大，而且薄膜的空穴迁移率也不高，不利于得到较高效率的光伏器件。Sariciftci等发现MEH-PPV和C_{60}之间存在超快电荷转移的现象，但所得的电池在弱光条件下的效率仅为0.04%[93]。通过制备条件的优化，可在一定程度上提高电池的效率。例如，2002年，Brabec等通过引入LiF阴极修饰层，使基于MDMO-PPV给体材料的电池效率达到了3.3%[94]。此外，Tajima等通过制备区域规整的MDMO-PPV，使电池的效率达到了3.1%[95]。

为了解决吸收带窄和空穴迁移率低的问题，使PPV与其他结构单元共聚是其中的一种方法。例如，Hou等把噻吩乙烯结构单元结合到MEH-PPV的主链结构中［图10-41（a）］[96]。这主要是考虑聚噻吩乙烯是一种具有宽吸收和高空穴迁移率的共轭聚合物。实验的结果表明该方法确实可以提高PPV衍生物的上述性能，但新聚合物的HOMO能级比MEH-PPV有所上移，又造成开路电压的下降。Jadhav等则合成了一些主链含蒽的PPV衍生物［图10-41(b)］，其光伏器件的效率可达2.44%[97]。此外，引入共轭支链也是拓宽吸收带、提高空穴迁移率的另一种方法。Mikroyannidis等合成了带共轭支链的PPV衍生物，并在其支链上引入吸电子基团氰基和硝基［图10-41（c)］，可使吸收带显著红移，电池的效率达到了2.37%[98]。

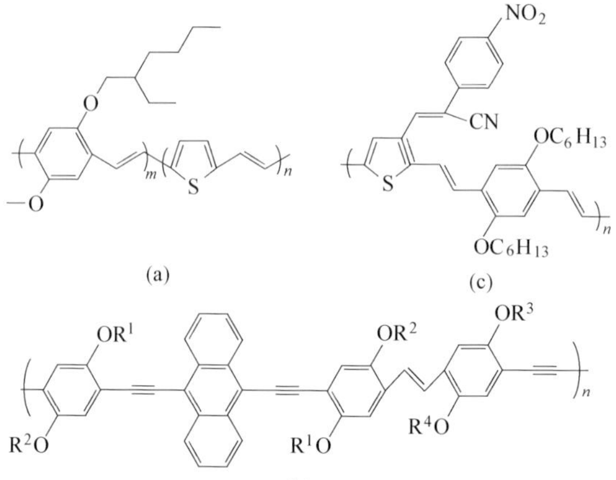

图10-41　一些其他的PPV衍生物

10.3.2.4　D-A共聚物

在前面关于小分子光伏材料的论述中，已经多次提到通过引入D-A交替结构降低材料的带隙，从而获得更高的太阳光利用率。对于聚合物光伏材料，也可以采用类似的方法来使聚合物吸收更长波长的太阳光。这些D-A共聚物往往存在共轭主链的吸收和长波长方向的分子内电荷转移吸收两个吸收峰，因此可在可见-近红外区表现出宽的吸收带。

2003年，Andersson和Inganas等首次将芴与苯并噻二唑的D-A共聚物（图10-42）用于聚合物太阳能电池的给体光伏材料，获得了2.2%的光电转换效率[99]。此后，涌现了种类繁多的D-A共聚物，基于富勒烯受体材料的器件的光伏效率已经超过了10%[81,100]，使D-A共聚物成为新型聚合物光伏材料的研究主流方向之一。在这些D-A共聚物中，常用的D结构单元主要有噻吩、并噻吩、芴、咔唑、苯并二噻吩、二噻吩并吡咯等；常用的A结构单元主要有苯并噻二唑、噻吩并吡咯二酮、并吡咯二酮、并噻唑、二连噻唑等。

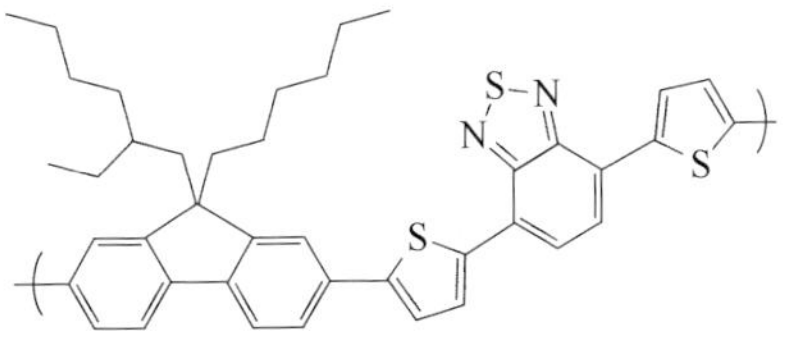

图10-42　芴与苯并噻二唑的D-A共聚物

10.4 小结

近30年来有机太阳能电池发展很快，其转换效率已达到15%，但与成熟的无机太阳能电池相比，其转换效率还比较低。有机太阳能电池效率低，主要是由于使用的材料存在太阳光吸收效率低、吸收光谱与太阳光谱不匹配、吸收谱带较窄和载流子迁移率低的问题。目前有机太阳能电池的研究工作主要集中在提高能量转换效率上，可采取的措施包括：给受体材料能级匹配、器件结构的优化、活性层的形貌优化、光电转换机理的研究等。有机太阳能电池的研究无论从性能、机理还是稳定性等许多方面都尚处于初始阶段。因此，进一步借鉴无机太阳能电池的成熟技术及研究思路将会对有机太阳能电池的研究起推动作用。机理的深入研究可指导设计与合成宽吸收和高迁移率的太阳能电池材料。随着器件性能日益提高，稳定性研究也将提到日程上来。结合有机材料、无机材料、纳米材料各自的优点，优化器件结构、改善材料性质以提高有机太阳能电池的综合性能，将成为今后太阳能电池研究的发展趋势。

参考文献

[1] Yang J L, Schumann S, Hatton R A, et al. Copper hexadecafluorophthalocyanine ($F_{16}CuPc$) as an electron accepting material in bilayer small molecule organic photovoltaic cells. Organic Electronics, 2010, 11(8): 1399-1402.

[2] King R R, Law D C, Edmondson K M, et al. 40% efficient metamorphic GaInP/ GaInAs/ Ge multijunction solar cells. Applied physics letters, 2007, 90(18): 183516.

[3] Sariciftci N S, Smilowitz L, Heeger A J, et al. Photoinduced electron transfer from a conducting polymer to buckminsterfullerene. Science, 1992, 258(5087): 1474-1476.

[4] Günes S, Neugebauer H, Sariciftci N S. Conjugated polymer-based organic solar cells. Chemical reviews, 2007, 107(4): 1324-1338.

[5] Lin Y, Li Y, Zhan X. Small molecule semiconductors for high-efficiency organic photovoltaics. Chemical Society Reviews, 2012, 41(11): 4245-4272.

[6] Dou L, You J, Yang J, et al. Tandem polymer solar cells featuring a spectrally matched low-bandgap polymer. Nature Photonics, 2012, 6(3): 180.

[7] 李在房，彭强，和平，等. 可溶液加工给体-受体有机小分子太阳能电池材料研究进展. 有机化学，2012，32(5): 834-851.

[8] 张超智，李世娟，胡鹏，等. 异质结型有机太阳能电池材料的最新研究进展. 南京大学学报: 自然科学版，2014，50(2): 135-142.

[9] Bailey-Salzman R F, Rand B P, Forrest S R. Near-infrared sensitive small molecule organic photovoltaic cells based on chloroaluminum phthalocyanine. Applied Physics Letters, 2007, 91(1): 013508.

[10] Mutolo K L, Mayo E I, Rand B P, et al. Enhanced open-circuit voltage in subphthalocyanine/C_{60} organic photovoltaic cells. Journal of the American Chemical Society, 2006, 128(25): 8108-8109.

[11] Kronenberg N M, Deppisch M, Würthner F, et al. Bulk heterojunction organic solar cells based on merocyanine colorants. Chemical Communications, 2008(48): 6489-6491.

[12] Bürckstümmer H, Kronenberg N M, Gsänger M, et al. Tailored merocyanine dyes for solution-processed BHJ solar cells. Journal of Materials Chemistry, 2010, 20(2): 240-243.

[13] Ojala A, Bürckstümmer H, Stolte M, et al. Parallel bulk-heterojunction solar cell by electrostatically driven phase separation. Advanced Materials, 2011, 23(45): 5398-5403.

[14] Steinmann V, Kronenberg N M, Lenze M R, et al. A simple merocyanine tandem solar cell with extraordinarily high open-circuit voltage. Applied Physics Letters, 2011, 99(19): 251.

[15] Silvestri F, Irwin M D, Beverina L, et al. Efficient squaraine-based solution processable bulk-heterojunction solar cells. Journal of the American Chemical Society, 2008, 130(52): 17640-17641.

[16] Mayerhöffer U, Deing K, Gruß K, et al. Outstanding short-circuit currents in BHJ solar

cells based on NIR-absorbing acceptor-substituted squaraines. Angewandte Chemie International Edition，2009，48（46）：8776-8779.

[17] Wei G，Wang S，Sun K，et al. Solvent-annealed crystalline squaraine: $PC_{70}BM$（1: 6）solar Cells. Advanced Energy Materials，2011，1（2）：184-187.

[18] Rousseau T，Cravino A，Bura T，et al. BODIPY derivatives as donor materials for bulk heterojunction solar cells. Chemical Communications，2009，13（13）：1673-1675.

[19] Tamayo A B，Walker B，Nguyen T Q. A low band gap，solution processable oligothiophene with a diketopyrrolopyrrole core for use in organic solar cells. The Journal of Physical Chemistry C，2008，112（30）：11545-11551.

[20] Tamayo A B，Dang X D，Walker B，et al. A low band gap，solution processable oligothiophene with a dialkylated diketopyrrolopyrrole chromophore for use in bulk heterojunction solar cells. Applied Physics Letters，2009，94（10）：73.

[21] Loser S，Bruns C J，Miyauchi H，et al. A naphthodithiophene- diketopyrrolopyrrole donor molecule for efficient solution-processed solar cells. Journal of the American Chemical Society，2011，133（21）：8142-8145.

[22] Mei J，Graham K R，Stalder R，et al. Synthesis of isoindigo-based oligothiophenes for molecular bulk heterojunction solar cells. Organic letters，2010，12（4）：660-663.

[23] Choi H，Paek S，Song J，et al. Synthesis of annulated thiophene perylene bisimide analogues: Their applications to bulk heterojunction organic solar cells. Chemical Communications，2011，47（19）：5509-5511.

[24] Anthony J E. Functionalized acenes and heteroacenes for organic electronics. Chemical reviews，2006，106（12）：5028-5048.

[25] Yoo S，Domercq B，Kippelen B. Efficient thin-film organic solar cells based on pentacene/C_{60}heterojunctions. Applied Physics Letters，2004，85（22）：5427-5429.

[26] Chu C W，Shao Y，Shrotriya V，et al. Efficient photovoltaic energy conversion in tetracene-C_{60} based heterojunctions. Applied Physics Letters，2005，86（24）：243506.

[27] Lloyd M T，Mayer A C，Tayi A S，et al. Photovoltaic cells from a soluble pentacene derivative. Organic Electronics，2006，7（5）：243-248.

[28] Winzenberg K N，Kemppinen P，Fanchini G，et al. Dibenzo [b，def] chrysene derivatives: solution-processable small molecules that deliver high power-conversion efficiencies in bulk heterojunction solar cells. Chemistry of Materials，2009，21（24）：5701-5703.

[29] He C，He Q，He Y，et al. Organic solar cells based on the spin-coated blend films of TPA-th-TPA and PCBM. Solar energy materials and solar cells，2006，90（12）：1815-1827.

[30] Deng D，Yang Y，Zhang J，et al. Triphenylamine-containing linear DAD molecules with benzothiadiazole as acceptor unit for bulk-heterojunction organic solar cells. Organic Electronics，2011，12（4）：614-622.

[31] Li W，Du C，Li F，et al. Benzothiadiazole-based linear and star molecules: design，synthesis，and their application in bulk heterojunction organic solar cells. Chemistry of

Materials, 2009, 21 (21) : 5327-5334.

[32] Lin L Y, Chen Y H, Huang Z Y, et al. A low-energy-gap organic dye for high-performance small-molecule organic solar cells. Journal of the American Chemical Society, 2011, 133 (40) : 15822-15825.

[33] Chiu S W, Lin L Y, Lin H W, et al. A donor-acceptor-acceptor molecule for vacuum-processed organic solar cells with a power conversion efficiency of 6.4%. Chemical Communications, 2012, 48 (13) : 1857-1859.

[34] Cravino A, Roquet S, Alévêque O, et al. Triphenylamine-oligothiophene conjugated systems as organic semiconductors for opto-electronics. Chemistry of materials, 2006, 18 (10) : 2584-2590.

[35] Ripaud E, Rousseau T, Leriche P, et al. Unsymmetrical triphenylamine-oligothiophene hybrid conjugated systems as donor materials for high-voltage solution-processed organic solar cells. Advanced Energy Materials, 2011, 1 (4) : 540-545.

[36] Shang H, Fan H, Liu Y, et al. A solution-processable star-shaped molecule for high-performance organic solar cells. Advanced Materials, 2011, 23 (13) : 1554-1557.

[37] Zhang J, Deng D, He C, et al. Solution-processable star-shaped molecules with triphenylamine core and dicyanovinyl endgroups for organic solar cells. Chemistry of Materials, 2010, 23 (3) : 817-822.

[38] Min J, Luponosov Y N, Gerl A, et al. Alkyl chain engineering of solution-processable star-shaped molecules for high-performance organic solar cells. Advanced Energy Materials, 2014, 4 (5) : 1301234.

[39] Sakai J, Taima T, Yamanari T, et al. Annealing effect in the sexithiophene: C_{70} small molecule bulk heterojunction organic photovoltaic cells. Solar Energy Materials and Solar Cells, 2009, 93 (6-7) : 1149-1153.

[40] Schulze K, Uhrich C, Schüppel R, et al. Efficient vacuum-deposited organic solar cells based on a new low-bandgap oligothiophene and fullerene C_{60}. Advanced Materials, 2006, 18 (21) : 2872-2875.

[41] Liu Y, Wan X, Yin B, et al. Efficient solution processed bulk-heterojunction solar cells based a donor-acceptor oligothiophene. Journal of Materials Chemistry, 2010, 20 (12) : 2464-2468.

[42] Liu Y, Wan X, Wang F, et al. Spin-coated small molecules for high performance solar cells. Advanced Energy Materials, 2011, 1 (5) : 771-775.

[43] Li Z, He G, Wan X, et al. Solution processable rhodanine-based small molecule organic photovoltaic cells with a power conversion efficiency of 6.1%. Advanced Energy Materials, 2012, 2 (1) : 74-77.

[44] Shen S, Jiang P, He C, et al. Solution-processable organic molecule photovoltaic materials with bithienyl-benzodithiophene central unit and indenedione end groups. Chemistry of Materials, 2013, 25 (11) : 2274-2281.

[45] Kan B, Li M, Zhang Q, et al. A series of simple oligomer-like small molecules based

on oligothiophenes for solution-processed solar cells with high efficiency. Journal of the American Chemical Society, 2015, 137 (11) : 3886-3893.

[46] Li M, Gao K, Wan X, et al. Solution-processed organic tandem solar cells with power conversion efficiencies> 12%. Nature Photonics, 2017, 11 (2) : 85.

[47] Sun X, Zhou Y, Wu W, et al. X-shaped oligothiophenes as a new class of electron donors for bulk-heterojunction solar cells. The Journal of Physical Chemistry B, 2006, 110 (15) : 7702-7707.

[48] Kopidakis N, Mitchell W J, Van De Lagemaat J, et al. Bulk heterojunction organic photovoltaic devices based on phenyl-cored thiophene dendrimers. Applied physics letters, 2006, 89 (10) : 103524.

[49] Rance W L, Rupert B L, Mitchell W J, et al. Conjugated thiophene dendrimer with an electron-withdrawing core and electron-rich dendrons: how the molecular structure affects the morphology and performance of dendrimer: fullerene photovoltaic devices. The Journal of Physical Chemistry C, 2010, 114 (50) : 22269-22276.

[50] Roquet S, de Bettignies R, Leriche P, et al. Three-dimensional tetra (oligothienyl) silanes as donor material for organic solar cells. Journal of Materials Chemistry, 2006, 16 (29) : 3040-3045.

[51] Karpe S, Cravino A, Frère P, et al. 3D π-conjugated oligothiophenes based on sterically twisted bithiophene nodes. Advanced Functional Materials, 2007, 17 (7) : 1163-1171.

[52] Pfuetzner S, Meiss J, Petrich A, et al. Improved bulk heterojunction organic solar cells employing C_{70} fullerenes. Applied Physics Letters, 2009, 94 (22) : 145.

[53] Yu G, Gao J, Hummelen J C, et al. Polymer photovoltaic cells: enhanced efficiencies via a network of internal donor-acceptor heterojunctions. Science, 1995, 270 (5243) : 1789-1791.

[54] Wienk M M, Kroon J M, Verhees W J H, et al, Efficient methano fullerence/MDMO-PPV bulk heterojunction photovoltaic cells. Angewandte Chemie International Edition, 2003, 42 (29) : 3371-3375.

[55] Price S C, Stuart A C, Yang L, et al. Fluorine substituted conjugated polymer of medium band gap yields 7% efficiency in polymer-fullerene solar cells. Journal of the American Chemical Society, 2011, 133 (12) : 4625-4631.

[56] Lenes M, Wetzelaer G J A H, Kooistra F B, et al. Fullerene bisadducts for enhanced open-circuit voltages and efficiencies in polymer solar cells. Advanced Materials, 2008, 20 (11) : 2116-2119.

[57] Zhao G, He Y, Li Y. 6.5% Efficiency of polymer solar cells based on poly (3-hexylthiophene) and indene-C_{60} bisadduct by device optimization. Advanced Materials, 2010, 22 (39) : 4355-4358.

[58] Sun Y, Cui C, Wang H, et al. Efficiency enhancement of polymer solar cells based on poly (3-hexylthiophene) /indene-C_{70} bisadduct via methylthiophene additive. Advanced Energy Materials, 2011, 1 (6) : 1058-1061.

[59] Jiang X, Dai J, Wang H, et al. Organic photovoltaic cells using hexadecafluorophthalocyaninatocopper ($F_{16}CuPc$) as electron acceptor material. Chemical Physics Letters, 2007, 446 (4-6): 329-332.

[60] Gommans H, Aernouts T, Verreet B, et al. Perfluorinated subphthalocyanine as a new acceptor material in a small-molecule bilayer organic solar cell. Advanced functional materials, 2009, 19 (21): 3435-3439.

[61] Sullivan P, Duraud A, Hancox, et al. Halogenated boron subphthalocyanines as light harvesting electron acceptors in organic photovoltaics. Advanced Energy Materials, 2011, 1 (3): 352-355.

[62] Verreet B, Rand B P, Cheyns D, et al. A 4% efficient organic solar cell using a fluorinated fused subphthalocyanine dimer as an electron acceptor. Advanced Energy Materials, 2011, 1 (4): 565-568.

[63] Shu Y, Lim Y F, Li Z, et al. A survey of electron-deficient pentacenes as acceptors in polymer bulk heterojunction solar cells. Chemical Science, 2011, 2 (2): 363-368.

[64] Camaioni N, Ridolfi G, Fattori V, et al. Oligothiophene-*S*, *S*-dioxides as a class of electron-acceptor materials for organic photovoltaics. Applied physics letters, 2004, 84 (11): 1901-1903.

[65] Camaioni N, Ridolfi G, Fattori V, et al. Branched thiophene-based oligomers as electron acceptors for organic photovoltaics. Journal of Materials Chemistry, 2005, 15 (22): 2220-2225.

[66] Tang C W. Two-layer organic photovoltaic cell. Applied Physics Letters, 1986, 48 (2): 183-185.

[67] Rim S B, Fink R F, Schöneboom J C, et al. Effect of molecular packing on the exciton diffusion length in organic solar cells. Applied Physics Letters, 2007, 91 (17): 173504.

[68] Guo X, Bu L, Zhao Y, et al. Controlled phase separation for efficient energy conversion in dye/polymer blend bulk heterojunction photovoltaic cells. Thin Solid Films, 2009, 517 (16): 4654-4657.

[69] Shin W S, Jeong H H, Kim M K, et al. Effects of functional groups at perylene diimide derivatives on organic photovoltaic device application. Journal of Materials Chemistry, 2006, 16 (4): 384-390.

[70] Kamm V, Battagliarin G, Howard I A, et al. Polythiophene: perylene diimide solar cells-the impact of alkyl-substitution on the photovoltaic performance. Advanced Energy Materials, 2011, 1 (2): 297-302.

[71] Mikroyannidis J A, Suresh P, Sharma G D. Synthesis of a perylene bisimide with acetonaphthopyrazine dicarbonitrile terminal moieties for photovoltaic applications. Synthetic Metals, 2010, 160 (9-10): 932-938.

[72] Sun D, Meng D, Cai Y, et al. Non-fullerene-acceptor-based bulk-heterojunction organic solar cells with efficiency over 7%. Journal of the American Chemical Sociey, 2015, 137 (34): 11156-11162.

[73] Lin Y，Zhan X. Designing efficient non-fullerene acceptors by tailoring extended fused-rings with electron-deficient groups. Advanced Energy Materials，2015，5（20）：1501063.

[74] Lin Y，Wang J，Zhang Z G，et al. An electron acceptor challenging fullerenes for efficient polymer solar cells. Advanced materials，2015，27（7）：1170-1174.

[75] Lin Y，Zhao F，He Q，et al. High-performance electron acceptor with thienyl side chains for organic photovoltaics. Journal of the American Chemical Society，2016，138（14）：4955-4961.

[76] Yang Y，Zhang Z G，Bin H，et al. Side-chain isomerization on an n-type organic semiconductor ITIC acceptor makes 11.77% high efficiency polymer solar cells. Journal of the American Chemical Society，2016，138（45）：15011-15018.

[77] Zhao F，Dai S，Wu Y，et al. Single-junction binary-blend nonfullerene polymer solar cells with 12.1% efficiency. Advanced Materials，2017，29（18）：1700144.

[78] Zhao W，Li S，Yao H，et al. Molecular optimization enables over 13% efficiency in organic solar cells. Journal of the American Chemical Society，2017，139（21）：7148-7151.

[79] Deng D，Zhang Y，Zhang J，et al. Fluorination-enabled optimal morphology leads to over 11% efficieny for inverted small-molecule organic solar cells. Nature communications，2016，7：13740.

[80] Chen H Y，Hou J，Zhang S，et al. Polymer solar cells with enhanced open-circuit voltage and efficiency. Nature photonics，2009，3（11）：649.

[81] Liu Y，Zhao J，Li Z，et al. Aggregation and morphology control enables multiple cases of high-efficiency polymer solar cells. Nature communications，2014，5：5293.

[82] McCullough R D，Tristram-Nagle S，Williams S P，et al. Self-orienting head-to-tail poly（3-alkylthiophenes）：new insights on structure-property relationships in conducting polymers. Journal of the American Chemical Society，1993，115（11）：4910-4911.

[83] Al-Ibrahim M，Roth H K，Schroedner M，et al. The influence of the optoelectronic properties of poly（3-alkylthiophenes） on the device parameters in flexible polymer solar cells. Organic Electronics，2005，6（2）：65-77.

[84] Xin H，Kim F S，Jenekhe S A. Highly efficient solar cells based on poly（3-butylthiophene） nanowires. Journal of the American Chemical Society，2008，130（16）：5424-5425.

[85] Cui C，Sun Y，Zhang Z G，et al. Effect of branched side chains on the physicochemical and photovoltaic properties of poly（3-hexylthiophene）Isomers. Macromolecular Chemistry and Physics，2012，213（21）：2267-2274.

[86] Hou J，Huo L，He C，et al. Synthesis and absorption spectra of poly（3-（phenylenevinyl）thiophene） s with conjugated side chains. Macromolecules，2006，39（2）：594-603.

[87] Hou J，Tan Z，Yan Y，et al. Synthesis and photovoltaic properties of two-dimensional conjugated polythiophenes with bi（thienylenevinylene） side chains. Journal of the American Chemical Society，2006，128（14）：4911-4916.

[88] Shi C, Yao Y, Yang Y, et al. Regioregular copolymers of 3-alkoxythiophene and their photovoltaic application. Journal of the American Chemical Society, 2006, 128 (27): 8980-8986.

[89] Nguen L H, Günes S, Neugebauer H, et al. Precursor route poly (thienylene vinylene) for organic solar cells: Photophysics and photovoltaic performance. Solar energy materials and solar cells, 2006, 90 (17): 2815-2828.

[90] Kim J Y, Qin Y, Stevens D M, et al. Low band gap poly (thienylene vinylene) /fullerene bulk heterojunction photovoltaic cells. The Journal of Physical Chemistry C, 2009, 113 (24): 10790-10797.

[91] Hou J, Tan Z, He Y, et al. Branched poly (thienylene vinylene) s with absorption spectra covering the whole visible region. Macromolecules, 2006, 39 (14): 4657-4662.

[92] Huo L, Chen T L, Zhou Y, et al. Improvement of photoluminescent and photovoltaic properties of poly (thienylene vinylene) by carboxylate substitution. Macromolecules, 2009, 42 (13): 4377-4380.

[93] Sariciftci N S, Braun D, Zhang C, et al. Semiconducting polymer-buckminsterfullerene heterojunctions: Diodes, photodiodes, and photovoltaic cells. Applied physics letters, 1993, 62 (6): 585-587.

[94] Brabec C J, Shaheen S E, Winder C, et al. Effect of LiF/metal electrodes on the performance of plastic solar cells. Applied physics letters, 2002, 80 (7): 1288-1290.

[95] Tajima K, Suzuki Y, Hashimoto K. Polymer photovoltaic devices using fully regioregular poly [(2-methoxy-5- (3′, 7′ -dimethyloctyloxy)) -1, 4-phenylenevinylene]. The Journal of Physical Chemistry C, 2008, 112 (23): 8507-8510.

[96] Hou J, Yang C, Qiao J, et al. Synthesis and photovoltaic properties of the copolymers of 2-methoxy-5- (2′ -ethylhexyloxy) -1, 4-phenylene vinylene and 2, 5-thienylene-vinylene. Synthetic metals, 2005, 150 (3): 297-304.

[97] Jadhav R, Türk S, Kühnlenz F, et al. Anthracene-containing PPE-PPV copolymers: Effect of side-chain nature and length on photophysical and photovoltaic properties. physica status solidi (a), 2009, 206 (12): 2695-2699.

[98] Mikroyannidis J A, Sharma S S, Vijay Y K, et al. Novel low band gap small molecule and phenylenevinylene copolymer with cyanovinylene 4-nitrophenyl segments: synthesis and application for efficient bulk heterojunction solar cells. ACS Applied Materials & Interfaces, 2009, 2 (1): 270-278.

[99] Svensson M, Zhang F, Veenstra S C, et al. High-performance polymer solar cells of an alternating polyfluorene copolymer and a fullerene derivative. Advanced Materials, 2003, 15 (12): 988-991.

[100] Price S C, Stuart A C, Yang L, et al. Fluorine substituted conjugated polymer of medium band gap yields 7% efficiency in polymer-fullerene solar cells. Journal of the American Chemical Society, 2011, 133 (12): 4625-4631.